Cadence

云课版

17.2

电路设计与仿真

从入门到精通

李鹏 吴荣 等 编著

人民邮电出版社

北京

图书在版编目（CIP）数据

Cadence 17.2电路设计与仿真从入门到精通 / 李鹏
等编著. —— 北京：人民邮电出版社，2020.1
ISBN 978-7-115-50880-5

Ⅰ．①C… Ⅱ．①李… Ⅲ．①印刷电路—计算机辅助
设计②印刷电路—计算机仿真 Ⅳ．①TN410.2

中国版本图书馆CIP数据核字(2019)第036915号

内 容 提 要

　　全书以 Cadence 为平台，全面讲解了电路设计的基本方法和技巧。全书共 15 章，内容包括 Cadence
概述、原理图设计概述、原理图编辑环境、原理图设计基础、原理图的绘制、原理图的后续处理、
高级原理图设计、创建元器件库、创建 PCB 封装库、Allegro PCB 设计平台、PCB 设计基础、印制
电路板设计、电路板的后期处理、仿真电路原理图设计和仿真电路板设计。在讲解的过程中，内容
由浅入深，从易到难，各章节既相对独立又前后关联。全书解说翔实，图文并茂，语言简洁，思路
清晰。

　　本书随书配送多媒体电子资料，包含全书实例操作过程录屏 AVI 文件和实例源文件，读者可以
通过随书资源方便直观地学习本书内容。

　　本书既可作为初学者的入门与提高教材，也可作为相关行业工程技术人员以及各院校相关专业
师生的学习参考资料。

◆ 编　　著　李　鹏　吴　荣　等
　　责任编辑　俞　彬
　　责任印制　马振武

◆ 人民邮电出版社出版发行　　北京市丰台区成寿寺路 11 号
　　邮编　100164　　电子邮件　315@ptpress.com.cn
　　网址　https://www.ptpress.com.cn
　　涿州市般润文化传播有限公司印刷

◆ 开本：787×1092　1/16
　　印张：30.75　　　　　　　　2020 年 1 月第 1 版
　　字数：836 千字　　　　　　 2024 年 10 月河北第 15 次印刷

定价：89.00 元

读者服务热线：(010)81055410　印装质量热线：(010)81055316
反盗版热线：(010)81055315
广告经营许可证：京东市监广登字 20170147 号

前 言
PREFACE

从 20 世纪 80 年代中期开始，计算机应用进入各个领域。在这种背景下，美国 Cadence 推出了 SPB 产品，以保证设计电路的信号完整性和电磁兼容性。

Cadence 公司（Cadence Design Systems Inc）是一家有广泛影响力的 EDA（Electronic Design Automation，电子设计自动化）工具软件公司，在国际上有着较高的品牌影响力和市场份额。而中国这样一个电子产品制造大国正在从中国制造朝中国设计迈进，中国市场的潜力也被越来越多的跨国公司所重视。

Cadence 公司的电子设计自动化（Electronic Design Automation）产品涵盖了电子设计的全部流程，包括系统级设计，功能验证，IC 综合及布局布线，模拟、混合信号及射频 IC 设计，全定制 Cadence 设计软件集成电路设计，IC 物理验证，PCB 设计和硬件仿真建模等。

Cadence 软件是统一使用的原理图设计、PCB 设计和高速仿真的 EDA 工具。"工欲善其事，必先利其器"，熟练掌握一款 PCB 设计工具对于电路设计工作者及学习对象来说是至关重要的。

全书以 Cadence 为平台，向读者全面讲解了该软件的使用方法，并以此为媒介介绍了电路设计的方法和技巧。主要内容包括 Cadence 概述、原理图设计概述、原理图编辑环境、原理图设计基础、原理图的绘制、原理图的后续处理、高级原理图设计、创建元器件库、创建 PCB 封装库、Allegro PCB 设计平台、PCB 设计基础、印制电路板设计、电路板的后期处理、仿真电路原理图设计和仿真电路板设计。

本书针对硬件开发人员及相关专业的学生，对需要使用的原理图输入及其相关的原理图检查和约束管理器等工具进行了全面的阐述，并对 PCB 编辑器有关的内容做了简单介绍，以加强电路图设计者对工具的理解。

为了方便读者学习，本书以二维码的形式提供了同步视频教程，扫描"云课"二维码，即可播放全书视频，也可扫描正文中的二维码观看对应章节的视频。

云课

本书除利用传统的纸面讲解外，随书配送了丰富的学习资源，扫描"资源下载"二维码，即可获得下载方式，资源中包含全书讲解实例和练习实例的源文件素材，并配有同步视频文件。

资源下载

本书由华东交通大学教材基金资助，华东交通大学的李鹏、吴荣两位老师主编，华东交通大学的占金青、郝勇、黄志刚、钟礼东参与部分章节编写。其中，李鹏执笔编写了第 1～3 章，吴荣执笔编写了第 4～6 章，占金青执笔编写了第 7～8 章，郝勇执笔编写了第 9～10 章，黄志刚执笔编写了第 11～12 章，钟礼东执笔编写了第 13～14 章，胡仁喜、刘昌丽等也为本书编写提供了大量的帮助，在此向他们表示感谢。

由于时间仓促，编者水平有限，书中不足之处在所难免，望广大读者发送邮件到 yanjingyan@ptpress.com.cn 指正，编者将不胜感激。

编　者
2019 年 2 月

目　录
CONTENTS

1 Chapter

第1章
Cadence 概述

内容指南

Cadence 为挑战简短、复杂、高速芯片封装设计，推出了以 Windows XP 操作平台为主的 Cadence SPB 17.2。

本章将从 Cadence 的功能特点及发展历史讲起，介绍 Cadence SPB 17.2 的安装、界面、使用环境，以使读者对该软件有一个大致的了解。

☞**知识重点**

📖 Cadence 简介
📖 Cadence 软件的安装
📖 Cadence SPB 17.2 的启动

1.1 Cadence 简介

Cadence 公司在 EDA 领域有广泛的影响力，例如在 PCB 设计方面有市面上众所周知的 OrCAD 和 Allegro SPB 两个品牌，其中 OrCAD 为 20 世纪 90 年代收购的品牌。Allegro SPB 为 Cadence 公司自有品牌，早期版本称为 Allegro PSD。经过 10 余年的整合，目前 Cadence PCB 领域仍执行双品牌战略，OrCAD 覆盖中低端市场（以极低的价格就可以获得好用的工具，主要与 Protel 和 Pads 竞争），Allegro SPB 覆盖中高端市场（与 Mentor 和 Zuken 竞争）。

（1）OrCAD 涵盖原理图工具 OrCAD Capture、Capture CIS（含有元器件库管理功能），原理图仿真工具 PSpice（PSpiceAD、PSpiceAA），PCB Layout 工具 OrCAD PCB Editor（Allegro L 版本，OrCAD 原来自有的 OrCAD Layout 在 2008 年已经全球范围停止销售），信号完整性分析工具 OrCAD Signal Explorer（Allegro SI 基础版本）。

（2）Allegro SPB 涵盖原理图工具 Design Entry CIS（与 OrCAD Capture CIS 完全相同）、Design Entry HDL（Cadence 旧 Concept HDL），原理图仿真工具 Allegro AMS Simulator（即 PSpiceAD、PSpiceAA），PCB Layout 工具 Allegro PCB Editor（有 L、Performance、XL、GXL 版本），信号完整性分析工具 Allegro PCB SI（有 L、Performance、XL、GXL 版本）。

（3）Cadence 17.2 与之前的几个版本在功能模块上既有相同的之处，也有不同之处，下面对比图 1-1 所示的启动菜单简单介绍具体功能模块。

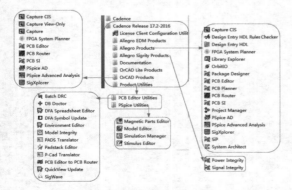

图 1-1 Cadence 17.2 启动菜单

- **Design Entry CIS**：Cadence 公司收购的 OrCAD 公司的旧版本 Capture 和 Capture CIS，是国际上通用的、标准的原理图输入工具，设计快捷方便，图形美观，与 Allegro 软件平台实现了无缝链接。

- **Design Entry HDL**：是旧版本的 Concept HDL，提供了基于 Design Capture 环境的原理图设计，允许使用表格、原理图和 Verilog HDL 进行设计。

- **Design Entry HDL Rule Checker**：检查 Design Entry HDL 规则的工具。

- **Library Explorer**：包括 Part Developer 和 Library Explorer 两个功能，进行数字设计库的管理，可以调用建立 Part Developer、PartTable Editor、Design Entry、Packager-XL 和 Allegro 的元器件符号和模型的工具。

- **OrCAD Capture**：原理图设计工具。

- **OrCAD Capture CIS**：原理图设计工具。

- **Package Designer**：高密度 IC 封装设计和分析。

- **PCB Editor**：完整的 PCB 设计工具。

- **PCB Router**：CCT 布线器。

- **PCB SI**：建立数字 PCB 系统和集成电路封装设计的集成高速设计和分析环境，可以解决电器性能相关问题，如信号完整性、串扰、电源完整性和 EMI。

- **Physical Viewer**：Allegro 浏览器模块。

- **Project Manager**：Design Entry HDL 的项目管理器。

- **PSpiceAD**：原理图仿真工具。

- **Sip**：是一种在基板上同时粘着两块以上芯片的单片封装。

- **System Digital Architect**：Sip 数字结构图。

- **System Architect**：系统结构图。

1.1.1 Cadence 特点

Cadence 设计软件提供设计方法学服务，帮助用户优化其设计流程；提供设计外包服务，协助用户进入新的市场领域。其设计目的旨在提升和监控半导体、计算机系统、网络工程和电信设备、消费电子产品以及其他各类型电子产品的设计。产品涵盖了电子设计的整个流程，包括系统级设计，功能验证，IC 综合及布局布线，模拟、混合信号及射频 IC 设计，全定制集成电路设计，IC 物理验证，PCB 设计和硬件仿真建模等。

Cadence Allegro 系统互连平台能够跨集成电路、封装和 PCB 协同设计高性能互连通过。应用平台的协同设计方法，工程师可以迅速优化 I/O 缓冲器和跨集成电路、封装和 PCB 的系统互联。该方法还能避免硬件返工并降低硬件成本和缩短设计周期。约束驱动的 Allegro 流程包括高级功能用于设计捕捉、信号完整性和物理实现。由于它还得到 Cadence Encounter 与 Virtuoso 平台的支持，Allegro 协同设计方法使得高效的设计链协同成为现实。

1.1.2　Cadence 新功能

1. Cadence 17.2 版本中原理图部分的新增功能

（1）DesignTrue 在线设计 DFM 技术。

传统的制造设计（DFM）流程包括与设计中心内的制造商或内部签收组的许多交互，每个中间件从发布到制造阶段都花费时间，并影响整体产品发布计划。OrCAD DesignTrue ™设计中的 DFM 技术通过将制造检查包含在已经熟悉的 OrCAD 约束管理系统中来改进过程。制造问题可以在设计过程中实时实现纠正，减少迭代并提高设计效率。

（2）DRC 浏览器。

DRC 浏览器是 OrCAD PCB 编辑器中的新工具，用于定位，查看和解决 DRC。它包含各种导航、排序和过滤功能，以便更容易集中解决 DRC 违规类型和领域的设计问题。这个新工具可以显著提高设计 / 布局工程师的总体生产率。

（3）使用 Rigid-Flex 进行 Interactive3D 画布更新。

OrCAD Interactive3D Canvas 的新功能包括多区域刚挠设计的弯曲、查看其折叠状态、设计弯曲时进行碰撞检查，并以 3D 模式测量所选路径。

（4）无缝 MCAD-ECAD 协作。

OrCAD PCB 编辑器中的 MCAD 协作环境通过启用 OrCAD 工具和其他 MCAD 工具可以读写的基于 IDX 存储库的共享功能来简化协作过程。它减少了管理在设计周期中可能发生的多次更改和错误的担忧。由于 OrCAD MCAD-ECAD 解决方案基于 IDX 的存储库，任何支持 IDX 的 MCAD 解决方案都应该能够与 OrCAD 集成，使用十分简单。

（5）高级路由功能。

路线优化：推动选项优化了"跟踪到特征"间距，并自动中心或均匀地分配通道之间的蚀刻，以促进最大的性能和产量。

路线清除视图：视图可视化地提供实时间距物理约束信息。

（6）一般生产力增强。

动态组件：对齐与 Microsoft 工具类似。

动态大型化：在组件移动过程中实时更新。

多目的地粘贴：新的复制 / 粘贴行为与以后存储和调用多目标粘贴和复制的项目兼容。

2. Cadence 17.2 版本中电路板设计部分的新增功能

（1）全新 Padstack 编辑器界面。

新的 Padstack Editor 界面，简化了设定各种不同 Padstack 的不必要的步骤，使用者只需要在 Start 页面选择要建立的种类与几何形状之后，就能在其他页面进行相关细节的设定。

（2）动态铜支持分层定义。

对于动态铜的 Pin/Via 连接及隔离设定，在新的版本中能够分层来做特别的定义。

（3）以下的设置也支持分层设定。

Dyn_clearance_oversize_array

Dyn_clearance_type

Dyn_fixed_therm_width_array

Dyn_max_thermal_conns

Dyn_min_thermal_conns

Dyn_oversize_therm_width_array

Dyn_thermal_best_fit

Dyn_thermal_con_type

（4）全新的层叠结构界面。

重新设计的叠构编辑设定，充分运用表格式的方法来进行相关设定，其创意来自于 Constraint Manager 的格式，通过一致性的表格让用户操作上更为易用。

（5）支持软硬结合板的多重叠构设计。

对应多重叠构的软硬结合板设计，可通过

Cross Section Editor 设定。

（6）软硬板的区域范围管理。

新增实体区域来分别定义软板或硬板的区域范围。

新增 Classes 及 Subclass 类型。

加入软硬结合板及表面处理的 Class。

（7）新增 Design Outline 及 CUTOUTS subclasses。

对于 Board Geometry 新加入了 Design Outline 及 CUTOUTS 的 subclass 供日后更广泛的应用。

（8）动态区域摆放。

对于不同叠构层面的软硬结合板，在摆放零件时能够依照所属的区域将零件摆放到正确的层面上。

（9）新增动态网状铜。

动态铜现在能直接铺设网状铜。

（10）软件结合板的 Inter Layer Checks。

软硬结合板设计因分别拥有不同的 mask 及表面涂层，并且软板部分还会有弯折的区域，所以要求能做到相对的检查以避免设计因生产组装时发生错误，能通过 Inter Layer Checks 设定相关检查条件。

弯折区域对于 Pin，Via 的检查。

覆盖范围检查。

软硬结合板的生产资料。

Cross section chart 支持多重叠构的表格。

（11）动态泪滴铺铜设置。

动态补泪滴铺铜现在可对各层面进行设定。

（12）新增缺少的 Tapered trace 执行输出报告。

新增的报表可将缺少的渐变 Tapered trace 输出报表。

（13）多元的编辑指令模式。

v16.6-2015 时新增可快速对 Shape 编辑的操作模式，在 v17.2 延续良好的操作编辑特性，又加入了更多元的编辑指令。

（14）全新的 Color Dialog。

资料的呈现是很重要的一环，新的 Color dialog 会让用户以更快速、更有效率的方式来操作使用。

（15）新的视觉呈现。

新的界面以标签页方式来呈现 Layers / Nets / Display / Favorites / Visibility Pane。

能通过 Filter 快速筛选出想设定的元器件。

可以控制显示物件种类，以及在多重叠构下各叠构显示的层面设定

3. Cadence 17.2 版本中仿真分析部分的新增功能

（1）PSpice DMI（Device Modeling Interface）Template Code 产生器。

PSpice 17.2-2016 可使用 PSpice 模型编辑器（Model Editor） 的 DMI（Device Modeling Interface）Template Code 产生器产出 PSpice 连接码（Adaptor code）。PSpice 连接码启动 PSpice 仿真时使用 PSpice DMI DLL 文档。将模拟 / 数字的 C/C++ 及 SystemC 模型（Model）的模型码（Model Code）加入 PSpice 连接码中并使用 Microsoft Visual Studio Express 2013 建立 PSpice DMI DLL 库。当 Spice DMI DLL 库产生后，将其对应的 PSpice 模型（.lib）使用 PSpice 模型编辑器快速建立 OrCAD Capture 元器件，便可运用此 PSpice 模型于 PSpice 设计仿真流程中。PSpice DMI Template Code 产生器提供以下元器件类型。

模拟基础元器件。

通用零件（Generic device）。

电压控制电压源（Voltage-Controlled Voltage Source）。

相依电压源（Function-Dependent Voltage Source）。

电压控制电流源（Voltage-Controlled Current Source）。

相依电流源（Function-Dependent Current Source）。

两端点零件（Generic Two-Node Device）。

端点零件（Generic Three-Node Device）。

数字 C/C++ 基础零件。

SystemC 基础零件。

Verilog-A 基础零件。

（2）新增行为仿真模型的延迟（Delay）功能 DelayT（）及 DelayT1（）功能。

用于简化传统上使用的延迟功能，例如，TLINE 及 Laplace 函数，其减少在收敛上的问题，并比传统功能信号（电压或电流）有更快的计算速度。

–DelayT（）功能的语法为 delayt（v（x），，）。

–DelayT1（）功能的语法为 delayt1（v（x），）。

（3）OPTIONS 指令的 Flag 选项新增 SKIPTOPO。

当 Flag 选项设定 SKIP TOPO = 1 时，则 OrCAD Capture 将跳过拓扑检查（topology checks）。

4．Cadence17.2 版本中用户界面的功能

（1）可自定义的工具栏。

提供更个性化的自定义工具栏属性，能让更多指令变成一个图标。

（2）状态栏的显示与隐藏设定。

可以设定 Status bar 上需要显示或隐藏的信息。

（3）锐角检测。

对于锐角的检查，用户可以通过定义锐角角度对以下四种情况进行确认。

- Line to Pad。
- Line to Shape。
- Shape Edge to Edge。
- Line to Line。

（4）孔的间距检查。

通过 Check holes within pads 的设定，无论 Hole 有无 Pad 均会按照 CM Spacing 内 Hole 的间距设定执行检查。

（5）维持 Padstacks 定义。

如果设计当中有对零件包装进行 Replace Padstack，那么在 Refresh Symbol 时能够选择是否要保留现在设计中的 Padstack 名称而不被刷新。

（6）效能提升。

CPU 效能提升 10% ～ 20%。

Import logic 对于有很多 Pin 数的 Device（>2k pins）条件，处理速度比以往更快。

（7）字符长度增加。

Default internal 的名称长度可由原来的 32 个字符现增加到 255 个字符。

1.2　Cadence 软件的安装

Cadence 软件是标准的基于 Windows 的应用程序，它的安装过程十分简单，只需按照提示步骤进行操作就可以了。

（1）将安装光盘装入光驱后，打开该光盘，并双击 setup.exe 文件，弹出 Cadence 的安装界面，显示产品组件菜单，如图 1-2 所示。

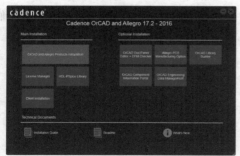

图 1-2　产品组件菜单

（2）安装许可证文件。单击第一项"License Manager（许可管理器）"，弹出安装向导对话框，如图 1-3 所示。

（3）单击"Next（下一步）"按钮，弹出安装协议对话框，选择同意安装"I accept the terms of the license agreement（接受许可协议）"按钮，如图 1-4 所示。

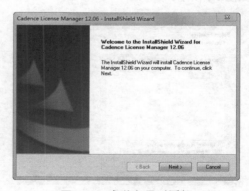

图 1-3　安装向导对话框

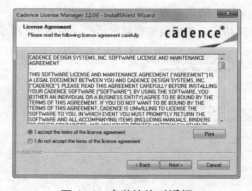

图 1-4　安装协议对话框

（4）单击"Next（下一步）"按钮，进入

下一个对话框。在该对话框中，用户需要选择安装路径。系统默认的安装路径为"D:\Cadence\LicenseManager"，用户可以通过单击"Change"按钮来自定义其安装路径，如图1-5所示。

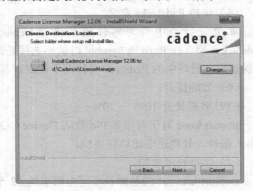

图1-5　目标路径对话框

（5）单击"Next（下一步）"按钮，进入下一个界面，出现安装类型信息的对话框，设置完毕后如图1-6所示。

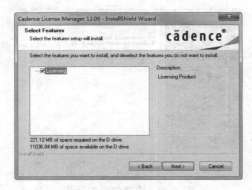

图1-6　选择功能

（6）确定好安装路径后，单击"Next（下一步）"按钮，弹出确定安装对话框，如图1-7所示。

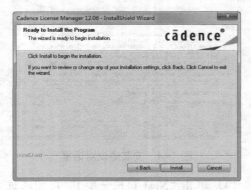

图1-7　确定安装

单击"Install（安装）"按钮，显示安装进度对话框，如图1-8所示。

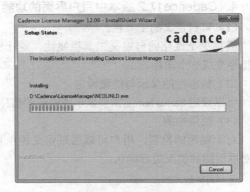

图1-8　安装进度对话框

进度条完成后，弹出许可证文件安装路径选择对话框，如图1-9所示。

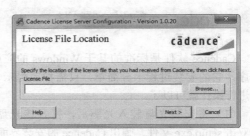

图1-9　许可证安装路径对话框

（7）单击"Cancel（取消）"按钮，弹出确认对话框，如图1-10所示。

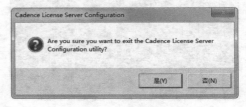

图1-10　确认对话框

（8）选择"是"按钮后退出确认对话框，出现新对话框，如图1-11所示。单击"Finish（完成）"按钮即可完成Cadence许可证文件的安装工作。

（9）接下来安装Cadence的产品，单击"OrCAD and Allegro Products Installation（产品组件）"选项，依次弹出安装向导对话框，如图1-12所示。

（10）单击"Next（下一步）"按钮，弹出Cadence

安装协议对话框。选择"I accept the terms of the license agreement（同意安装）"按钮，如图1-13所示。

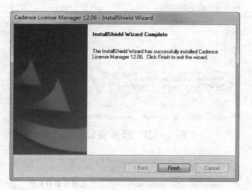

图 1-11 "Finish（完成）"对话框

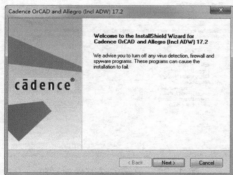

图 1-12 安装向导对话框

（11）单击"Next（下一步）"按钮进入下一个界面，出现安装类型信息对话框，可选"Complete（典型）""Custom（自定义）"两种，默认选择"Complete（典型）"，如图1-14所示。

（12）选择完成后，单击"Next（下一步）"按钮，进入下一个对话框。在该对话框中，用户需要选择 Cadence 的安装路径，可通过单击

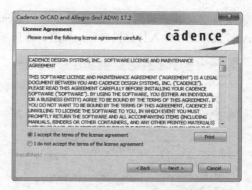

图 1-13 安装协议对话框

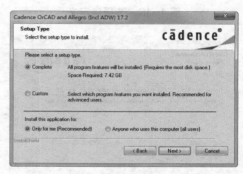

图 1-14 选择安装类型

"Browse"按钮来自定义安装路径，在最下方的"License Path"文本框中输入计算机名称，如图1-15所示。

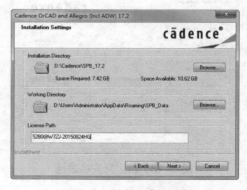

图 1-15 自定义安装路径

若按照图1-16所示选择"Custom（自定义）"按钮，单击"Next（下一步）"按钮，将弹出图1-17所示的设置控制文件位置对话框。

（13）单击"Next（下一步）"按钮，进入下一个对话框。在该对话框中，用户需要选择 Cadence 的安装路径，可通过单击"Browse（搜索）"

按钮来自定义其安装路径，在最下方的"License Server"文本框中输入计算机名称，如图1-18所示。

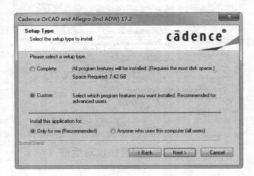

图 1-16　选择自定义

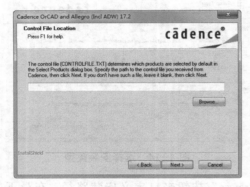

图 1-17　设置控制文件位置

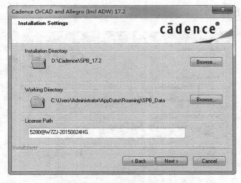

图 1-18　自定义安装路径

单击"Next（下一步）"按钮，进入下一个对话框。在该对话框中，用户选择需要安装的Cadence部件，如图1-19所示，选择后，单击"Next（下一步）"按钮，弹出选项设置对话框，如图1-20所示。

单击"Next（下一步）"按钮，弹出对话框显示要安装的部件，如图1-21所示。

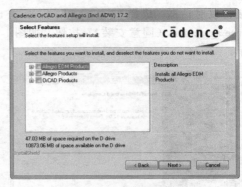

图 1-19　选择安装部件

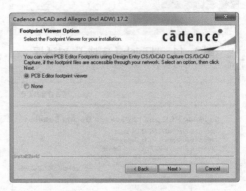

图 1-20　选项设置对话框

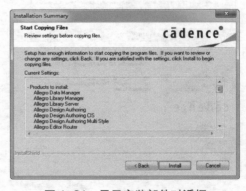

图 1-21　显示安装部件对话框

单击"Install（安装）"按钮，此时对话框内会显示安装进度，由于系统需要复制大量文件，所以需要等待几分钟，如图1-22所示。

（14）安装结束后会出现一个"Finish（完成）"对话框，如图1-23所示。单击"Finish（完成）"按钮即可完成Cadence的安装工作。

单击安装界面中的"Exit（退出）"按钮，退出安装界面，到此完成安装。

在安装过程中，可以随时单击Cancel按钮

来终止安装过程。安装完成以后，将在 Windows
的"开始"→"所有程序"子菜单中创建一个
Cadence 级联子菜单和快捷键。

图 1-22　安装进度对话框

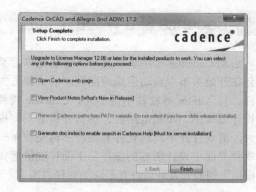

图 1-23　"Finish（完成）"对话框

1.3　电路板总体设计流程

为了让用户对电路设计过程有一个整体的认
识和理解，下面介绍 PCB 电路板设计的总体设计
流程。

通常情况下，从接到设计任务书到最终制
作出 PCB 电路板，主要经历以下几个步骤来
实现。

1. 案例分析

这个步骤严格来说并不是 PCB 电路板设计
的内容，但对后面的 PCB 电路板设计又是必不
可少的。案例分析的主要任务是来决定如何设
计原理图电路，同时也影响到 PCB 电路板如何
规划。

2. 绘制原理图元器件

Cadence 软件虽然提供了丰富的原理图元器
件库，但不可能包括所有元器件，必要时需动手
设计原理图元器件，建立自己的元器件库。

3. 绘制电路原理图

找到所有需要的原理图元器件后，就可以
开始绘制原理图了。根据电路复杂程度决定是否
需要使用层次原理图。完成原理图后，用 ERC
（电气规则检查）工具查错，找到出错原因并
修改原理图电路，重新查错到没有原则性错误
为止。

4. 电路仿真

在设计电路原理图之前，有时会对某一部分
电路设计并不十分确定，因此需要通过电路仿真
来验证。还可以用于确定电路中某些重要元器件
的参数。

5. 绘制元器件封装

与原理图元器件库一样，电路板封装库也不
可能提供所有元器件的封装，需要时自行设计并
建立新的元器件封装库。

6. 设计 PCB 电路板

确认原理图没有错误之后，开始 PCB 的绘
制。首先绘出 PCB 的轮廓，确定工艺要求（使
用几层板等），然后将原理图传输到 PCB 中，在
网络报表（简单介绍来历功能）、设计规则和原
理图的引导下布局和布线。最后利用 DRC（设
计规则检查）工具查错。此过程是电路设计中
的另一个关键环节，它将决定该产品的实用性
能，需要考虑的因素很多，不同的电路有不同
要求。

7. 文档整理

对原理图、PCB 电路图及元器件清单等文件
予以保存，以便后期维护、修改。

1.4 Cadence SPB 17.2 的启动

启动 Cadence 软件非常简单。安装完毕后系统会在开始菜单中自动生成应用程序的快捷方式图标。与 Altium 等软件不同的是，Cadence 软件在设计原理图、印制电路板、仿真分析等不同操作时，需要打开不同的软件界面，不再是在单一的软件界面中设计所有的操作。下面详细讲解如何根据不同的开发环境打开不同的软件界面。

1.4.1 原理图开发环境

OrCAD Capture CIS 或 Design Entry HDL 是专门用于绘制原理图的 EDA 工具，它可以灵活高效地将原理图送入计算机，并生成后续工具能够处理的数据，支持行为和结构的设计描述，并综合了模块编辑功能。

1. OrCAD Capture CIS 原理图设计的启动方法

OrCAD Capture 是 OrCAD 公司于 20 世纪 80 年代末推出的 EDA 软件。于 2000 年被 Cadence 公司收购，OrCAD 所有版本如下。

- SOS 版本（16bit）有 OrCAD SDT 1 ~ 4，原理图扩展名为 "*.sch"，元器件库扩展名为 "*.lib"。
- SOS 版本（32bit）有 OrCAD SDT 386，原理图扩展名为 "*.sch"，元器件库扩展名为 "*.lib"。
- Windows 版本有 OrCAD Capture 6.x、7.x、7.11、7.2、9.x、9.0、9.2.3、10.x、10.0、10.3、10.5、15.7、16.0、16.2、16.3、16.5、16.6、17.0、17.2，原理图扩展名为 *.dsn，元器件库扩展名为 *.olb。

OrCAD Capture CIS 通常有以下 3 种基本启动方式，任意一种都可以启动 OrCAD Capture CIS。

（1）单击 Windows 任务栏中的开始按钮，选择 "开始→所有程序→ Cadence Release 17.2-2016 → Allegro Products 或 OrCAD Products → Capture CIS"，如图 1-24 所示。

（2）单击 Windows 任务栏中的开始按钮，选择 "所有程序" → Cadence Release 17.2-2016 → Allegro Products → "Design Entry CIS"，如图 1-25 所示。

图 1-24 启动方式（1）

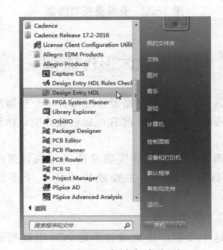

图 1-25 启动方式（2）

（3）直接单击以前保存过的 OrCAD Capture Project 文件，通过程序关联启动 OrCAD Capture CIS。

2. OrCAD Capture CIS 的启动界面

执行上述启动方式后，弹出如图 1-26 所示的文件类型选择对话框，选择所需文件类型 "OrCAD Capture CIS"，单击 "OK（确定）" 按钮，弹出启动界面，如图 1-27 所示，随即弹出软件界面 OrCAD Capture CIS，如图 1-28 所示。

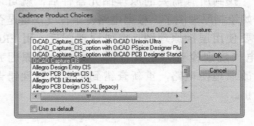

图 1-26 选择文件

注意

　　启动后弹出如图 1-26 所示的选择文件对话框，对话框中有很多程序组件，不要选择"OrCAD Capture"，这个组件和"OrCAD Capture CIS"相比少了很多部件，对元器件的管理不方便，建议选择"OrCAD Capture CIS"组件。

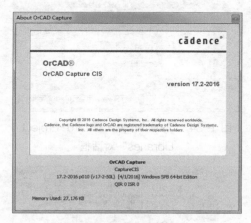

图 1-27　启动界面

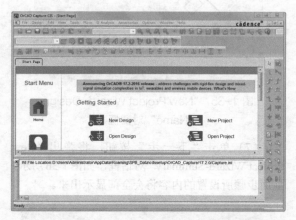

图 1-28　OrCAD Capture CIS 的原理图开发环境

　　在图 1-29 中选择"Allegro Design Entry CIS"，单击"OK（确定）"按钮，弹出 Allegro Design Entry CIS 界面，如图 1-30 所示。

3. Design Entry HDL 原理图设计的启动

　　（1）单击 Windows 任务栏中的开始按钮，选择"所有程序"→ Cadence Release 17.2-2016 → Allegro Products → "Design Entry HDL"，启动

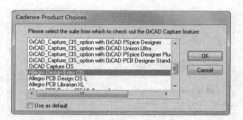

图 1-29　"Cadence Product Choice（产品选择）"对话框

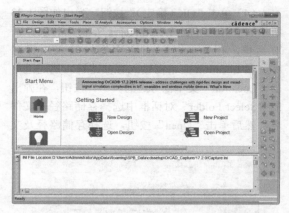

图 1-30　Allegro Design Entry CIS 界面

"Allegro Design Entry HDL"。

　　（2）弹出如图 1-31 所示的文件类型选择对话框，默认所需文件类型，勾选"Use As Default"复选框，默认选择此类型文件，以后启动软件时将不弹出此对话框。

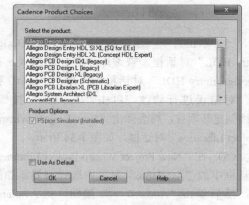

图 1-31　选择文件

　　（3）单击"OK（确定）"按钮，弹出"Open Project（打开项目文件）"对话框，如图 1-32 所示，选择"Create a New Project（创建新项目）"单选按钮，新建项目文件。

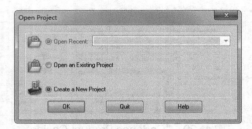

图 1-32　新建项目文件

（4）单击"OK（确定）"按钮，弹出如图 1-33
所示的"New Project Wizard-Project Name and Location"
对话框，在 Project name 文本框内输入项目名
称，在 Location 文本框输入存储路径。或通过单
击"Location"文本框旁边的"…"按钮，在弹出
的"Select Folder"对话框中选择存储路径及文件
名，然后单击"Open"按钮，选择存储路径及文
件名。

图 1-33　"New Project Wizard-Project
Name and Location"对话框

（5）单击"下一步"按钮，将弹出"Design
Entry HDL"对话框，查询库中存在的错误。在
"Design Entry HDL"对话框中，单击"Edit"按
钮，对错误进行修改，单击"Continue"按钮，
继续创建新项目，将会弹出"New Project Wizard-
Project Libraries"对话框，如图 1-34 所示。

（6）在"New Project Wizard-Project Libraries"
对话框中的"Available"列表中选择需要添加的
库，然后单击"Add All →"按钮，把 Available
列表中的所有选项添加到 Project 列表中。

为新项目选择好库后，单击"下一步"按钮，
将出现"New Project Wizard-Design Name"对话
框，如图 1-35 所示。

在"New Project Wizard-Design Name"对话
框中的 Library 下拉文本框中选择需要的库（此

列表中的选项为如图 1-34 所示的对话框中添加的
库），在 Design 文本框内输入设计的名称。也可以
通过单击 Design 文本框旁边的"…"按钮，在弹
出的"Select Cell"对话框内选择在 Library 文本框
中选择库内的选项，表示对已存元器件进行修改。
Cell to Select 列表中显示的均为 74f 库内的元器件。

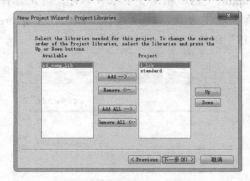

图 1-34　"New Project Wizard-Project
Libraries"对话框

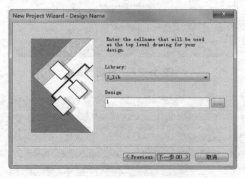

图 1-35　"New Project Wizard-Design
Name"对话框

（7）单击"下一步"按钮，将弹出"New
Project Wizard-Summary"对话框，如图 1-36 所示，
前面步骤所设置的内容将会全部显示出来。

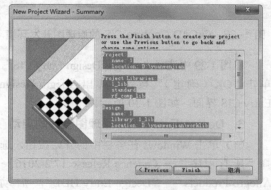

图 1-36　"New Project Wizard-Summary"对话框

（8）单击"Finish"按钮，将弹出"Design Entry HDL"对话框，如图 1-37 所示。

图 1-37　"Design Entry HDL"对话框

（9）在如图 1-37 所示的对话框内，单击"确定"按钮，将会出现"Design Entry HDL"原理图工作界面，如图 1-38 所示。

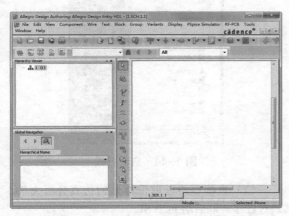

图 1-38　Design Entry HDL 的原理图工作界面

1.4.2　印制板电路的开发环境

1. Allegro PCB 电路板设计的启动方法

Allegro PCB 通常有以下两种基本启动方式，任意一种都可以启动 Allegro PCB Editor。

（1）单击 Windows 任务栏中的"开始"按钮，选择"开始"→"所有程序"→ Cadence Release 17.2-2016 → Allegro Products 或 OrCAD Products →"PCB Editor"，如图 1-39 所示。

（2）直接单击以前保存过的 Allegro PCB 文件，通过程序关联启动 Allegro PCB。

2. Allegro PCB 的启动界面

执行上述启动方式后，弹出如图 1-40 所示的"Cadence 17.2 Allegro PCB Product Choice"对话框，选择所需文件类型"Allegro PCB SI GXL"，单击"OK"按钮，弹出软件界面"Allegro PCB SI GXL"，如图 1-41 所示。

图 1-39　启动方式

图 1-40　"Cadence 17.2 Allegro PCB Product Choice"对话框

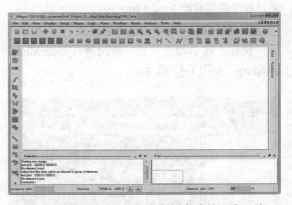

图 1-41　Allegro PCB 印制板电路的开发环境

 注意

在图 1-40 所示的"Cadence 17.2 Allegro PCB Product Choice"对话框中选择不同选项弹出的软件主界面选项名称不同。

1.4.3 信号分析环境

1. Model Integrity 仿真设计的启动方法

Model Integrity 通常有以下两种基本启动方式，任意一种方式都可以启动 Model Integrity。

（1）单击 Windows 任务栏中的开始按钮，选择"开始"→"所有程序"→"Cadence Release 17.2-2016"→"Product Utilities"→"PCB Editor Utilities"→"Model Integrity"，如图 1-42 所示。

图 1-42　启动方式

（2）直接单击以前保存过的仿真分析文件，通过程序关联启动 Model Integrity。

2. Model Integrity 的启动界面

执行上述启动方式后，弹出软件界面 Model Integrity，如图 1-43 所示。

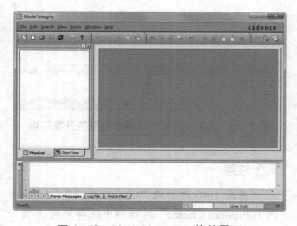

图 1-43　Model Integrity 软件界面

1.4.4 仿真编辑环境

1. PCB SI 仿真设计的启动方法

PCB SI 通常有以下两种基本启动方式，任意一种都可以启动 PCB SI"。

（1）单击 Windows 任务栏中的开始按钮，选择"开始"→"所有程序"→ Cadence Release 17.2-2016 → Allegro Products 或 OrCAD Products "PCB SI"，如图 1-44 所示。

图 1-44　启动方式

（2）直接单击以前保存过的仿真分析文件，通过程序关联启动 PCB SI。

2. PCB SI 的启动界面

执行上述启动方式后，弹出如图 1-45 所示的 "17.2 Allegro PCB SI GXL Product Choices" 对话框，选择所需文件类型"Allegro PCB SI GXL"，单击"OK"按钮，弹出软件界面"Allegro PCB SI GXL"，如图 1-46 所示。

图 1-45　"17.2 Allegro PCB SI GXL Product Choices" 对话框

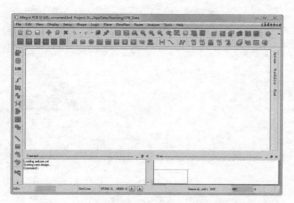

图 1-46 Allegro PCB SI GXL 软件界面

1.4.5 编程编辑环境

1. FPGA 电路板设计的启动方法

Allegro ASIC Prototyping with FPGAs 通常有以下两种基本启动方式,任意一种都可以启动 Allegro FPGA。

(1) 单击 Windows 任务栏中的开始按钮,选择 "开始" → "所有程序" → "Cadence Release 17.2-2016" → Allegro Products 或 OrCAD Products → "FPGA System Planner",如图 1-47 所示。

图 1-47 启动方式

(2) 直接单击以前保存过的 Allegro FPGA 文件,通过程序关联启动 Allegro FPGA。

2. Allegro FPGA 的启动界面

执行上述启动方式后,弹出如图 1-48 所示

的 "Cadence Product Choice-17.2" 对话框,选择所需文件类型,单击 "OK" 按钮,弹出 "Allegro ASIC Prototyping with FPGAs" 对话框,如图 1-49 所示。默认选项参数,单击 "OK" 按钮,弹出软件编程主界面,如图 1-50 所示。

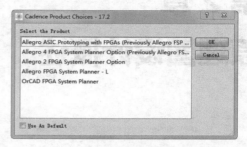

图 1-48 "Cadence Product Choice-17.2" 对话框

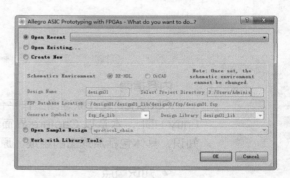

图 1-49 "Allegro ASIC Prototyping with FPGAs" 对话框

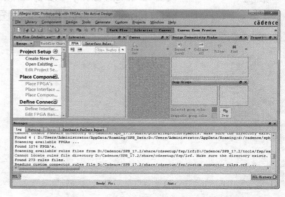

图 1-50 Allegro FPGA 编程主界面

第 2 章
原理图设计概述

内容指南

Cadence 设计原理图工作平台有两种: Design Entry CIS 和 Design Entry HDL, 本章以 Capture 界面为依托, 主要介绍原理图的一些基础知识, 具体包括原理图的组成、原理图编辑器的界面。

☞ **知识重点**

📖 原理图功能简介
📖 Design Entry CIS 原理图图形界面
📖 Design Entry HDL 原理图图形界面

2.1 电路设计的概念

电路设计是指实现一个电子产品从设计构思、电学设计到物理结构设计的全过程。在 Cadence 中，设计电路板最基本的完成过程有以下几个步骤。

1. 电路原理图的设计

电路原理图的设计主要是利用 Cadence 中的原理图设计系统来绘制一张电路原理图。这一步可以充分利用其所提供的各种原理图绘图工具、丰富的在线库、强大的全局编辑能力以及便利的电气规则检查，来达到设计目的。

2. 电路信号的仿真

电路信号仿真是原理图设计的扩展，为用户提供一个完整的从设计到验证的仿真设计环境。它与 Cadence 原理图设计服务器协同工作，以提供一个完整的前端设计方案。

3. 产生网络表及其他报表

网络表是电路板自动布线的灵魂，也是原理图设计与印制电路板设计的主要接口。网络表可以从电路原理图中获得，也可以从印制电路板中提取。其他报表则存放了原理图的各种信息。

4. 印制电路板的设计

印制电路板设计是电路设计的最终目标。利用 Cadence 的强大功能实现电路板的设计，以完成高难度的布线以及输出报表等工作。

5. 信号的完整性分析

Cadence 包含一个高级信号完整性仿真器，能分析 PCB 和检查设计参数，测试过冲、下冲、阻抗和信号斜率，以便及时修改设计参数。

概括地说，整个电路板的设计过程是先编辑电路原理图，接着用电路信号仿真进行验证调整，然后进行布板，再人工布线或根据网络表进行自动布线。前面谈到的这些内容都是设计中最基本的步骤。除了这些，用户还可以用 Cadence 的其他服务器，如创建、编辑元器件库和零件封装库等。

2.2 原理图功能简介

按照功能的不同将原理图设计划分为 5 个部分，分别是项目管理模块、元器件编辑模块、电路图绘制模块、元器件信息模块和后处理模块，功能关系如图 2-1 所示。

下面详细介绍各模块功能。

（1）项目管理模块（Project Manager）：项目管理模块是整个软件的导航模块，负责管理电路设计项目中的各种资源及文件，协调处理电路图与其他软件的接口和数据交换。

（2）元器件编辑模块（Part Editor）：软件自带的软件包提供了大量的不同元器件符号的元器件库，用户在绘制电路图的过程中可以直接调用，非常方便。同时软件包还包含了元器件编辑模块，可以对元器件库中的内容进行修改，删除或添加新的元器件符号。

（3）电路图绘制模块（Page Editor）：在电路图中绘制模块还可以进行各种电路图的绘制工作。

（4）元器件信息模块（Component Information System）：元器件信息模块可以对元器件和库进行高效管理。通过互联网元器件助理可以在互联网上从指定网站提供的元器件数据库中查询更多的元器件，根据需要添加到自己的电路设计中，也可以保存到软件包的元器件库中，以备在后期设计中可以直接调用。

图 2-1　电路图功能模块关系

（5）电路设计的后期处理（Processing Tools）：软件提供了一些后处理工具，可以对编辑完成的电路原理图进行元器件自动编号、设计规则检查、输出统计报告及生成网络报表文件等操作。

2.3 原理图设计平台

Cadence 的两个原理图设计平台 Design Entry CIS 与 Design Entry HDL，拥有不同的界面及元器件库，且不可共用，设计的原理图均可在 Allegro 中进行后期设计。

Design Entry CIS 主要用于常规的板级电路设计，是应用较为广泛的 EDA 软件。与之相比，功能一样强大，通用性更强，可转换到 Mentor 和 PADS，有直观、易学、易用的特点，图样更美观，使用频率更高。下面分别介绍两种原理图设计平台的图形界面。

Design Entry HDL 用于芯片电路和板级电路的设计，把芯片的电路原理图和板级电路原理图结合在一起，进行综合设计，适用于高端用户。可进行 AMS 仿真、元器件定制，有上手难、实用性强的特点；但通用性差，难以与其他软件转换。

2.4 Design Entry CIS 原理图图形界面

Design Entry CIS 成功启动后便可进入主窗口 OrCAD Capture CIS，如图 2-2 所示。用户可以使用该窗口进行工程文件的操作，如创建新工程、打开文件和保存文件等。

2.4.1 OrCAD Capture CIS 界面简介

原理图设计平台同标准的 Windows 软件的风格一致，包括从层叠式菜单结构到快捷键的使用，还有工具栏等。

从图 2-2 中可知，OrCAD Capture CIS 图形界面有 8 个部分，分别如下。

- 标题栏：显示当前打开软件的名称及文件的路径、名称。

- 菜单栏：同所有的标准 Windows 应用软件一样，OrCAD Capture CIS 采用的是标准的下拉式菜单。
- 工具栏：在工具栏中收集了一些常用功能，将它们图标化以方便用户操作使用。
- 项目管理器：此窗口可以根据需要打开和关闭，显示工程项目的层次结构。
- 工作区域：用于原理图绘制、编辑的区域。
- 信息窗口：在该窗口中实时显示文件运行阶段信息。
- 状态栏：在进行各种操作时状态栏都会实时显示一些相关的信息，所以在设计过程中应及时查看状态栏。
- 元器件库：可随时打开或关闭，在此窗口中进行元器件的添加、搜索与查询等操作，是原理图设计的基础。

在上述图形界面中，除了标题栏和菜单栏之外，其余各部分可以根据需要进行打开或关闭。

2.4.2 项目管理器

新建一个原理图文件后，原理图界面弹出一个活动的项目管理器窗口，如图 2-3 所示。

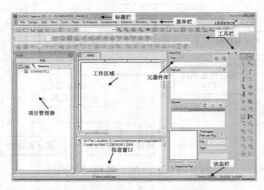

图 2-2 原理图编辑环境 OrCAD Capture CIS

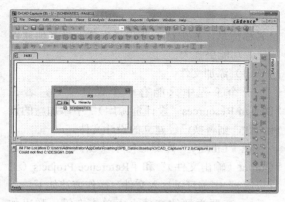

图 2-3　弹出项目管理器

1. 工程管理器简介

项目管理器用于管理用到的所有资源，包含两个选项卡"Files（文件）""Hierarchy（层次）"。

● "Files（文件）"选项卡：按照文件夹的方式组织起来，显示设计中用到的所有文件。一个文件工程只有一个设计数据库".dsn"，其中包含原理图文件夹、多个原理图页面、文件缓存、设计中用到的元器件库、输出文件等。

● "Hierarchy（层次）"选项卡：包含设计中的实体及元器件的层次关系。

2. 工程管理器显示

在项目管理器上右击弹出如图 2-4 所示的快捷菜单，显示项目管理器显示方式：Docked（固定）、Floating（浮动）、MDI Child（子文档）、Docked to（固定到）、MDI Child as（子文档显示）。

图 2-4　快捷菜单

Docked to（固定到）子菜单下有 4 个选项：Top（顶部）、Left（左侧）、Bottom（底部）、Right（右侧），分别显示将项目管理器固定到 4 个方向，如图 2-5 所示。

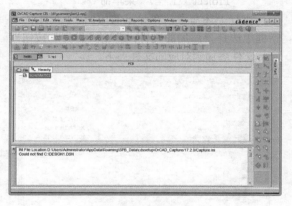

（a）固定到顶部

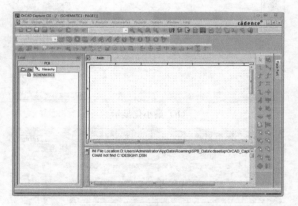

（b）固定到左侧

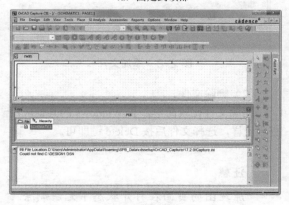

（c）固定到底部

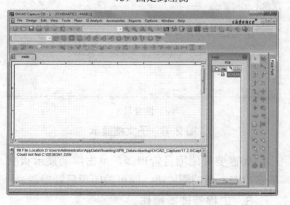

（d）固定到右侧

图 2-5　固定方向

"MDI Child as（子文档显示）"子菜单下有 3 个选项：Maximized（最大化）、Minimized（最小化）、Restored（恢复），如图 2-6 所示。

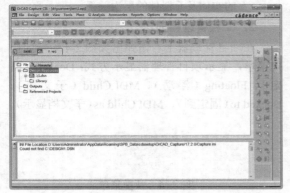

（a）最大化显示

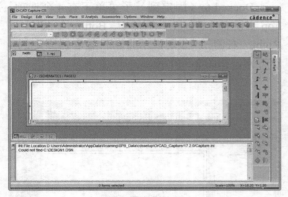

（b）最小化显示

（c）恢复显示

图 2-6　子文档显示

如需要关闭项目管理器，单击浮动显示状况下窗口右上角的×按钮，即可关闭项目管理器。

3. 工程管理器操作

Cadence 软件中的工程管理器有别于 Pads 与

Altium 等软件，还能显示工程中的文件层次结构及名称信息，并进行一些常规设置，与其他软件相比，功能更强大。

（1）添加文件。

一个工程中只能有一个设计文件，若在"Design Resources（设计资源库）"中添加新的设计文件，则替换已经建立的设计文件。

在"Library（库）"中可以加入元器件库，"Output（输出文件）"和"Reference Projects（工程资源）"中都可以加入文件。操作方法如下。

- 在要添加的文件夹上单击右键，弹出如图 2-7 所示的快捷菜单，选择"Add File（添加文件）"命令。

图 2-7　快捷菜单

- 选中文件夹，执行"Edit（编辑）"→"Project（工程）"菜单命令。

执行上述命令，在弹出的如图 2-8 所示的对话框中选择要添加的文件，单击"打开"按钮即可将文件添加到对应的文件夹下。

图 2-8　添加文件

（2）删除文件。

删除文件比较简单，和 Windows 的其他应用程序一样，选择文件后按 Delete 键即可。

 注意

原理图的页面在打开状态下无法删除。另外，删除操作是不可恢复的，需谨慎操作。

（3）复制移动文件。

在工程管理器中可以使用 Windows 应用程序中常用的拖曳功能进行文件的复制移动。这种操作可以在两个设计文件之间、设计文件与元器件库文件之间、两个元器件库文件之间、两个原理图文件夹之间进行。

注意

文件移动或复制后注意马上保存，否则可能会丢数据。

4. 工程管理器结构

在原理图左侧如图 2-9 所示的项目管理器，显示关于此工程的所有原理图文件。

"File（文件）"选项卡包含 3 部分：Design Resources（设计资源）、Outputs（输出）和 PSpice Resources（仿真资源）。

（1）Design Resources（设计资源）。

1）".\1.dsn"的 Capture 数据库文件，与工程同名，表明此工程文件的名字叫作"1.dsn"。

- 在".\1.dsn"下还有"SCHEMATIC1"→"PAGE1"，SCHEMATIC1 表示"1.dsn"中的一个电路图包，PAGE1 是 SCHEMATIC1 包里的一张图纸，如图 2-10 所示。一个工程文件只能包含一个 .dsn 文件，每次只能含有一个 .dsn 文件，每个 .dsn 文件又可以包含很多的 SCHEMATIC，每个 SCHEMATIC 又可以包含很多的 PAGE。图 2-10 显示复杂组织结构图。

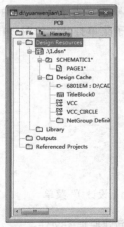
图 2-9　项目管理器

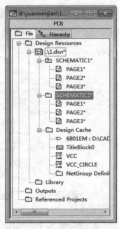
图 2-10　项目管理器结构图

- 在".\1.dsn"下还有一个"Design Cache（设计缓存）"的文件夹，在此文件夹下列表显示原理图包含的组件，有"TitleBlock（标题块）""Vcc_Circle（环形电源）"等。

2）Library（库）中包含工程文件所需的库文件，需要读者自行添加，具体方法将在后面进行详细讲解。

（2）Outputs（输出）。

此目录夹包含原理图设计完成后生成的各种报表文件。

（3）Referenced Projects（参考工程）。

此目录下显示其余设计的工程文件。进行不同类型的文件设计，此项显示不同的目录名称，如进行仿真设计，则此项显示为"PSpice Resources（仿真资源）"。

2.4.3　菜单栏

窗口中标题栏的下方是菜单栏，与其他 Windows 程序一样，OrCAD Capture CIS 的菜单也是下拉式的，并在菜单中包含了级联菜单。

其中，在项目管理器界面与原理图编辑界面下的菜单栏是不同的，图 2-11（a）所示为项目管理器界面下的菜单栏，图 2-11（b）所示为原理图编辑界面下的菜单栏。这些菜单几乎包含了 OrCAD Capture CIS 的所有编辑命令，下面对菜单栏中的常用功能进行简单介绍。

File　Design　Edit　View　Tools　Place　SI Analysis　Accessories　Reports　Options　Window　Help

（a）项目管理器界面

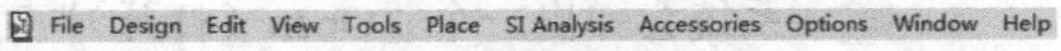

File　Design　Edit　View　Tools　Place　SI Analysis　Accessories　Options　Window　Help

（b）原理图编辑界面

图 2-11　菜单栏

在不同界面下菜单栏中命令基本相同，但也有不同之处，因此下面分别介绍两个不同的菜单命令。

1. 用户配置按钮

在菜单栏最左侧显示的是用户配置按钮（项目管理器界面）和（原理图编辑界面），单击任一种按钮，弹出的下拉菜单如图 2-12 所示。

在此菜单栏中显示的命令主要设置窗口的显示状况，读者可自行进行练习，这里不再赘述。

2."Files（文件）"菜单

"Files（文件）"菜单主要聚集了一些与文件输入、输出有关的功能菜单，这些功能包括对文件的保存、打开、打印输出等。再选择菜单栏中的"文件"则将其子菜单打开，如图 2-13 所示。

图 2-12 用户配置　图 2-13 "Files（文件）"
　　　　菜单　　　　　　　　　菜单

- New：新建。选择此命令，弹出如图 2-14 所示的子菜单，显示新建的文件类型，根据不同设计要求选择不同菜单命令，以创建不同类型的文件。
- Open：打开。选择此命令，弹出如图 2-14 所示的子菜单，选择不同类型的文件，打开对应类型的设计文件，也可以直接在"标准"工具栏中单击"打开"按钮，系统会弹出一个"Open（打开）"对话窗口，从窗口"文件类型"下拉列表中选择不同后缀名的文件，显示选择对应类型的文件，单击"打开"按钮或单击鼠标左键直接双击窗口中的文件名。

图 2-14 "New（新建）"子菜单

- Close：关闭。关闭当前显示的设计文件。
- Save：保存。保存改变过的数据或当前的设计。也可以直接在"标准"工具栏中

单击"Save document（保存文件）"按钮来代替这个菜单功能。

- Check and Save：检查保存。
- Save As：另存为。当希望将当前的更改或设计保存为另一个文件名或改变保存路径时，可以在弹出的对话框中输入想保存的新文件名或重新选择新的保存路径。
- Save Project As：将工程另存为。与"Save As"类似，应用于保存当前工程文件。
- Archive Project：归档。将编辑的设计文件分类放置在对应的文件夹中。
- Import Selection：导入选择。执行该命令后可以导入 OrCAD Capture CIS 不同类型的文件。
- Export Selection：导出选择。同"导入选择"一样，可以选择输出 OrCAD Capture CIS 不同格式的文件。
- Print Preview：打印预览。
- Print：打印。
- Print Setup：打印设置。
- Print Area：打印区域。
- Import Design：导入设计。执行该命令后可以导入转换的其他软件文件。
- Export Design：导出设计。执行该命令后可以导出转换的其他软件文件。
- Exit（退出）：退出 OrCAD Capture CIS 16.6。

3."Design（设计）"菜单

"Design（设计）"菜单的主要功能针对在项目管理模块下的文件管理操作。选择菜单栏中的"Design（设计）"则将其子菜单打开，如图 2-15 所示。

图 2-15 "Design（设计）"菜单

- New Schematic：新建原理图文件。
- New Schematic Page：新建原理图页。

- New VHDL Flies：新建 VHDL 文件。
- New Verilog Flies：新建 Verilog 逻辑文件。
- New Parts：新建元器件。
- New Parts from Spreadsheet：新建数据表元器件。
- New Symbol：新建元器件符号。
- Rename：重命名。
- Remove Occurrence Properties：移除事件属性。
- Make Root：生成根目录。
- Replace Cache：替换缓存。
- Update Cache：更新缓存。
- Cleanup Cache：清除缓存。

4. "Edit（编辑）"菜单

"Edit（编辑）"菜单主要是对一些设计对象进行编辑或操作相关的功能菜单。选择菜单栏中的"Edit（编辑）"选项，则会弹出编辑菜单，如图 2-16 所示。编辑菜单的功能大部分可以直接通过工具栏中的功能图标或快捷命令来完成，为了提高设计效率应尽量使用快捷键和工具栏图标来代替这些功能。下面就各自菜单分别介绍。

（a）项目管理器界面

（b）原理图编辑界面

图 2-16　"Edit（编辑）"菜单

- Undo：撤销。取消先前的操作，返回先前的某一动作。也可以在工具栏中直接

用鼠标单击"撤销"图标■来完成。

- Redo：重做。同"撤销"相反。用来恢复取消的操作。也可以在工具栏中直接用鼠标单击"重做"图标■来完成。
- Repeat：重复。重复操作。
- Label State：标签状态。子菜单中有 3 种状态：Set（设置）、Goto（转到）和 Delete（删除）。
- Cut：剪切。从当前的设计中选择某一目标后，移植到另一个目的地或其他 Windows 应用程序。
- Copy：复制。复制设计中某一选定的对象。
- Paste：粘贴。将"剪切"或"复制"的对象放到目的地，这个对象允许从其他 Windows 应用程序中获得，详情请参考有关章节。
- Delete：删除。删除设计中某一选定的对象。
- Lock：固定。锁定设计中某一选定的对象。
- Unlock：解除锁定。解除固定设计中某一选定的对象。
- Group：组。
- Ungroup：取消组合。
- Browse：搜索。
- Select All：全部选择。
- Properties：属性。
- Project：工程。
- Object Properties：对象属性。
- Link Database Part：链接数据库元器件。
- Derive Database Part：引申数据库元器件。
- Part：元器件。
- Rename Part Property：元器件属性重命名。
- Delete Part Property：删除元器件属性。
- Edit PSpice Component：编辑 PSpice 组件。
- Edit Source Component：编辑源组件。
- Mirror：镜像。子菜单中有三种镜像方法：Vertically（垂直方向）、Horizontally（水平方向）、Both（全部）。
- Rotate：旋转。旋转设计中某一选定的对象。
- Align：排列。排列设计中某一选定的对象。
- Find：查找。
- Replace：替换。

- Global Replace：局部替换。
- Go To：转到指定位置。
- Reset Location：重设位置。子菜单中包含两种可以重设的类型：Pin Number（管脚编号）、Pin Name（管脚名称）。
- Invoke UI：调用用户界面。
- Samples：实例。
- Check Verilog/VHDL Syntax：检查逻辑编程句法。
- Clear Session Log：清除信息窗口。
- Add Part（s）To Group：在组中添加元器件。
- Remove Part（s）From Group：从组中移除元器件。

5. "View（视图）"菜单

"View（视图）"菜单主要包含对当前设计工作区的相关操作，选择菜单栏中的"View（视图）"则将其子菜单打开，如图2-17所示。

（a）项目管理器界面 （b）原理图编辑界面

图2-17 "View（视图）"菜单

- Normal：正常。
- Convert：倒置。
- Part：元器件。
- Package：软件包。
- Next Part：下一个元器件。
- Previous Part：之前的元器件。
- Ascend Hierarchy：上升层次。
- Descend Hierarchy：下降层次。
- Synchronize Up：同时向上。
- Synchronize Down：同时向下。

- Synchronize Across：同时横穿。
- Go To：转到指定位置。
- Zoom：缩放。执行此命令弹出如图2-18所示的子菜单。选择不同命令或执行对应的快捷键进行缩放。

图2-18 子菜单命令

- Fisheye：鱼眼。是一种焦距极短、视角接近水平的观察方法。
- Toolbar：工具栏。控制工具栏的打开与关闭。
- Status Bar：状态栏。控制状态栏的打开与关闭。
- Command Window：命令行窗口。控制命令行窗口的打开与关闭。
- Grid：栅格。控制栅格的打开与关闭。
- Grid References：参考栅格。控制参考栅格的打开与关闭。
- Selection Filter：选择过滤器。
- Previous page：之前的图页。返回到当前设计显示的上一个图页。
- Next Page：下一个图页。转到当前设计显示的下一个图页。
- Database Part：数据库图页。
- Variant View Mode：不同的视图模式。

6. "Tools（工具）"菜单

"Tools（工具）"菜单主要对项目进行管理操作，选择菜单栏中的"Tools（工具）"选项则将其子菜单打开，如图2-19所示。

- Annotate：标注。
- Back Annotate：反向标注。
- Update Properties：更新属性。
- Test Bench：测试工作台。
- Part Manager：元器件管理器。
- Design Rules Check：设计规则检查。
- Create Netlist：生成网络表。
- Create Differential Pair：生成不同对。
- Cross Reference：交叉参考。
- InterSheet References：插入图纸页参考。

（a）项目管理器界面　　（b）原理图编辑界面

图 2-19　"Tools（工具）"菜单

- Bill of Materials：材料报表。
- Export Properties：导出属性。
- Import Properties：导入属性。
- Generate Part：生成元器件。
- Export FPGA：输出 FPGA。
- Split Part：分散元器件。
- Assign Power Pins：分配电源管脚。
- Associate PSpice Model：分配仿真模型。
- Sync NetGroup：同步网络组。
- Customize：自定义。
- Compare Design：比较设计文件。
- Board Simulation：电路板模拟仿真。

7. "Place（放置）"菜单

"Place（放置）"菜单主要用于放置原理图中的各种组成部分。选择菜单栏中的"Place（放置）"选项，将其子菜单打开，如图 2-20 所示。

- Pin：管脚。
- Pin Array：排列管脚。
- Part：元器件。
- PSpice Component：仿真元器件。
- Parameterized Part：参数化元器件。
- Database Part：数据库元器件。
- Wire：导线。
- Auto Wire：自动连线。与电路板设计的自动布线不同，这里的自动布线是有限制的，只有 3 种方式：Two Points（两点）、Multiple Points（多点）和 Connect to Bus（连接到总线）。
- Bus：总线。

（a）项目管理器界面　　（b）原理图编辑界面

图 2-20　"Place（放置）"菜单

- Junction：节点。
- Bus Entry：总线分支。
- Net Alias：网络名。
- Power：电源。
- Ground：接地。
- Off-Page Connector：页间连接符。
- Hierarchical Block：层次方块图。
- Hierarchical Port：层次图纸入口。
- Hierarchical Pin：层次管脚。
- No Connect：不连接。
- IEEE Symbol：IEEE 符号。
- Title Block：标题块。
- Bookmark：书签。
- Text：文本。
- Line：线。
- Rectangle：矩形。
- Ellipse：椭圆。
- Arc：弧。
- Elliptical Arc：椭圆弧。
- Bezier Curve：贝塞尔曲线。
- Polyline：多段线。
- Picture：图像。
- OleObject：Ole 对象。
- NetGroup：网络组。

8. "SI Analysis（仿真分析）"菜单

"SI Analysis（仿真分析）"菜单主要用于放

置原理图后期进行仿真分析所用到的命令操作。选择菜单栏中的"SI Analysis（仿真分析）"选项，将其子菜单打开，如图 2-21 所示。

图 2-21　"SI Analysis（仿真分析）"菜单

- SI Library Setup：仿真库设置。
- Auto Assign Discrete SI Models：自动分配不关联仿真模型。
- Identify DC Nets：定义直流网络。
- Assign SI Model：分配仿真模型。
- Explore Signal（SigXplorer）：探讨信号。
- Explore Topology：探讨拓扑。
- Explore Electrical Csets：探讨电气研究。
- Import Electrical Csets：导入电气研究。
- Remove Electrical Cset Assignments：移除电气研究任务。
- Associate Electrical Cset：联合电气研究。
- Validate Electrical Cset Assignments：使电气研究任务有效。
- Validate SI Model Assignments：使仿真模型分配任务有效。
- SI Model Integrity：仿真模型完整性。
- Export SI Models Used：输出习惯仿真模型。
- Remove SI Model Assignments：移除仿真模型分配。
- View Xnet Signals：查看 Xnet 信号。

9．"Accessories（附件）"菜单

"Accessories（附件）"菜单主要针对一些辅助程序，在项目管理模块下进行文件管理操作。在选择菜单栏中的"Accessories（附件）"则将其子菜单打开，如图 2-22 所示。

（a）项目管理器界面　　　（b）原理图编辑界面

图 2-22　"Accessories（附件）"菜单

- AliasRot：腐蚀别名。
- Hierarchy Report：层次报告。
- Library Correction Utility：库修正程序。
- Mentor：指导。
- Transfer Occ. Prop. to Instance：转移 Occ. Prop. 实例。

10．"Report（报告）"菜单

"Report（报告）"菜单只在项目管理模块中显示，显示报告文件层次关系。选择菜单栏中的"Report(报告)"选项，将其子菜单打开，如图 2-23 所示。

图 2-23　"Report（报告）"菜单

- CIS Bill of Materials：CIS 材料报表。
  - Standard：标准。
  - Crystal Reports：水晶报表。
- Variant Report：变体报告。

11．"Option（选项）"菜单

"Option（选项）"菜单主要用来对系统设计中各种参数的设置和定义。选择菜单栏中的"Option（选项）"，将其子菜单打开，如图 2-24 所示。

图 2-24　"Option（选项）"菜单

- Preferences：属性。
- Design Template：设计向导。
- Autobackup：自动备份。
- CIS Configuration：CIS 配置。
- CIS Properties：CIS 属性。
- Design Properties：设计属性。
- Schematic Page Properties：图页属性。
- Part Properties：元器件属性。
- Package Properties：软件包属性。

12．"Window（窗口）"菜单

"Window（窗口）"菜单可对窗口进行各种操作。选择菜单栏中的"Window（窗口）"选项，将其子菜单打开，如图 2-25 所示。

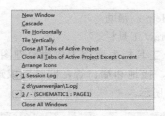

图 2-25 "Windows（窗口）"菜单

- New Window：新窗口。
- Cascade：级联。
- Title Horizontally：水平显示。
- Title Vertically：垂直显示。
- Close All Tabs of Active Project：关闭所有活动窗口。
- Close All Tabs of Active Project Except Current：关闭除当前窗口外所有活动窗口。
- Arrange Icons：排列图标。
- Close All Windows：关闭所有窗口。

13. "Help（帮助）"菜单

从这个菜单中可以了解到疑难问题及答案。再选择菜单栏中的"Help（帮助）"则将其子菜单打开，如图 2-26 所示。

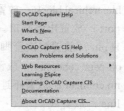

图 2-26 "Help（帮助）"

- OrCAD Capture Help：OrCAD Capture 帮助。如果对 OrCAD Capture 的使用有什么疑难问题，可将其打开。
- Start Page：打开启动界面
- What's New：新增功能。
- OrCAD Capture\CIS Help：OrCAD Capture CIS 帮助。如果对 OrCAD Capture CIS 的使用有什么疑难问题，可将其打开。
- Known Problems and Solutions：问题与解答。有些问题很多的用户特别是新的用户经常碰到，建议先看看这里。
- Web Resources：网络资源。联网寻求技术支持。

- Learning PSpice：学习仿真资源。
- Learning OrCAD Capture CIS：OrCAD Capture CIS 资源。
- Documentation：文档。打开网页版功能简介文档。
- About OrCAD Capture CIS：关于 OrCAD Capture CIS 软件版本说明及一些合法使用象征。

2.4.4 工具栏

在原理图设计界面中，OrCAD Capture CIS 提供了丰富的工具栏，在工具栏中收集了一些比较常用的功能图标以方便用户操作使用。

（1）选择菜单栏中的"View（视图）"→"Toolbar（工具栏）"命令，弹出如图 2-27 所示的子菜单，显示 9 种工具栏。

图 2-27 工具栏菜单命令

（2）在工具栏命令前显示 ✓ 图标，表示在用户界面已打开此工具栏。选择"Customize（自定义）"命令，系统将弹出如图 2-28 所示的"Customizing（自定义）"对话框。在该对话框中可以对工具栏中的功能按钮进行设置，以便用户创建自己的个性工具栏。

图 2-28 "Customize（自定义）"对话框

（3）在对话框中勾选"Toolbars（工具栏）"选项卡下对应复选框，显示出工具栏，如图 2-29 所示。下面分别介绍各工具栏。

图 2-29 "Capture" 工具栏

1）"Capture" 工具栏

"Capture" 工具栏中为用户提供了一些常用的文件操作快捷方式，如打印、缩放、复制和粘贴等，以按钮图标的形式表示出来，如图 2-29 所示。如果将鼠标指针悬停在某个按钮图标上，则该图标按钮所要完成的功能就会在图标下方显示出来，便于用户操作。

: Create document：新建文件。

: Open document：打开文件。

: Save document：保存文件。

: Print：打印文件。

: Cut to clipBoard：剪切到剪贴板。

: Copy to clipBoard：复制到剪贴板。

: Paste from clipBoard：从剪贴板粘贴。

: Undo：撤销。

: Redo：重做。

: Zoom in：放大。

: Zoom out：缩小。

: Zoom to Region：区域缩放。

: Zoom to all：全部缩放。

: Fisheye view：鱼眼。

: Annotate：标注。

: Back annotate：反向标注。

: Design rule check：设计规则检查。

: Create netlist：生成网络表。

: Cross reference parts：交叉引用元器件。

: Bill of materials：材料报表。

: Snap to grid：捕捉到网格。

: Area Select：框选。

: Drag connected object：拖曳连接对象。

: Project manager：工程管理器。

: Help：帮助。

2）Draw 工具栏

Draw 工具栏主要用于放置原理图中的元器件、电源、接地和端口等，同时完成连线操作，如图 2-30 所示。

图 2-30 Draw 工具栏

: Select：选取。

: Place part：放置元器件。

: Place wire：放置导线。

: Place NetGroup：放置网络组。

: Auto Connect two points：两点自动布线。

: Auto Connect multi points：多点自动布线。

: Auto Connect to Bus：自动连接到总线。

: Place net alias：放置网络名。

: Place bus：放置总线。

: Place junction：放置节点。

: Place bus entry：放置总线分支。

: Place power：放置电源。

: Place ground：放置接地。

: Place hierarchical block：放置层次方块图。

: Place port：放置电路端口。

: Place H pin：放置层次管脚。

: Place off-page connector：放置页间连接符。

: Place no connect：放置不连接符号。

: Place line：放置线。

: Place polyline：放置多段线。

: Place rectangle：放置矩形。

: Place ellipse：放置椭圆。

: Place arc：放置圆弧。

: Place elliptical arc：放置椭圆弧。

: Place Bezier：放置贝塞尔曲线。

: Place text：放置文本。

: Place IEEE Symbol：放置 IEEE 符号。

: Place pin array：放置管脚阵列。

2.5 Design Entry HDL 原理图图形界面

Design Entry HDL 是 Cadence 公司自身的旧版软件 Concept HDL，是设计环境支持行为和结构的设计描述软件，并综合了模块编辑功能，将原理图分成很多页，每次只显示 1 页。原理图中的所有元器件都是参考不同的库，因此可以用归档功能将所用的库归档到一起。

在打开一个原理图设计文件或创建了一个新的原理图文件的同时，"Design Entry HDL"的原理图编辑器"Allegro Design Entry HDL"将被启动，即打开了电路原理图的编辑软件所处环境，如图 2-31 所示。

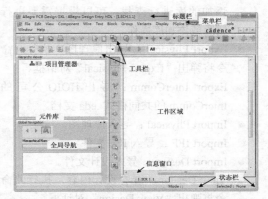

图 2-31　原理图编辑环境
"Allegro Design Entry HDL"

2.5.1　OrCAD Capture HDL 界面简介

原理图设计平台同标准的 Windows 软件的风格一致，包括层叠式菜单结构、快捷键的使用、工具栏等。

PADS Logic 图形界面有 9 个部分，分别如下。

- 标题栏：显示当前打开软件的名称及文件的路径、名称。
- 菜单栏：同所有的标准 Windows 应用软件一样，OrCAD Capture HDL 采用的是标准的下拉式菜单。
- 工具栏：在工具栏中收集了一些比较常用功能，将它们图标化以方便用户操作使用。
- 项目管理器：此窗口可以根据需要打开和关闭，以随时显示工程项目的层次结构。
- 元器件库：可随时打开或关闭，在此窗口中进行元器件的添加、搜索与查询等操作，是原理图设计的基础。
- 工作区域：用于原理图绘制、编辑的区域。
- 信息窗口：在该窗口中实时显示文件运行

阶段消息。

- 状态栏：在进行各种操作时状态栏都会实时显示一些相关的信息，所以在设计过程中应及时查看状态栏。

2.5.2　OrCAD Capture HDL 特性

Design Entry HDL 的特性如下。

- 自顶向下设计可以快速创建模块并连接模块。交叉视图发生器可以创建从 HDL 描述创建模块或自动从上一层电路图产生 HDL 文本。
- 定制用户界面，可以定制菜单、工具栏、功能键和创建新命令。
- 层次编辑器可以查看设计结构。
- 属性编辑器可以注释属性并驱动物理设计。
- 与设计同步工具包继承，可以查看原理图和 PCB 的不同并同步。
- 在 Design Entry HDL 和其他工具之间实现交叉探查。
- 支持设计重用。
- 与 Rules Checker 集成，Rules Checker 是一个先进的规则检查和开发系统。
- 与 PCB Editor 约束管理器集成，可以提取和管理约束。
- 支持导入 IFF 文件。
- Design Entry SKILL，提供 SKILL 编程接口。

2.5.3　项目管理器

项目管理器是对用户的设计进行统一管理以及环境设计的工具，是板级设计工具的整合环境。项目管理器可以创建设计项目和库项目，设置项目，导入、导出和归档项目。

Cadence 板级设计流程都在项目管理器下进行，通过项目管理器可以方便地进入各个设计环节，如原理图设计、PCB 设计和高速仿真等，还可以进行原理图向 PCB 的转换、设计环境的设置等。

2.5.4　菜单栏

Design Entry HDL 用户界面的菜单栏包括用户配置按钮、File（文件）、Edit（编辑）、View（视图）、Component（组件）、Wire（画线）、Text（文本）、Block（模块）、Group（群组）、Variants（变体）、Display（显示）、PSpice Simulator（仿真）、RF-PCB（RF 布线）、Tools（工具）、Window（窗口）和 Help（帮助）16 个下拉菜单，如图 2-31 所示。

1. 用户配置按钮

单击菜单栏最左侧显示的是用户配置按钮，弹出的下拉菜单如图 2-32 所示。

2. "Files（文件）"菜单

"Files（文件）"菜单主要聚集了一些跟文件输入、输出方面有关的功能菜单，这些功能包括对文件的保存、打开、打印输出等。在选择菜单栏中的"文件"则将其子菜单打开，如图 2-33 所示。

图 2-32　用户配置　　图 2-33　"Files（文件）"
　　　按钮　　　　　　　　菜单

- Save As：另存为命令。执行此命令，将弹出 View Save As 对话框，选择保存的路径及名称对当前设计页面进行保存。
- Save All：保存所有打开工作页面的内容。
- Save Hierarchy：保存层结构。
- Save All and Baseline：保存全部内容。
- Revert：转换命令。
- Recover：覆盖命令，将原有文件覆盖。
- Remove：移除命令，执行该命令将弹出"View Remove"对话框，将选择的目标从列表内删除。

- Edit Page/Symbol：编辑页面。
- Edit Hierarchy：编辑层次。
- Return：返回命令。
- Refresh Hierarchy Viewer：刷新层次。
- Change Product：执行该命令，将弹出"Cadence Product Choices"对话框，可以改变打开 Design Entry HDL 软件的方式。
- View Search Stack：执行该命令，将弹出"Search Stack"对话框，对在当前项目中添加的库进行查找，可以根据需要进行删除或添加库操作。
- Export Physical：导出原理图，执行此命令将弹出"Export Physical"对话框。
- Export InterComm：导出 HOIO 公司的 InterComm 的共同格式 .eda 文档。
- Import Physical：导入原理图。
- Import IFF：导入 IFF 文件。
- Import Design：导入设计文件。
- View Design：查看设计内容，执行此命令将弹出"View Design"对话框。
- Publish PDF：发布 PDF 文件。
- Plot Setup：打印设置命令，执行此命令，将会弹出"Design Entry HDL Options"对话框，进行相关的打印参数设置。
- Plot Preview：打印前预览。
- Plot：打印命令，Ctrl+P。

3. "Edit（编辑）"菜单

"Edit（编辑）"菜单对所选择的目标进行相应的编辑，如图 2-34 所示。

- Copy All：复制全部命令，复制当前设计中所有的对象。
- Copy Repeat：复制重复内容。
- Paste：粘贴命令。
- Paste Special：粘贴特殊部分命令。
- Search：搜索命令。
- Array：陈列命令。
- Delete：删除命令，Ctrl+Delete。
- Color：调出颜色选择工具栏。
- Split：分割命令。
- Module Order：单元顺序命令。执行此命令将弹出 Hierarchy Viewer 窗口。
- Align and Distribute：对齐和分散命令。

- Image：图像命令。此项命令又分为 Insert（插入图像）命令，Stretch（延伸图像）命令和 Capture（捕捉图像）命令。
- Mirror：镜像命令，在此命令中又分为 Vertical Axis（垂直镜像）命令和 Horizontal Axis（水平镜像）命令。
- Rotate：旋转命令。
- Spin：管脚命令。
- Are：圆弧命令。
- Circle：圆形命令。

4. "View（视图）"菜单

"View（视图）"菜单主要是对工作区视图进行调整，其中包括显示窗口命令，如图 2-35 所示。

图 2-34　"Edit（编辑）"　图 2-35　"View（视图）"
　　　菜单　　　　　　　　　　菜单

- Zoom by Point：在特殊点进行缩放。
- Zoom Fit：缩放到包含整个图画面，快捷键是 F2。
- Zoom In：放大，快捷键是 F11。
- Zoom Out：缩小，快捷键是 F12。
- Zoom Scale：比例缩放，执行此命令将弹出"Scale Factor"对话框。
- Pan Up：向上取景，Ctrl+Up。
- Pan Down：向下取景，Ctrl+Down。
- Pan Left：向左取景，Ctrl+Left。
- Pan Right：向右取景，Ctrl+Right。
- Previous View：查看先前操作，快捷键是 F10。
- Grid：用于设置是否在工作窗口中显示

格点。
- Status Bar：用于设置是否在工作界面显示状态栏。
- Error Status Bar：用于设置是否在工作界面内显示错误状态栏。
- Console Window：用于设置是否在工作界面显示 Console 窗口。
- Search Result：搜索结果。
- Interface Browser：用于设置是否显示界面浏览器。
- Hierarchy Viewer：用于设置是否在工作界面显示 Hierarchy Viewer 窗口。
- Global Navigate：用于设置是否在工作界面显示 Global Navigate 窗口。
- Data Tips：用于设置是否显示数据处理系统。
- Toolbars：用于设置是否显示"Customize"对话框。

5. "Component（元器件）"菜单

"Component（元器件）"菜单主要包含一些编辑原理图页面所需的选择添加元器件的常用命令。如图 2-36 所示。

图 2-36　"Component（元器件）"菜单

① Add：增加元器件。
② Replace：替换元器件。
③ Version：查看版本。
④ Modify：修改元器件。
⑤ Section：部分。
⑥ Swap Pins：交换管脚。
⑦ Bubble Pins：推挤的管脚。
⑧ Unconnected Pins：未连接的元器件管脚。
⑨ Smash：打散元器件。

6. "Wire（连线）"菜单

"Wire（连线）"菜单主要包含原理图页面中连线的一些常用操作，如图 2-37 所示。

① Draw：画线段。

② Route：布线线段。

③ Signal Name：信号名称。

④ NetGroup：网络组。

⑤ Interface：连接。

⑥ Bus Name：总线名称。

⑦ Bus Tap：总线。

⑧ Bus Tap Values：总线。

⑨ Dot/Connection point：特殊标记。

⑩ Thick：加厚。

⑪ Thin：缩薄。

⑫ Pattern：模式。

7."Text（文本）"菜单

"Text（文本）"菜单主要包含电路图中与文本相关的属性设置命令，如图2-38所示。

图2-37 "Wire（连线）"图2-38 "Text（文本）"
　　　　菜单　　　　　　　　　菜单

- Property：性能。
- Custom Text：文本设置。
- Attributes：属性。
- Assign Power Pins：分配单元管脚。
- Assign Signal Model：分配信号。
- Update Sheet Variables：更新页面变量。
- Change：变化。
- Rename Signal：重命名信号。
- Port Names：端口名称。
- Note：注释。
- File：文件。
- Set Size：设置尺寸。
- Increase Size：增加尺寸。
- Decrease Size：减小尺寸。

- Swap：交换。
- Reattach：附件。
- Property Display：显示性能。
- Property Justification：性能验证。
- Global Property Display：显示整体特性。

8."Block（模块）"菜单

"Block（模块）"菜单主要包含对模块进行相关编辑的命令，如图2-39所示。

- Add：添加模块。
- Rename：重命名模块。
- Stretch：延伸模块。
- Draw Wire：为模块添加绘制线。
- Route Wire：为模块添加布线。
- Add Pin：为模块增加管脚序列。
- Rename Pin：重命名管脚序列。
- Delete Pin：删除管脚。
- Move Pin：移动管脚。

9."Group（群组）"菜单

"Group（群组）"菜单主要包含Create、Copy、Move和Set等命令，如图2-40所示。

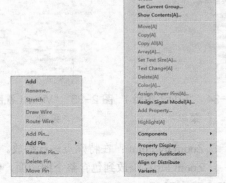

图2-39 "Block（模块）"图2-40 "Group（群组）"
　　　　菜单　　　　　　　　　菜单

- Create：创建群组。
- Set Current Group：设置当前群组。
- Show Contents[A]：显示当前群组的内容。
- Move：移动群组内的内容。
- Copy：复制群组内的选项。
- Array：群组内选项阵列。
- Set Text Size[A]：设置群组内的文字大小。
- Text Change[A]：改变文字内容。
- Delete[A]：删除群组内选择的内容。
- Color[A]：为群组设置颜色。

- Assign Power Pins[A]：为选中内容分配电源管脚。
- Assign Signal Model[A]：分配信号。
- Add Property：增加属性。
- Highlight[A]：高亮显示。
- Components：组成部件。
- Property Display：显示性能。
- Property Justification：性能验证。
- Align or Distribute：对齐与分散。
- Variants：变体。

10. "Variants（变体）"菜单

Variants（变体）菜单主要包含对变体的创建、编辑于重命名等命令，如图 2-41 所示。

图 2-41　"Variants（变量）"菜单

- Create Variant：创建变体。
- Edit Variant：编辑变体。
- Remove Variant：移除变体。
- Launch Variant Editor：启动变体编辑器。
- View Variant Schematic：查看变体原理图。
- Enable Hierarchical Variants：启用变体原理图。
- Disable Hierarchical Variants：禁用变体原理图。
- Mark For Variant：编辑变体。
- Remove From Variant：从变体中删除。
- Mark As Do Not Install：标记为"不安装"。
- Mark Preferred：优先标记。
- Modify Component：修改元器件。
- Add Alternate：添加替代项。
- Modify Properties：修改属性。
- Replace Component：替代元器件。
- Revert To Base：回复到基础。

11. "Display（显示）"菜单

"Display（显示）"菜单主要包含 Color、Highlight、Dehighlight 和 Distance 等命令，如图 2-42 所示。

- Highlight：高亮显示。
- Dehighlight：取消高亮显示。
- Attachments：显示附件。
- Color：显示颜色。
- Component：显示组件。
- Connections：显示连接内容。
- Coordinate：显示协调。
- Directory：显示名称。
- Distance：显示距离。
- History：显示历史记录。
- Keys：显示关键部分。
- Modified：显示修改内容。
- Net：显示网络。
- Origins：显示原点。
- Pins：显示管脚。
- Pin Names：显示管脚名称。
- Properties：显示性能。
- Return：返回。
- Text Size：显示文字型号。

12. "PSpice Simulator（仿真）"菜单

"PSpice Simulator（仿真）"菜单主要包含对原理图进行仿真的一些操作命令，如图 2-43 所示。

图 2-42　"Display （显示）"菜单　　图 2-43　"PSpice Simulator （仿真）"菜单

- Enable Pspice Simulation：启用 Pspice 仿真。
- New Simulation Profile：新建模拟挡。
- Edit Simulation Profile：编辑模拟挡。

- Delete Simulation Profile：删除模拟挡。
- Run：运行模拟。
- Probes：设置探针。
- View Result：观察结果。
- Create Netlist：创建网络表。
- View Netlist：查看网络表。
- Create Subcircuit：创建支电路。
- View Subcircuit：查看支电路。
- Advanced Analysis：进一步分析。
- Edit Model：编辑模拟。
- Edit Stimulus：编辑激励源。
- Associate Model：连接模板。
- Simulate Multiple Profiles：模拟多重挡。
- Analog Date Tips：相似数据处理系统。
- Bias Points：偏差点。
- Display PSpice Names：显示 PSpice 名称。

13. "RF-PCB" 菜单

"RF-PCB" 菜单下包含两大类 Import IFF、RF Group，如图 2-44 所示。

14. "Tools（工具）" 菜单

"Tools（工具）" 菜单主要包含 Expand Design、Global Find、Global Navigate、Global Update、Constraints 和 Check 等命令，如图 2-45 所示。

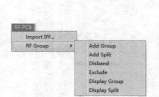

图 2-44 "RF-PCB" 菜单　　图 2-45 "Tools（工具）" 菜单

- Global Navigate：整体忽略。
- Global Update：整体更新。
- Constraints：约束。
- Check：检查。
- Error：错误。
- Markers：标记。

- Run Script：运行脚本。
- Back Annotate：回注。
- Simulate：模拟。
- Interface Editor：接口编辑。
- Hierarchy Editor：层编辑。
- Generate View：创建视图。
- Packager Utilities：封装工具。
- Part Manager：元器件管理器。
- Refresh Quick Pick：刷新快速拾取。
- Model Assignment：模板分配。
- Design Association：设计结合。
- Design Differences：设计区分。
- Customize：定义。
- Options：选项。

15. "Window（窗口）" 菜单

"Window（窗口）" 菜单主要包含 New Window、Cascade、Refresh 等命令，如图 2-46 所示。

- New Window：新窗口命令。表示打开新的窗口，其默认窗口名与原窗口名相同。
- Refresh：刷新命令。表示刷新当前窗口的显示内容。
- Cascade：窗口层叠。
- Tile：平铺命令。
- Arrange Icons：重排图标。

16. "Help（帮助）" 菜单

"Help（帮助）" 菜单中主要包含 Web Resources、Documentation 等命令，如图 2-47 所示。

图 2-46 "Window（窗口）" 菜单　　图 2-47 Help（帮助）" 菜单

2.5.5 工具栏

Design Entry HDL 原理图工作平台提供了 14 种工具栏。工具栏的调用方法很简单，单击菜单栏中的 "View（视图）" → "Toolbar（工具栏）" 命令，将弹出 "Customize（自定义）" 对话框，如图 2-48 所示。

图 2-48　"Customize（自定义）"对话框

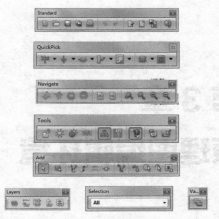

图 2-49　常用的工具栏

在"Customize（自定义）"对话框打开 Toolbars 选项卡，在该选项卡内的 Toolbars 列表区域内显示了 Design Entry HDL 原理图工作平台所提供所有工具栏，只需选择所希望显示的工具栏，便可以调出相应的工具栏。图 2-49 所示为常用的工具栏。

第 3 章
原理图编辑环境

内容指南

　　本章将详细介绍关于原理图设计的一些基础知识，包括原理图绘制的一般流程、新建与保存原理图文件、原理图环境设置等。只有设计出符合需要和规则的电路原理图，才能对其顺利进行仿真分析，最终变为可以用于生产的 PCB 文件。

☞**知识重点**

　📖 电路原理图的设计步骤
　📖 文件管理系统
　📖 配置系统属性
　📖 设置设计环境
　📖 视图操作

3.1 电路原理图的设计步骤

电路原理图的设计大致可以分为新建原理图文件、设置工作环境、放置元器件、原理图的布线、建立网络报表、原理图的电气规则检查、编译和调整、存盘和报表输出等几个步骤，其流程如图 3-1 所示。

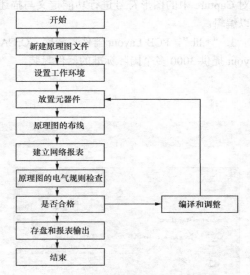

图 3-1　原理图设计流程图

电路原理图具体设计步骤如下。

1. 新建原理图文件

在进入电路图设计系统之前，首先要创建新的工程，在工程中建立原理图文件。

2. 设置工作环境

根据实际电路的复杂程度来设置图纸的大小。在电路设计的整个过程中，图纸的大小都可以不断地调整，设置合适的图纸是完成原理图设计的第一步。

3. 放置元器件

从元器件库中选取元器件，放置到图纸的合适位置，并对元器件的名称、封装进行定义和设定，根据元器件之间的连线等关系对元器件在工作平面上的位置进行调整和修改，使原理图美观且易懂。

4. 原理图的布线

根据实际电路的需要，利用原理图提供的各种工具、指令进行布线，将工作平面上的元器件用具有电气意义的导线、符号连接起来，构成一幅完整的电路原理图。

5. 建立网络报表

完成上面的步骤以后，可以看到一张完整的电路原理图，但是要完成电路板的设计，还需要生成一个网络报表文件。网络报表是印制电路板和电路原理图之间的桥梁。

6. 原理图的电气规则检查

当完成原理图布线后，需要设置项目编译选项来编译当前项目，利用软件提供的错误检查报告修改原理图。

7. 编译和调整

如果原理图已通过电气检查，那么原理图的设计就完成了。这是对于一般电路设计而言，但是对于较大的项目，通常需要对电路多次修改才能够通过电气规则检查。

8. 存盘和报表输出

软件提供了利用各种报表工具生成的报表（如网络报表、元器件报表清单等），同时可以对设计好的原理图和各种报表进行存盘和输出打印，为印刷电路板的设计做好准备。

3.2 原理图类型简介

原理图是网络表的图形演绎方式。原理图就是用符号表示逻辑门电路，用线条表示线路连接线，在原理图的绘制中，每个电路符号都有其自身的外形以及一些管脚连接。但很多表示通用逻辑功能的符号可以根据已形成的外形来确定，如与、或、非、异或等。很多符号用方框来表示，没有任何线索可以看出它们的功能，这些符号是电路模块的一个包装，是用最基本的逻辑门设计的，在这类符号中的电路组合称为宏。用原理图工具绘制原理图的过程就是不断地向原理图中添加符号和线路，直到所有需要的元器件和连线全部绘制完毕。

原理图设计中常用文档类型如下。

- *.opj—项目管理文件
- *.dsn—电路图文件
- *.olb—图形符号库文件
- *.lib—仿真模型描述库文件
- *.mnl—网络报表文件
- *.max—电路板文件
- *.tch—技术档文件
- *.gbt—光绘文件
- *.llb—PCB 封装库文件
- *.log、*.lis—记录说明文件
- *.tpl—板框文件

- *.sf—策略档文件 OrCAD 软件包含的库

1. "*.olb"，Capture 专用的图形符号库，只有电气特性，没有仿真特性的库。此类库没有相应的 *.lib 库，且器件属性中没有 PspiceTemplate 属性。能够利用 PSpice 进行仿真的库有相应的 *.lib 库，且器件属性中有 PspiceTemplate 属性。

2. "*.lib"，-PSpice 仿真库，利用 Spice 语言对 Capture 中的图形符号进行功能定义与描述，可以编辑。

3. "*.llb"，PCB Layout 器件封装库。OrCAD Layout 提供 3000 多个国际标准的器件封装。

3.3 文件管理系统

OrCAD Capture CIS 为用户提供了一个十分友好且宜用的设计环境，它打破了传统的 EDA 设计模式，采用了以工程为中心的设计环境。本节将介绍有关文件管理的一些基本操作方法，包括新建文件、打开已有文件、保存文件和删除文件等，这些都是进行 OrCAD Capture CIS 操作中最基础的知识。

3.3.1 新建文件

Capture 的 Project 是用来管理相关文件及属性的。新建 Project 的同时，Capture 会自动创建相关的文件，如 DSN、OPJ 文件等，根据创建的 Project 类型的不同，生成的文件也不尽相同。

1. 新建工程文件

选择菜单栏中的"File（文件）"→"New（新建）"命令或单击"Capture"工具栏中的"Create document（新建文件）"按钮█，弹出如图 3-2 所示的"New Project（新建工程）"对话框。

（1）Create a New Project Using：创建一个新的工程文件。根据不同后续处理的要求，新建工程文件时必须选择相应的类型。Capture 支持 4 种不同的 Project 类型：

- PSpice Analog or Mixed A/D：进行数 / 模混合仿真。
- PC Board Wizard：进行印刷板图设计。

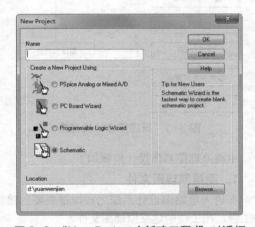

图 3-2 "New Project（新建工程）"对话框

- Programmable Logic Wizard：可编程器件 CPLD、FPGA 的设计。
- Schematic：进行原理图设计。

一般选择上述 4 种情况下的"Schematic"，进行原理图设计。

（2）Name：名称。输入工程文件名称。因为进行原理图设计，所以选"schematic"选项，而原理图的名称，一般全部由小写字母及数字组成，不加其他符号，如"myproject"。

（3）Location：路径。单击右侧的 Browse... 按钮，选择文件路径。

完成设置后，单击 OK 按钮，进入原理图编辑环境。

2. 新建原理图文件

（1）在一个工程文件下可以有多个"Schematic（电路图）"，每个电路包下也可以有多张电路图页，如 Page2、Page3，但是这些电路图必须是关联的。

因为电路仿真是针对整个 Schematic1 或 Schematic2 进行的，而不是针对单个 PAGE1 或 PAGE2 进行的，因此对 Schematic1 进行仿真，则 Schematic1 目录下的 Page 全部进行仿真分析。

（2）在如图 3-3 所示的项目管理器中选中工程名称，选择菜单栏中的"Design（设计）"→"New Schematic（新建原理图）"命令，或单击右键，弹出如图 3-4 所示的快捷菜单。

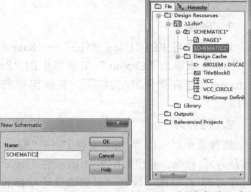

图 3-5　"New Schematic　图 3-6　新建电路图文件（新建电路图）"对话框

图 3-3　项目管理器　　　图 3-4　快捷菜单

图 3-7　项目管理器　　　图 3-8　快捷菜单

（3）选择"New Schematic（新建电路图）"命令，弹出"New Schematic（新建电路图）"对话框，在"Name（名称）"文本框内输入电路图包名称，默认名称为 SCHEMATIC2，如图 3-5 所示。

单击 OK 按钮，完成电路图添加，如图 3-6 所示。

3. 新建原理图页文件

（1）在如图 3-7 所示的项目管理器中选中原理图名称，选择菜单栏中的"Design（设计）"→"New Schematic Page（新建原理图图页）"命令，或单击右键，弹出如图 3-8 所示的快捷菜单。

（2）选择"New PAGE（新建图页）"命令，弹出"New Page in Schematic（在电路图中新建图页）"对话框，在"Name（名称）"文本框内输入电路图包名称，默认名称为 PAGE2，如图 3-9 所示。

（3）单击 OK 按钮，完成图页添加，用同样的方法继续添加图页文件，结果如图 3-10 所示。

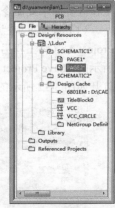

图 3-9　"New Page in Schematic（在电路图中新建图页）"对话框

图 3-10　新建图页文件

3.3.2 保存文件

1. 保存

选择菜单栏中的"File（文件）"→"Save（保存）"命令或单击"Capture"工具栏中的"Save document（保存文件）"按钮，直接保存当前文件。

2. 另存为

选择菜单栏中的"File（文件）"→"Save As（另存为）"命令，弹出如图 3-11 所示的"Save As（另存为）"对话框，读者可以更改设计项目的名称、所保存的文件路径等，执行此命令一般至少需修改路径或名称中的一种，否则直接选择保存命令即可。完成修改后，单击"保存"按钮，完成文件另存。

图 3-11　"Save As（另存为）"对话框

3. 将工程另存为

此命令只能在项目管理器界面下进行操作，工作区界面中此命令为灰色，无法进行操作。

（1）选择菜单栏中的"File（文件）"→"Save Project As（将工程另存为）"命令，弹出如图 3-11 所示的"Save Project As（将工程另存为）"对话框，打开如图 3-12 所示的对话框。

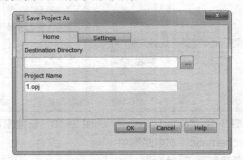

图 3-12　"Save Project As（将工程另存为）"对话框

（2）在"Home（首页）"选项卡中，在"Destination Directory（最终目录）"文本框下单击 ⬚ 按钮，弹出如图 3-13 所示的"Select Directory（选择目录）"对话框，选择路径，单击 OK 按钮，返回"Save Project As（将工程另存为）"对话框。在"Project Name（工程名称）"文本框中输入工程名称。

图 3-13　"Select Directory（选择目录）"对话框

（3）单击"Settings（设置）"选项卡，显示如图 3-14 所示的界面。

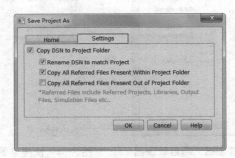

图 3-14　"Setting（设置）"选项卡

Copy DSN to Project Folder：将数据集保存到工程文件夹。

- **Rename DSN to match Project**：重命名数据集以匹配工程文件。
- **Copy All Referred Files Present Within Project Folder**：将所有相关文件均保存在工程文件夹中。
- **Copy All Referred Files Present Out of Project Folder**：将所有相关文件保存在工程文件夹外。

单击 OK 按钮，完成保存设置。

3.3.3 打开文件

选择菜单栏中的"File（文件）"→"Open（打

开）"命令或单击"Capture"工具栏中的"Open document（打开文件）"按钮，打开如图 3-15 所示的对话框，选择将要打开的文件，将其打开。

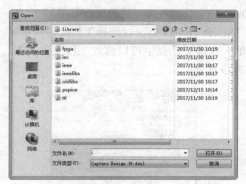

图 3-15　打开文件对话框

3.3.4　删除文件

删除文件比较简单，和 Windows 一样选中后按 Delete 键即可。需要注意的是，原理图的图页在打开状态下无法删除。另外，删除操作是不可恢复的，需谨慎操作。

3.3.5　重命名文件

1. 原理图文件重命名

在工程管理器中选择要重命名的原理图文件，选择菜单栏中的"Design（设计）"→"Rename（重命名）"命令或单击右键选择"Rename（重命名）"命令，弹出"Rename Schematic（原理图重命名）"对话框，如图 3-16 所示，输入新原理图文件的名称。

2. 原理图页重命名

在工程管理器中选择要重命名的图页文件，选择菜单栏中的"Design（设计）"→"Rename（重命名）"命令或单击右键选择"Rename（重命名）"命令，弹出"Rename Page（图页重命名）"对话框，如图 3-17 所示，输入新图页名称。

图 3-16　"Rename Schematic
（原理图重命名）"对话框

图 3-17　"Rename Page（图页重命名）"对话框

不论原理图是否打开，重命名操作都会立即生效。

3. 其他文件重命名

工程文件 .opj 只能用另存文件的方式进行重命名，设计文件 .dsn 同样适用另存为的方式重命名文件，这样才能和工程文件保持联系，否则工程文件就找不到数据库了。

3.3.6　移动文件

OrCAD Capture CIS 使用原理图文件夹把一个设计中的所有原理图（Schematic）组织在一起，一个设计（.dsn 文件）可能包含多个原理图文件夹。可以把多页原理图从一个文件夹转移到另一个文件夹，也可以把同一个原理图复制到多个原理图文件夹中。如果一个工程（.opj 文件）中有多个原理图页，在其他工程中也要用到，你可以把这些原理图从一个工程中转移到另一个工程中，或复制到另一个工程中，这样可以充分利用现有资源，避免重复设计。同样，也可以把整个原理图文件夹从一个工程中转移到另一个工程中。但注意要移动的原理图文件夹不能处于打开状态。下面介绍操作方法。

1. 原理图页在多个原理图文件夹间转移

（1）确认要移动的原理图页 PAGE 没有打开。

（2）在工程管理器中选定要移动的原理图页 PAGE，可以按住"Ctrl""Shift"键选择多个图页。

（3）如果是移动到另一个文件夹，选择菜单栏中的"Edit（编辑）"→"Cut（剪切）"命令，如果是复制到另一个文件夹则选择菜单栏中的"Edit（编辑）"→"Copy（复制）"命令。

（4）选定目标文件夹，选择菜单栏中的"Edit（编辑）"→"Paste（粘贴）"命令。

另一种更简单的操作如下。

选择一个原理图页，左键直接拖曳到目标文件夹。如果想复制到另一个文件夹，源文件夹中仍然保留这个图页，可以按住 Ctrl 键，然后拖曳到目标文件夹。

选中多个页面的方法是按住 Ctrl 键，然后左键单击要选的图页文件，与 Windows 中的操作是一样的。

2. 原理图页在不同工程之间的转移步骤

（1）确认要移动的原理图页 PAGE 没有打开。

（2）打开一个工程文件，左键选择要移动的原理图页。

（3）选择菜单栏中的"Edit（编辑）"→"Cut（剪切）"命令或"Copy（复制）"命令。

（4）打开目标工程，单击左键选择原理图文件夹，要移动的图页放在这里。

（5）主菜单→"Edit（编辑）"→"Paste（粘贴）"，完成移动或复制。

（6）注意两个工程都要保存，这一步很重要，以免丢失数据。

另一种更简单的操作如下。

打开两个工程，调整工程管理器图框大小，把两个工程并排显示在软件界面中。在一个工程中选择要移动的页面，单击左键直接拖曳到另一个工程的目标原理图文件夹中。如果进行复制操作，则拖曳时按住 Ctrl 键即可。

> **注意**
>
> 当把图页移动到目标工程中后，需要立即保存。如果没有及时保存，很可能会引起数据丢失。

同样，原理图的文件夹也可以从一个工程中移动到另一个工程中，操作方法类似，这里不再赘述。

3.3.7　更改文件类型

Capture 可以在当前任意工程中直接更改文件

3.4　配置系统属性

在原理图的绘制过程中，其效率和正确性往往与系统属性的设置有着密切的关系。属性设置得合理与否，直接影响到设计过程中软件的功能是否能得到充分的发挥。下面介绍如何设置系统

类型。

在项目管理器中选择 .dsn 工程文件，单击鼠标右键弹出如图 3-18 所示的快捷菜单，选择"Change Project Type（更改工程类型）"命令，弹出"Select Project Type（选择工程文件类型）"对话框，在该对话框中可以修改工程文件类型，如图 3-19 所示。

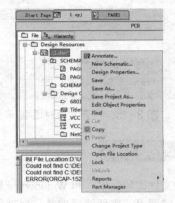

图 3-18　快捷菜单

图 3-19　"Select Project Type
（选择工程文件类型）"对话框

属性。

（1）选择菜单栏中的"Options（选项）"→"Preferences（属性设置）"命令，系统将弹出"Preferences（属性设置）"对话框，如图 3-20 所示。

图 3-20　"Preferences（属性设置）"对话框

（2）在"Preferences（属性设置）"对话框中有 7 个选项卡，即 Colors/Print（颜色 / 打印）、Grid Display（格点属性）、Pan and Zoom（缩放的设定）、Select（选取模式）、Miscellaneous（杂项）、Text Editor（文字编辑）和 Board Simulation（电路板仿真）。下面对其中所有选项卡的具体设置进行说明。

3.4.1　颜色设置

电路原理图的颜色设置可通过如图 3-20 所示的"Colors/Print（颜色 / 打印）"选项卡来实现，除了设置各种图纸的颜色外，还可设置打印的颜色，可以根据自己的使用习惯设置颜色，也可以选择默认设置。

选项显示可以设置颜色的不同组件，勾选选项前面的复选框，在打印后的图纸上将显示对应颜色。下面分别介绍各选项设置。

- Alias：设置网络别名的颜色。
- Background：设置图纸的背景颜色。
- Bookmark：设置书签的颜色。
- Bus：设置总线的颜色。
- Connection：设置连接处方块的颜色。
- Display：设置显示属性的颜色。
- DRC Marker：设置标志的颜色。
- Graphics：设置注释图案的颜色。
- Grid：设置格点的颜色。
- Hierarchical：设置层次字体的颜色。
- Hier. Block：设置层次块的颜色。
- NetGroup Block：设置网络组块的颜色。

- Variant：设置变体元器件的颜色。
- Hierarchical Block Name：设置层次名的颜色。
- Hierarchical Pin：设置层次管脚的颜色。
- Hierarchical Port：设置层次端口的颜色。
- Junction：设置节点的颜色。
- No Connect：设置不连接指示的符号的颜色。
- Off-page：设置页间连接符的颜色。
- Off-page Cnctr：设置页间连接符文字的颜色。
- Part：设置元器件符号的颜色。
- Part Body："Part Body Rectangle"设置元器件简图方框的颜色。
- Part："Part Reference"设置元器件相关部件的颜色。
- Part：设置元器件参数值的颜色。
- NetGroup Pin：设置网络组管脚的颜色。
- Part Not：设置 DIN 元器件的颜色
- Pin：设置管脚的颜色。
- Pin Name：设置管脚名称的颜色。
- Pin Number：设置管脚号码的颜色。
- Power：设置电源符号的颜色。
- Power Text：设置电源符号文字的颜色。
- Selectior：设置选取元器件的颜色。
- Text：设置说明文字的颜色。
- Title：设置标题块和标题文本的颜色。
- Wire：设置导线的颜色。
- Locked Object：设置锁定对象的颜色。
- NetGroup Bus：设置网络组总线的颜色。

当要改变某项的颜色属性时，只需单击对应的颜色块，即可打开如图 3-21 所示的颜色设置对话框，选择所需要的颜色，单击"确定"按钮即选中该颜色。

图 3-21　颜色设置对话框

注意

选择不同选项的颜色块，打开的对话框名称不同，但显示界面与设置方法相同，这里不再一一赘述。

Use Defaults：单击此按钮，选用默认值。

3.4.2 格点属性

如图 3-22 所示的"Grid Display（格点属性）"选项卡主要用来调整显示网格模式，应用范围主要在原理图页及元器件编辑两个方面。

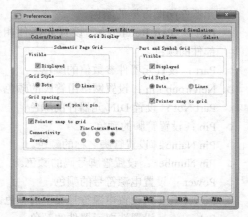

图 3-22 "Grid Display（格点属性）"选项卡

整个页面分为两大部分。

1. Schematic Page Grid：原理图页网格设置

（1）Visible：可见性设置。

● Displayed：可视性。勾选此复选框，原理图页网格可见，反之，不可见。

（2）Grid Style：网格类型。

● Dots：点状格点。

● Lines：线状格点。

（3）Grid spacing：网格排列。

● Pointer snap to grid：鼠标指针随格点移动。

2. Part and Symbol Grid：元器件或符号网格设置

（1）Visible：可见性设置。

● Displayed：可视性。勾选次复选框，元

器件或符号网格可见，反之，不可见。

（2）Grid Style：网格类型。

● Dots：点状格点。

● Lines：线状格点。

3.4.3 设置缩放窗口

图 3-23 所示的"Pan and Zoom（缩放的设定）"选项卡设置图纸放大与缩小的倍数。

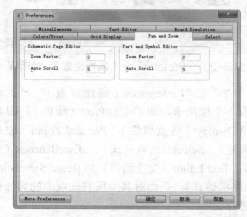

图 3-23 "Pan and Zoom（缩放的设定）"选项卡

此选项卡分为两大部分。

（1）Schematic Page Editor：原理图页编辑设置。

● Zoom Factor：放大比例。

● Auto Scroll：自动滚动。

（2）Part and Symbol Editor：元器件或符号网格设置。

● Zoom Factor：放大比例。

● Auto Scroll：自动滚动。

3.4.4 选取模式

电路原理图的选取模式设置通过如图 3-24 所示的"Select（选取模式）"选项卡来实现，元器件的移动离不开框选，从而要求设置选取模式。

此选项卡分为以下两大部分。

（1）Schematic Page Editor：原理图页编辑设置。

1）Area Select：区域选择。

● Intersecting：部分选择。

● Full Enclose：全部选择。

2）Maximum number of objects to display at high resolution：选择对象超过设定值时，当移动

对象时，会以一个方框来代替显示的对象。

（2）Part and Symbol Editor：元器件或符号网格设置。

1）Area Select：区域选择。

● Intersecting：部分选择。

● Full Enclose：全部选择。

2）Maximum number of objects to display at high resolution：选择对象超过设定值时，当移动对象时，会以一个方框来代替显示的对象。

图 3-24　"Select（选取模式）"选项卡

3.4.5　杂项

图 3-25 所示的"Miscellaneous（杂项）"标签页主要显示其他的设置和线、填充样式，还包括填充、自动存盘等。

图 3-25　"Miscellaneous（杂项）"选项卡

（1）Schematic Page Editor：原理图页编辑设置。设置在原理图编辑环境中填充图元的属性。

● Fill Style：填充类型。

● Line Style：线型类型。

● Line Width：线宽类型。

● Color：颜色类型。

● Junction Dot：节点类型

（2）Part and Symbol Editor：元器件或符号网格设置。设置在元器件编辑环境中填充图元的属性。

● Fill Style：填充类型。

● Line Style：线型类型。

● Line Width：线宽类型。

（3）Session Log：信息管理器。设置项目管理器及信息管理器中所使用的字体。

单击"Font（字体）"项，弹出如图 3-26 所示的"Project Manager and Session Log Font（工程管理器和信息管理器字体）"对话框，在"字体"下拉列表中选择字体，在"字形"下拉列表中选择字体形状，在"大小"下拉列表中选择字号。

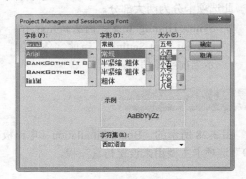

图 3-26　设置字体

（4）Docking：对接。

（5）Find：查找。

（6）Place Part：放置元器件。

（7）Text Rendering：文本记录。设置以加框的方式显示文字及是否需要填充。

（8）Auto Recovery：自动存盘。设置自动存盘功能。

● Enable Auto Recovery：勾选此复选框即可自动存盘，在"Update（更新）"文本框后输入间隔时间。在结束当前文件时还需要进行保存设置，否则自动存盘的文件也会随文件一起丢失。

（9）Auto Reference：自动序号。

● Automatically reference placed：设置元器

件序号自动给予累加。

- Design Level：设计水平。
- Preserve reference on copy：选择该项表示在复制元器件时保留元器件序号，若不选择此项，则复制后的元器件序号会显示 "？"，如 "R？"。

（10）Intertool Communication：网络连接。设置 Capture 与其他软件的接口。与 PCB 工具配色实现交互式操作。

（11）Wire Drag：连线拖曳。可在移动对象时，改变连接关系。

（12）IREF Display Property：IREF 显示属性。

图 3-27 "Text Editor（文字编辑）"选项卡

3.4.6 文字编辑

电路原理图的文字设置通过如图 3-27 所示的"Text Editor（文字编辑）"选项卡来实现，主要用于设置文本。

此选项卡分为两大部分。

- Syntax Highlighting：语法高亮显示。
- Current Font Setting：当前字体设置，显示当前字体信息。

3.4.7 电路板仿真

图 3-28 所示的"Board Simulation（电路板仿真）"选项卡主要用来设置仿真流程。

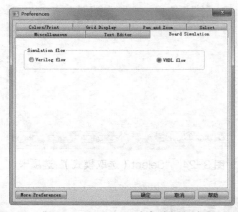

图 3-28 "Board Simulation（电路板仿真）"选项卡

Simulation flow：仿真流程。

- Verilog flow：Verilog 流程。
- VHDL flow：VHDL 流程。

3.5 设置设计环境

原理图设计环境的设置主要包括字体的设置、标题栏的设置、页面尺寸的设置、边框显示的设置、层次图参数的设置及 SDT 兼容性的设置。

选择菜单栏中的"Options（选项）"→"Design Template（设计向导）"命令，系统将弹出"Design Template（设计向导）"对话框，如图 3-29 所示。

在该对话框中可以设置题头、字体大小、页面尺寸、网格尺寸显示打印方式等。设置结果对原理图的电气特性没有影响，也可才用默认设置。通常为了绘制方便，修改背景颜色、网格大小及显示方式。最重要的设置是页面的大小，通常 A4 或 A3 即可。

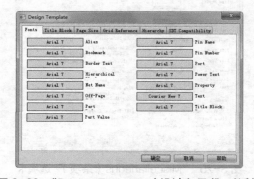

图 3-29 "Design Template（设计向导）"对话框

该对话框包括 6 个选项卡，下面进行一一介绍。

3.5.1 字体的设置

选择"Fonts（字体）"选项卡，在该界面中对所有种类的字体进行设置，如图 3-30 所示。在该选项组下显示可以设置颜色的不同组件，勾选选项前面的复选框，在图纸中显示对应字体。下面分别介绍各选项。

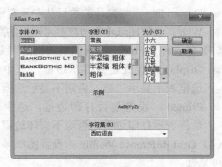

图 3-30 "字体"设置对话框

- Alias：设置网络别名的字体。
- Bookmark：设置书签的字体。
- Border Text：设置图纸边框参考文字的字体。
- Hierarchical：设置层次块的字体。
- Net Name：设置网络名称的字体。
- Off-page：设置页间连接符的字体。
- Part：设置元器件符号的字体。
- Part Value：设置元器件参数值的字体。
- Pin Name：设置管脚名称的字体。
- Pin Number：设置管脚号码的字体。
- Port：设置 I/O 端口的字体。
- Power Text：设置电源符号的字体。
- Property：设置显示属性的字体。
- Text：设置说明文字的颜色。
- Title Block：设置标题块的字体。

当要改变某项的字体属性时，只需单击对应的字体块，即可打开如图 3-30 所示的字体设置对话框，进行相应设置。

 注意

选择不同选项的字体设置，打开的对话框名称不同，但显示界面与设置方法相同，这里不再一一赘述。

3.5.2 标题栏的设置

选择"Title Block（标题栏）"选项卡，在该界面中设定标题栏内容，如图 3-31 所示。在该选项卡中显示两大部分，下面进行简单介绍。

1. Text：文本

- Title：设置图纸标题栏的内容。
- Organization Name：设置公司名称栏的内容。
- Organization Address1：设置公司地址的第 1 行。

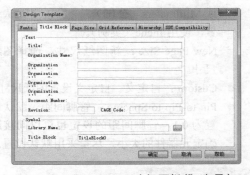

图 3-31 "Title Block（标题栏）"选项卡

- Organization Address2：设置公司地址的第 2 行。
- Organization Address3：设置公司地址的第 3 行。
- Organization Address4：设置公司地址的第 4 行。
- Organization Number：设置电路图的图纸号码。
- Revision：设置电路图的版本号码。

2. Symbol：符号

- Library Name：设置文件标题栏的文件名称及路径。
- Title Block：设置标题栏的名称，区分大小写。

3.5.3 页面尺寸的设置

选择"Page Size（页面设置）"选项卡，在该界面中设置要绘制的图纸大小，如图 3-32 所示。

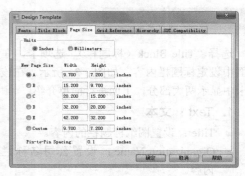

图 3-32 "Page Size（页面设置）"选项卡

- Units：单位。选择单位为 Inche（英制）或 Millimeters（公制），一般采用默认设置，使用 Inche（英制）。
- New Page Size：新图纸尺寸。选择图纸尺寸。
- Custom：自定义。自定义设置图纸尺寸。
- Pin-to-Pin to Spacing：管脚间距。默认设置为 0.1，管脚间距的设定也可以间接地确定元器件的大小，尽量采用默认设置。

3.5.4　网格属性

选择"Grid Reference（网格属性）"选项卡，在该界面中对边框显示进行设置，设置参考点，如图 3-33 所示。

图 3-33 "Grid Reference（网格属性）"选项卡

此选项卡分为 6 部分。

（1）Horizontal：设置图纸水平边框。

- Count：设置图纸水平边框参考网格的数目。
- Alphabetic：将统计的数目以字母编号。
- Numeric：将统计的数目以数字编号。
- Ascending：将统计的数目从左至右递增。

- Descending：将统计的数目从左至右递减。
- Width：设置图纸水平边框参考网格的高度。

（2）Vertical：设置图纸垂直边框。

- Count：设置图纸垂直边框参考网格的数目。
- Alphabetic：将统计的数目以字母编号。
- Numeric：将统计的数目以数字编号。
- Ascending：将统计的数目从左至右递增。
- Descending：将统计的数目从左至右递减。
- With：设置图纸垂直边框参考网格的高度。

（3）Border Visible：设置图纸边框的可见性。

- Display：设置是否显示边框，选中该复选框表示显示边框，否则不显示边框。
- Printed：设置是否打印边框，选中该复选框表示打印边框，否则不打印边框。

（4）Grid Reference Visible：设置图纸参考网格的可见性。

- Displayed：设置是否显示图纸参考网格，选中该复选框表示显示参考网格，否则不显示参考网格。
- Printed：设置是否打印图纸参考网格，选中该复选框表示打印参考网格，否则不打印参考网格。

（5）Title Block Visible：设置标题栏的可见性。

- Display：设置是否显示标题栏，选中该复选框表示显示标题栏，否则不显示标题栏。
- Printed：设置是否打印标题栏，选中该复选框表示打印标题栏，否则不打印标题栏。

（6）ANSI grid references：设置 ANSI 标准网格。

3.5.5　层次图参数的设置

选择"Hierarchy（层次参数）"选项卡，在该界面中设置层次电路中框图的属性，如图 3-34 所示。此选项卡包含两部分。

（1）Hierarchical Block：设置框图属性。

- Primitive：设置层次电路中框图为基本组件。
- Nonprimitive：设置层次电路中框图为非基本组件。

（2）Parts：设置元器件属性。

- Primitive：设置层次电路中元器件为基本

组件。

- Nonprimitive：设置层次电路中元器件为非基本组件。

图 3-34 "Hierarchy（层次参数）"选项卡

一般的层次电路中所有元器件均为基本组件，但对于嵌套的层次电路，即包含下层电路图的电路图中，包含不是基本组件的元器件。

3.5.6 SDT 兼容性的设置

选择"SDT Compatibility（SDT 兼容性）"选项卡，在该界面中显示对 SDT 文件兼容性的设

置，如图 3-35 所示。

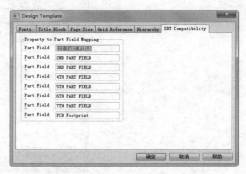

图 3-35 "SDT Compatibility（SDT 兼容性）"选项卡

Schematic Design Tools 简称 SDT，是早期 DOS 版本的 OrCAD 软件包中与 Capture 对应的软件，选择对"SDT Compatibility（SDT 兼容性）"选项卡的设置，将 Capture 的电路设计保存为 SDT 格式。

Property to Part Field Mapping：元器件域名属性。

- Part Field：元器件域名。

3.6 原理图页属性设置

上一节讲述的设计环境针对整个原理图，下面介绍的为针对单个原理图页进行设置的操作。

选择菜单栏中的"Options（选项）"→"Schematic Page Properties（图页属性）"命令，弹出"Schematic Page Properties（图页属性）"对话框，在该对话框中包含 3 个选项卡，如图 3-36、图 3-37、图

3-38 所示。具体参数前面已经讲解，这里不再赘述。

图 3-37 "Grid Reference（参照网格）"选项卡

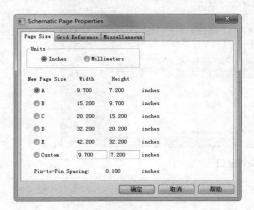

图 3-36 "Page Size（图页大小）"选项卡

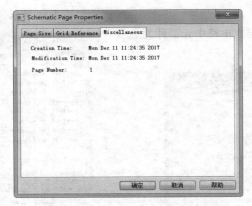

图 3-38 "Miscellaneous(杂项)"选项卡

3.7 视图操作

在用 OrCAD Capture CIS 进行电路原理图的设计和绘图时,要对视图进行操作,熟练掌握视图操作命令,将会极大地方便实际工作的需求。

3.7.1 窗口显示

在 OrCAD Capture CIS 中同时打开多个窗口时,如图 3-39 所示,可以设置将这些窗口按照不同的方式显示。对窗口的管理可以通过"Window(窗口)"菜单进行,如图 3-40 所示。

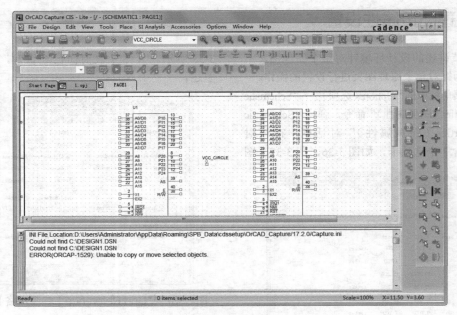

图 3-39 显示多个窗口

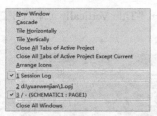

图 3-40　"Window（窗口）"菜单

对菜单中每项的操作介绍如下。

（1）窗口级联显示。选择菜单栏中的"Window（窗口）"→"Cascade（级联）"命令，即可将当前所有打开的窗口级联显示，如图 3-41 所示。

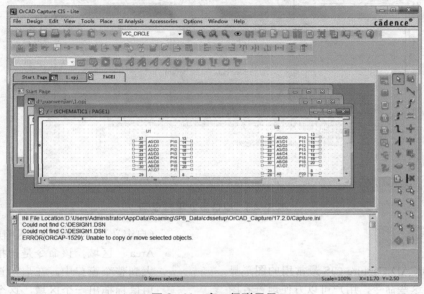

图 3-41　窗口级联显示

（2）水平平铺窗口。选择菜单栏中的"Window（窗口）"→"Title Horizontally（水平平铺）"命令，即可将当前所有打开的窗口水平平铺显示，如图 3-42 所示。

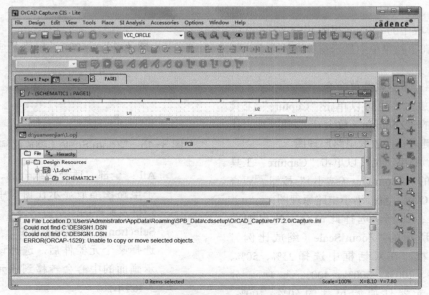

图 3-42　窗口水平平铺显示

（3）垂直平铺窗口。选择菜单栏中的"Window（窗口）"→"Title Vertically（垂直平铺）"命令，即可将当前所有打开的窗口垂直平铺显示，如图 3-43 所示。

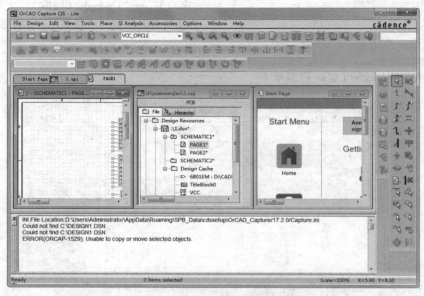

图 3-43　窗口垂直平铺显示

3.7.2　图纸显示

缩放是 OrCAD Capture CIS 最常用的图形显示工具，利用这些命令，用户可以方便地查看图形的细节和不同位置的局部图形。

在进行电路原理图的绘制时，可以使用多种窗口缩放命令将绘图环境缩放到适合的大小，再进行绘制。

选择菜单栏中的"View（视图）"→"Zoom（缩放）"命令，在下拉菜单中显示窗口缩放命令，如图 3-44 所示。

下面介绍一下这些菜单命令。

- In：放大。也可以单击"Capture"工具栏中的"Zoom In（放大）"按钮 或直接按 I 键，直接放大电路原理图。

- Out：缩小。也可以单击"Capture"工具栏中的"Zoom Out（缩小）"按钮 或直接按 O 键，直接缩小电路原理图。

- Scale：比例。选择此命令，弹出如图 3-45 所示的"Zoom Scale（缩放比例）"对话框，在对话框中选择 25%、50%、100%、200%、300%、400% 选项，分别以器件原始尺寸的 50%、100%、200%、300%、400% 显示。在"Custom（自定义）"对话框中输入缩放比例。

- Area：区域。该命令是把指定的区域放大到整个窗口中。在启动该命令后，要用鼠标拖出一个区域，这个区域就是指定要放大的区域，如图 3-46 所示。

图 3-44　"Zoom（缩放）"菜单

图 3-45　"Zoom Scale（缩放比例）"对话框

- All：全部。适合图纸全部。该命令将整个电路图缩放显示在窗口中，包含图纸边框及原理图的空白部分。

- Selection：被选择的对象。单击鼠标左键选择某个元器件后，选择该命令，则显示画面的中心会转移到该元器件，如图 3-46 所示。

- Redraw：刷新。

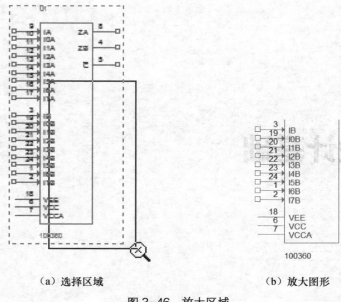

（a）选择区域　　　　　　　　　　　　（b）放大图形

图 3-46　放大区域

Chapter 4

第 4 章
原理图设计基础

内容指南

在整个电路设计过程中，电路原理图的设计是电路设计的基础，只有在设计好电路原理图的基础上才可以进行 PCB 的设计和电路仿真等操作。

本章将详细介绍如何设计、编辑和修改原理图。用户通过本章的学习，可掌握原理图设计的过程和方法。

☞知识重点

- 📖 原理图分类
- 📖 原理图设计的一般流程
- 📖 原理图图纸设置
- 📖 元器件的属性设置
- 📖 元器件的电气连接

4.1　原理图分类

在进行电路原理图设计时，鉴于某些图过于复杂，无法在一张图纸上完成，于是衍生出两种电路设计方法，平坦式电路、层次式电路来解决这种问题。

原理图设计分类如下。

- 进行简单的电路原理图设计（只由单张图纸构成的）。
- 平坦式电路原理图设计（由多张图纸拼接而成的）。
- 层次式电路原理图设计（多张图纸按一定层次关系构成的）。

平坦式电路中各图页间是左右关系、层次式电路各图页间是上下关系。

1.　平坦式电路

平坦式电路是相互平行的电路，在空间结构上是在同一个层次上的电路，只是分布在不同的电路图纸上，每张图纸通过页间连接符连接起来。

平坦式电路表示不同图页间的电路连接，每张图页上均有页间连接符显示，不同图页依靠相同名称的页间连接符进行电气连接。如果图纸够大，平坦式电路也可以绘制在同一张电路图上，但电路图结构过于复杂，不易理解，在绘制过程中也容易出错。采用平坦式电路虽然不在一张图页上，但相当于在同一个电路图的文件夹中。

2.　层次式电路

层次式电路是在空间结构上属于不同层次的电路，一般先在一张图纸上用框图的形式设置顶层电路，在另外的图纸上设计每个框图所代表的子原理图。

在后面的章节将详细讲述两种电路设计方法，除设计方法外，单张图页的设计方法是相同的，在下面的章节中详细讲述如何绘制一张完整的电路图页。

4.2　原理图设计的一般流程

原理图设计是电路设计的第一步，是制板、仿真等后续步骤的基础。因而，一幅原理图正确与否，直接关系到整个设计的成功与否。另外，为方便自己和他人读图，原理图的美观、清晰和规范也是十分重要的。

Cadence 的原理图设计大致可分为 9 个步骤。

1.　新建原理图页

这是设计一幅原理图的第一个步骤。

2.　图纸设置

图纸设置就是要设置图纸的大小、方向等信息。图纸设置要根据电路图的内容和标准化要求来进行。

3.　装载元器件库

装载元器件库就是将需要用到的元器件库添加到系统中。

4.　放置元器件

从装入的元器件库中选择需要的元器件放置到原理图中。

5.　元器件位置调整

根据设计的需要，将已经放置的元器件调整到合适的位置和方向，以便连线。

6.　原理图连线

根据所要设计的电气关系，用导线、总线和网络将各个元器件连接起来。

7.　注解

为了设计的美观、清晰，可以对原理图进行必要的文字注解和图片修饰，这些都对后面的 PCB 设置没有影响，只是为了方便读图。

8.　检查修改

设计基本完成后，使用 Altium Designer 提供的各种校验工具，根据各种校验规则对设计进行检查，发现错误后进行修改。

9.　生成网络表

设计完成后，根据需要制作各种输出文件。

4.3 原理图的组成

原理图即电路板工作原理的逻辑表示，它主要由一系列具有电气特性的符号构成。图 4-1 所示是一张绘制完成的原理图，在原理图上用符号表示了 PCB 的所有组成部分。PCB 各个组成部分与原理图上电气符号的对应关系如下。

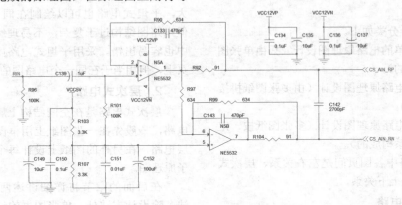

图 4-1　用 Cadence 绘制的原理图

（1）元器件。

在原理图设计中，元器件以元器件符号的形式出现。元器件符号主要由元器件管脚和边框组成，其中元器件管脚需要和实际元器件一一对应。

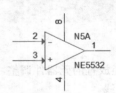

图 4-2　元器件符号

图 4-2 所示为图 4-1 采用的一个元器件符号，该符号在 PCB 上对应的是一个运算放大器。

（2）铜箔。

在原理图设计中，铜箔有以下几种表示。

- 导线：原理图设计中的导线也有自己的符号，它以线段的形式出现。在 Cadence 中还提供了总线，用于表示一组信号，它在 PCB 上对应的是一组由铜箔组成的有时序关系的导线。
- 焊盘：元器件的管脚对应 PCB 上的焊盘。
- 过孔：原理图上不涉及 PCB 的布线，因此没有过孔。
- 覆铜：原理图上不涉及 PCB 的覆铜，因此没有覆铜的对应符号。

（3）丝印层。

丝印层是 PCB 上元器件的说明文字，对应于原理图上元器件的说明文字。

（4）电路端口。

在原理图编辑器中引入的端口不是指硬件端口，而是为了建立跨原理图电气连接而引入的具有电气特性的符号。原理图中采用了一个端口，该端口就可以和其他原理图中同名的端口建立跨原理图的电气连接。

（5）网络标号。

网络标号和电路端口类似，通过网络标号也可以建立电气连接。原理图中网络标号必须附加在导线、总线或元器件管脚上。

（6）电源符号。

这里的电源符号只是用于标注原理图上的电源网络，并非实际的供电器件。

总之，绘制的原理图由各种元器件组成，它们通过导线建立电气连接。在原理图上除了元器件之外，还有一系列其他组成部分辅助建立正确的电气连接，使整个原理图能够和实际的 PCB 对应起来。

4.4 原理图图纸设置

在原理图的绘制过程中，可以根据所要设计的电路图的复杂程度决定图纸尺寸，先对图纸进行设置。虽然在进入电路原理图的编辑环境时，Cadence 系统会自动给出相关的图纸默认参数，但是在大多数情况下，这些默认参数不一定适合用户的需求，尤其是图纸尺寸。用户可以根据设计对象的复杂程度对图纸的尺寸及其他相关参数进行重新定义。

选择菜单栏中的"Option（选项）"→"Schematic Page Properties（原理图页属性）"命令，系统将弹出"Schematic Page Properties（原理图属性）"对话框，如图 4-3 所示。

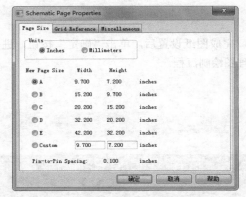

图 4-3　"Schematic Page Properties（原理图页属性）"对话框

在该对话框中，有"Page Size（图页尺寸）""Grid Reference（参考网格）"和"Miscellaneous（杂项）"3 个选项卡。

1. 设置图页大小

单击"Page Size（图页尺寸）"选项卡，这个选项卡的上半部分为尺寸单位设置。Cadence 给出了两种图页尺寸单位方式。一种是"Inches（英制）"，另一种为"Millimeters（公制）"。

选项卡的上半部分为尺寸选择，可以选择已定义好的图纸标准尺寸，即英制图纸尺寸（A～E）。

在"Units（单位）"选项组下选择"Millimeters（公制）"，如图 4-4 所示，则在下半部分显示公制图纸尺寸（A0～A4）。

另一种是"Custom（自定义风格）"，勾选此复选框，则自定义功能被激活，在"Width（定制宽度）""Hight（定制高度）"文本框中可以分别输入自定义的图纸尺寸。

用户可以根据设计需要进行选择这两种设置

方式，默认的格式为"Inches（英制）"A 样式。

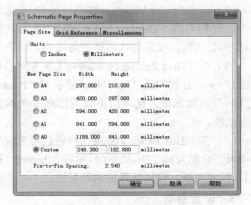

图 4-4　选择公制单位

2. 设置参考网格

进入原理图编辑环境后，大家可能注意到了编辑窗口的背景是网格形的，这种网格为参考网格，是可以改变的。网格为元器件的放置和线路的连接带来了极大方便，使用户可以轻松地排列元器件和整齐地走线。

参考网格的设置通过"Grid Reference（参考网格）"选项卡设置，可以设置水平方向，也可以设置垂直方向网格数，如图 4-5 所示。

图 4-5　"Grid Reference（参考网格）"选项卡

（1）在"Horizontal（图纸水平边框）"选项组下"Count（计数）"文本框中输入设置图纸水平边框参考网格的数目，在"Width（宽度）"文本框中设置图纸水平边框参考网格的高度。参考网格编号有两种显示方法，"Alphabetic（字母）"和"Numeric（数字）"。参考网格计数方式分为"Ascending（递增）"和"Descending（递减）"。

同样的设置应用于"Vertical（垂直）"选项组。

（2）在"Border Visible（边框可见性）"选项组下，分别勾选"Display（显示）""Printed（打印）"两复选框，设置图纸边框的可见性。

（3）在"Grid Reference Visible（参考网格可见性）"下，分别勾选"Display（显示）""Printed（打印）"两复选框，选项组下设置图纸参考网格的可见性。

（4）在"Title Block Visible（标题栏可见性）"选项组下分别勾选"Display（显示）""Printed（打印）"两复选框，设置标题栏的可见性。

3．设置杂项

在"Miscellaneous（杂项）"选项卡中显示图页号及创建时间和修改时间，如图4-6所示。

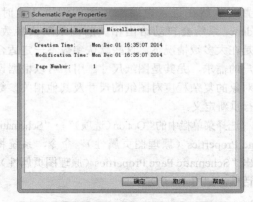

图4-6 "Miscellaneous（杂项）"选项卡

完成图纸设置后，单击"确定"按钮，进入原理图绘制流程。

4.5 加载元器件库

在绘制电路原理图的过程中，首先要在图纸上放置需要的元器件符号。Cadence作为一个专业的电子电路计算机辅助设计软件，常用的电子元器件符号都可以在它的元器件库中找到，用户只需在Cadence元器件库中查找所需的元器件符号，并将其放置在图纸适当的位置即可。

4.5.1 元器件库的分类

Cadence元器件库中的元器件数量庞大，分类明确。Cadence元器件库采用下面两级分类方法。

- 一级分类：以元器件制造厂家的名称分类。
- 二级分类：在一级分类下又以元器件的种类（如模拟电路、逻辑电路、微控制器、A/D转换芯片等）进行分类。

对于特定的设计项目，用户可以只调用几个元器件厂商中的二级分类库，这样可以减轻系统运行的负担，提高运行效率。用户若要在Cadence的元器件库中调用一个所需要的元器件，首先应知道该元器件的制造厂家和该元器件的分类，以便在调用该元器件之前把包含该元器件的元器件库载入系统。

4.5.2 打开"Place Part（放置元器件）"面板

打开"Place Part（放置元器件）"面板的方法如下。

- 将鼠标指针放置在工作窗口右侧的"Place Part（放置元器件）"标签上，此时会自动弹出"Place Part（放置元器件）"面板，如图4-7所示。

图4-7 "Place Part（放置元器件）"面板

- 如果在工作窗口右侧没有"Place Part（放置元器件）"标签，单击"Draw（绘图）"工具栏中的"Place part（放置元器件）"按钮▣或选择菜单栏中的"Place（放置）"→"Part（元器件）"命令，自动弹出"Place Part（放置元器件）"面板。
- 打开"Place Part（放置元器件）"面板后，单击右上角的"浮动"按钮⏚，则面板显示为浮动面板，当鼠标指针移动到其标签上时，就会显示该面板，当鼠标指针离开面板，则面板自动隐藏。此时，浮动按钮变为"固定"按钮⏛，单击"固定"按钮⏛，则面板固定显示在工作窗口一侧。

Design Cache 并不是已加载的元器件库，而是用于记录之前用过的元器件，以便以后再次取用。

4.5.3　加载和卸载元器件库

装入所需元器件库的操作步骤如下。

（1）单击"Place Part（放置元器件）"面板"Library（库）"选项组下的"Add Library（添加库）"按钮▣，系统将弹出如图 4-8 所示的"Browse File（搜索库）"对话框，选择要加载的库文件，单击"打开"按钮，在"Place Part（放置元器件）"面板"Libraries（库）"选项组下文本框中显示加载库列表，如图 4-7 所示。

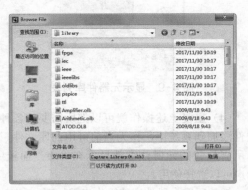

图 4-8　"Browse File（搜索库）"对话框

（2）在"Browse File（文件搜索）"对话框中显示可加载的元器件库，常用元器件库列表介绍如下。

1）AMPLIFIER.OLB

共 182 个零件，存放模拟放大器 IC，如 CA3280、TL027C 和 EL4093 等。

2）ARITHMETIC.OLB

共 182 个零件，存放逻辑运算 IC，如 TC4032B、74LS85 等。

3）ATOD.OLB

共 618 个零件，存放 A/D 转换 IC，如 ADC0804、TC7109 等。

4）BUS DRIVERTRANSCEIVER.OLB

共 632 个零件，存放汇流排驱动 IC，如 74LS244、74LS373 等数字 IC。

5）CAPSYM.OLB

共 35 个零件，存放电源、地、输入输出口和标题栏等。

6）CONNECTOR.OLB

共 816 个零件，存放连接器，如 4 HEADER、CON AT62 和 RCA JACK 等。

7）COUNTER.OLB

共 182 个零件，存放计数器 IC，如 74LS90、CD4040B 等。

8）DISCRETE.OLB

共 872 个零件，存放分立式元器件，如电阻、电容、电感、开关和变压器等常用零件。

9）DRAM.OLB

共 623 个零件，存放动态存储器，如 TMS44 C256、MN41100-10 等。

10）ELECTRO MECHANICAL.OLB

共 6 个零件，存放电机、断路器等电机类元器件。

11）FIFO.OLB

共 177 个零件，存放先进先出资料暂存器，如 40105、SN74LS232 等。

12）FILTRE.OLB

共 80 个零件，存放滤波器类元器件，如 MAX270、LTC1065 等。

13）FPGA.OLB

存放可编程逻辑器件，如 XC6216/LCC 等。

14）GATE.OLB

共 691 个零件，存放逻辑门（含 CMOS 和 TLL）。

15）LATCH.OLB

共 305 个零件，存放锁存器，如 4013、74LS73

和 74LS76 等。

16）LINE DRIVER RECEIVER.OLB

共 380 个零件，存放线控驱动与接收器，如 SN75125、DS275 等。

17）MECHANICAL.OLB

共 110 个零件，存放机构图件，如 M HOLE 2、PGASOC-15-F 等。

18）MICROCONTROLLER.OLB

共 523 个零件，存放单片微处理器，如 68HC11、AT89C51 等。

19）MICRO PROCESSOR.OLB

共 288 个零件，存放微处理器，如 80386、Z80180 等。

共 1567 个零件，存放杂项图件，如电表（METER MA）和微处理器周边（Z80-DMA）等未分类的零件。

20）MISC2.OLB

共 772 个零件，存放杂项图件，如 TP3071、ZSD100 等未分类零件。

21）MISCLINEAR.OLB

共 365 个零件，存放线性杂项图件（未分类），如 14573、4127、VFC32 等。

22）MISCMEMORY.OLB

共 278 个零件，存放存储器杂项图件（未分类），如 28F020、X76F041 等。

23）MISCPOWER.OLB

共 222 个零件，存放高功率杂项图件（未分类），如 REF-01、PWR505、TPS67341 等。

24）MUXDECODER.OLB

共 449 个零件，存放解码器，如 4511、4555、74AC157 等。

25）OPAMP.OLB

共 610 个零件，存放运算放大器，如 101、1458、UA741 等。

26）PASSIVEFILTER.OLB

共 14 个零件，存放被动式滤波器，如 DIGNSFILTER、RS1517T 和 LINE FILTER 等。

27）PLD.OLB

共 355 个零件，存放可编程逻辑器件，如 22V10、10H8 等。

28）PROM.OLB

共 811 个零件，存放只读存储器运算放大器，

如 18SA46、XL93C46 等。

29）REGULATOR.OLB

共 549 个零件，存放稳压 IC，如 78xxx、79xxx 等。

30）SHIFTREGISTER.OLB

共 610 个零件，存放移位寄存器，如 4006、SNLS91 等。

31）SRAM.OLB

共 691 个零件，存放静态存储器，如 MCM6164、P4C116 等。

32）TRANSISTOR.OLB

共 210 个零件，存放晶体管（含 FET、UJT、PUT 等），如 2N2222A、2N2905 等。

由于库文件过大，因此不建议将所有元器件库文件同时加载到元器件库列表中，否则会降低电脑运行速度。

（3）在"Part（元器件）"选项组下显示该元器件库中包含的元器件名称，在"Libraries（库）"列表框下显示元器件符号缩略图，如图 4-9 所示。

图 4-9　显示元器件库列表

（4）重复上述操作就可以把所需要的各种库文件添加到系统中，作为当前可用的库文件。这时所有加载的元器件库都显示在"库"面板中，用户可以选择使用。

卸载所需元器件库的操作步骤如下。

单击"Place Part（放置元器件）"面板"Library（库）"选项组下"Remove Library（移除库）"按钮，在下方的元器件库列表中删除选择的库文件，即将该元器件库卸载。

4.6 放置元器件

原理图有两个基本要素，即元器件符号和线路连接。用 Cadence 绘制原理图的主要操作就是将元器件符号放置在原理图上，然后用线将元器件符号中的管脚连接起来，建立正确的电气连接，最后放置元器件说明增强电路的可读性。

在放置元器件符号前，需要知道元器件符号在哪一个元器件库中，并载入该元器件库。

4.6.1　搜索元器件

以上叙述的加载元器件库的操作有一个前提，就是用户已经知道了需要的元器件符号在哪个元器件库中，而实际情况可能并非如此。此外，当用户面对的是一个庞大的元器件库时，逐个寻找列表中的所有元器件，直到找到自己想要的元器件为止，会是一件非常麻烦的事情，而且工作效率会很低。Cadence 提供了强大的元器件搜索能力，帮助用户轻松地在元器件库中定位元器件。

1. 查找元器件

单击"Place Part（放置元器件）"面板中的"Search for Part（查找元器件）"按钮，显示搜索操作，如图 4-10 所示。搜索元器件需要设置的参数如下。

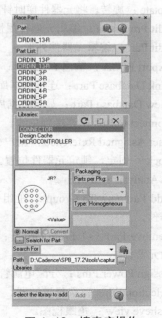

图 4-10　搜索库操作

（1）"Search For（搜索）"文本框用于设定查找元器件的文件匹配符，"*"表示匹配任意字符串。对于不能确定具体名称的元器件，可在文本框中输入加 * 的关键词，如"*74ls""74ls*""*74ls*"，这样缩小搜索范围。在该文本框中，可以输入一些与查询内容有关的过滤语句表达式，有助于使系统进行更快捷、更准确的查找。在文本框汇总输入关键词"r"。

（2）"Path（路径）"文本框用于设置查找元器件的路径。单击"Path（路径）"文本框右侧的 按钮，系统弹出"Browse File（搜索库）"对话框，供用户设置搜索路径。

（3）单击"Search For（搜索）"文本框右侧的"Part Search（搜索路径）"按钮，系统开始搜索，执行对含关键词"r"元器件的全库搜索，如图 4-11 所示。

图 4-11　"Browse File（搜索文件）"对话框

2. 显示找到的元器件及其所属元器件库

查找到含关键词"r"元器件后的面板如图 4-12 所示。可以看到，符合搜索条件的元器件名、所属库文件在该面板上被一一列出，供用户浏览参考。

图 4-12　查找到元器件后的面板

3. 加载找到元器件的所属元器件库

选择需要的元器件（不在系统当前可用的库文件中），单击下方的 Add 按钮，则元器件所在的库文件被加载。图 4-13 在"Libraries（库）"列表框中显示已加载元器件库"Discrete（分立式元器件库）"，在"Part List（元器件列表）"列表框中显示该元器件库中的元器件，选中搜索的元器件"R/DISCRETE"，在面板中显示元器件符号的预览。

图 4-13　加载库文件

4.6.2　元器件操作

当原理图中的元器件被选定后，元器件颜色就会发生变化，同时在元器件四周显示虚线组成的矩形框，如图 4-14 所示，单击鼠标右键，弹出快捷菜单，如图 4-15 所示。

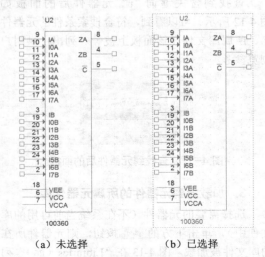

（a）未选择　　　（b）已选择

图 4-14　选择元器件

图 4-15　快捷菜单

下面简单介绍部分与元器件操作相关的快捷命令。

- Mirror Horizontally：将元器件在水平方向上镜像，即左右翻转，快捷键为 H。
- Mirror Vertically：将元器件在垂直方向上镜像，即上下翻转，快捷键为 V。
- Mirror Both：全部镜像。执行此命令，将元器件同时上下左右翻转一次。
- Rotate：旋转。将元器件逆时针旋转 90°。
- Edit Properties：编辑元器件属性。
- Edit Part：编辑元器件外形。
- Export FPGA：输出 FPGA。
- Link Database Part：连接数据库元器件。
- View Database Part：显示数据库元器件。
- Connect to Bus：连接到总线。
- User Assigned Reference：用户引用分配。
- Lock：固定，锁定元器件位置。
- SI Analysis：SI 分析。
- Add Part（s）To Group：在组中添加元器件。
- Remove Part（s）From Group：从组中移除元器件。
- Assign Power Pins：分配电源管脚。
- Selection Filter：选择过滤器。
- Fisheye view：鱼眼视图。
- Zoom In：放大，快捷键为 I。

- Zoom Out：缩小。快捷键为 O。
- Go To：指向指定位置。
- Cut：剪切当前图。
- Copy：复制当前图。
- Delete：删除当前图。

对元器件的上述基本操作也同样适用于后面讲解的网络标签、电源和接地符号等。

4.6.3　放置元器件

在元器件库中找到元器件后，加载该元器件库，以后就可以在原理图上放置该元器件了。放置元器件是绘制电路图的主要部分，首先必须画出结构图，理清所要绘制的电路结构与组成的元素之间的关系，如有需要，可使用平坦式电路图或层次式电路图。

1. 执行方式

- 单击"Draw（绘图）"工具栏中的"Place part（放置元器件）"按钮■。
- 选择菜单栏中的"Place（放置）"→"Part（元器件）"命令。
- 按快捷键 P。

执行上述方法，弹出如图 4-16 所示的"Place part（放置元器件）"面板，基本的元器件库主要有 Discrete.olb（分离元器件库）、MicroController.olb（微处理器元器件库）和 Connector.olb（继电器元器件库）。

2. 通过"Place part（放置元器件）"

面板放置元器件的操作步骤如下。

（1）打开"Place part（放置元器件）"面板，载入所要放置元器件所属的库文件。在这里，需要的元器件在 Discrete.olb 元器件库（分离元器件库）中，确保已加载这个元器件库。

（2）选择想要放置元器件所在的元器件库。其实，所要放置的元器件 LED 在元器件库"Discrete.olb"中。在"Library（库）"下拉列表框中选择该库文件，该文件以高亮显示，在"Part List（元器件列表）"列表框中显示该库文件中所有的元器件，这时可以放置其中含有的元器件。

（3）在列表框中选择所要放置的元器件。在"Part（元器件）"文本框中输入所要放置元器件的名称或元器件名称的一部分，包含输入内容的

元器件会以列表的形式出现在浏览器中。这里所要放置的元器件为 LED，因此输入"LED"字样，该元器件将以高亮显示，此时可以放置该元器件的符号。在"Packaging（包装）"栏中预览显示元器件 LED 的图形符号，如图 4-17 所示。

图 4-16　"Place Part（放置元器件）"面板　　图 4-17　选择要放置的元器件

（4）选择元器件，确定该元器件是所要放置的元器件后，单击该面板上方的"Place Part（放置元器件）"按钮■或双击元器件名称，鼠标指针将变成十字形状并附带着元器件 LED 的符号出现在工作窗口中，如图 4-18 所示。

图 4-18　放置元器件符号

（5）移动鼠标指针到合适的位置，单击鼠标左键或按空格键，元器件将被放置在鼠标指针停留的位置。此时系统仍处于放置元器件的状态，可以继续放置该元器件。在完成选中元器件的放置后，右击选择"End Mode（结束模式）"命令或按 <Esc> 键退出元器件放置的状态，结束元器件的放置。其中元器件序号自动从 1 递增，如图 4-19 所示。

图 4-19　放置元器件

（6）完成多个元器件的放置后，可以重复刚才的步骤，放置其他元器件。

4.6.4 调整元器件位置

每个元器件被放置时，其初始位置并不是很准确。在进行连线前，需要根据原理图的整体布局对元器件的位置进行调整。这样不仅便于布线，也使所绘制的电路原理图清晰、美观。元器件的布局好坏直接影响到绘图的效率。

元器件位置的调整实际上就是利用各种命令将元器件移动到图样上指定的位置，并将元器件旋转为指定的方向。

1. 元器件的选择

要实现元器件位置的调整，首先要选择元器件。选择的方法很多，下面介绍几种常用的方法。

（1）用鼠标直接选择单个或多个元器件。

对于单个元器件的情况，将鼠标指针移到要选择的元器件上单击即可。元器件高亮显示，表明该元器件已经被选择，如图4-20所示。

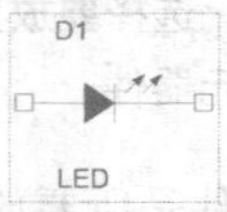

对于多个元器件的情况，将鼠标指针移到要选择的元器件上单击即可，按住"Ctrl"键选择元器件，元器件高亮显示，表明元器件已经被选取，如图4-21所示。

图 4-21　选择多个元器件

（2）利用矩形框选择。

对于单个或多个元器件的情况，按住鼠标并拖动，拖出一个矩形框，将要选择的元器件包含在该矩形框中，如图4-22所示，释放鼠标后即可选择单个或多个元器件。元器件高亮显示，表明该元器件已经被选择，如图4-23所示。

在图4-22中，只要元器件的一部分在矩形框内，则显示选中对象，与矩形框从上到下框选、从下到上框选无关。

图 4-22　拖出矩形框

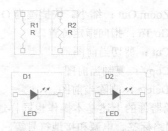

图 4-23　选择元器件

（3）用菜单栏选择元器件。

选择菜单栏中的"Edit（编辑）"→"Select All（全部选择）"命令，选中原理图中的全部对象。

2. 取消选择

取消选择也有多种方法，这里介绍几种常用的方法。

（1）直接用鼠标单击电路原理图的空白区域，即可取消选择。

（2）按住 Ctrl 键，单击某一已被选择的元器件，可以将其取消选择。

3. 元器件的移动

在移动的时候是移动元器件主体，而不是元器件名或元器件序号；如果需要调整元器件名的位置，则先选择元器件，再移动元器件名就可以改变其位置。图4-24所示为元器件与元器件名均改变的操作过程。

（a）移动前　　　　　　　（b）移动后

图 4-24　移动元器件

左右并排的两个元器件，调整为上下排列，元器件名从元器件下方调整到元器件右上方，节省图纸空间。

在实际原理图的绘制过程中，最常用的方法是直接使用鼠标拖曳来实现元器件的移动。

（1）使用鼠标移动未选中的单个元器件。

将鼠标指针指向需要移动的元器件（不需要选中），按住鼠标左键不放，此时鼠标指针会自动滑到元器件的电气节点上。拖动鼠标指针，元器件会随之一起移动。到达合适的位置后，释放鼠标左键，元器件即被移动到当前光标的位置。

图 4-20　选择单个元器件

（2）使用鼠标移动已选中的单个元器件。

如果需要移动的元器件已经处于选中状态，则将鼠标指针指向该元器件，同时按住鼠标左键不放，拖动元器件到指定位置后，释放鼠标左键，元器件即被移动到当前鼠标指针的位置。

（3）使用鼠标移动多个元器件。

需要同时移动多个元器件时，首先应将要移动的元器件全部选中，在选中元器件上显示浮动的移动图标✛，然后在其中任意一个元器件上按住鼠标左键并拖动，到达合适的位置后，释放鼠标左键，则所有选中的元器件都移动到了当前鼠标指针所在的位置。

4．元器件的旋转

选取要旋转的元器件，选中的元器件被高亮显示，此时，元器件的旋转主要有 3 种旋转操作，下面根据不同的操作方法分别进行介绍。

（1）菜单命令。

- 选择菜单栏中的"Edit（编辑）"→"Mirror（镜像）"→"Vertically（垂直方向）"命令，被选择的元器件上下对调。
- 选择菜单栏中的"Edit（编辑）"→"Mirror（镜像）"→"Horizontally（水平方向）"命令，被选择的元器件左右对调。
- 选择菜单栏中的"Edit（编辑）"→"Mirror（镜像）"→"Both（全部）"命令，被选择的元器件同时上下左右对调。
- 选择菜单栏中的"Edit（编辑）"→"Rotate（旋转）"命令，被选择的元器件逆时针旋转 90°。

（2）快捷命令。

选择元器件后右击弹出快捷菜单，执行下列命令：

- Mirror Horizontally：将元器件在水平方向上镜像，即左右翻转，快捷键为 H。
- Mirror Vertically：将元器件在垂直方向上镜像，即上下翻转，快捷键为 V。
- Mirror Both：全部镜像。执行此命令，将元器件同时上下左右翻转一次。
- Rotate：旋转。将元器件逆时针旋转 90°。

（3）功能键。

按下面的功能键，即可实现旋转。旋转至合适的位置后单击空白处取消选择元器件，即可完成元器件的旋转。

- <R> 键：每按一次，被选择的元器件逆时针旋转 90°。
- <H> 键：被选择的元器件左右对调。
- <V> 键：被选择的元器件上下对调。

选择单个元器件与选择多个元器件进行旋转的方法相同，这里不再单独介绍。

4.6.5 元器件的复制和删除

原理图中的相同元器件有时不止一个，在原理图中放置多个相同元器件的方法有两种，重复利用放置元器件命令，放置相同元器件，这种方法比较烦琐，适用于放置数量较少的相同元器件，若在原理图中有大量相同的元器件，如基本元器件电阻、电容，就需要用到复制、粘贴命令。

复制、粘贴的操作对象除元器件外，还包括单个单元及相关电器符号，方法相同，因此这里只简单介绍元器件的复制粘贴操作。

1．复制元器件

复制元器件的方法有以下 5 种。

（1）菜单命令。

选择要复制的元器件，选择菜单栏中的"Edit（编辑）"→"Copy（复制）"命令，复制被选择的元器件。

（2）工具栏命令。

选择要复制的元器件，单击"Capture"工具栏中的"Copy to clipboard（复制到剪贴板）"按钮，复制被选择的元器件。

（3）快捷命令。

选择要复制的元器件，单击右键弹出快捷菜单选择"Copy（复制）"命令，复制被选择的元器件。

（4）功能键命令。

选择要复制的元器件，在键盘中按住"Ctrl+C"组合键，复制被选择的元器件。

（5）拖曳的方法。

按住"Ctrl"键，拖动要复制的元器件，即复制出相同的元器件。

2．剪切元器件

剪切元器件的方法有以下 4 种。

（1）菜单命令。

选择要剪切的元器件，选择菜单栏中的"Edit

（编辑）"→"Cut（剪切）"命令，剪切被选择的元器件。

（2）工具栏命令。

选择要剪切的元器件，单击"Capture"工具栏中的"Cut to clipboard（剪切到剪贴板）"按钮 ，剪切被选择的元器件。

（3）快捷命令。

选择要剪切的元器件，单击右键弹出快捷菜单选择"Cut（剪切）"命令，剪切被选择的元器件。

（4）功能键命令。

选择要剪切的元器件，在键盘中按住"Ctrl+X"组合键，剪切被选择的元器件。

3. 粘贴元器件

粘贴元器件的方法有以下 3 种。

（1）菜单命令。

选择菜单栏中的"Edit（编辑）"→"Paste（粘贴）命令"，粘贴被选择的元器件。

（2）工具栏命令。

单击"Capture"工具栏中的"Copy to clipboard（复制到剪贴板）"按钮 ，粘贴被选择的元器件。

（3）功能键命令。

在键盘中按住"Ctrl+V"键，粘贴复制的元器件。

4. 删除元器件

删除元器件的方法有以下 3 种。

（1）菜单命令。

选择要删除的元器件，选择菜单栏中的"Edit（编辑）"→"Delete（删除）"命令，删除被选择的元器件。

（2）快捷命令。

选择要删除的元器件，单击右键弹出快捷菜单选择"Delete（删除）"命令，删除被选择的元器件。

（3）功能键命令。

选择要删除的元器件，在键盘中按住"Delete（删除）"键，删除被选择的元器件。

4.6.6 元器件的固定

元器件的固定是指将元器件锁定在当前位置，无法进行移动操作。已经固定的元器件可进行复制、粘贴及连线操作，如图 4-25 所示为选择元器件固定前和固定后的不同显示状态。

固定前　　　　　固定后

图 4-25　选中元器件

固定元器件的方法有以下 2 种。

（1）菜单命令。

在电路原理图上选择需要固定的单个或多个元器件，选择菜单栏中的"Edit（编辑）"→"Lock（固定）"命令，锁定被选择的元器件。

（2）执行命令。

在电路原理图上选取需要固定的单个或多个元器件，单击右键弹出快捷菜单选择"Lock（固定）"命令，固定被选择的元器件。

取消元器件固定的方法与固定元器件的方法类似，不同之处在于执行过程中选择"Unlock（取消固定）"命令。

4.7 元器件的属性设置

在原理图上放置的所有元器件都具有自身的特定属性，在放置好每一个元器件后，应该对其属性进行正确的编辑和设置，以免使后面的网络表生成及 PCB 的制作产生错误。

通过属性编辑可以对该对象的电气特性、网络连接关系、所属类型和属性等进行编辑。

编辑属性的方法有以下几种。

● 菜单命令：选择菜单栏中的"Edit（编辑）"→"Properties（属性）"命令。

● 快捷命令：单击右键弹出快捷菜单选择"Edit Properties（编辑属性）"命令。

● 双击元器件。

4.7.1　属性设置

1.　编辑单个元器件属性

选择元器件，执行上述方法后，弹出"Property Editor（属性编辑）"窗口，如图 4-26 所示。

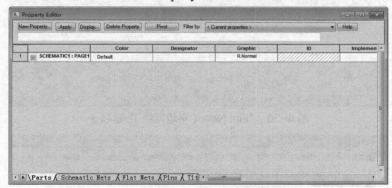

图 4-26　"Property Editor（属性编辑）"窗口

（1）该图显示"Parts（元器件）"选项卡，单击右键弹出如图 4-27 所示的快捷菜单，选择"Pivot（基准）"命令，改变视图，显示如图 4-28 所示的界面。

（2）从图 4-28 可以看出，该界面中包含其余 7 个选项卡："Schematic Nets（原理图网络）""Flat Nets（平坦网络）""Pins（管脚）""Title Blocks（标题栏）""Globals（全局）""Ports（电路端口）""Aliases（别名）"选项卡，如图 4-29 ～图 4-35 所示，根据不同的显示项对其值进行修改。

图 4-27　快捷菜单

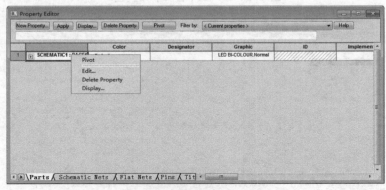

图 4-28　更改视图

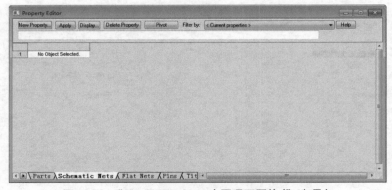

图 4-29　"Schematic Nets（原理图网络）"选项卡

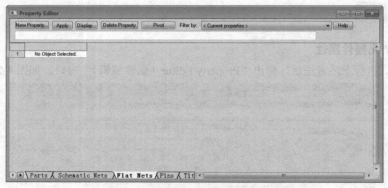

图 4-30 "Flat Nets（平坦网络）"选项卡

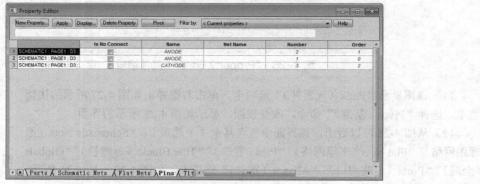

图 4-31 "Pins（管脚）"选项卡

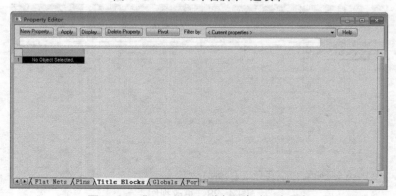

图 4-32 "Title Blocks（标题栏）"选项卡

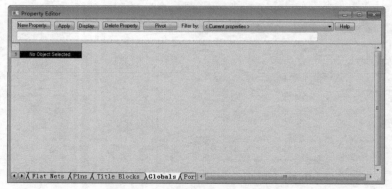

图 4-33 "Globals（全局）"选项卡

图 4-34　"Ports（电路端口）"选项卡

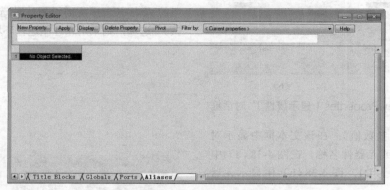

图 4-35　"Aliases（别名）"选项卡

2. 编辑多个元器件属性

Capture 在编辑元器件属性过程中，除了逐个编辑元器件参数外还可使用整体赋值与分类赋值，方法相同，首先选择多个元器件，在弹出的属性编辑窗口中显示所有选择元器件的属性，如图 4-36 所示。

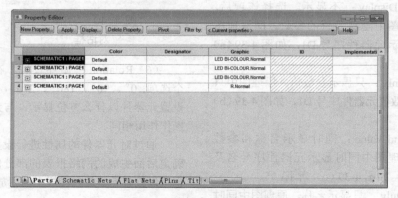

图 4-36　编辑多个元器件属性

4.7.2　参数设置

编辑元器件属性主要是修改元器件参数值及元器件序号，因此可以单独有针对性地修改元器件参数值或元器件序号。具体操作步骤如下。

双击图 4-37 中所示的元器件序号或元器件名，也可选择元器件序号或元器件名执行菜单命令或右键命令，弹出如图 4-38 所示的"Display Properties（显示属性）"对话框，此对话框包含以下 5 个部分。

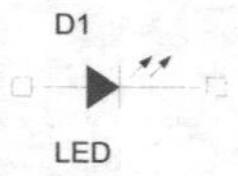

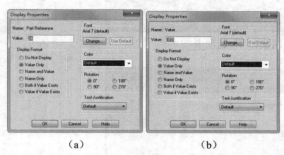

图 4-37　选择的元器件

（1）Name（名称）：显示为"Part Reference（元器件序号）"或"Value（元器件名）"。

图 4-38　"Display Properties（显示属性）"对话框

（a）　　　　　　　　　（b）

（2）Value（参数值）：在该文本框中显示对应的元器件序号或元器件名称，在图 4-38（a）中显示元器件序号为 D1，图 4-38（b）中显示元器件名称为 LED。

（3）Display Format：显示格式，主要设置元器件在原理图中显示的参数格式。以图 4-39 为例，在此选项组中的"Name（名称）"为"Value"，"Value（参数值）"为"D1"。

- Do Not Display：不显示。选择该项后，在原理图中隐藏设置的参数。即原理图中不显示元器件序号 D1，如图 4-39（a）所示。
- Value Only：只显示参数值。原理图中只显示参数值元器件序号 D1，如图 4-39（b）所示。
- Name and Value：同时显示名称和参数值。原理图中同时显示元器件序号名及序号值，如图 4-39（c）所示。
- Name Only：只显示名称，原理图中同时显示元器件序号名，如图 4-39（c）所示。
- Both if Value Exist：如果在"Value（参数值）"一栏中输入内容，则同时显示名称和参数值，如图 4-39（c）所示；若"Value（参数值）"一栏中无内容，则不显示设置的参数，如图 4-39（d）所示。

（a）　　（b）　　（c）　　（d）

图 4-39　设置元器件参数显示

（4）Font：字体设置。单击"Change（改变）"按钮，弹出如图 4-40 所示的"字体"对话框，在该对话框中设置字体、字形及大小。

经过字体改变后，若想返回默认，单击"Use Default（使用默认）"按钮，即可返回软件初始设置。

（5）Color：颜色设置。在如图 4-41 所示的下拉列表中选择所需设置。若选择"Default（默认）"选项，则采用原理图运行环境中设置的颜色。

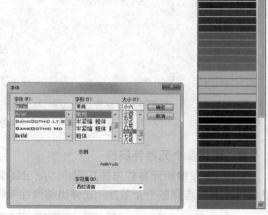

图 4-40　"字体"对话框　　　图 4-41　颜色设置列表

（6）Rotation：循环设置。在该选项下有 4 个选项：0°、90°、180°、270°，选择不同选项，设置元器件以什么方位显示，与元器件进行旋转操作作用相同。

通过对元器件的属性进行设置，一方面可以确定后面生成的网络报表的部分内容，另一方面也可以设置元器件在图样上的摆放效果。

4.7.3　编辑元器件外观

编辑元器件外观主要是修改元器件符号形状，在原理图绘制过程中，所需元器件在元器件库中查找不到，重新创建新的元器件过程太过烦琐，为减少步骤与时间，在元器件库中查找到与所需元器件相似的元器件，并对其进行编辑，以达到代替所需元器件的目的。

元器件外形的编辑方法具体操作步骤如下。

选择图 4-42 中所示的元器件，选择菜单栏中的"Edit（编辑）"→"Part（元器件）"命令或单

击右键选择"Edit Part（编辑元器件）"快捷命令，弹出如图 4-43 所示的元器件编辑对话框，在该对话框中可利用"Draw（绘图）"工具栏中的图形绘制命令进行外形编辑。

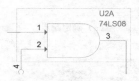

图 4-42　选择元器件

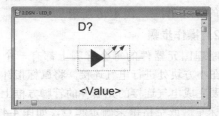

图 4-43　元器件编辑对话框

4.8　原理图连接工具

Cadence 提供了 3 种对原理图进行电气连接的操作方法。

1. 使用菜单命令

图 4-44 所示为菜单栏中的"Place（放置）"菜单中原理图连接工具部分。在该菜单中，提供了放置各种元器件的命令，也包括对 Bus（总线）、Bus Entry（总线分支）、Wire（导线）、Net Alias（网络名）等连接工具的放置命令。

2. 使用 Draw 工具栏

在"Place（放置）"菜单中，各项命令分别与"Draw（绘图）"工具栏中的按钮一一对应，直接单击该工具栏中的相应按钮，即可完成相同的功能操作，如图 4-45 所示。

3. 使用快捷键

上述各项命令都有相应的快捷键，在图 4-44 中显示命令与快捷键的对应关系。例如，设置网络名的快捷键是 N，绘制总线入口的快捷键是 E 等。使用快捷键可以大大提高操作速度。

图 4-44　"Place
（放置）"菜单

图 4-45　"Draw
（绘图）"工具栏

4.9　元器件的电气连接

原理图的电气连接除了根据线的种类不同分为导线连接和总线连接外，还有一些如网络名、原理图符号等操作也可达到电气连接的作用。

4.9.1　导线的绘制

元器件之间电气连接的主要方式是通过导线

来连接。导线是电气连接中最基本的组成单位，它具有电气连接的意义。

放置导线的详细步骤如下。

1. 执行方式

选择菜单栏中的"Place（放置）"→"Wire（导线）"命令或单击"Draw（绘图）"工具栏中的

图 4-46 绘制导线时的鼠标指针

"Place wire（放置导线）"按钮，也可以按下快捷键操作 W，这时鼠标指针变成十字形状，激活导线操作，如图 4-46 所示。

2．操作步骤

原理图元器件的每个管脚上都有一个小方块，在小方块处进行电气连接。将鼠标指针移动到想要完成电气连接的元器件的管脚方框上，单击鼠标左键或空格键来确定起点，如图 4-47（a）所示，移动鼠标单击左键拖动出一条直线，到放置导线的终点，如图 4-47（b）所示，完成两个元器件之间的电气连接。此时鼠标仍处于放置线的状态，导线两端显示实心小方块。重复上面的操作可以继续放置其他的导线。按 Esc 键结束连线操作，如图 4-47（c）所示。

（a）确定起点

（b）确定终点

（c）完成连线

图 4-47 导线的绘制

3．导线的拐弯模式

如果要连接的两个管脚不在同一水平线或同一垂直线上，则绘制导线的过程中需要单击鼠标左键或按空格键来确定导线的拐弯位置，如图 4-48 所示。导线绘制完毕，单击鼠标右键或按 Esc 键即可退出绘制导线操作。

4．导线的交叉模式

在连线过程中，经常会出现交叉的情况。此时，在连线交叉处会出现两种情况，如图 4-49 所示，一个有红点，一个没有。

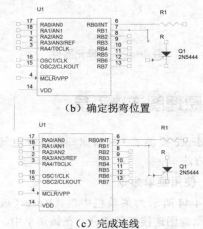

（a）确定起点

（b）确定拐弯位置

（c）完成连线

图 4-48 导线的拐弯模式

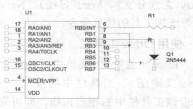

图 4-49 导线的交叉模式

没有红点表示没有电气连接，有红点表示有电气连接，与后面的添加电气节点相同。

5．导线的重复模式

连接线路过程中，确定起点，向外绘制一段导线后，按 F4 键，可重复上述操作，如图 4-50 所示。

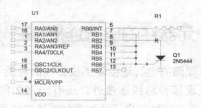

图 4-50 重复操作

6．导线的斜线模式

有些时候，为了增强原理图的可观性，把导

线绘制成斜线。具体方法如下。

连接线路过程中，单击鼠标左键的同时按住"Shift"键，确定起点后，向外绘制的导线为斜线，单击鼠标左键或按空格键确定第一段导线的终点，在继续绘制第二段导线的过程中，松开"Shift"键，绘制水平或垂直的导线，继续按住"Shift"键，则可继续绘制斜线，如图 4-51 所示。

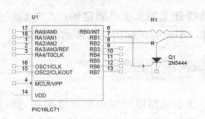

图 4-51　绘制斜线

4.9.2　总线的绘制

总线是一组具有相同性质的并行信号线的组合，如数据总线、地址总线、控制总线等。在大规模的原理图设计，尤其是数字电路的设计中，如果只用导线来完成各元器件之间的电气连接，则整个原理图的连线就会显得细碎而烦琐，而总线的运用则可大大简化原理图的连线操作，可以使原理图更加整洁、美观。

在规模较大的原理图中，总线可以使电路布局更加清晰，总线与导线相比，颜色深，线型粗。原理图编辑环境下的总线没有任何实质的电气连接意义，仅仅是为了绘图和读图的方便而采取的一种简化连线的表现形式。

1. 执行方式

选择菜单栏中的"Place（放置）"→"Bus（总线）"命令或单击"Draw（绘图）"工具栏中的"Place bus（放置总线）"按钮，也可以按下快捷键操作，这时鼠标指针变成十字形状，激活总线操作，如图 4-52 所示。

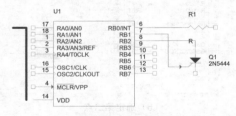

图 4-52　绘制总线

2. 操作步骤

总线的绘制与导线的绘制基本相同，将鼠标指针移动到想要放置总线的起点位置，单击鼠标确定总线的起点。然后拖动鼠标，单击确定多个固定点转向，最终双击左键结束。总线的绘制不必与元器件的管脚相连，它只是为了方便接下来对总线分支线的绘制而设定的。

3. 设置总线的属性

完成绘制后，双击总线可打开总线的属性编辑对话框，如图 4-53 所示。显示总线名称，单击 User Properties 按钮，弹出图 4-54 所示的"User Properties（用户属性）"对话框，在该对话框中显示总线的两个属性：ID、Net Name。

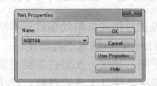

图 4-53　总线属性设置对话框

图 4-54　"User Properties（用户属性）"对话框

● 单击"New（新建）"按钮，弹出"New Properties（新属性）"对话框，在该对话框中可以输入新属性的"Name（名称）"与"Value（值）"，如图 4-55 所示。

图 4-55　"New Properties（新属性）"对话框

● 单击"Remove（移除）"按钮，可直接将新建的属性从该对话框中删除，该命令只适用于用户新建的属性，总线自带的两个命令无法删除。

● 单击"Display（显示）"按钮，弹出"Display

Properties（显示属性）"对话框，在该对话框中可以设置属性的"Name（名称）"与"Value（值）"可见性，如图4-56所示。

图4-56　"Display Properties（显示属性）"对话框

总线的重复模式与斜线模式同样适用于总线分支线，方法相同，这里不再赘述。

总线不能与导线、元器件等组件直接进行连接，需要加入总线分支进行过渡，在下面的章节将讲解总线分支的具体操作方法。

4.9.3　总线分支线的绘制

总线分支线是单一导线与总线的连接线。使用总线分支线把总线和具有电气特性的导线连接起来，可以使电路原理图更为美观、清晰且具有专业水准。与总线一样，总线分支线也不具有任何电气连接的意义，而且它的存在并不是必须的，即便不通过总线分支线，直接把导线与总线连接也是正确的。

放置总线分支线的操作步骤如下。

（1）选择菜单栏中的"Place（放置）"→"Bus Entry（总线分支）"命令或单击"Draw（绘图）"工具栏中的"Place bus entry（放置总线分支）"按钮，也可以按下快捷键E，这时鼠标指针上带有浮动的总线分支符号。

（2）在导线或元器件管脚与总线之间单击鼠标，即可放置一段总线分支线，如图4-57所示。由此可以看出元器件管脚无法直接与总线分支连接，需要经过导线连接后才可实现真正意义上的电气连接。

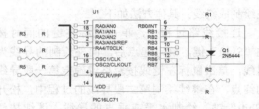

图4-57　绘制总线分支线

总线分支的长度是固定的，与总线、导线并不一样，不能随鼠标指针的移动而拉长。

4.9.4　自动连线

导线是电路原理图中最重要也是用得最多的图元，重复使用单点连接的模式耗费大量时间，相较于其他电路软件，Cadence提供了自动连线的功能，半自动地进行导线连接，既确保了原理图连线的正确性，也大大节省了连线时间。

自动连线操作也分3种方式。

1. 两点

选择菜单栏中的"Place（放置）"→"Auto Wire（自动连线）"→"Two Points（两点）"命令或单击"Draw（绘图）"工具栏中的"Auto Connect two points（两点自动布线）"按钮，激活命令，鼠标指针变为十字形状，确定起点，如图4-58（a）所示；在元器件管脚小方块上单击，向外拖动，选择第二点，如图4-58（b）所示；单击管脚上的小方块，完成连线，如图4-58（c）所示。

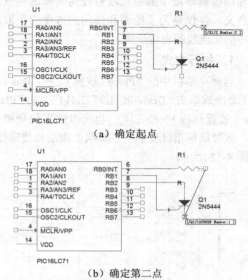

（a）确定起点

（b）确定第二点

图4-58　绘制两点连线

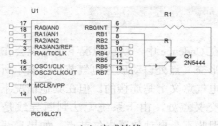

（c）完成连线

图 4-58　绘制两点连线（续）

2. 多点

选择菜单栏中的"Place（放置）"→"Auto Wire（自动连线）"→"Multiple Points（多点）"命令或单击"Draw（绘图）"工具栏中的"Auto Connect multi points（多点自动布线）"按钮，激活命令，鼠标指针变为十字形状，依次选择需要连接的多个管脚，如图 4-59 所示。完成所有管脚选择后，单击鼠标右键弹出如图 4-60 所示的快捷菜单，选择"Connect（连接）"命令，完成所选管脚的连接，如图 4-61 所示。

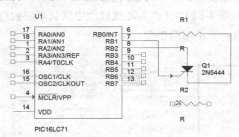

图 4-59　选择多个点

3. 连接到总线

选择菜单栏中的"Place（放置）"→"Auto Wire（自动连线）"→"Connect to Bus（连接到总线）"命令或单击"Draw（绘图）"工具栏中的"Auto Connect to Bus（自动连接到总线）"按钮，激活命令，光标变为十字形。

图 4-60　快捷菜单

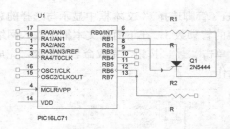

图 4-61　多点连接

依次选择需要连接的单个或多个管脚，如图 4-62 所示。完成管脚选择后，单击鼠标右键弹出如图 4-63 所示的快捷菜单。选择"Connect to Bus（总线连接）"命令，在图样中选择所要连接的总线，如图 4-64 所示。自动连接所选管脚与总线，并自动在两者中添加必要的导线与总线分支，如图 4-65 所示。

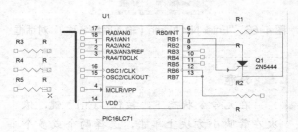

图 4-62　选择管脚

图 4-63　快捷菜单

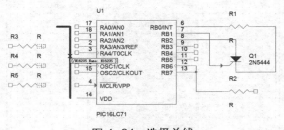

图 4-64　选择总线

自动连线的同时弹出"Enter Net Name（输入网络名称）"对话框，如图 4-66 所示，在"Pins

Select（管脚选择）"文本框中显示与选择的总线连接的管脚数 3，在下面的文本框中输入网络名称，单击 OK 按钮，完成命名。至此，完成连线操作。

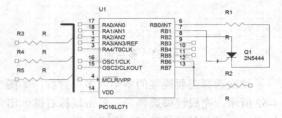

图 4-65　自动连接到总线

图 4-66　"Enter Net Name（输入网络名称）"对话框

> **注意**
>
> 在无命令状态下，按住"Ctrl"键，依次在管脚小方块上单击，选择两个或多个管脚，单击右键弹出如图 4-67 所示的快捷菜单，可直接选择"Connect（连接）"或"Connect to Bus（总线连接）"命令，直接代替上面操作执行自动连线操作。此方法步骤简单，实用性强，读者可多加练习，熟练掌握此绘图技巧。

图 4-67　快捷菜单

4.9.5　放置手动连接

在 Cadence 中，默认情况下，系统会在导线的 T 形交叉点处自动放置电气节点，表示所画线路在电气意义上是连接的。但在其他情况下，如十字交叉点处，由于系统无法判断导线是否连接，因此不会自动放置电气节点。如果导线确实是相互连接的，就需要用户自己手动来放置电气节点。

手动放置电气节点的步骤如下。

（1）选择菜单栏中的"Place（放置）"→"Junction（节点）"命令或单击"Draw（绘图）"工具栏中的"Place junction（放置节点）"按钮，也可以按下快捷键操作 J，这时鼠标指针带有一个电气节点符号。

（2）移动鼠标指针到需要放置电气节点的地方，单击鼠标左键即可完成放置，如图 4-68 中 B 点所示。此时鼠标指针仍处于放置电气节点的状态，重复操作即可放置其他的节点。

图 4-68 中 A 点为连线过程中默认添加的电气节点，表示电路相通。

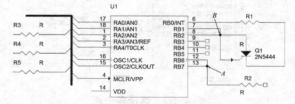

图 4-68　放置电气节点

4.9.6　放置电源符号

电源符号是电路原理图中必不可少的组成部分。在 Cadence 中提供了多种电源符号供用户选择，每种形状都有一个相应的网络标签作为标识。

放置电源符号的步骤如下。

（1）选择菜单栏中的"Place（放置）"→"Power（电源）"命令或单击"Draw（绘图）"工具栏中的"Place power（放置电源）"按钮，也可以按下快捷键 F。

（2）弹出如图 4-69 所示的"Place Power（放置电源）"对话框，在该对话框中选择不同类型的电源符号。

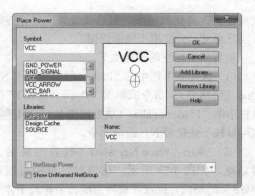

图 4-69 "Place Power（放置电源）"对话框

在 Capture 元器件库中有两类电源符号，一类是 CAPSYM 库中提供的 4 种电源符号，这 4 种电源符号没有电压值，仅是一种符号的代表，但具有全局相连的特点。也就是在电路中只要相同类型的电源符号在电学上是相连的。另一类电源是通过设置可以有一定的电源值，给电路提供激励电源的电源符号，这类电源是由 SOURCE 库提供的，如图 4-70、图 4-71 所示，是不同的电源符号。

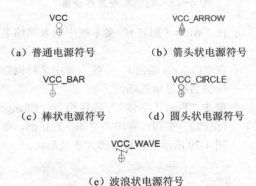

（a）普通电源符号　　　（b）箭头状电源符号

（c）棒状电源符号　　　（d）圆头状电源符号

（e）波浪状电源符号

图 4-70 CAPSYM 库电源符号

（a）高电平电源符号　　（b）低电平电源符号

图 4-71 SOURCE 库电源符号

（3）在"Libraries（库）"列表库中显示已加载的元器件库，在"Symbol（符号）"列表框中显示所选元器件库中包含的电源符号，在"Name（名称）"文本框中编辑电源符号名称，在右侧显示电源符号缩略图。

（4）单击 Add Library... 按钮，弹出如图 4-72 所示

的"Browse File（文件搜索）"对话框，选择要添加的库文件。

图 4-72 "Browse File（文件搜索）"对话框

（5）单击 Remove Library 按钮，删除"Libraries（库）"列表库中加载的元器件库。

（6）单击 OK 按钮，退出对话框，鼠标指针上显示浮动的电源符号，如图 4-73 所示，移动鼠标指针到需要放置电源的地方，单击鼠标左键即可完成放置，如图 4-74 所示。此时鼠标指针仍处于放置电源的状态，重复操作即可放置其他的电源符号。

图 4-73 显示电源符号　　图 4-74 放置电源

管脚与管脚之间直接连在一起，则电气上存在连接关系，电源和地符号与管脚直接相连，也形成电气上的连接关系。但是尽量避免这样做，因为这样"Back annotation（反向标注）"时会出现问题。

4.9.7 放置接地符号

接地符号根据接地的选择不同，可分为模拟地、数字地和大地等，并且接地符号同样具有全局相连的特点，下面显示 CAPSYM 库中的接地符号，如图 4-75 所示。

放置接地符号的步骤如下。

（1）选择菜单栏中的"Place（放置）"→"Ground（接地）"命令或单击"Draw（绘图）"工具栏中的"Place ground（放置接地）"按钮，也可以按下快捷键操作 F。

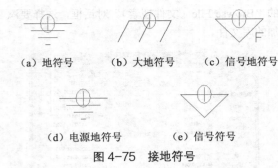

（a）地符号　　（b）大地符号　　（c）信号地符号

（d）电源地符号　　（e）信号符号

图 4-75　接地符号

（2）弹出如图 4-76 所示的"Place Power（放置电源）"对话框，在该对话框中显示上面介绍的各种接地符号。

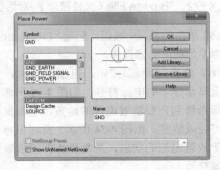

图 4-76　"Place Power（放置电源）"对话框

（3）单击 OK 按钮，退出对话框，在鼠标指针上显示浮动的接地符号，移动鼠标指针到需要放置接地的地方，单击鼠标左键即可完成放置，如图 4-77 所示。此时鼠标指针仍处于放置接地的状态，重复操作即可放置其他的接地符号。

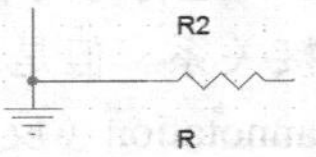

图 4-77　放置接地符号

4.9.8　放置网络标签

在原理图绘制过程中，元器件之间的电气连接除了使用导线外，还可以通过设置网络标签的方法来实现。

网络标签具有实际的电气连接意义，具有相同网络标签的导线或元器件管脚不管在图上是否连接在一起，其电气关系都是连接在一起的。特别是在连接的线路比较远，或者线路过于复杂，而使走线比较困难时，使用网络标签代替实际走

线可以大大简化原理图。对总线设置网络标签没有实际意义，只能用于辅助读图。

放置网络标签的步骤如下。

（1）选择菜单栏中的"Place（放置）"→"Net Alias（网络名）"命令或单击"Draw（绘图）"工具栏中的"Place net alias（放置网络名）"按钮，也可以按下快捷键 N，激活命令。

（2）弹出"Place Net Alias（放置网络名）"对话框，如图 4-78 所示。在该对话框中可以对"网络"的颜色、位置、旋转角度、名称及字体等属性进行设置。

图 4-78　网络标签属性设置

- 在"Alias（别名）"文本框中输入网络名称。
- 在"Color（颜色）"下拉列表中选择网络标签名称显示的颜色。
- 单击"Font（字体）"选项组下"Change（更改）"按钮，弹出"字体"对话框，如图 4-79 所示，设置字体大小及形状。

图 4-79　"字体"对话框

- 在"Rotation（旋转）"选项组下显示旋转的 4 个角度：0°、90°、180°、270°。

属性编辑结束后按"OK（确定）"按钮即可关闭该对话框。

（3）这时鼠标指针带有一个矩形框的图标，

移动鼠标指针到需要放置网络标签的导线上（见图4-80），单击鼠标左键即可完成放置，如图4-81所示。此时鼠标指针仍处于放置网络标签的状态，重复操作即可放置其他的网络标签。单击鼠标右键选择"End Mode（结束操作）"命令或者按"Esc"键便可退出操作。

图 4-80　显示鼠标指针　　图 4-81　放置网络标签

（4）网络标签命名规则如下。

1）对总线进行命名。有以下 3 种形式：BUS[0..11]、BUS [0: 11] 和 BUS [0-11]，其中"["与数字、字母间不能有空格，如图4-82所示。

2）对与总线分支连接导线命名。若总线名称为BUSNAME[0-11]，则导线名称必须为BUSNAME0、BUSNAME1 等，如图4-83 所示。

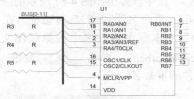

图 4-82　对总线命名

图 4-83　对导线进行命名

由于总线与总线分支相连接的线会大量出现，因此在进行中，按住"Ctrl"键，选中导线，依次再选中的导线上放置网络标签，名称依次递增。

> **注意**
>
> 　　总线和导线信号线之间只能通过网络标签来实现电气连接。
>
> 　　若总线不经过总线分支，直接与导线连接，虽然在连接处也显示连接点，但这种连接没有形成真正的电气连接，总线电气信号的传递必须经过总线分支，同时总线和与其

相连的导线必须都符合命名规则的名称（用网络标签实现）。

　　与导线连接相同，两段总线如果形成T形连接，则自动放置电气节点，形成电气连接；若两段线十字交叉，则默认是不相交，没有电气连接，不自动添加电气节点的，若要形成电气连接，则需要手动添加电气节点。

4.9.9　放置不连接符号

在电路设计过程中，系统进行电气规则检查（ERC）时，有时会产生一些不希望的错误报告。例如，出于电路设计的需要，一些元器件的个别输入管脚有可能被悬空，但在系统默认情况下，所有的输入管脚都必须进行连接，这样在 ERC 检查时，系统会认为悬空的输入管脚使用错误，并在管脚处放置一个错误标记。

为了避免用户为检查这种"错误"而浪费时间，可以使用不连接符号，让系统忽略对此处的ERC 测试，不再产生错误报告，也称之为忽略ERC 测试点。

放置不连接符号的具体步骤如下。

（1）选择菜单栏中的"Place（放置）"→"No Connect（不连接）"命令或单击"Draw（绘图）"工具栏中的"Place no connect（放置不连接符号）"按钮，也可以按下快捷键 X，这时鼠标指针上带有一个浮动的小叉（不连接符号）。

（2）移动鼠标指针到需要放置不连接符号的位置处，单击鼠标左键即可完成放置，如图4-84所示。此时鼠标指针仍处于放置不连接符号的状态，重复操作即可放置其他的不连接符号。单击鼠标右键选择"End Mode（结束模式）"命令或者按"Esc"键便可退出操作。

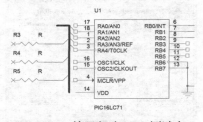

图 4-84　放置忽略 ERC 测试点

4.10 操作实例

通过前面章节的学习，用户对 Cadence 原理图编辑环境、原理图编辑器的使用有了初步的了解，而且能够完成简单电路原理图的绘制。本节从实际操作的角度出发，通过具体实例来说明怎样使用原理图编辑器来完成电路的设计工作。

4.10.1 实用门铃电路设计

本例设计的是一种能发出"叮咚"声的门铃电路，它是由一块 SE555 时基电路集成块和外围元器件组成的。

扫码看视频

在本例中，将主要学习原理图设计过程文件的自动存盘。因为在一个电路的设计过程中，有时会有一些突发事件，如突然断电、运行程序被终止等情况，这些不可预料的事情会造成设计工作在没有保存的情况下被终止，为了避免损失，可以采取两种方法：一种方法是在设计的过程中不断地存盘；另外一种方法就是使用"Cadence"中提供的文件自动存盘功能。

1. 建立工作环境

（1）在 Cadence 主界面中，选择菜单栏中的"Files（文件）"→"New（新建）"→"Project（工程）"命令或单击"Capture"工具栏中的"Create Document（新建文件）"按钮，弹出如图 4-85 所示的"New Project（新建工程）"对话框，在"Location（路径）"文本框中设置新建工程文件的保存路径，在"Name（名称）"文本框中输入新建的工程文件名称"Practical Doorbell"，单击 OK 按钮，完成工程文件"Practical Doorbell.dsn"的创建。

图 4-85 "New Project（新建工程）"对话框

（2）在该工程文件夹下，默认创建图纸文件 SCHEMATIC1，在该图纸子目录下自动创建原理图页 PAGE1，如图 4-86 所示。

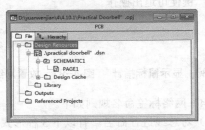

图 4-86 创建工程文件

（3）选择图纸文件 SCHEMATIC1，选择菜单栏中的"Design（设计）"→"Rename（重命名）"命令，或单击右键选择快捷菜单中的"Rename（重命名）"命令，弹出如图 4-87 所示的"Rename Schematic（重命名原理图）"对话框，在"Name（名称）"文本框中输入选中的原理图文件名称"Practical Doorbell"，单击 OK 按钮，完成原理图文件的重命名。

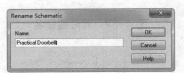

图 4-87 "Rename Schematic（重命名原理图）"对话框

（4）选择图纸页文件 PAGE1，选择菜单栏中的"Design（设计）"→"Rename（重命名）"命令，或单击右键选择快捷菜单中的"Rename（重命名）"命令，弹出如图 4-88 所示的"Rename Page（重命名图页）"对话框，在"Name（名称）"文本框中输入选择的图页文件名称"Practical Doorbell"，单击 OK 按钮，完成原理图页文件的重命名。

图 4-88 "Rename Page（重命名图页）"对话框

完成文件命名的项目管理器窗口显示如图 4-89

所示，双击原理图页文件，进入原理图绘制环境，进行原理图的编辑。

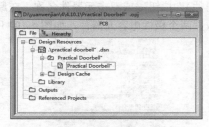

图 4-89 项目管理器窗口

2. 自动存盘设置

Cadence 支持文件的自动存盘功能。用户可以通过参数设置来控制文件自动存盘的细节。

选择菜单栏中的"Option（选项）"→"Autobackup（自动备份）"命令，打开"Multi-level Backup settings"对话框，如图 4-90 所示。在"Backup time（in Minutes）（备份间隔时间）"栏中输入每隔多少分钟备份一次，单击 Browse... 按钮，弹出图 4-91 所示的"Select Directory（选择路径）"对话框，设置保存的备份文件路径。

图 4-90 "Multi-level Backup settings"对话框

图 4-91 "Select Directory（选择路径）"对话框

设置好路径后，单击 OK 按钮，关闭"Select Directory（选择路径）"对话框，返回"Multi-level Backup settings（备份设置）"对话框，单击 OK 按钮，关闭该对话框。

3. 设置图纸参数

选择菜单栏中的"Options（选项）"→"Design Template（设计向导）"命令，系统将弹出"Design Template（设计向导）"对话框，打开"Page Size（页面设置）"对话框，如图 4-92 所示。

图 4-92 "Design Template（设计向导）"对话框

在此对话框中对图纸参数进行设置。在"Units（单位）"栏选择单位为 Millimeters（公制），页面大小选择"A4"。单击"确定"按钮，完成图纸属性设置。

4. 加载元器件库

选择菜单栏中的"Place（放置）"→"Part（元器件）"命令或单击"Draw（绘图）"工具栏中的"Place Part（放置元器件）"按钮，打开"Place Part（放置元器件）"面板，在"Libraries（库）"选项组下显示默认加载的元器件库，如图 4-93 所示。然后在其中加载需要的元器件库。

图 4-93 显示默认加载的元器件库

单击"Add Library（添加库）"按钮，系统将弹出如图 4-94 所示的"Browse File（搜索库）"对话框，选中要加载的库文件 MiscLinear.olb，单击"打开"按钮，在"Place Part（放置元器件）"面板"Libraries（库）"选项组下文本框中显示加载库列表，如图 4-95 所示。

5. 放置元器件

（1）放置 SE555 芯片。在"Libraries（库）"下拉列表框中选择"MiscLinear.olb"元器件库，在"Part（元器件）"文本框中输入 SE555，在下面的"Part List（元器件列表）"列表中显示符合条件的元器件，找到 SE555 芯片，如图 4-96 所示。

单击"Place Part（放置元器件）"按钮 或双击元器件名称，将选择的芯片放置在原理图样上，如图 4-97 所示。

图 4-94　加载需要的元器件库

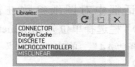

图 4-95　加载元器件库

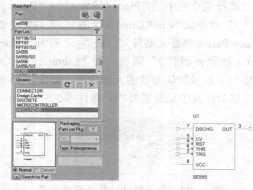

图 4-96　选择 SE555 芯片　　图 4-97　放置芯片

（2）放置电阻元器件。在"Libraries（库）"下拉列表框中选中"Discrete.olb（分立式元器件库）"，在"Part（元器件）"文本框中输入 RESIS，在下面的"Part List（元器件列表）"列表中显示符合条件的元器件，找到电阻元器件 RESISTOR，如图 4-98 所示。单击"Place Part（放置元器件）"按钮 或双击元器件名称，在原理图样上放置 4 个电阻元器件，如图 4-99 所示。

（3）放置极性电容元器件。在"Library（库）"下拉列表框中选中"Discrete.olb（分立式元器件库）"，在"Part（元器件）"文本框中输入"CAP POL"，在下面的"Part List（元器件列表）"列表

中显示符合条件的元器件，找到极性电容元器件 CAP POL，如图 4-100 所示。单击"Place Part（放置元器件）"按钮 或双击元器件名称，在原理图样上放置两个极性电容元器件，如图 4-101 所示。

图 4-98　选择电阻元器件

图 4-99　放置电阻

图 4-100　选择极性电容元器件

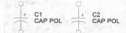

图 4-101　放置极性电容元器件

（4）放置电容元器件。在"Library（库）"下拉列表框中选中"Discrete.olb（分立式元器件库）"，在"Part（元器件）"文本框中输入 CAP，在下面的"Part List（元器件列表）"列表中显示符合条件的元器件，找到电容元器件 CAP NP，如图 4-102 所示。单击"Place Part（放置元器件）"按钮 或双击元器件名称，在原理图纸上放置 1 个电容元器件，如图 4-103 所示。

图 4-102　选择电容元器件

图 4-103　放置电容元器件

（5）放置扬声器元器件。在"Library（库）"下拉列表框中选择"Discrete.olb（分立式元器件库）"，在"Part（元器件）"文本框中输入SPEA，在下面的"Part List（元器件列表）"列表中显示符合条件的元器件，找到扬声器元器件SPEAKER，如图 4-104 所示。单击"Place Part（放置元器件）"按钮🖱或双击元器件名称，在原理图样上放置 1 个扬声器元器件，如图 4-105 所示。

图 4-104　选择扬声器元器件

图 4-105　放置扬声器

（6）放置二极管元器件。在"Library（库）"下拉列表框中选择"Discrete.olb（分立式元器件库）"，在"Part（元器件）"文本框中输入 dio，在下面的"Part List（元器件列表）"列表中显示

符合条件的元器件，找到二极管元器件 DIODE，如图 4-106 所示。单击"Place Part（放置元器件）"按钮🖱或双击元器件名称，在原理图样上放置两个二极管元器件，如图 4-107 所示。

图 4-106　选择二极管元器件

图 4-107　放置二极管元器件

（7）放置复位键元器件。在"Library（库）"下拉列表框中选择"Discrete.olb（分立式元器件库）"，在"Part（元器件）"文本框中输入"SW KEY-SPST"，在下面的"Part List（元器件列表）"列表中显示符合条件的元器件，找到复位键元器件"SW KEY-SPST"，如图 4-108 所示。单击"Place Part（放置元器件）"按钮🖱或双击元器件名称，在原理图样上放置 1 个复位键元器件，如图 4-109 所示。

图 4-108　选择复位键元器件

在图样中显示放置完成的元器件，如图 4-110所示。

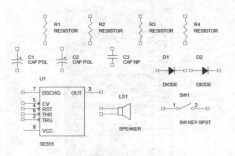

图 4-109　放置复位键元器件

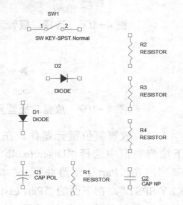

图 4-110　放置元器件

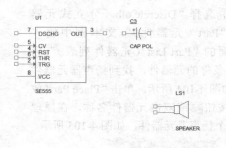

图 4-111　完成元器件布局

注意

电阻 R 的单位为 Ω，由于在生成网络表过程中不识别该字符，因此原理图在创建过程中不标注该符号。同时，电容 C 单位中有符号 μ，该符号同样不识别，若有用到时，输入符号 u 替代。

（2）设置元器件值显示。双击扬声器元器件"LS1"的元器件值"SPEAKER"，弹出"Display Properties（显示属性）"对话框，选择"Do Not Display（不显示）"单选钮，如图 4-113 所示。单击 OK 按钮，退出对话框，在图样上不显示该元器件值。

用同样的方法设置原理图中的其余元器件，设置好元器件属性的电路原理图如图 4-114 所示。

6. 元器件布局

选择元器件，单击鼠标左键拖曳元器件，将元器件放置在对应的位置，同时对元器件属性进行设置，结果如图 4-111 所示。

7. 编辑元器件属性

在图样上放置完元器件后，用户要对每个元器件的属性进行编辑，包括元器件标识符、序号、型号等。

（1）编辑元器件值。双击电阻元器件 R2 的元器件值 RESISTOR，弹出"Display Properties（显示属性）"对话框，在"Value（值）"文本框中修改元器件值为 30k，如图 4-112 所示。单击 OK 按钮，退出对话框，完成修改。

图 4-112　修改元器件值

图 4-113　设置元器件值

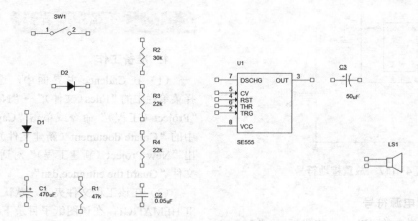

图 4-114　元器件属性编辑结果

8．元器件布线

选择菜单栏中的"Place（放置）"→"Wire（导线）"命令或单击"Draw（绘图）"工具栏中的"Place wire（放置导线）"按钮，对原理图进行布线，结果如图 4-115 所示。

> **注意**
>
> 在布线过程中可选择菜单栏中的"Place（放置）"→"Auto Wire（自动连线）"菜单，使用子菜单中的"Two Points（两点）"命令、"Multiple Points（多点）"命令，可简化绘制步骤。

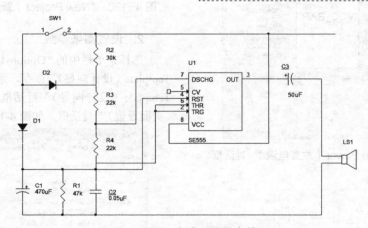

图 4-115　完成元器件布线

9．放置接地符号

选择菜单栏中的"Place（放置）"→"Ground（接地）"命令或单击"Draw（绘图）"工具栏中的"Place ground（放置接地）"按钮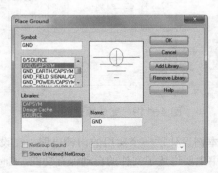，弹出如图 4-116 所示的"Place Ground（放置接地）"对话框，选择地符号，在原理图上放置接地符号。

选择菜单栏中的"Place（放置）"→"Wire（导线）"命令或单击"Draw（绘图）"工具栏中的"Place wire（放置导线）"按钮，连接接地符号与对应的接线端，如图 4-117 所示。

图 4-116　"Place Ground（放置接地）"对话框

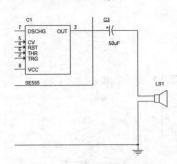

图 4-117　放置接地符号

10. 放置电源符号

选择菜单栏中的"Place（放置）"→"Power（电源）"命令或单击"Draw（绘图）"工具栏中的"Place power（放置电源）"按钮，弹出如图4-118所示的"Place Power（放置电源）"对话框，在该对话框中选择棒状电源符号，输入电源值为+6V，结果如图4-119所示，至此完成原理图绘制。

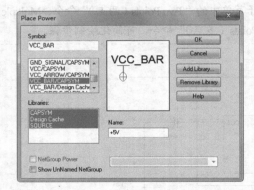

图 4-118　"Place Power（放置电源）"对话框

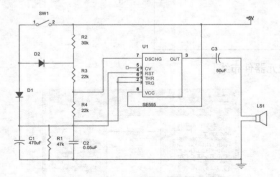

图 4-119　完成原理图设置

本例设计了一个实用的门铃电路，在设计的过程中主要讲述了文件的自动保存功能，Cadence通过提供这种功能，可以保证设计者在文件的设计过程中的安全性，从而为设计者带来了便利。

4.10.2　看门狗电路设计

扫码看视频

1. 准备工作

（1）在Cadence主界面中，选择菜单栏中的"Files（文件）"→"New（新建）"→"Project（工程）"命令或单击"Capture"工具栏中的"Create document（新建文件）"按钮，弹出"New Project（新建工程）"对话框，创建工程文件"Guard the entrance.dsn"。

（2）在该工程文件夹下，默认创建图纸文件SCHEMATIC1，在该图纸子目录下自动创建原理图页PAGE1，如图4-120所示。

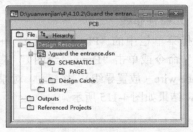

图 4-120　"New Project（新建工程）"对话框

2. 设置图纸参数

选择菜单栏中的"Options（选项）"→"Design Template（设计向导）"命令，系统将弹出"Design Template（设计向导）"对话框，打开"Page Size（页面设置）"对话框，如图4-121所示。

图 4-121　"Design Template（设计向导）"对话框

在此对话框中对图纸参数进行设置。在"Units（单位）"栏选择单位为"Millimeters（公制）"，页面大小选择"A4"，其他采用默认设置，单击"确定"按钮，完成图纸属性设置。

3. 查找元器件，并加载其所在的库

由于不知道设计中所用到的CD 4060芯片和IRF 540所在的库位置，因此，首先要查找这两个元器件。

（1）单击"Place Part（放置元器件）"面板"Search for Part（查找元器件）" ，显示搜索操作，在"Search For（搜索）"文本框中输入"*CD4060*"，如图 4-122 所示。单击"Part Search（搜索路径）"按钮 ，系统开始搜索，在"Libraries（库）"列表下显示符合搜索条件的元器件名、所属库文件，如图 4-123 所示。

图 4-122 设置搜索条件　图 4-123 显示搜索结果

（2）选中需要的元器件 CD4060B，单击 Add 按钮，在系统中加载该元器件所在的库文件 Counter.olb，在"Library（库）"列表框中显示已加载元器件库"Counter.olb（计数器元器件库）"，在"Part List（元器件列表）"列表框中显示该元器件库中的元器件，选中搜索的元器件"CD4060B"，在面板中显示元器件符号的预览，如图 4-124 所示。

（3）单击"Place Part（放置元器件）"按钮 或双击元器件名称，将选择的芯片 CD4060B 放置在原理图样上。

（4）单击"Place Part（放置元器件）"面板"Search for Part（查找元器件）" ，显示搜索操作，在"Search For（搜索）"文本框中输入"*IRF540*"，如图 4-125 所示。单击"Search for（搜索路径）"按钮 ，系统开始搜索，在"Library（库）"列表下显示符合搜索条件的元器件名、所属库文件，如图 4-125 所示。

图 4-124 加载库文件　图 4-125 显示搜索结果

（5）选中需要的元器件 IRF540，单击 Add 按钮，在系统中加载该元器件所在的库文件 Transistor.olb，如图 4-126 所示，在"Library（库）"列表框中显示已加载元器件库"Counter.olb（晶体管元器件库）"，在"Part List（元器件列表）"列表框中显示该元器件库中的元器件，在面板中显示元器件符号的预览。

单击"Place Part（放置元器件）"按钮 或双击元器件名称，将选择的芯片 IRF540 放置在原理图样上。

4. 放置外围元器件

在电路原理图上放置元器件并完成电路图。在绘制电路原理图的过程中，放置元器件的基本依据是根据信号的流向，从左到右或从右到左放置。首先放置电路中关键的元器件，之后放置电阻、电容等外围元器件。本例中先按照从左到右顺序放置元器件。

（1）放置 Optoisolator1。打开"Place Part（放置元器件）"面板，在当前元器件库名称栏中选择"Discrete.olb（分立式元器件库）"，在元器件列表中选择"Optoisolator"，如图 4-127 所示。

（2）双击元器件列表中 Optoisolator，或单击"Place Part（放置元器件）"按钮 ，将此元器件放置到原理图的合适位置，如图 4-128 所示。

（3）放置电阻、电容。打开"Place Part（放置元器件）"面板，在当前元器件库名称栏中选

择"Discrete.olb（分立式元器件库）"，在元器件
列表中分别选择电阻和电容进行放置，如图4-129
所示。

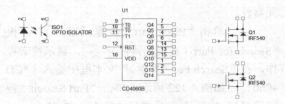

图4-128　关键元器件放置

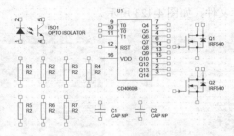

图4-129　布局元器件

图4-126　加载库文件　　图4-127　选择元器件

（4）编辑元器件属性。在图样上放置完元器
件后，用户要对每个元器件的属性进行编辑，包
括元器件标识符、序号、型号等。设置好元器件
属性的电路原理图如图4-130所示。

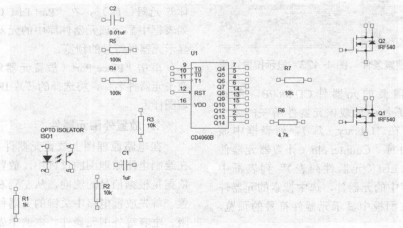

图4-130　设置好元器件属性后的元器件布局

（5）连接导线。根据电路设计的要求，将
各个元器件用导线连接起来。选择菜单栏中的
"Place（放置）"→"Wire（导线）"命令或单击
"Draw（绘图）"工具栏中的"Place Wire（放置
导线）"按钮，完成元器件之间的电气连接。在
必要的位置选择菜单栏中的"Place（放置）"→
"Junction（节点）"命令或单击"Draw（绘图）"
工具栏中的"Place Junction（放置节点）"按钮，
放置电气节点，结果如图4-131所示。

5. 放置电源和接地符号

选择菜单栏中的"Place（放置）"→"Power
（电源）"命令或单击"Draw（绘图）"工具栏中
的"Place power（放置电源）"按钮，在原理图
的合适位置放置电源；选择菜单栏中的"Place（放
置）"→"Ground（接地）"命令或单击"Draw（绘
图）"工具栏中的"Place ground（放置接地）"按
钮，放置接地符号，结果如图4-132所示。

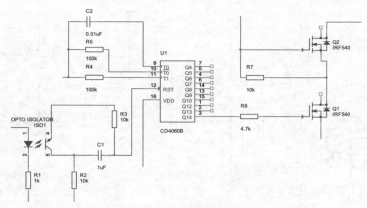

图 4-131　连线结果

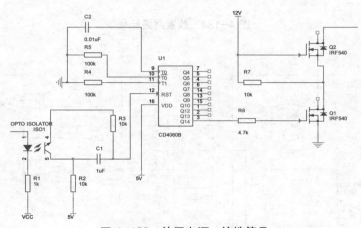

图 4-132　放置电源、接地符号

6. 放置网络标号

选择菜单栏中的"Place（放置）"→"Net Alias（网络名）"命令或单击"Draw（绘图）"工具栏中的"Place net alias（放置网络名）"按钮，弹出如图 4-133 所示的"Place Net Alias（放置网络名）"对话框，输入名称 Vout，在原理图上放置网络标号，结果如图 4-134 所示。

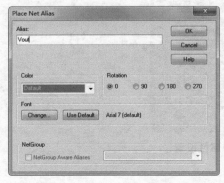

图 4-133　"Place Net Alias（放置网络名）"对话框

7. 放置忽略 ERC 检查测试点

选择菜单栏中的"Place（放置）"→"No Connect（不连接）"命令或单击"Draw（绘图）"工具栏中的"Place No Connect（放置不连接符号）"按钮，放置忽略 ERC 检查测试点，如图 4-135 所示。

8. 放置输入输出端口

选择菜单栏中的"Place（放置）"→"Hierarchical Port（电路端口）"命令或单击"Draw（绘图）"工具栏中的"Place Port（放置电路端口）"按钮，弹出如图 4-136 所示的"Place Hierarchical Port（放置电路）"对话框，选择节点在右的双向输入输出电路端口，输入电路端口名称 INPUT，放置在原理图中，绘制完成的看门狗电路原理图如图 4-137 所示。

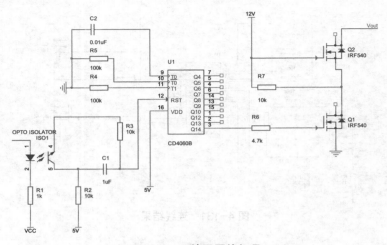

图 4-134　放置网络标号

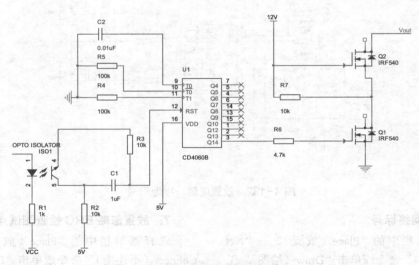

图 4-135　放置忽略 ERC 检查测试点

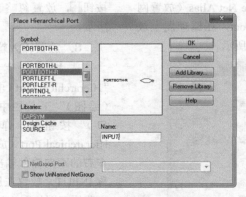

图 4-136　输入输出端口属性设置

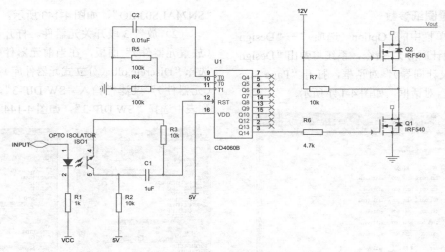

图 4-137　绘制完成的看门狗电路图

4.10.3　定时开关电路设计

本例要设计的是一个实用定时开关电路，定时时间的长短可通过电位器 RP 进行调节，定时时间可以实现 1h 内连续可调。

扫码看视频

在本例中，将主要学习数字电路的设计，数字电路中包含了一些数字元器件，最常用的有与门、非门、或门等。

1. 建立工作环境

（1）在 Cadence 主界面中，选择菜单栏中的"Files（文件）"→"New（新建）"→"Project（工程）"命令或单击"Capture"工具栏中的"Create document（新建文件）"按钮■，弹出如图 4-138 所示的"New Project（新建工程）"对话框，创建工程文件"Timing Switch.dsn"。在该工程文件夹

图 4-138　"New Project（新建工程）"对话框

下，默认创建图纸文件 SCHEMATIC1，在该图纸子目录下自动创建原理图页 PAGE1。

（2）选择图纸文件 SCHEMATIC1，选择菜单栏中的"Design（设计）"→"Rename（重命名）"命令，或单击右键选择快捷菜单中的"Rename（重命名）"命令，弹出如图 4-139 所示的"Rename Schematic（重命名原理图）"对话框，将原理图文件保存为"Timing Switch"。

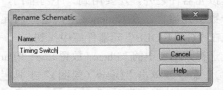

图 4-139　"Rename Schematic（重命名原理图）"对话框

（3）选择图纸页文件 PAGE1，选择菜单栏中的"Design（设计）"→"Rename（重命名）"命令，或单击右键选择快捷菜单中的"Rename（重命名）"命令，弹出如图 4-140 所示的"Rename Page（重命名图页）"对话框，保存图页文件名称为"Timing Switch"，完成原理图页文件的重命名。

图 4-140　"Rename Page（重命名图页）"对话框

2. 设置图纸参数

选择菜单栏中的"Options（选项）"→"Design Template（设计向导）"命令，系统将弹出"Design Template（设计向导）"对话框，打开"Page Size（页面设置）"对话框，如图 4-141 所示。

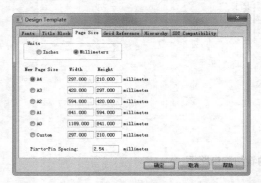

图 4-141 "Design Template（设计向导）"对话框

在此对话框中对图纸参数进行设置。在"Units（单位）"栏选择单位为"Millimeters（公制）"，页面大小选择"A4"。单击"确定"按钮，完成图纸属性设置。

3. 加载元器件库

在本例中，除了要用到在前些例子中接触到的模拟元器件之外，还要用到一个与非门，这是一个数字元器件。在 Cadence 中，这些门元器件可以在"GATE.OLB"元器件库中找到。

选择菜单栏中的"Place（放置）"→"Part（元器件）"命令或单击"Draw（绘图）"工具栏中的"Place Part（放置元器件）"按钮，打开"Place Part（放置元器件）"面板，在"Libraries（库）"选项组下加载需要的元器件库。本例中需要加载的元器件库如图 4-142 所示。

图 4-142 本例中需要的元器件库

4. 放置元器件

（1）放置与非门元器件。打开"Place Part（放置元器件）"面板，在当前元器件库名称栏中选择"GATE.OLB"元器件库，在"Part（元器件）"过滤栏输入"SN74ALS03"，在元器件列表中选择"SN74ALS03/SO"，如图 4-143 所示。

（2）放置 3 段开关元器件。打开"Place Part（放置元器件）"面板，在当前元器件库名称栏中选择"Discrete.olb（分立式元器件库）"，在"Part（元器件）"过滤栏输入"SW DIP-3"，在元器件列表中选择"SW DIP-3"，如图 4-144 所示。

图 4-143 选择元器件　　图 4-144 选择元器件

（3）放置双刀双掷继电器元器件。打开"Place Part（放置元器件）"面板，在当前元器件库名称栏中选择"Discrete.olb（分立式元器件库）"元器件库，在"Part（元器件）"过滤栏输入"RELAY D"，在元器件列表中选择"RELAY DPDT"，如图 4-145 所示。

（4）放置按钮元器件。打开"Place Part（放置元器件）"面板，在当前元器件库名称栏中选择"Discrete.olb（分立式元器件库）"，在"Part（元器件）"过滤栏输入"SW P"，在元器件列表中选择"SW PUSHBUTTON"，如图 4-146 所示。

（5）放置二极管元器件。打开"Place Part（放置元器件）"面板，在当前元器件库名称栏中选择"Discrete.olb（分立式元器件库）"元器件库，在"Part（元器件）"过滤栏输入"dio"，在元器件列表中选择 DIODE，如图 4-147 所示。

（6）放置晶体管元器件。打开"Place Part（放置元器件）"面板，在当前元器件库名称栏中选择"Discrete.olb（分立式元器件库）"，在"Part（元器件）"过滤栏输入114，在元器件列表中选择"L14C1/TO"，如图 4-148 所示。

图 4-145　选择元器件　　图 4-146　选择元器件

 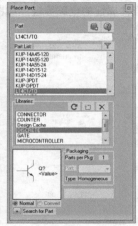

图 4-147　选择元器件　　图 4-148　选择元器件

（7）放置电阻元器件。打开"Place Part（放置元器件）"面板，在当前元器件库名称栏中选择"Discrete.olb（分立式元器件库）"元器件库，在"Part（元器件）"过滤栏输入 r2，在元器件列表中选择 R2，如图 4-149 所示，在原理图中放置 3 个电阻元器件。

（8）放置可调电阻元器件。打开"Place Part（放置元器件）"面板，在当前元器件库名称栏中选择"Discrete.olb（分立式元器件库）"，在"Part（元器件）过滤栏输入"RESISTOR V"，在元器件列表中选择"RESISTOR VAR"，如图 4-150 所示。

（9）放置电容元器件。打开"Place Part（放置元器件）"面板，在当前元器件库名称栏中选择"Discrete.olb（分立式元器件库）"元器件库，在

"Part（元器件）"过滤栏输入"CAP"，在元器件列表中选择"CAP NP"，如图 4-151 所示，在原理图中放置 2 个电容元器件。

图 4-149　选择元器件　　图 4-150　选择元器件

（10）放置极性电容。打开"Place Part（放置元器件）"面板，在当前元器件库名称栏中选择"Discrete.olb（分立式元器件库）"，在"Part（元器件）"过滤栏输入"CAP POL"，在元器件列表中选择"CAP POL"，如图 4-152 所示。

 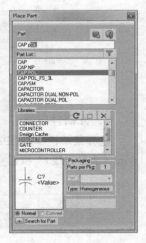

图 4-151　选择元器件　　图 4-152　选择元器件

将找到的元器件一一放置在原理图中，如图 4-153 所示。

5. 元器件布局

编辑元器件属性。在图纸上放置完元器件后，用户要对每个元器件的属性进行编辑，包括元器件标识符、序号和型号等。

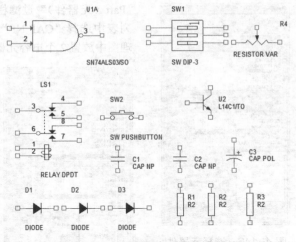

图 4-153　原理图中所需的元器件

按照电路要求对电路图进行布局操作，设置好元器件属性的电路原理图如图 4-154 所示。

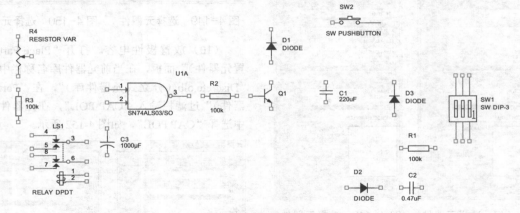

图 4-154　原理图布局结果

6. 元器件布线

选择菜单栏中的"Place（放置）"→"Wire（导线）"命令或单击"Draw（绘图）"工具栏中的"Place wire（放置导线）"按钮，在原理图上布线，结果如图 4-155 所示。

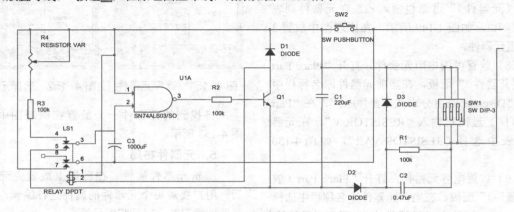

图 4-155　布线结果

选择菜单栏中的"Place（放置）"→"Power（电源）"命令或单击"Draw（绘图）"工具栏中的"Place power（放置电源）"按钮，弹出如图4-156所示的"Place Power（放置电源）"对话框，在该对话框中选择普通电源符号，删除名称显示，向原理图中放置电源符号，完成的原理图如图4-157所示。

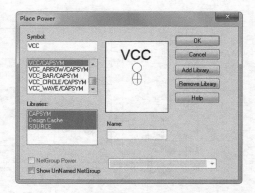

图 4-156　"Place Power（放置电源）"对话框

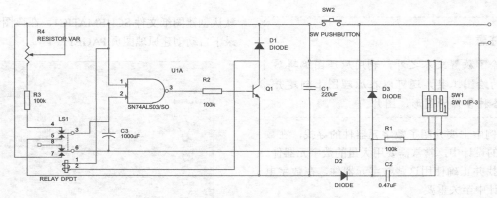

图 4-157　完成电源符号的放置

7. 放置文字说明

选择菜单栏中的"Place（放置）"→"Text（文本）"命令或单击"Draw（绘图）"工具栏中的"Place Text（放置文本）"按钮，弹出如图4-158所示的"Place Text（放置文本）"对话框，在其中的 Text 文本框中输入文本的内容。

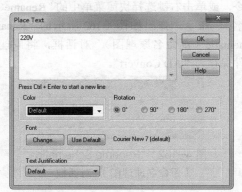

图 4-158　"Place Text（放置文本）"对话框

单击 Change... 按钮，弹出字体设置对话框，选择适当字体，如图4-159所示，单击 确定 按钮，完成字体设置，返回文本设置对话框。

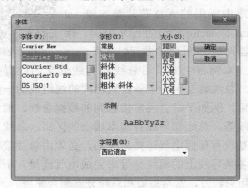

图 4-159　"字体"对话框

单击 OK 按钮后，鼠标指针上带有一个矩形方框。移动鼠标指针到目标位置单击鼠标左键即可将文本放置在原理图上。至此原理图绘制完成，结果如图4-160所示。

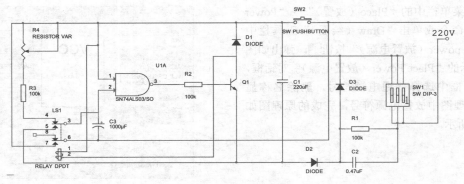

图 4-160　绘制结果

注意

除了放置文本之外，利用原理图编辑器所带的绘图工具，还可以在原理图上创建并放置各种各样的图形、图片。

本例中主要介绍了数字元器件的寻找，在数字电路的设计中，常常需要用大量的数字元器件。如何寻找并正确使用这些数字元器件，在数字电路的设计中至关重要。

4.10.4　A/D 转换电路设计

本例设计的是一个与 PC 机并行口相连接的 A/D 转换电路，在该电路中采用的 A/D 芯片是 National Semiconductor 制造的 ADC0804，接口器件是 25 针脚的并行口插座。

扫码看视频

本例将主要学习总线和总线分支的放置方法。总线就是由若干条性质相同的线组成的一组线束，例如平时会经常接触到的数据总线、地址总线等。总线和导线有着本质上的区别，总线本身是没有任何电气连接意义的，必须由总线接出的各条导线上的网络标号来完成电气连接，所以使用总线时，常常需要和总线分支配合使用。

1. 建立工作环境

（1）在 Cadence 主界面中，选择菜单栏中的"Files（文件）"→"New（新建）"→"Project（工程）"命令或单击"Capture"工具栏中的"Create document（新建文件）"按钮，弹出如图 4-161 所示的"New Project（新建工程）"对话框，创建工程文件"AD Convert.dsn"。在该工程文件夹下，

默认创建图纸文件 SCHEMATIC1，在该图纸子目录下自动创建原理图页 PAGE1。

图 4-161　"New Project（新建工程）"对话框

（2）选择图纸文件 SCHEMATIC1，选择菜单栏中的"Design（设计）"→"Rename（重命名）"命令，或单击右键选择快捷菜单中的"Rename（重命名）"命令，弹出如图 4-162 所示的"Rename Schematic（重命名原理图）"对话框，将原理图文件保存为"AD Convert"。

图 4-162　"Rename Schematic
（重命名原理图）"对话框

（3）选择图纸页文件 PAGE1，选择菜单栏中的"Design（设计）"→"Rename（重命名）"命令，或单击右键选择快捷菜单中的"Rename（重命名）"

命令，弹出如图 4-163 所示的"Rename Page（重命名图页）"对话框，保存图页文件名称为"AD Convert"，完成原理图页文件的重命名。

图 4-163　"Rename Page（重命名图页）"对话框

2. 设置图纸参数

选择菜单栏中的"Options（选项）"→"Design Template（设计向导）"命令，系统将弹出"Design Template（设计向导）"对话框，打开"Page Size（页面设置）"对话框，如图 4-164 所示。

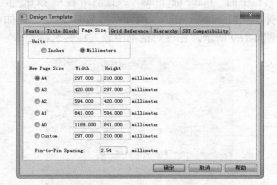

图 4-164　"Design Template（设计向导）"对话框

在此对话框中对图纸参数进行设置。在"Units（单位）"栏选择单位为"Millimeters（公制）"，页面大小选择"A4"。单击"确定"按钮，完成图纸属性设置。

3. 加载元器件库

选择菜单栏中的"Place（放置）"→"Part（元器件）"命令或单击"Draw（绘图）"工具栏中的"Place Part（放置元器件）"按钮，打开"Place Part（放置元器件）"面板，在"Libraries（库）"选项组下加载需要的元器件库 CONNECTOR.OLB、DISCRETE.OLB、LINE DRIVER RECEIVER. OLB 和 ATOD.OLB。本例中需要加载的元器件库如图 4-165 所示。

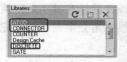

图 4-165　需要加载的元器件库

4. 放置元器件

（1）选择"Place Part（放置元器件）"面板，在其中浏览刚刚加载的元器件库 ATOD.OLB，将库中的 A/D 转换芯片 ADC0804 芯片放置到原理图上。

（2）选择"Place Part（放置元器件）"面板，在其中浏览刚刚加载的元器件库 LINE DRIVER RECEIVER.OLB，找到所需的线控驱动与接收器芯片 DS96F175，然后将其放置在图样上。

（3）在 CONNECTOR.OLB 元器件库中找出 HEADER 4、CONNECTOR DB25，在 DISCRETE.OLB 库中找到 R、CAP NP，然后将它们都放置到原理图中，再对这些元器件进行布局，布局的结果如图 4-166 所示。

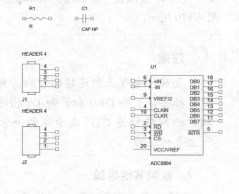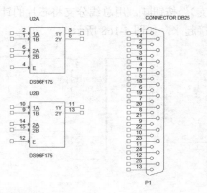

图 4-166　元器件放置完成

5. 绘制总线

（1）将 ATOD.OLB 库中的 A/D 转换芯片 ADC0804 芯片上的 DB0 ～ DB7 和 DS96F175 芯片上的 1A ～ 2B 管脚连接起来。

（2）选择菜单栏中的"Place（放置）"→"Bus（总线）"命令或单击"Draw（绘图）"工具栏中的"Place Bus（放置总线）"按钮🔲，也可以按下快捷键 B，这时鼠标指针变成十字形状。激活总线操作，这时鼠标指针变成十字形状。单击鼠标左键确定总线的起点，按住鼠标左键不放，拖动鼠标绘制出总线，在总线拐角处单击，绘制完成的总线如图 4-167 所示。

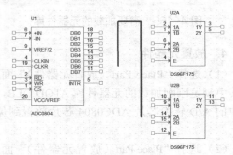

图 4-167　绘制完成的总线

> **注意**
>
> 在绘制总线时，要使总线离芯片针脚有一段距离，这是因为还要放置总线分支，如果总线放置得过于靠近芯片针脚，则在放置总线分支的时候就会有困难。

（3）放置总线分支。选择菜单栏中的"Place（放置）"→"Bus Entry（总线分支）"命令或单击"Draw（绘图）"工具栏中的"Place bus entry（放置总线分支）"按钮🔲，用总线分支将芯片的针脚和总线连接起来，如图 4-168 所示。

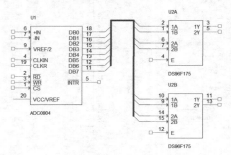

图 4-168　放置总线分支

> **注意**
>
> 在放置总线分支的时候，总线分支朝向的方向有时是不一样的，例如，在图 4-171 中，左边的总线分支向右倾斜，而右边的总线分支向左倾斜。在放置的时候，只需要按 R 键就可以改变总线分支的朝向，总线分支一端连接总线，另一端不能直接连接元器件管脚，需要经过导线过渡。

6. 放置网络标签

选择菜单栏中的"Place（放置）"→"Net Alias（网络名）"命令或单击"Draw（绘图）"工具栏中的"Place net alias（放置网络名）"按钮🔲，弹出"Place Net Alias（放置网络名）"对话框，如图 4-169 所示。在该对话框中输入标签名称 C1。

图 4-169　编辑网络标签

单击 OK 按钮，这时鼠标指针上带有一个初始标号，移动鼠标，将网络标签放置到总线分支上，依次放置递增的网络标签，结果如图 4-170 所示。

> **注意**
>
> 要确保电气上相连接的管脚具有相同的网络标签，管脚 DB0 和管脚 1A 相连并拥有相同的网络标签 C1，表示这两个管脚在电气上是相连的。

7. 绘制其他导线

选择菜单栏中的"Place（放置）"→"Wire（导线）"命令或单击"Draw（绘图）"工具栏中的"Place wire（放置导线）"按钮🔲，绘制除了总线之外的其他导线，如图 4-171 所示。

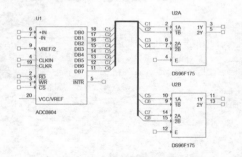

图 4-170 完成放置网络标签

8. 设置元器件序号和参数并添加接地符号

（1）双击元器件属性，在弹出的对话框中设

置对应属性，如无特殊要求，默认按放置顺序排列的编号，对需要赋值的元器件进行赋值。

（2）选择菜单栏中的"Place（放置）"→"Ground（接地）"命令或单击"Draw（绘图）"工具栏中的"Place ground（放置接地）"按钮 ，在弹出的对话框中选择接地符号，然后向电路中添加接地符号，如图 4-172 所示。

在本例中，重点讲解了总线的绘制方法。总线需要有总线分支和网络标签来配合使用。总线的适当使用，可以使原理图更加规范、整洁和美观。

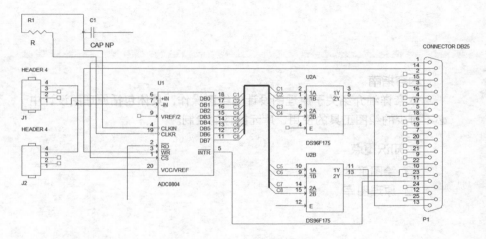

图 4-171 完成布线

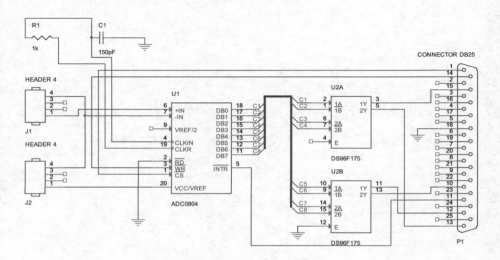

图 4-172 完成的原理图

第 5 章
原理图的绘制

内容指南

本章详细介绍关于原理图设计的绘图操作，具体包括原理图设计中必不可少的绘图工具的使用、库元器件的绘制。

☞ **知识重点**

📖 绘图工具

📖 原理图库

5.1　绘图工具

在原理图编辑环境"Place（放置）"菜单栏与"Draw（绘图）"工具栏中，用于在原理图中绘制各种标注信息，使电路原理图更清晰，数据更完整，可读性更强。该图形工具中的各种图元均不具有电气连接特性，所以系统在做 ERC 检查及转换成网络表时，它们不会产生任何影响，也不会附加在网络表数据中。

绘图工具主要用于在原理图中绘制各种标注信息以及各种图形，也可在原理图库中应用绘制工具。

由于绘制的这些图形在电路原理图中只起到说明和修饰的作用，不具有任何电气意义，所以系统在做电气检查（ERC）及转换成网络表时，它们不会产生任何影响。

1．原理图库编辑环境中，在菜单栏"Place（放置）"中的命令，显示如图 5-1 所示的绘图工具菜单，选择菜单中不同的命令，就可以绘制各种图形。

图 5-1　绘图菜单

2．选择菜单栏中的"View（视图）"→"Toolbar（工具栏）"下的"Draw（绘图）"命令，打开"Draw（绘图）"工具栏，如图 5-2 所示。工具栏中框选的各项与绘图工具菜单中的命令具有对应关系。

图 5-2　绘图工具栏

- ⬚：用来绘制直线。
- ⬚：用来绘制多段线。
- ⬚：用来绘制矩形。
- ⬚：用来绘制椭圆或圆。
- ⬚：用来绘制圆弧。
- ⬚：用来绘制椭圆弧。

- ⬚：用来绘制贝塞尔曲线。
- ⬚：用来在原理图中添加文字说明。
- ⬚：用来在原理图中添加 IEEE 符号。
- ⬚：用来在原理图上放置管脚阵列。

5.1.1　绘制直线

在电路原理图中，绘制出的直线在功能上完全不同于前面所讲的导线，它不具有电气连接意义，所以不会影响到电路的电气结构。

1．执行方式

- 选择菜单栏中的"Place（放置）"→"Line（线）"命令。
- 单击"Draw（绘图）"工具栏中的"Place Line（放置线）"按钮⬚。

2．操作步骤

启动绘制直线命令后，鼠标指针变成十字形，系统处于绘制直线状态。在指定位置单击左键确定直线的起点，移动鼠标指针形成一条直线，在适当的位置再次单击左键或按空格键确定直线终点。

绘制出第一条直线后，此时系统仍处于绘制直线状态，将鼠标指针移动到新的直线的起点，按照上面的方法继续绘制其他直线，如图 5-3 所示。

图 5-3　绘制线

单击鼠标右键选择"End Mode（结束模式）"命令或者按"Esc"键便可退出操作。

3．直线属性设置

完成绘制直线后，双击需要设置属性的直线，弹出"Edit Graphic（编辑图形）"对话框，如图 5-4 所示。

图 5-4　直线属性设置对话框

选项卡设置如下。

（1）Line Style：用来设置直线外形。单击后面的下三角按钮，可以看到有 57 个选项供用户选择，如图 5-5 所示。

（2）Line Width：用来设置直线的宽度。也有 3 个选项供用户选择，如图 5-6 所示。

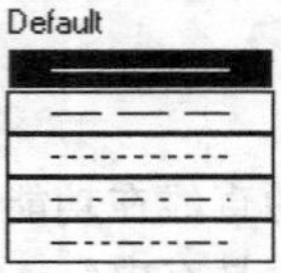

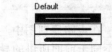

图 5-5　起点　　　　图 5-6　"顶点"选项卡
　　　 形状设置　　　　　　　 对话框

（3）Color：用来设置直线的颜色。

5.1.2　绘制多段线

由于绘制的直线是一段段的，不连续的，因此，绘制连续的线还需要利用多段线命令，同时由线段组成的各种多边形也可以由多段线命令组成。

绘制多边形的步骤如下。

1. 执行方式

（1）选择菜单栏中的"Place（放置）"→"Polyline（多段线）"命令。

（2）单击"Draw（绘图）"工具栏中的"Place Polyline（放置多段线）"按钮。

（3）使用快捷键 Y，如图 5-7 所示。

2. 操作步骤

（1）启动绘制多边形命令后，鼠标指针变成十字形。单击鼠标左键确定多边形的起点，移动鼠标向外拉出一条直线，至多边形的第二个顶点，单击鼠标确定第二个顶点。

（2）若在绘制过程中需要转折，在折点处单击鼠标左键或按空格键确定直线转折的位置，每转折一次都要单击鼠标一次。转折时，可以通过按 Shift 键来切换成斜线模式。

（3）移动鼠标指针至多边形的第三个顶点，单击鼠标确定第三个顶点。此时出现一个三角形，如图 5-8 所示。

（4）继续移动鼠标指针，确定多边形的下一个顶点，可以确定多边形的第 4、第 5、第 6 个顶点，绘制出各种形状的多边形，如图 5-9 所示。

图 5-7　确定多边形一边　　图 5-8　确定多边形
　　　　　　　　　　　　　　　　　 第三个顶点

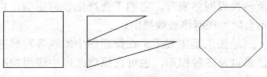

图 5-9　多边形样例

（5）单击鼠标右键选择"End Mode（结束模式）"命令或者按"Esc"键便可退出操作。

3. 多边形属性设置

绘制完成后，双击需要设置属性的多边形，弹出"Edit Filled Graphic（编辑填充图形）"属性设置对话框，如图 5-10 所示。

图 5-10　多边形属性设置对话框

Fill Style：用来设置多边形内部填充样式。在如图 5-11 所示的下拉列表中选择填充样式，填充结果如图 5-12 所示。

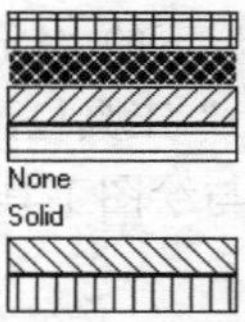

图 5-11　填充样例

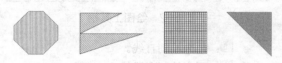

图 5-12　多边形填充结果

其余选项在前面已讲解，这里不再赘述。

4. 不闭合图形

多段线命令还可以绘制如图 5-13 所示的不闭

合图形，双击该图形，弹出如图 5-14 所示的"Edit Graphic（编辑图形）"对话框，该对话框与直线命令的属性设置对话框相同，这里不再赘述。

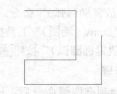

图 5-13　不闭合图形

图 5-14　"Edit Graphic（编辑图形）"对话框

5.1.3　绘制矩形

相对于利用多段线命令绘制矩形需要多个步骤，这里直接利用矩形命令即可一步绘制完成。

1. 执行方式

（1）选择菜单栏中的"Place（放置）"→"Rectangle（矩形）"命令。

（2）单击"Draw（绘图）"工具栏中的"Place Rectangle（放置矩形）"按钮。

2. 操作步骤

启动绘制矩形的命令后，鼠标指针变成十字形。将十字光标移到指定位置，单击鼠标左键，确定矩形左下角位置，如图 5-15 所示。此时，十字光标自动跳到矩形的右上角，拖动鼠标，调整矩形至合适大小，再次单击鼠标左键，确定矩形右上角位置，如图 5-16 所示。

图 5-15　确定矩形左下角

图 5-16　确定矩形右上角

矩形绘制完成。此时系统仍处于绘制矩形状态，若需要继续绘制，则按上面的方法绘制，若无需绘制，单击鼠标右键选择"End Mode（结束模式）"命令或者按"Esc"键便可退出操作。

3. 矩形属性设置

绘制完成后，双击需要设置属性的矩形，弹出"Edit Filled Graphic（编辑填充图形）"对话框，如图 5-17 所示。

图 5-17　"Edit Filled Graphic（编辑填充图形）"对话框

此对话框可用来设置矩形的线宽、线型、填充样式、颜色等，如图 5-18 显示矩形的填充效果，与多段线绘制的四边形效果相同。

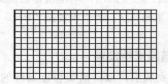

图 5-18　矩形填充效果

5.1.4　绘制椭圆

Cadence 中绘制椭圆和圆的工具是一样的。当椭圆的长轴和短轴的长度相等时，椭圆就会变成圆。因此，绘制椭圆与绘制圆本质上是一样的。

1. 执行方式

（1）选择菜单栏中的"Place（放置）"→"Ellipse（椭圆）"命令。

（2）单击"Draw（绘图）"工具栏中的"Place Ellipse（放置椭圆）"按钮。

2. 操作步骤

（1）启动绘制椭圆命令后，鼠标指针变成十字形。将鼠标指针移到指定位置，单击鼠标左键，确定椭圆的起点位置。

（2）鼠标指针在水平、垂直方向上拖动，自动调整椭圆的大小。水平方向移动光标改变椭圆水平轴的长短，垂直方向拖动鼠标改变椭圆垂直轴的长短。在合适的位置上拖动出一个圆，如图5-19所示；继续向右拖动，如图5-20所示，显示椭圆外形。

图5-19 确定圆外形　　图5-20 确定椭圆外形

（3）在合适的位置单击鼠标，完成一个椭圆的绘制，如图5-21所示。

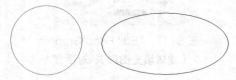

图5-21 绘制完成的椭圆

（4）此时系统仍处于绘制椭圆状态，可以继续绘制椭圆。若要退出，单击鼠标右键选择"End Mode（结束模式）"命令或者按"Esc"键便可退出操作。

3. 椭圆属性设置

绘制完成后，双击需要设置属性的椭圆，弹出"Edit Filled Graphic（编辑填充图形）"对话框，如图5-22所示。此对话框用来设置椭圆的线宽、线型、填充样式、颜色，如图5-23所示为显示设置后的椭圆。

图5-22 "Edit Filled Graphic
（编辑图形）"对话框

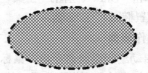

图5-23 椭圆设置结果

5.1.5 绘制椭圆弧

除了绘制线类图形外，用户还可以用绘图工具绘制曲线，如绘制椭圆弧。

1. 执行方式

（1）选择菜单栏中的"Place（放置）"→"Elliptical arc（放置椭圆弧）"命令。

（2）单击"Draw（绘图）"工具栏中的"Place Elliptical Arc（放置椭圆弧）"按钮 。

2. 操作步骤

（1）启动绘制椭圆弧命令后，鼠标指针变成十字形。移动鼠标指针到指定位置，单击鼠标左键确定椭圆弧的端点，如图5-24所示。

（2）沿水平、垂直方向移动鼠标指针，可以改变椭圆弧的宽度、长度，如图5-25所示。当宽度、长度合适后单击鼠标左键确定椭圆弧的外形，同时确定椭圆弧的第一个端点，如图5-26所示。

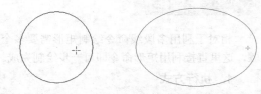

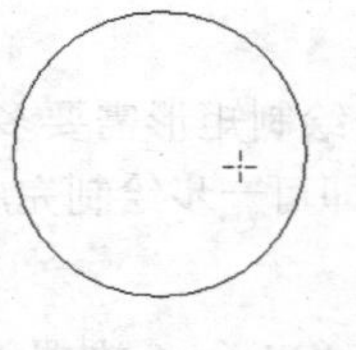

图5-24 确定椭圆弧端点　图5-25 确定椭圆弧
宽度、高度

（3）沿椭圆外形拖动鼠标指针，单击左键确定椭圆弧的终点，如图5-27所示。完成绘制椭圆弧。此时，仍处于绘制椭圆弧状态，若需要继续绘制，则按上面的步骤绘制，若要退出绘制，单击鼠标右键选择"End Mode（结束模式）"命令或者按"Esc"键便可退出操作。

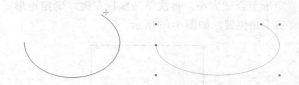

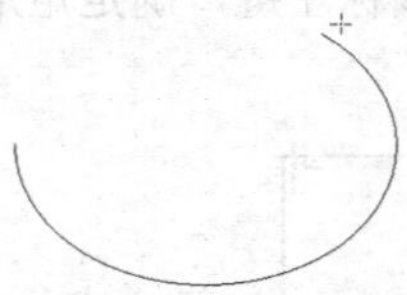

图5-26 拖动椭圆弧 图5-27 确定椭圆弧的终点

（4）椭圆弧属性设置。绘制完成后，双击需要设置属性的椭圆弧，弹出"Edit Graphic（编辑图形）"对话框，如图5-28所示。该对话框主要用来设置椭圆弧的线宽、线型、填充样式、颜色等。图5-29所示为设置后的椭圆弧。

图 5-28　"Edit Graphic（编辑图形）"对话框

图 5-29　设置样例

5.1.6　绘制圆弧

绘制圆弧的方法与绘制椭圆弧的方法基本相同。绘制圆弧时，不需要确定宽度和高度，只需确定圆弧的圆心、半径以及起始点和终点。

1. 执行方式

（1）选择菜单栏中的"Place（放置）"→"Wire（导线）"命令。

（2）单击"Draw（绘图）"工具栏中的"Place Arc（放置圆弧）"按钮 即可以启动绘制圆弧命令。

2. 操作步骤

（1）启动绘制圆弧命令后，鼠标指针变成十字形。将鼠标指针移到指定位置。单击鼠标左键确定圆弧的圆心。

（2）此时，十字光标自动移到圆弧的圆周上，移动鼠标可以改变圆弧的半径，单击鼠标左键确定圆弧的半径，如图 5-30 所示。

（3）十字光标自动移动到圆弧的起始角处，移动鼠标可以改变圆弧的起始点，单击鼠标左键确定圆弧的起始点，如图 5-31 所示。

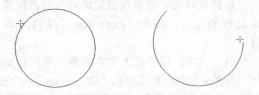

图 5-30　确定圆弧半径　图 5-31　确定圆弧起始点

（4）此时，十字光标移到圆弧的另一端，单击鼠标左键确定圆弧的终止点，如图 5-32 所示。一条圆弧绘制完成，系统仍处于绘制圆弧状态，若需要继续绘制，则按上面的步骤绘制，若要退

出绘制，则单击鼠标右键选择"End Mode（结束模式）"命令或按"Esc"键便可退出操作。

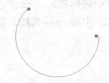

图 5-32　确定圆弧终止点

3. 圆弧属性设置

绘制完成后，双击需要设置属性的圆弧，弹出"Edit Graphic（编辑图形）"对话框，如图 5-33 所示。

圆弧的属性设置与椭圆弧的属性设置基本相同。区别在于圆弧设置的是其半径的大小，而椭圆弧设置的是其宽度和高度。图 5-34 所示为设置后的圆弧。

图 5-33　"Edit Graphic（编辑图形）"对话框

图 5-34　圆弧设置

5.1.7　绘制贝塞尔曲线

贝塞尔曲线在电路原理图中的应用比较多，可以用于绘制正弦波、抛物线等。

1. 执行方式

（1）选择菜单栏中的"Place（放置）"→"Bezier Curve（贝塞尔曲线）"命令。

（2）单击"Draw（绘图）"工具栏中的"Place Bezier（放置贝塞尔曲线）"按钮 。

2. 操作步骤

（1）启动绘制贝塞尔曲线命令后，鼠标指针变成十字形。将十字光标移到指定位置，单击鼠标左键，确定贝塞尔曲线的起点。然后移动鼠标指针，再次单击鼠标左键确定第二点，绘制出一条直线，如图 5-35 所示。

（2）继续移动鼠标指针，在合适位置单击鼠标左键确定第三点，生成一条弧线，如图 5-36 所示。

图 5-35　确定一条
直线

图 5-36　确定贝塞尔
曲线的第三点

（3）继续移动鼠标指针，曲线将随十字光标的移动而变化，单击鼠标左键，确定此段贝塞尔曲线，如图 5-37 所示。

（4）继续移动鼠标，重复操作，绘制出一条完整的贝塞尔曲线，如图 5-38 所示。

图 5-37　确定一段贝塞尔曲线

图 5-38　完整的贝塞尔曲线

（5）此时系统仍处于绘制贝塞尔曲线状态，若需要继续绘制，则按上面的步骤绘制，否则单击鼠标右键选择"End Mode（结束模式）"命令或按"Esc"键便可退出操作。

3. 贝塞尔曲线属性设置

双击绘制完成的贝塞尔曲线，弹出"Edit Graphic（编辑图形）"对话框，如图 5-39 所示。此对话框只用来设置贝塞尔曲线的线宽、线型和颜色。图 5-40 所示为设置后的贝塞尔曲线。

图 5-39　"Edit Graphic（编辑图形）"对话框

图 5-40　贝塞尔曲线样例

5.1.8　放置文本

在绘制电路原理图的时，为了增加原理图的可读性，设计者会在原理图的关键位置添加文字说明，即添加文本。

1. 执行方式

（1）选择菜单栏中的"Place（放置）"→"Text（文本）"命令。

（2）单击"Draw（绘图）"工具栏中的"Place Text（放置文本）"按钮 。

（3）按功能键 T。

2. 操作步骤

启动放置文本字命令后，弹出如图 5-41 所示的"Place Text（放置文本）"对话框，单击"OK（确定）"按钮后，鼠标指针上带有一个矩形方框。移动鼠标指针至需要添加文字说明处，单击鼠标左键即可放置文本字，如图 5-42 所示。

图 5-41　放置文本对话框

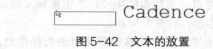

图 5-42　文本的放置

3. 文本属性设置

在放置状态下或者放置完成后，双击需要设置属性的文本，弹出"Place Text（放置文本）"对话框。

（1）文本：用于输入文本内容。可以自动换行，若需强制换行则需要按"Ctrl+Enter"组合键。

（2）Color：颜色，用于设置文本字的颜色。

（3）Rotation：定位，用于设置文本字的放置方向。有 4 个选项：0°、90°、180° 和 270°。

（4）Font：字体，用于调整文本字体。

单击下方的"Change（改变）"按钮，系统将弹出字体设置对话框，用户可以在里面设置文字样式，如图 5-43 所示。

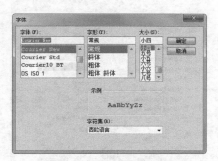

图 5-43　"字体"对话框

单击 "Use Default（使用默认）" 按钮，将设置的字体返回系统设定值。

5.1.9　放置图片

在电路原理图的设计过程中，有时需要添加一些图片文件，例如元器件的外观、厂家标志等，这样有助于提高设计页的可读性和打印质量。

放置图片的步骤如下。

1.　执行方式

选择菜单栏中的 "Place（放置）" → "Picture（图片）" 命令。

2.　操作步骤

启动放置图片命令后，弹出选择图片对话框，选择图片路径，如图 5-44 所示。选择好以后，单击 打开(0) 按钮即可将图片添加到原理图中。

图 5-44　选择图片对话框

鼠标指针附有一个浮动的图片，如图 5-45 所示，移动鼠标指针到指定位置，单击鼠标左键，确定放置，如图 5-46 所示。

图 5-45　确定起点位置　　图 5-46　确定终点位置

5.2　标题栏的设置

图纸标题栏（明细表）是对设计图纸的附加说明，可以在该标题栏中对图纸进行简单的描述，也可以作为以后图纸标准化时的信息。

Capture 在 CAPSYM 库中提供了 16 种预先定义好的标题栏格式，即 "Standard（标准格式）" 和 "ANSI（美国国家标准格式）"。这个标题栏模板是可以进行选择修改的，下面介绍修改标题栏的步骤。

（1）选择菜单栏中的 "Place（放置）" → "Title Block（标题栏）" 命令，弹出如图 5-47 所示的 "Place Title Block（放置标题栏）" 对话框，在该对话框中选择所需的标题栏模板。

（2）在图纸右下角放置选中的标题栏 Title Block0，如图 5-48 所示，下面进行手工修改。

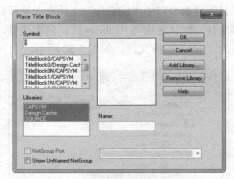

图 5-47　"Place Title Block（放置标题栏）" 对话框

1）双击 "Title"，弹出如图 5-49 所示的 "Display Properties（显示属性）" 对话框，在该对话框中修改标题名称。

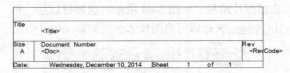

图 5-48　放置标题栏

2）在"Size（大小）"栏根据当前图纸大小自动填入图纸大小，在"Data（日期）"栏下输入系统日期，在"Sheet（图纸）"栏根据项目中电路图的数量级电路图的顺序确定。

图 5-49　"Display Properties（显示属性）"对话框

5.3　原理图库

Cadence 具有丰富的库元器件、方便快捷的原理图输入工具与元器件符号编辑工具。使用原理图库管理工具可以进行元器件库的管理，以及元器件的编辑。

通常在 OrCAD Capture CIS 中绘制原理图时，需要绘制所用器件的元器件图形。首先要建立自己的元器件库，依次向其中添加，即可创建常用器件的元器件库，使用很方便。

5.3.1　新建库文件

在 OrCAD Capture CIS 图形界面中，选择菜单栏中的"Files（文件）"→"New（新建）"→"Library（库）"命令，空白元器件库被自动加入到工程中，在项目管理器窗口中"Library"文件夹上显示新建的库文件，默认名称为"Library1"，依次递增，后缀名为".olb"的库文件，如图 5-50 所示。

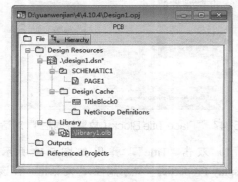

图 5-50　添加元器件库文件

5.3.2　加载库文件

在 OrCAD Capture CIS 图形界面中，选择菜单栏中的"Files（文件）"→"Open（打开）"→"Library（库）"命令，或在项目管理器窗口中"Library"文件夹上单击右键，弹出如图 5-51 所示的快捷菜单，选择"Add File（添加文件）"命令，弹出如图 5-52 所示的"Add File to Project Folder-Library"对话框，加载后缀名为".olb"的库文件。

图 5-51　右键快捷命令

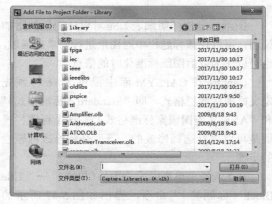

图 5-52　"Add File to Project
Folder-Library"对话框

选择库文件路径"X:\Cadence\SPB_17.2\ tools\

capture\library"，选择该路径下的库文件，单击 打开(O) 按钮，将选择的库文件加载到项目管理器窗口中"Library"文件夹上，如图 5-53 所示。

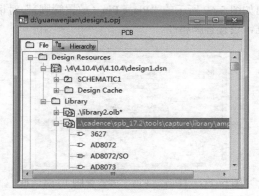

图 5-53 加载库文件

双击库文件夹下的元器件，弹出如图 5-54 所示的元器件编辑对话框。

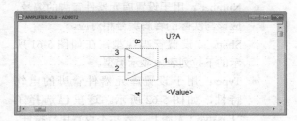

图 5-54 元器件编辑对话框

5.3.3 绘制库元器件

下面介绍如何绘制库元器件。

1. 新建库元器件

（1）选择新建的库文件"Library1"，选择菜单栏中的"Design（设计）"→"New Part（新建元器件）"命令或单击右键在弹出的快捷菜单中选择"New Part（新建元器件）"命令，弹出如图 5-55 所示的"New Part Properties（新建元器件属性）"对话框。

（2）在该对话框中可以添加元器件名称、索引标示、封装名称。下面简单介绍对话框中参数的意义。

- Name：在该文本框中输入新建元器件的名称。

- Part Reference Prefix：在该文本框中输入元器件标识符前缀。

图 5-55 "New Part Properties（新建元器件属性）"对话框

- PCB Footprint：在该文本框中输入元器件封装名称，如果还没有创建对应的封装库，可以暂时忽略，可随时进行编辑。

- multi-part package：在该选项组下设置含有子部件的元器件的设置。

- Parts per Pkg：选择元器件分几部分建立。若创建的元器件较大，比如有些 FPGA 有 1000 余个管脚，不可能都绘制在一个图形内，必须分成多个部分绘制，与层次电路原理类似。在该框中输入 8，则该元器件分成 8 个部分。默认值为 1，绘制单个独立元器件。

- Package Type：分裂元器件数据类型，包括 Homogeneous（相同的）与 Heterogeneous（不同的）两种选项。

- Part Numbering：分裂元器件排列方式，分为 Alphabetic（按照字母）与 Numeric（按照数字）两种。

- Pin Number Visible：勾选此复选框，元器件管脚号可见。

- Part Aliases...：单击此按钮，弹出如图 5-56 所示的"Part Aliases（元器件别名）"对话框，设置元器件别名。

图 5-56 "Part Aliases（元器件别名）"对话框

（3）单击 OK 按钮，弹出如图 5-57 所示的元器件编辑对话框，在该界面可以进行元器件的绘制。

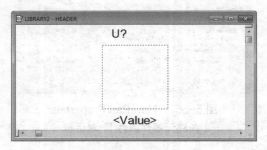

图 5-57　元器件编辑对话框

2. 绘制库元器件外形

在元器件编辑界面显示的虚线框即初始图形很小，选择虚线框，在虚线框四角显示夹点，拖动夹点调整图框大小，如图 5-58 所示，设置放置图形实体的边界线。

（1）选择菜单栏中的"Place（放置）"→"Rectangle（矩形）"命令或单击"Draw（绘图）"工具栏中的"Place rectangle（放置矩形）"按钮，在边界线内绘制适当大小的元器件外形，如图 5-59 所示。

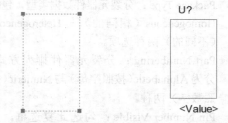

图 5-58　调整虚线框　　图 5-59　绘制元器件外形

（2）图中的矩形框用来作为库元器件的原理图符号外形，其大小应根据要绘制的库元器件管脚数来决定。绘制的外形框应大一些，以便于管脚的放置，管脚放置完毕后，可以再调整为合适的尺寸。

3. 添加管脚

添加管脚主要有以下两种方法。

- 逐次放置：一个一个地添加管脚，每次添加都能设定好管脚的属性。
- 一次放置：一次添加所有管脚，再一个一个修改属性。

（1）逐次放置。选择菜单栏中的"Place（放置）"→"Pin（管脚）"命令或单击"Draw（绘图）"工具栏中的"Place Pin（放置管脚）"按钮，弹出如图 5-60 所示的"Place Pin（放置管脚）"对话框，设置管脚属性。

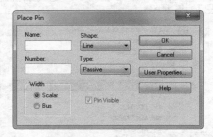

图 5-60　"Place Pin（放置管脚）"对话框

管脚属性对话框中各项属性的含义如下。

- **Name**：在该文本框中输入设置库元器件管脚的名称。
- **Number**：用于设置库元器件管脚的编号，应该与实际的管脚编号相对应。
- **Shape**：设置管脚线型，在如图 5-61 所示的下拉列表中显示类型。
- **Type**：用于设置库元器件管脚的电气特性，如图 5-62 所示。这里已选择了"Passive（无源）"，表示不设置电气特性。

图 5-61　设置　　　　图 5-62　显示
管脚线型　　　　　　电气特性

单击 User Properties... 按钮，弹出"User Properties（用户属性）"对话框，如图 5-63 所示，在该对话框中可设置该管脚名称、管脚编号的可见性、管脚线型、管教类型等参数。

单击 OK 按钮，完成参数设置，鼠标指针上附有一个管脚符号，移动该管脚到矩形边框处，单击左键完成放置，继续显示管脚符号，可继续单击放置，如图 5-64 所示。图中显示放置的管脚名称为数字，若继续放置，则后续管脚名称与编号依次递增，绘制的元器件 CON6 管脚放置如图 5-65 所示。

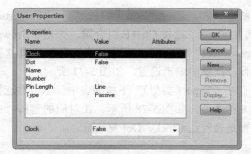

图 5-63　"User Properties（用户属性）"对话框

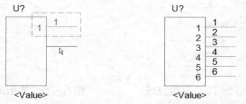

图 5-64　放置管脚　　图 5-65　放置数字管脚

由于元器件 CON6 管脚名称不显示，因此需要将矩形框中的管脚名称设置为不可见，选择菜单栏中的"Option（选项）"→"Part Properties（元器件属性）"命令，弹出"User Properties（用户属性）"对话框，在该对话框中选中"Pin Name Visible（管脚名称可见性）"选项，在该下拉列表中选择属性为"False（错误）"，即该选项不可见，如图 5-66 所示。

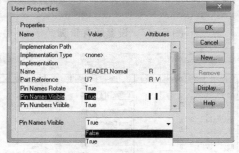

图 5-66　设置可见性

单击 OK 按钮，关闭对话框，工作区设置后的元器件图形中所有管脚名称隐藏，如图 5-67 所示。

图 5-67　隐藏管脚名称

注意

某些元器件的管脚名称过长，在图中叠加在一起，需要隐藏，也可采用此方法，如图 5-68、图 5-69 所示。

图 5-68　管脚名称叠加

图 5-69　取消名称显示

若管脚名称为其他，则完成该管脚放置后，按 Esc 键结束操作，继续执行上述操作，设置管脚属性，放置管脚，结果如图 5-70 所示。

（2）一次放置。选择菜单栏中的"Place（放置）"→"Pin Array（阵列管脚）"命令，弹出如图 5-71 所示的"Place Pin Array（放置阵列管脚）"对话框，设置阵列管脚属性。

图 5-70　放置不同管脚

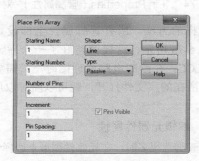

图 5-71　"Place Pin Array（放置阵列管脚）"对话框

对话框中的各项属性含义如下。

- Starting Name：在该文本框中输入设置库元器件起始管脚的名称。
- Starting Number：用于设置库元器件管脚的起始编号。
- Number of Pins：设置管脚个数。
- Incremente：设置管脚阵列编号间隔。
- Pin Spacing：设置放置的管脚间隔距离。
- Shape：设置管脚线型。
- Type：用于设置库元器件管脚的电气特性。

单击 OK 按钮，此时显示有 6 个管脚附着，如图 5-72 所示。在合适位置单击，放置阵列管脚，选择一半的管脚直接拖到实体框的右边，调整管脚位置，结果如图 5-73 所示。

图 5-72　显示附着　　图 5-73　调整管脚位置
的阵列管脚

双击某一个管脚，弹出属性对话框，在这里可以设置名称、编号、线形和类型等，如图 5-74 所示。

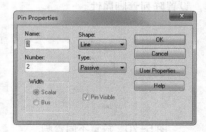

图 5-74　"Pin Properties（管脚属性）"对话框

同样的方法，所有管脚属性全部设定完成后如图 5-75 所示。这样就建好了一个库元器件 55453/LCC。在绘制电路原理图时，只需要将该元器件所在的库文件打开，就可以随时取用该元器件了。

4．编辑元器件属性

当管脚数很多时，在元器件图形上选择管脚逐个编辑属性浪费时间，这里介绍统一编辑的方法。

先框选所有管脚，如图 5-76 所示，显示选择所有管脚，选择"Edit（编辑）"→"Properties（属性）"命令或按 Ctrl+E 组合键，弹出"Browse Spreadsheet"对话框，可以对该元器件所有管脚进行一次性的编辑设置，如图 5-77 所示。

在"Type（类型）"下拉列表中显示可供选择的 8 种类型，如图 5-78 所示。在对应的管脚行中设置是否勾选 Clock、Dot 复选框。

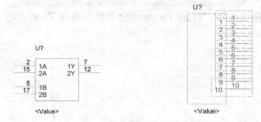

图 5-75　设置完成　　图 5-76　显示选择
的元器件　　　　　所有管脚

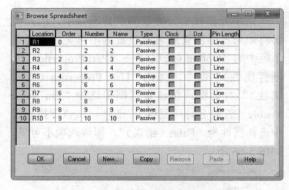

图 5-77　设置所有管脚

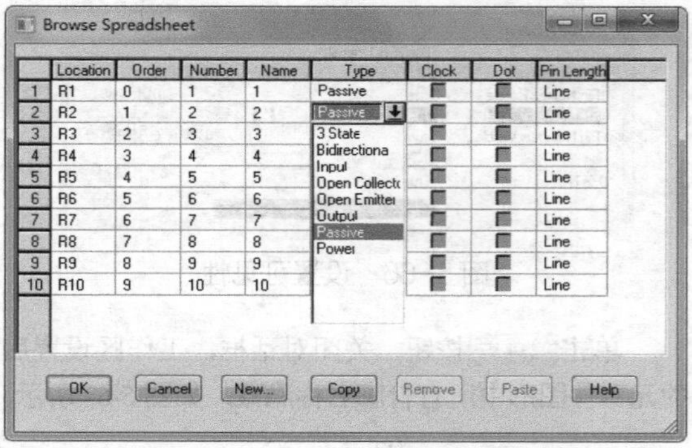

图 5-78　"Browse Spreadsheet"对话框

5.3.4　绘制含有子部件的库元器件

图 5-79 所示为含有 4 个子部件的库元器件，绘制的子部件细节如图 5-80 所示。

选择新建的库文件"Library"，选择菜单栏中的"Design（设计）"→"New Part（新建元器件）"命令或单击右键在弹出的快捷菜单中选择"New

Part（新建元器件）"命令，弹出如图 5-81 所示的"New Part Properties（新建元器件属性）"对话框。

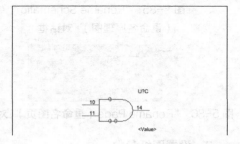
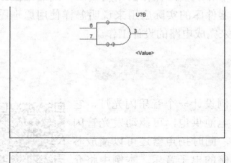
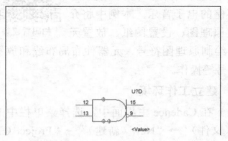

图 5-79 4 个子部件的库元器件

图 5-80 绘制的子部件

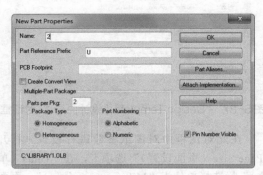

图 5-81 "New Part Properties
（新建元器件属性）"对话框

在该对话框的"Parts per Pkg"文本框中输入 2，即新建包含两个部件的库元器件，单击 OK 按钮，弹出如图 5-82 所示的元器件编辑对话框，在该界面可以进行元器件的绘制。

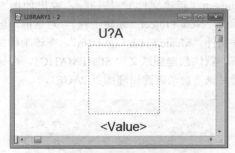

图 5-82 元器件编辑对话框

选择菜单栏中的"View（视图）"→"Package（部件）"命令，可以在工作界面显示整个库元器件内的所有部件，如图 5-83 所示。

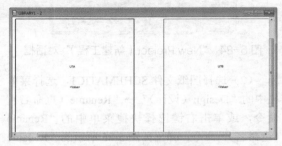

图 5-83 显示所有部件

在该窗口绘制库元器件，具体绘制方法与上面单个部件的元器件相同，这里不再赘述。

5.4 操作实例

本节将从实际操作的角度出发，通过绘图工具与元器件库的实际应用来说明怎样使用原理图编辑器来完成电路的设计工作。

5.4.1 音乐闪光灯电路

本例设计一个音乐闪光灯，它采用干电池供电，可驱动发光管闪烁发光，同时扬声器还可以播放芯片中存储的电子音乐。本例中将介绍创建原理图、设置图纸、放置元器件、绘制原理图符号、元器件布局布线和放置电源符号等操作。

1. 建立工作环境

（1）在 Cadence 主界面中，选择菜单栏中的"Files（文件）"→"New（新建）"→"Project（工程）"命令或单击"Capture"工具栏中的"Create Document（新建文件）"按钮，弹出如图 5-84 所示的"New Project（新建工程）"对话框，创建工程文件"Music Flash Light.dsn"。在该工程文件夹下，默认创建图纸文件 SCHEMATIC1，在该图纸子目录下自动创建原理图页 PAGE1。

图 5-84 "New Project（新建工程）"对话框

（2）选择图纸文件 SCHEMATIC1，选择菜单栏中的"Design（设计）"→"Rename（重命名）"命令，或单击右键选择快捷菜单中的"Rename（重命名）"命令，弹出如图 5-85 所示的"Rename Schematic（重命名原理图）"对话框，将原理图文件保存为"Music Flash Light"。

（3）选择图纸页文件 PAGE1，选择菜单栏中

的"Design（设计）"→"Rename（重命名）"命令，或单击右键选择快捷菜单中的"Rename（重命名）"命令，弹出如图 5-86 所示的"Rename Page（重命名图页）"对话框，保存图页文件名称为"Music Flash Light"，完成原理图页文件的重命名。

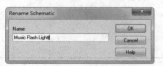

图 5-85 "Rename Schematic
（重命名原理图）"对话框

图 5-86 "Rename Page（重命名图页）"对话框

2. 设置图纸参数

选择菜单栏中的"Options（选项）"→"Design Template（设计向导）"命令，系统将弹出"Design Template（设计向导）"对话框，打开"Page Size（页面设置）"对话框，如图 5-87 所示。

图 5-87 "Design Template（设计向导）"对话框

在此对话框中对图纸参数进行设置。打开"Page Size（页面设置）"选项卡，在"Units（单位）"栏选择单位为"Millimeters（公制）"，页面大小选择"A4"。

单击 确定 按钮，完成图纸属性设置。

3. 添加元器件

打开"Place Part（放置元器件）"面板，添加"Discrete.olb（分立式元器件库）"，接着在该库中找到二极管、三极管、电阻、电容、麦克风等元

器件，将它们放置到原理图中，如图 5-88 所示。

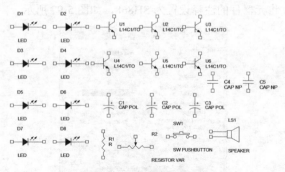

图 5-88 放置元器件到原理图

4. 绘制 SH868 的原理图符号

SH868 为 CMOS 元器件，在 Cadence 所带的元器件库中找不到它的原理图符号，所以需要自己绘制一个 SH868 的原理图符号。

（1）新建一个原理图元器件库。

1）选择菜单栏中的"Files（文件）"→"New（新建）"→"Library（库）"命令，空白元器件库被自动加入到工程中，在项目管理器窗口中"Library"文件夹上显示新建的库文件，默认名称为"Library1"，依次递增，后缀名为".old"的库文件，如图 5-89 所示。

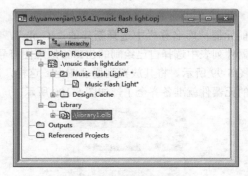

图 5-89 新建库文件

2）选择菜单栏中的"Files（文件）"→"Save as（保存为）"命令，将新建的原理图库文件保存为"IC.olb"。

3）选择菜单栏中的"Design（设计）"→"New Part（新建元器件）"命令或单击右键在弹出的快捷菜单中选择"New Part（新建元器件）"命令，弹出如图 5-90 所示的"New Part Properties（新建元器件属性）"对话框，输入元器件名为 SH868，在该对话框中可以添加元器件名称、索引标示、封装名称、参数设置。

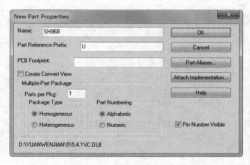

图 5-90 "New Part Properties（新建元器件属性）"对话框

4）单击 OK 按钮，关闭对话框，进入元器件编辑环境。

（2）绘制元器件外框。首先适当调整虚线框，适当调大，选择菜单栏中的"Place（放置）"→"Rectangle（矩形）"命令或单击"Draw（绘图）"工具栏中的"Place Rectangle（放置矩形）"按钮，沿虚线边界线绘制矩形，如图 5-91 所示。

（3）放置管脚。选择菜单栏中的"Place（放置）"→"Pin Array（阵列管脚）"命令，弹出如图 5-92 所示的"Place Pin Array（放置阵列管脚）"对话框，设置阵列管脚属性。

图 5-91 绘制元器件外形

图 5-92 "Place Pin Array（放置阵列管脚）"对话框

单击 OK 按钮，选择默认设置。

（4）此时鼠标指针上带有一组管脚的浮动虚影，移动鼠标指针到目标位置，单击鼠标左键就可以将该管脚放置到图样上，结果如图 5-93 所示。按照要求将阵列的管脚放置到矩形外框两侧，结果如图 5-94 所示。

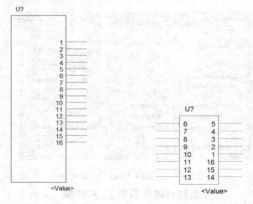

图 5-93　放置管脚　　图 5-94　所有管脚放置完成

（5）双击管脚 14，在弹出的对话框中设置其属性，如图 5-95 所示，最后得到如图 5-96 所示的元器件符号图。

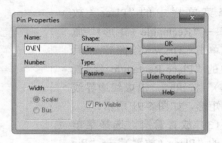

图 5-95　设置管脚属性

图 5-96　所有管脚放置完成

注意

在 Cadence 中，管脚名称上的横线表示该管脚负电平有效。在管脚名称上添加横线的方法是在输入管脚名称时，每输入一个字符后，紧跟着输入一个"\"字符，例如要在 OE 上加一条横线，就可以将其管脚名称设置为"O\E\"。

（6）编辑元器件参数。在工作区双击"Value"，

弹出"Display Properties（显示属性）"对话框，将元器件的注释设置为 SH868，如图 5-97 所示。

图 5-97　设置元器件属性

（7）单击 OK 按钮，完成元器件属性设置，这样 SH868CMOS 元器件便设计完成，如图 5-98 所示。

图 5-98　编辑元器件的属性信息

5. 放置 SH868 到原理图

打开"Place Part（放置元器件）"面板，在当前元器件库名称栏中选择新建的"IC.olb"，在元器件列表中选择自己绘制的 SH868 原理图符号，如图 5-99 所示。将其放置到原理图上，这样，所有的元器件就准备齐全了，如图 5-100 所示。

图 5-99　选择元器件

6. 编辑元器件属性

（1）双击三极管的原理图符号，将元器件序号由 U1 改为 Q1，将元器件类型由 L14C1/TO 改为 9013，如图 5-101、图 5-102 所示。设置完成后单击 OK 按钮退出对话框。同样的步骤对其余三极管属性进行设置。图 5-103 所示为修改前后三极管显示结果。

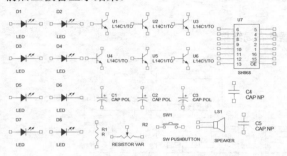

图 5-100　放置完所有元器件的原理图

图 5-101　设置三极管元器件序号

图 5-102　设置三极管类型

图 5-103　三极管修改结果

（2）双击电容器的类型，直接打开参数设置

对话框，在"Value（值）"文本框内输入电容的容值 100pF，并选中下面的"Value（值可见）"单选钮，如图 5-104 所示。用同样的方法修改电容元器件的注释。

图 5-104　设置电容器容值

（3）用同样的方法，对其余电容元器件及电阻元器件的属性进行设置。

（4）元器件的序号等参数在原理图上显示的位置可能不合适，于是就需要改变它们的位置。单击发光二极管元器件的序号 DS1，这时在序号的四周会出现一个洋红色的边框，表示被选中。单击并按住鼠标左键进行拖动，将二极管的编号拖动到目标位置，然后松开鼠标，这样就可以将元器件的序号移动到一个新的位置。

元器件的属性编辑完成之后，整个电路图就显得整齐多了。

7. 元器件布局

基于布线方便的考虑，SH868 被放置在电路图中间的位置，完成所有元器件的布局，如图 5-105 所示。

8. 元器件布线

选择菜单栏中的"Place（放置）"→"Wire（导线）"命令或单击"Draw（绘图）"工具栏中的"Place Wire（放置导线）"按钮 ，移动光标到元器件的一个管脚上，单击确定导线起点，然后拖动鼠标绘制出导线，在需要拐角或者和元器件管脚相连接的地方单击鼠标左键即可，完成导线布置后的原理图如图 5-106 所示。

> 📝 **注意**
>
> 由于电源、接地符号不能直接与元器件管脚相连，在布线过程中，可提前在需要放置电源、接地符号的管脚处绘制浮动的导线。

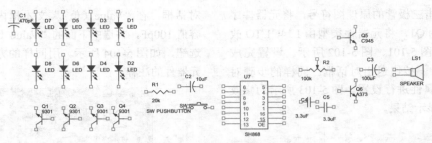

图 5-105　元器件布局结果

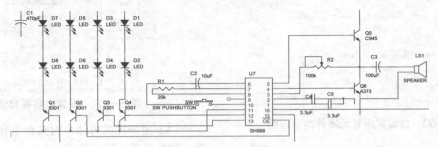

图 5-106　元器件布线结果

9. 放置电源符号和接地符号

电源符号和接地符号是一个电路中必不可少的部分。选择菜单栏中的"Place（放置）"→"Ground（接地）"命令或单击"Draw（绘图）"工具栏中的"Place Ground（放置接地）"按钮，选择接地符号，向原理图中放置接地符号，结果如图 5-107 所示。

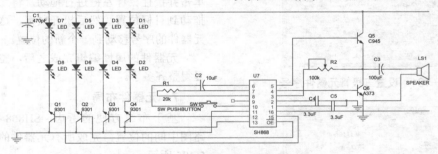

图 5-107　完成接地符号放置的原理图

选择菜单栏中的"Place（放置）"→"Power（电源）"命令或单击"Draw（绘图）"工具栏中的"Place Power（放置电源）"按钮，在弹出的对话框中选择电源符号，有时需要标明电源的电压，在"Name(名称)"文本框中输入电压值 4.5V，如图 5-108 所示。

单击 OK 按钮，退出对话框，移动鼠标指针到目标位置并单击鼠标左键，就可以将电源符号放置在原理图中。放置完成电源符号和接地符号的原理图如图 5-109 所示。

在本例的设计中，主要介绍了原理图元器件的创建。原理图中需要的元器件有可能无法在软件自带的系统库中查找到，这就需要读者自行创建，具体方法在后面详细讲解，这里简单介绍元器件的创建在原理图绘制过程中的应用。

图 5-108　设置电源属性

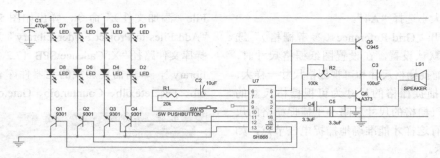

图 5-109　完成电源符号放置的原理图

5.4.2　时钟电路

本例要设计的是一个简单的时钟电路，电路中的芯片是一个 CMOS 计数器，它能够对收到的脉冲自动计数，在计数值到达一定值时关闭对应的开关。

扫码看视频

在本例中，将主要学习原理图符号的放置，原理图符号是原理图必不可少的组成元素。在原理图设计时，总是在最后添加原理图符号，包括电源符号、接地符号、网络符号等。

1. 建立工作环境

（1）在 Cadence 主界面中，选择菜单栏中的"Files（文件）"→"New（新建）"→"Project（工程）"命令或单击"Capture"工具栏中的"Create Document（新建文件）"按钮 ，弹出如图 5-110 所示的"New Project（新建工程）"对话框，创建工程文件"Clock.dsn"。在该工程文件夹下，默认创建图纸文件 SCHEMATIC1，在该图纸子目录下自动创建原理图页 PAGE1。

图 5-110　"New Project（新建工程）"对话框

（2）选择图纸文件 SCHEMATIC1，选择菜单栏中的"Design（设计）"→"Rename（重命名）"命令，或单击鼠标右键选择快捷菜单中的"Rename（重命名）"命令，弹出"Rename Schematic（重命名原理图）"对话框，将原理图文件保存为"Clock"。

（3）选择图纸页文件 PAGE1，选择菜单栏中的"Design（设计）"→"Rename（重命名）"命令，或单击右键选择快捷菜单中的"Rename（重命名）"命令，弹出"Rename Page（重命名图页）"对话框，保存图页文件名称为"Clock"，完成原理图页文件的重命名。

2. 设置图纸参数

（1）选择菜单栏中的"Options（选项）"→"Design Template（设计向导）"命令，系统将弹出"Design Template（设计向导）"对话框，打开"Page Size（页面设置）"对话框，如图 5-111 所示，在此对话框中对图纸参数进行设置。

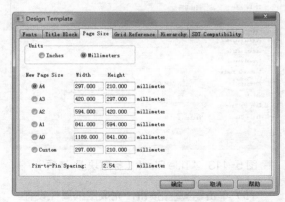

图 5-111　"Design Template（设计向导）"对话框

（2）打开"Page Size（页面设置）"选项卡，在"Units（单位）"栏选择单位为"Millimeters（公

制)", 页面大小选择 "A4"。

（3）打开 "Grid Reference（参考栅格）" 选项卡，选择默认设置，在设置图纸栅格尺寸时，一般来说，捕捉栅格尺寸和可视栅格尺寸一样大，也可以设置捕捉栅格的尺寸为可视栅格尺寸的整数倍。电气栅格的尺寸应略小于捕捉栅格的尺寸，因为只有这样才能准确地捕捉电气节点，如图 5-112 所示。

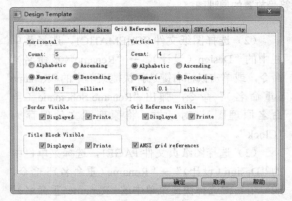

图 5-112 "Grid Reference（参考栅格）" 选项卡

（4）打开 "Title Block（标题块）" 选项卡，在该选项卡中可以设置当前文件名、工程设计负责人、图纸校对者、图纸设计者、公司名称、图纸绘制者、设计图纸版本号和电路原理图编号等项，如图 5-113 所示。

图 5-113 "Title Block（标题块）" 选项卡

（5）单击 确定 按钮，完成图纸属性设置。

3. 加载元器件库

（1）在项目管理器窗口下，选中 "Library" 文件夹并单击右键，弹出快捷菜单，选择 "Add

File（添加文件）" 命令，弹出如图 5-114 所示的 "Add Files to Project Folder-Library" 对话框，选择库文件路径 "X:\Cadence\SPB_17.2\tools\capture\library"，本例需要加载的元器件库有 Connector.olb、Discrete.olb、Counter.olb、Gate.olb。

图 5-114 选择元器件库路径

（2）单击 打开(0) 按钮，将选中的库文件加载到项目管理器窗口中 "Library" 文件夹上，如图 5-115 所示。

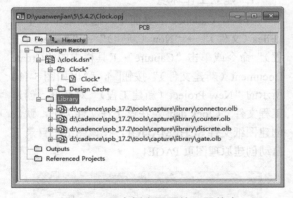

图 5-115 本例中需要的元器件库

4. 编辑元器件

计数器芯片 SN74HC4040D 在已有的库中没有，需要用户自行设计。新建库文件设计过于烦琐，下面介绍一种简单方便的方法。

（1）在 Counter.olb 元器件库中选择 TC74HC4040A/SO，如图 5-116 所示。其封装形式与 SN74HC4040D 相同，通过属性编辑，可以设计成所需要的 SN74HC4040D 芯片。下面具体介绍其修改方法。

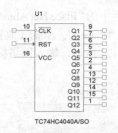

图 5-116　元器件 TC74HC4040A/SO

（2）选择 TC74HC4040A/SO，单击右键选择“Edit Part（编辑元器件）”命令，进入元器件编辑环境，选中所有管脚，单击右键选择“Edit Properties（编辑属性）”命令，弹出“Browse Spreadsheet”对话框，可以对该元器件所有管脚进行一次性的编辑设置，如图 5-117 所示。

Browse Spreadsheet

	Location	Order	Number	Name	Type	Clock	Dot	Pin Length
1	B2	15	8	GND	Power			Line
2	L1	0	10	CLR	Input			Line
3	L3	1	11	CLK	Input			Line
4	L5	14	16	VCC	Power			Line
5	R1	2	9	QA	Output			Line
6	R2	3	7	QB	Output			Line
7	R3	4	6	QC	Output			Line
8	R4	5	5	QD	Output			Line
9	R5	6	3	QE	Output			Line
10	R6	7	2	QF	Output			Line
11	R7	8	4	QG	Output			Line
12	R8	9	13	QH	Output			Line
13	R9	10	12	QI	Output			Line

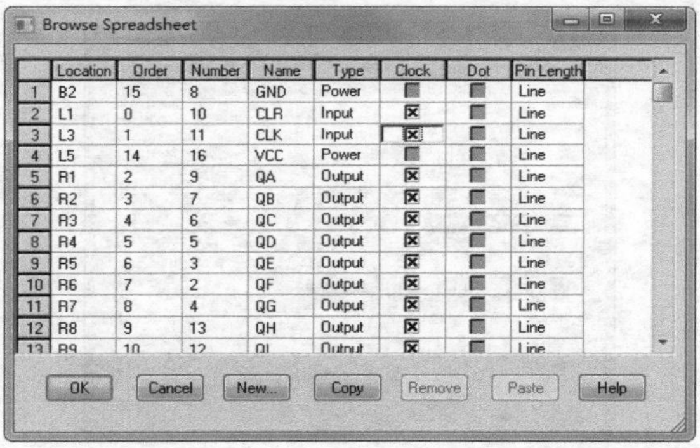

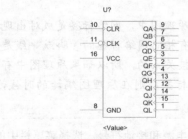

图 5-117　“Browse Spreadsheet”对话框

（3）修改每个管脚的 Name 属性，把管脚名称改成与 SN74HC4040D 一致，并且将管脚属性设置为 Dot 或 Clock，修改完成后的 SN74HC4040D 芯片外形如图 5-118 所示。

图 5-118　修改后的芯片外形

（4）退出元器件编辑环境，进入原理图绘制环境，双击元器件名称 TC74HC4040A/SO，在弹出的对话框中输入 SN74HC4040D，修改元器件名称，如图 5-119 所示。至此完整地在现有元器件的基础上创建了一个新的元器件，该元器件只适用于当前设计项目，元器件的最终修改结果如图 5-120 所示。

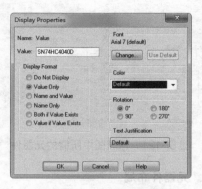

图 5-119　元器件属性设置

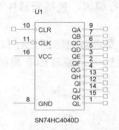

图 5-120　元器件修改结果

注意

通过网络表生成 PCB 图，需要设置管脚属性中的 Electrical Type 属性。一般的双向 I/O 管脚要选择 IO 类型，电源管脚选择 Power 类型，其他的电平输入管脚选择 Input 类型。本章只设计原理图，不用考虑这些情况。在设计 PCB 时，要考虑元器件封装，不能只考虑管脚个数是否匹配。

5. 放置元器件

在“Gate.olb”元器件库中找到 74ACT04，将其放置到原理图中，双击 TC7ST04/SO，弹出属性编辑对话框，修改名称为 SN74LS04N，从另外两个库中找到其他常用的一些元器件，如电阻、电容、晶振体等，将它们一一放置在原理图中，如图 5-121 所示。

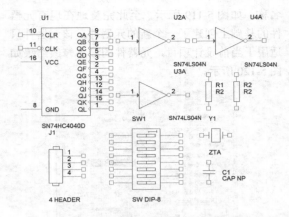

图 5-121　原理图中所需的元器件

6. 元器件布局

在图样上放置完元器件后，用户要对每个元器件的属性进行编辑，包括元器件标识符、序号、型号等。

按照电路要求对电路图进行布局操作，设置好元器件属性的电路原理图布局结果如图 5-122 所示。

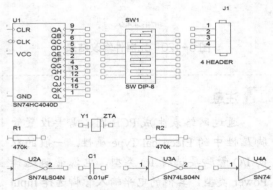

图 5-122　原理图布局结果

7. 元器件布线

选择菜单栏中的"Place（放置）"→"Wire（导线）"命令或单击"Draw（绘图）"工具栏中的"Place wire（放置导线）"按钮，在原理图上布线，如图 5-123 所示。

8. 放置原理图符号

在布线的时候，已经为原理图符号的放置留出了位置，接下来就应该放置原理图符号了。

（1）放置网络标号。选择菜单栏中的"Place（放置）"→"Net Alias（网络名）"命令或单击"Draw

（绘图）"工具栏中的"Place Net Alias（放置网络名）"按钮，弹出"Place Net Alias（放置网络名）"对话框，如图 5-124 所示，输入网络标签的内容 IN。

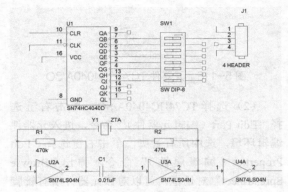

图 5-123　完成原理图布线

图 5-124　"网络标签"对话框

单击 按钮，退出对话框。移动鼠标指针到目标位置并单击鼠标左键，将网络标签放置到原理图中。

> **注意**
>
> 在电路原理图中，网络标签是成对出现的。因为具有相同网络标签的管脚或导线是具有电气连接关系的，所以如果原理图中有单独的网络标签，则在原理图编译的时候，系统会报错。

（2）放置电源和接地符号。选择菜单栏中的"Place（放置）"→"Ground（接地）"命令或单击"Draw（绘图）"工具栏中的"Place Ground（放置接地）"按钮，选择接地符号，向原理图中放置接地符号。

　　选择菜单栏中的"Place（放置）"→"Power
（电源）"命令或单击"Draw（绘图）"工具栏中
的"Place power（放置电源）"按钮，在弹出
的对话框中选择电源符号，移动鼠标指针到目标
位置并单击鼠标左键，就可以将电源符号放置
在原理图中。设计完成的电路原理图如图 5-125
所示。

　　在本例的设计中，主要讲解了原理图符号的
放置。原理图符号有电源符号、电路节点、网络标
签等，这些原理图符号给原理图设计带来了更大的
灵活性，应用它们可以给设计工作带来极大便利。

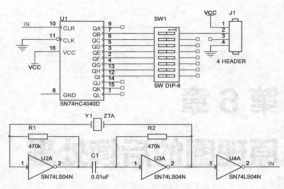

图 5-125　原理图设计完成

Chapter 6

第 6 章
原理图的后续处理

内容指南

前面学习了原理图绘制的方法和技巧，接下来介绍原理图的后续处理，如网络属性分配、设计规则检查、生成报表文件。只有经过层层检查，设计出符合需要和规则的电路原理图，才能对其顺利进行仿真分析，最终变为可以用于生产的 PCB 印制电路板文件。

☞**知识重点**

📖 元器件的常用操作
📖 报表输出
📖 打印输出

6.1　元器件的常用操作

一张完整的原理图的绘制，在完成最基本的精准要求后，就需要在绘制速度上进行提升，从而需要使用类似快捷键的功能，这些功能的掌握，能大大提高读者的绘图速度。下面对这些功能进行详细讲解。

6.1.1　查找

有时需要在原理图中搜索某一个特定的元素，可能是元器件、网络，也可能是一个 DRC 标记。这时要用到"Find（查找）"命令。通过此命令可以迅速找到包含某一文字标识的图元。

（1）执行方式如下。

- 选择菜单栏中的"Edit（编辑）"→"Find（查找）"命令。
- 单击"Search（搜索）"工具栏中的"Search Items Selected in PM"按钮 ，如图 6-1 所示。

图 6-1　"Search（搜索）"工具栏

- 单击右键在快捷菜单中选择"Find（查找）"命令。

（2）在以下情况下可以执行该命令。

- 在项目管理器窗口选中"*.dsn"文件。
- 在项目管理器窗口选中 Schematic 文件。
- 在项目管理器窗口选中 Page1 文件。
- 在 PAGE 工作窗口中进行。

在不同情况下执行该命令，查找范围不同，利用右键命令弹出的快捷菜单也略有不同。选择"*.dsn"文件执行该命令，则在整个项目文件中搜索图元，快捷菜单如图 6-2（a）所示；选中 Schematic 文件，则在选中的该原理图文件夹下搜索图元，快捷菜单如图 6-2（b）所示；在项目管理器窗口选中 Page1 文件或在 PAGE 工作窗口执行该命令，均表示在该原理图页中搜索图元，快捷菜单分别如图 6-2（c）、图 6-2（d）所示。

（3）执行该命令后，在"Search（搜索）"工具栏中的文本框 ⬚⬚⬚⬚⬚⬚ 中输入需要查询的图元关键词，单击"Search Items Selected in PM"

按钮 ，弹出"Find Window（查找窗口）"对话框，如图 6-3 所示。在该对话框中显示查找到的"Parts（元器件）"类型。

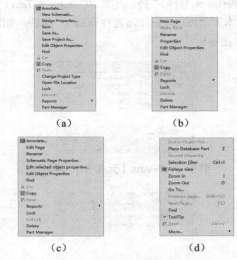

图 6-2　快捷菜单命令

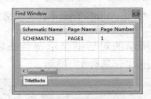

图 6-3　"Find Window（查找窗口）"对话框

（4）在"Search（搜索）"工具栏中打开 ⬛ 按钮下拉列表，如图 6-4 所示，选择原理图中查找对象的类型，主要有"Parts（元器件）""Nets（网络）"等。

图 6-4　下拉菜单

1）查找。按照图 6-4 所示的下拉菜单中默认选择的搜索类型进行搜索，在文本框中输入"*e"，单击"Search Items Selected in PM"按钮，弹出如图 6-5 所示的查找对话框。

显示符合条件的对象在原理图中有 3 种类型，除"Parts（元器件）"外，还有"Comment-Text（评论文本）""Parts-Pin（元器件管脚）"两种，如图 6-5、图 6-6 所示。

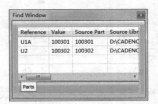

图 6-5 "Parts（元器件）"标签

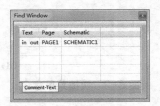

图 6-6 "Comment-Text（评论文本）"标签

图 6-7 所示的对话框显示符合条件的对象只有一种"Parts（元器件）"类型。

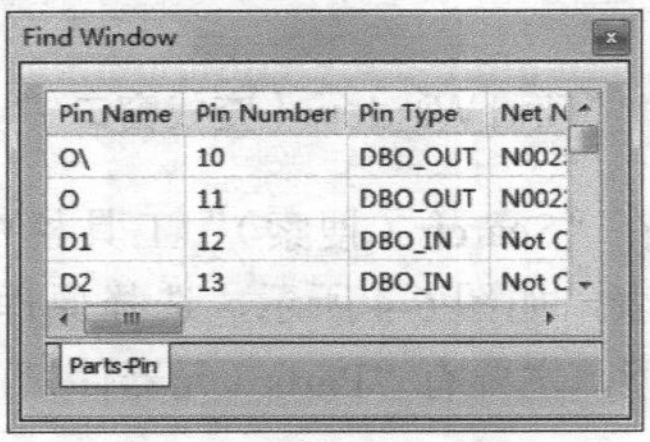

图 6-7 "Parts-Pin（元器件管脚）"标签

根据原理图中包含的查找因素不同，显示出包含该元素的不同类型，这里不再赘述。

在"Find Window（查找窗口）"对话框中可以看到有不只一种的查找结果，在对话框中双击对象名称，在原理图中将该对象放大，高亮显示。单击"上一个"按钮、"下一个"按钮，切换在原理图中高亮显示的对象。

2）查找元器件。上面介绍如何搜索包含关键词的对象，范围较大。面对一张包含元器件、网络、连线、文本的复杂电路图，若要针对某特

定元器件进行操作，局部放大一一查询过于烦琐，因此可利用此命令，快速锁定该元器件。

在"Search（搜索）"工具栏中单击按钮下拉列表，选择"DeselectAll（全部取消）"命令，取消快捷菜单中所有选项的勾选，再次打开快捷菜单，勾选"Parts（元器件）"类型，如图 6-8 所示。

图 6-8 选择"Parts（元器件）"类型

在文本框中输入需要查询的元器件名称"R3"，单击"Search Items Selected in PM"按钮，弹出"Find Window（查找窗口）"对话框，如图 6-9 所示。在该对话框中显示查找到的"Parts（元器件）"类型。

图 6-9 "Find Window（查找窗口）"对话框

在"Reference（参照）"列下双击元器件 R3，原理图中将元器件 R3 区域局部放大，并将元器件 R3 高亮显示，快速定位元器件 R3，如图 6-10 所示。

3）查找网络。除了能快速锁定元器件外，该命令对查看网络也非常有用。

在"Search（搜索）"工具栏中单击按钮下拉列表，选择"DeselectAll（全部取消）"命令，取消快捷菜单中所有选项的勾选，再次打开快捷菜单，勾选"Nets（网络）"类型，如图 6-11 所示。

图 6-10　锁定元器件　　　图 6-11　选择"Nets
　　　　　　　　　　　　　　（网络）"类型

具体操作步骤同上，这里不赘述。

6.1.2　替换

重复对单个元器件进行同样的操作，过程烦琐，时间冗长，因此可以对原理图中某种元器件进行批量替换，或给同一种元器件统一添加属性值，这就要用到"Replace Cache（批量替换）"和"Update Cache（批量更新）"命令。该命令应用于项目管理器窗口中。

1. 执行方式

- 选择菜单栏中的"Design（设计）"→"Replace Cache（批量替换）"或"Update Cache（批量更新）"命令。
- 单击右键选择"Replace Cache（批量替换）"或"Update Cache（批量更新）"命令。

2. 批量替换"Replace Cache"

在项目管理器中打开"Design Cache（设计缓存）"文件夹，选择要替换的元器件，如图 6-12 所示。

图 6-12　选择元器件

单击右键在弹出的快捷菜单中选择"Replace Cache（批量替换）"命令，如图 6-13 所示。

图 6-13　快捷菜单

弹出"Replace Cache（批量替换）"对话框，如图 6-14 所示。

图 6-14　"Replace cache（批量替换）"对话框

对话框中各选项的含义如下。

- "Browse（搜索）"按钮：单击此选择元器件库。
- "New Part Name（新元器件名称）"栏：选择新的元器件，该元器件用来替换"Existing Part Name（当前元器件名称）"栏原来显示的元器件。
- "Action（功能）"：选择是否保留原来的属性，如果选择"Preserve schematic part properties"，那么原来的元器件编号等信息保留，如果选择"Replace schematic properties"，原来的属性全部丢失，使用元器件库中的默认属性替换。

完成设置后，单击"OK（确定）"按钮，执行替换。该命令可以改变元器件库的连接，选择不同的库即可。可以使用不同的元器件，也可以在不同的库中执行替换。如果在元器件库中添加了元器件的管脚信息，想通过对"Design Cache（设计缓存）"的操作更新到原理图中，只能使用该命令。

3. 批量更新"Update cache"

在项目管理器中打开"Design Cache（设计缓存）"文件夹，选择要更新的元器件，右键选择"Update Cache（批量更新）"命令，对选择的元器件进行更新。该命令不能改变原理图中元器件和元器件库之间的连接关系，只能添加新的属性。

6.1.3 定位

在原理图设计过程中，经常需要将鼠标指针快速跳转到某个位置或某个元器件上，在这种情况下，可以使用系统提供的快速跳转命令。

选择菜单栏中的"Edit（编辑）"→"Go To（定位）"，或单击右键选择"Go To（定位）"弹出跳转对话框，如图 6-15 所示。该对话框有 3 个选项卡。

图 6-15 "Location（位置）"选项卡

● 打开"Location（位置）"选项卡，如图 6-16 所示，显示转到新位置的 x、y 坐标值。

图 6-16 "Grid Reference（参考网格）"选项卡

● 打开"Grid Reference（参考网格）"选项卡，如图 6-17 所示，显示基本设置的水平、竖直方向网格值。

图 6-17 "Bookmark（标签）"选项卡

● 打开"Bookmark（标签）"选项卡，如图 6-17 所示，选择设置好的标签，将直接跳转到设置的标签指定的位置。

单击 确定 按钮，鼠标指针将跳转到指定位置。

6.1.4 建立压缩文档

建立压缩文档是指将设计的所有相关文件（库、输出文件、参考项目）直接生成压缩文件，指定其他附件和需要一起压缩的目录。该操作是在项目管理器窗口下进行的，可按日期命名，便于以后修改，文件不会混乱。

选择菜单栏中的"File（文件）"→"Archive Project（归档）"命令，弹出如图 6-18 所示的"Archive Project（归档）"对话框。

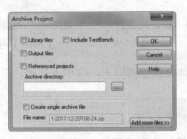

图 6-18 "Archive Project（归档）"对话框

下面介绍该对话框中需要设置的选项。

● Library files：勾选此复选框，压缩的文档中包含库文件。

● Output files：勾选此复选框，压缩的文档中包含输出文件。

● Archive directory：在该选项下设置压缩输出的目录，若压缩输出的目录与项目所在的目录相同，弹出如图 6-19 所示的提示信息。

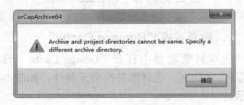

图 6-19 提示信息

● Create single archive file：勾选此复选框，建立单个的压缩文件。

● File name：勾选此复选框，压缩的文档中输出压缩文件名。

● Add more files：勾选此复选框，压缩的文档中可添加更多文件。

完成参数设置后，单击 OK 按钮，生成压缩文档。

6.2　差分对的建立

差分对是指一对 Flat 网络以相同的方式布线，信号关于同样的参考值以相反的方向流动。这种属性的建立增强电路的抗干扰性，并可以移除任何电磁波，常见于解决高速问题。差分对的建立分两种方式，包括自动和手动，无论哪种方法都是在项目管理器窗口下进行的。

选择菜单栏中的"Tools（工具）"→"Create Differential Pair（建立差分对）"命令，弹出如图 6-20 所示的"Create Differential Pair（建立差分对）"对话框，进行差分对创建操作。

图 6-20　"Create Differential Pair（建立差分对）"对话框

下面介绍该对话框中的各选项意义。

- Filter：在该文本框中输入需要过滤的关键词。
- Diff Pair Name：在该文本框中输入差分对的名称。
- ＞ ＜：单击该按钮，将选择的网络添加到右侧"Selections（选择）"列表中，如图 6-21 所示，选择两个网络，则在"Diff Pair Name（差分对名称）"文本框中自动显示名称 DP1。

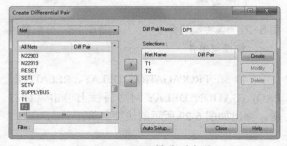

图 6-21　显示差分对名称

- Create：单击该按钮，生成差分对，创

建完成的差分对如图 6-22 所示。

图 6-22　创建差分对 DP1

- Modify：单击该按钮，修改创建完成的差分对。
- Delete：单击该按钮，删除创建完成的差分对。
- Auto Setup...：单击该按钮，弹出如图 6-23 所示的对话框，在"Prefix（前缀）"文本框中输入"DP-"，筛选包含该前缀的差分对；在"+Filter（过滤）"与"-Filter（过滤）"文本框中输入过滤条件，如图 6-24 所示。单击 Create 按钮，自动生成符合过滤条件的差分对；单击 Remove 按钮，移除相应的差分对。

图 6-23　"Differential Pair Automatic Setup（自动建立差分对设置）"对话框

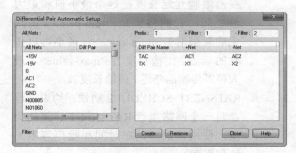

图 6-24　过滤差分对

6.3 信号属性

在原理图中，不只元器件有属性，其他组成部件同样包含与原理图信号分析、电路板设计相关的属性，信号的传递依靠导线形成的网络，均有其特定的属性。下面分别介绍这些属性。

6.3.1 网络分配属性

从原理图到 PCB 图的信号传递依靠导线，通过网络的特定属性记录传输数据，进行正向、反向的信息流传输，通过对这些属性的分配，达到不同的目的。

下面介绍网络属性的分配过程。

（1）在原理图中选择并双击如图 6-25 所示的需要分配属性的网络（导线），弹出属性编辑对话框，在"Filter by（过滤）"栏中选择"Allegro_SignalFlow_Routing"，在属性编辑栏中选择"Flat Nets"标签，如图 6-26 所示。

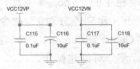

图 6-25　选择要分配属性的网络

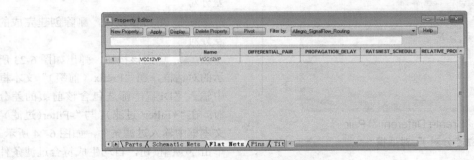

图 6-26　属性编辑窗口

（2）在该窗口显示可以分配给网络的属性有 4 种，DIFFERENTIAL_PAIR 属性、PROPAGATION_DELAY 属性、RELATIVE_PROPAGATION_DELAY 属性、RATSNEST_SCHEDULE 属性。

- DIFFERENTIAL_PAIR 属性：一对 Flat 网络以相同的方式布线，信号关于同样的参考值以相反的方向流动。
- PROPAGATION_DELAY 属性：一个网络任意对管脚之间的最小和最大传输延迟约束。对网络分配这一属性，可以使布线器限制互连长度在这个最小值和最大值之间，它的格式是：<pin-pair>（被约束的管脚对）：<min-value>（最小可以传输的延迟 / 传输长度）：<max-value>（最大可以传输的延迟 / 传输长度）。
- RATSNEST_SCHEDULE 属性：约束管理器对一个网络执行 RATSNEST 计算的类型，使用该属性，在时间和噪声容限上达到平衡。

- RELATIVE_PROPAGATION_DELAY 属性：附加给一个网络上管脚的电气约束。

（3）在 DIFFERENTIAL_PAIR、RATSNEST_SCHEDULE 网络属性上单击鼠标右键，弹出如图 6-27 所示的快捷菜单，对属性进行编辑操作，可直接在下拉菜单中选择分配属性，如图 6-28 所示为 RATSNEST_SCHEDULE 网络分配属性。

图 6-27　属性编辑命令　　图 6-28　分配属性
　快捷菜单 1

（4）在 PROPAGATION_DELAY、RELATIVE_PROPAGATION_DELAY 网络属性上单击鼠标右键，弹出如图 6-29 所示的快捷菜单。

图 6-29　属性编辑命令快捷菜单 2

（5）在"PROPAGATION_DELAY"属性上选择"Invoke UI（调用 UI）"命令，弹出一个传输延迟的对话框，如图 6-30 所示。

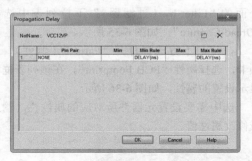

图 6-30 传输延迟对话框（1）

- ：单击该按钮，弹出添加管脚对的对话框，如图 6-31 所示，单击 OK 按钮，关闭该对话框，完成管脚对的添加。

图 6-31 管脚对

- ✕：单击该按钮，选择的管脚就会被删除。
- Pin Pair：管脚对，打开下拉菜单，如图 6-32 所示，包含 3 项：ALL_DRIVER:ALL_RECEIVER、LONG_DRIVER:SHORT_RECEIVER、LONGEST_PIN:SHORTEST_PIN。

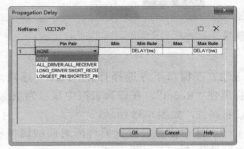

图 6-32 传播延迟对话框（2）

- ALL_DRIVER：ALL_RECEIVER 表示为所有驱动器 / 接收器管脚对应用最小 / 最大约束。
- LONG_DRIVER：SHORT_RECEIVER 表

示为最短的驱动器 / 接收器管脚对应用最小延迟，为最长的驱动器 / 接收器管脚对应最大延迟。

- "Min（最小值）"：在该栏中输入最小可允许传输延迟。
- "Max（最大值）"：在该栏中输入最大可允许传输延迟值。
- "Min Rule""Max Rule"：在该栏中指定最小、最大约束的单位。
- 单击 OK 按钮，查看属性编辑器，新添加的属性就会出现在"Propagation Delay"栏，如图 6-33 所示。

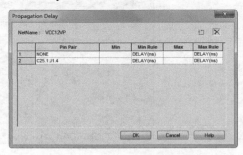

图 6-33 添加管脚对

（6）在"Relative_Propagation_Delay"上单击选择"Invoke UI（调用 UI）"命令，弹出一个传输延迟的对话框，如图 6-34 所示。

图 6-34 传输延迟对话框（3）

- Scope：范围，在下拉列表中显示 Global、Local 两项。
- Global：在同一匹配组不同的网络间定义属性。
- Local：在同一匹配组不同的管脚对间定义属性。
- Delta：组中所有网络匹配目标网络的相对值。

- Delta Min Rule：相对值的单位。
- Tolerance：指定管脚对最大可允许传输延迟值。
- Tol.Unit：指定允许传输延迟值的单位，分为%、ns 和 mis。

6.3.2 Footprint 属性

Footprint 属性是原理图与 PCB 图链接的枢纽，只有元器件添加了 Footprint 属性才能真正建立连接，下面介绍如何在原理图中添加 Footprint 属性。

选择功能电路的模块，然后编辑属性。在上面的"Filter by（过滤器）"下拉列表中选择"Orcad-Capture"，如图 6-35 所示。

在窗口下方选择打开"Parts（元器件）"选项卡，选择属性"PCB Footprint"，在该列表框中显示设置的属性，如图 6-36 所示。

选中需要设置元器件所对应的属性栏，输入或修改属性值。

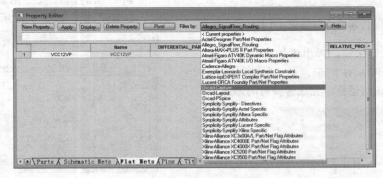

图 6-35　元器件属性编辑

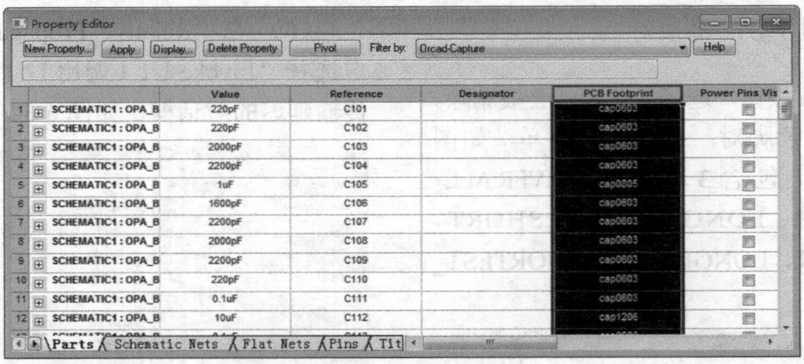

图 6-36　选中属性

6.3.3 Room 属性

添加 Room 属性有两种方法，一种是在原理图中设置，一种是在 PCB 中设置，下面将介绍如何在原理图中添加 Room 属性。

（1）选择功能电路的所有模块，然后编辑属性。在上面的"Filter by（过滤器）"下拉列表中选择"Cadence-Allegro"，如图 6-37 所示。

（2）在窗口下方选择打开"Parts"选项卡，选择属性"Room"，在该列表框中显示为空，还未设置属性，如图 6-38 所示。

（3）选中需要设置元器件所对应的属性栏，输入属性值 CPU，如图 6-39 所示。

（4）在"Filter by（过滤器）"下拉列表中选择"Current properties"，显示元器件的 Room 属性，如图 6-40 所示。

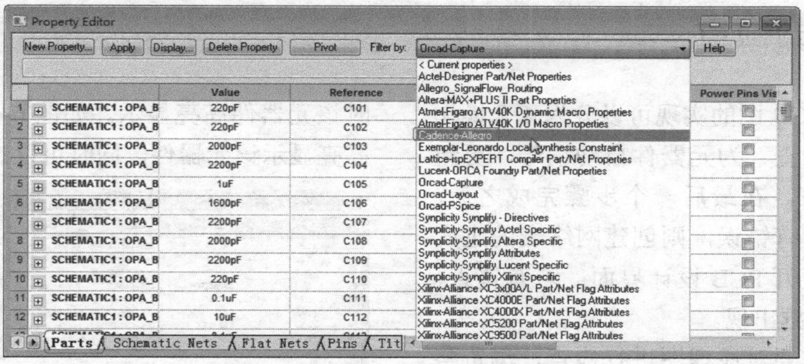

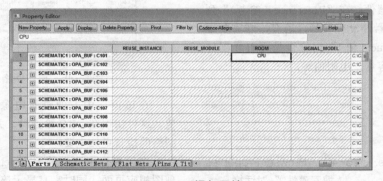

图 6-37 元器件属性编辑

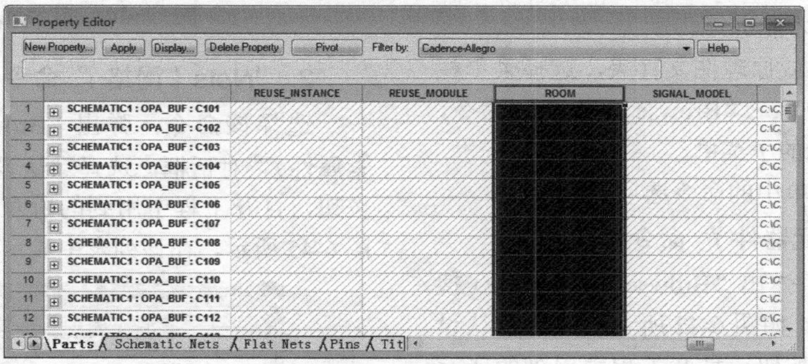

图 6-38 选中属性

图 6-39 添加属性

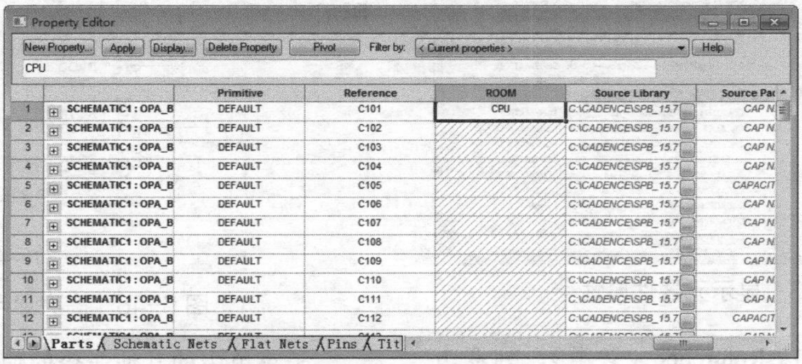

图 6-40 完成属性添加

6.4 电路图的检查

从原理图到 PCB 图的实现可以分为 4 个操作步骤：设计规则检查、为元器件自动编号、更新属性、创建网络表。在最后一个步骤完成之后，如果创建网络表没有错误，则创建网络表的进度条消失后，可以打开 PCB 设计界面；若有错误，有错误信息的提示框出现。

在此之前，需要对原理图进行检查，浏览整个工程中的元素，用肉眼检查是否有遗漏。由于是针对整个"*.dsn"设计项目，因此必须切换到项目管理器窗口下才能进行。

选择 .dsn 文件或原理图文件夹，选择菜单栏中的"Edit（编辑）"→"Browse（搜索）"命令，弹出如图 6-41 所示的子菜单。

下面介绍子菜单中的命令选项。

1. "Parts（元器件）"命令

选择该命令，弹出"Browser Properties（搜索属性）"对话框，如图 6-42 所示，选择默认设置，单击　OK　按钮，打开工程中用到的所有元器件列表窗口，如图 6-43 所示，在该列表中显示图纸中所有元器件。在"Reference（参考）"列中检查是否有元器件没有编号，若有，则需要重新编号。在"Value（值）"列检查是否有元器件没有赋值，如电容量，电阻值等。

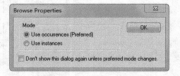

图 6-41　"Browse　图 6-42　"Browser Properties
（搜索）"子菜单　　　　（搜索属性）"对话框

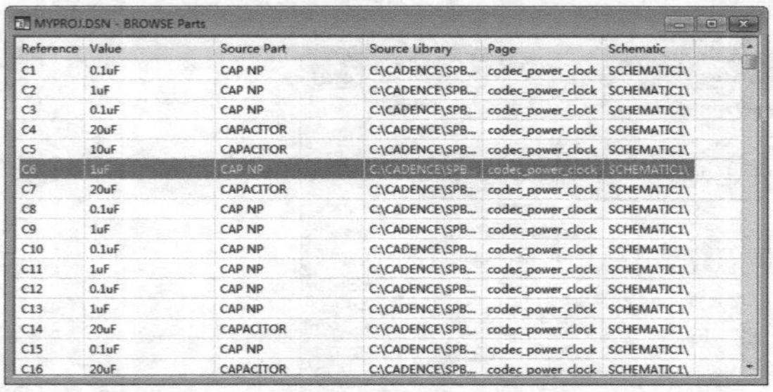

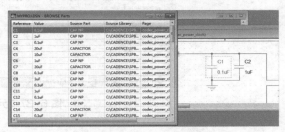

图 6-43　显示元器件属性

在该窗口中的"Reference（参考）"列双击某一个元器件，则可以打开原理图相应页面，同

时该元器件高亮显示。如图 6-44 所示，双击 C1，高亮显示该元器件，同时可以定位该元器件。

图 6-44　显示元器件

2. "Nets（网络）"命令

选择该命令，弹出"Browser Properties（搜索属性）"对话框，选择默认设置，单击　OK　按钮，打开工程中用到的所有网络列表窗口，如图 6-45 所示，在该列表中显示图纸中所有网络。

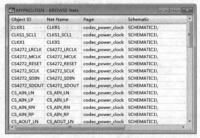

图 6-45　显示网络属性

在该窗口中方便查看电源网络是否没有赋值。这种错误在 DRC 检查时，并不报错，因此对网络的检查更加重要。

在该窗口中双击某一个 nets，则可以打开原理图相应页面，同时高亮显示该网络的连线。

这样可以方便地定位某一网络，如图 6-46 所示。

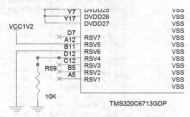

图 6-46　高亮显示网络

子菜单中的其他命令的使用也类似，只是针对对象有所不同，这里不赘述。

6.5 设计规则检查

完成原理图绘制后，需要进行 DRC 检查，即进行设计规则检查。对原理图通篇检查，确认电气连接正确，逻辑功能正确，电源连接正确。

选择菜单栏中的"Tools（工具）"→"Design Rules Check（设计规则检查）"命令或单击"Capture"工具栏中的"Design rule check（设计规则检查）"按钮，打开"Design Rules Check（设计规则检查）"对话框，如图 6-47 所示，该对话框包括"Design Rules Options（设计规则选项）"选项卡、"Electrical Rules（电气规则）"选项卡、"Physical Rules（物理规则）"选项卡和"ERC Matrix（ERC 矩阵）"选项卡。

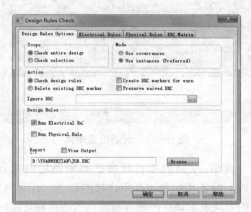

图 6-47　"Design Rules Check
（设计规则检查）"对话框

1. "Design Rules Option（设计规则选项）"选项卡

打开该选项卡，选择所需的检查规则。

（1）在"Scope（范围）"选项组中，可以选择完整的电路图系规则检查或选取电路图系中的电路图。

（2）在"Mode（模式）"选项组中，选择所有实体（推荐）或选择所有事件。

- Use occurrences：事件，指的是在绘图页内同一实体出现多次的实体电路。在复杂层次电路中，子方块电路重复使用了 n 次，就形成了 n 次事件。

- Use instances（Preferred）：实体（推荐），是指放在绘图页内的元器件符号。复杂层次电路中的子方块电路内本身的元器件却是实体。

（3）在"Action（功能）"选项组中，选择要求进行规则检查或删除 DRC 检查在电路图上产生的记号。

- Create DRC makers for warn：设置 DRC 检查时，若发现错误，则在错误之处放置警告标志。

（4）在"Design Rules（设计规则）"选项组中，选择要求进行规则检查或删除 DRC 检查在电路图上产生的记号。

- Run Electrical Rules：勾选此复选框，运行电气规则，可打开"Electrical Rules（电气规则）"选项卡，如图 6-48 所示，设置要检查的电气规则。

图 6-48　"Electrical Rules（电气规则）"选项卡

- Run Physical Rules：勾选此复选框，运行物理规则。可打开"Physical Rules（物理规则）"选项卡，如图 6-49 所示，设置要检查的电气规则。

（5）在"Report（报告）"选项组中，指定所要检查的电路图。

- View Output：勾选此复选框，输出检查结果。

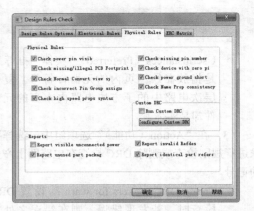

图 6-49　"Physical Rules（物理规则）"选项卡

- **Check off-page connector connection**：勾选此复选框，设置检查平坦式电路图各电路图间的电路端口连接器是否相符。在进行平坦式电路图检查时，必须选择该项。
- **Check hierarchical port connection**：勾选此复选框，设置检查层次式电路图端口连接时，电路方块图 I/O 端口与其内层电路的电路图 I/O 端口是否相符。
- **Check unconnected net**：勾选此复选框，检查未连接的网络。
- **Check SDT compatibility**：勾选此复选框，检查与 SDT 电路图的兼容性。
- **Report all net names**：勾选此复选框，列出所有网络的名称。
- **Report off-grid objects**：勾选此复选框，列出未放置在格点上的图件。
- **Report hierarchical ports and off-page connectors**：勾选此复选框，要求程序列出所有的电路端口连接器及电路图 I/O 端口。
- **Report invalid packaging**：勾选此复选框，检查无效的封装。

- **Report identical part references**：勾选此复选框，检查是否有重复的元器件序号。

2.　"ERC Matrix（ERC 矩阵）"选项卡。

打开该选项卡，如图 6-50 所示，设置规则矩阵。在该选项卡中，用户可以定义一切与违反电气连接特性有关报告的错误等级，当对原理图进行检查时，错误的信息将在原理图中显示出来。要想改变错误等级的设置，单击对话框中的方块即可，每单击一次改变一次，可循环切换。

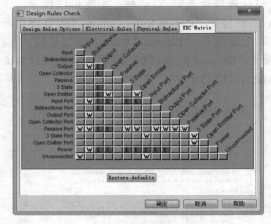

图 6-50　规则检查矩阵

其中，y 轴的项目代表该列所连接的端点；斜边上的各项代表该行所连接的端点；行与列交叉的方块表示该行的端点与该列的端点相连接时，程序将作何反应。

交叉的方块的不同显示状态表示有 3 种错误等级：空白为"No Report（不显示错误）"、黄色标有"W"的方块为"Warning（警告）"、红色的"E"方块为"Error（错误）"。

经过检查的原理图会在"Session log"窗口中显示检查信息。认真阅读每一个错误，根据错误和警告提示返回原理图修改。

6.6　元器件编号管理

对于元器件较多的原理图，当设计完成后，往往会发现元器件的编号变得很混乱。用户可以逐个手动更改这些编号，但这样比较烦琐，而且容易出现错误。Capture 提供了元器件编号管理的功能，编号管理针对的对象是整张图纸，因此需要在项目管理器环境下进行操作。

6.6.1 自动编号

元器件在放置过程中自动按照放置顺序进行编号，但有时这些编号不符合原理图设计规则。Capture 提供重新排序功能，首先把元器件的编号更改为"？"的形式，然后再对关键字之后的"？"进行自动编号。自动编号功能可以在设计流程的任何时间执行，一般选择在全部设计完成之

后再重新进行编号，这样才能保证设计电路中没有漏掉任何元器件的序号，而且也不会出现两个元器件有重复序号的情况。

每个元器件编号的第 1 个字母为关键字，表示元器件类别。其后为字母和数字组合。区分同一类中的不同个体。Capture 中不同元器件类型采用的关键字符见表 6-1。

表 6-1 元器件编号关键字符

字符代号	元器件类别	字符代号	元器件类别
B	GaAs场效应晶体管	N	数字输入
C	电容	O	数字输出
D	二极管	Q	双极晶体管
E	电压空电压源	R	电阻
F	电流控电流源	S	电压控制开关
G	电压控电压源	T	传输线
H	独立电流源	U	数字电路单元
I	独立电流源	U STIM	数字电路激励信号源
J	结型场效应晶体管（JFET）	V	独立电压源
K	互感（磁心），传输线耦合	W	电流控制开关
L	电感	X	单元子电路调用
M	MOS场效应晶体管（MOSFET）	Z	绝缘栅双极晶体管（JGBT）

选择菜单栏中的"Tools（工具）"→"Annotate（标注）"命令或单击"Capture"工具栏中的"Annotate（标注）"按钮 ，弹出如图 6-51 所示的"Annotate（标注）"对话框，该对话框包含 3 个选项卡。

打开"Packaging"选项卡，如图 6-51 所示，设置元器件编号参数，下面简单介绍该对话框中的选项意义。

- "Scope（范围）"选项组：在该选项组下设置需要进行编号的对象范围是全部还是部分。
  - Update entire design：更新整个设计。
  - Update selection：更新选择的部分电路。
- "Action（功能）"选项组：在该选项组下设置编号功能。

图 6-51 "Packaging"选项卡

- Incremental reference update：在现有的基础上进行增加排序。
- Unconditional reference update：无条件进行排序。
- Reset part reference to "？"：把所有的序号都变成 "？"。
- Add Intersheet References：在分页图纸间端口的序号上加上图纸编号。
- Delete Intersheet References：删除分页图纸间端口的序号上的图纸编号。
- "Physical Package（物理封装）"选项组：在该选项组下设置需要封装的属性。
  - Combined property string：组合对话框中的属性。
- Reset reference numbers to begin at 1 in each page：编号时每张图纸都从 1 开始。
- Annotate per PM page ordering：按 PM 页面顺序注释。
  - Do not change the page number：不改变图纸编号。

打开 "PCB Editor Reuse" "Layout Reuse" 选项卡，如图 6-52、图 6-53 所示，设置元器件重新编号参数。

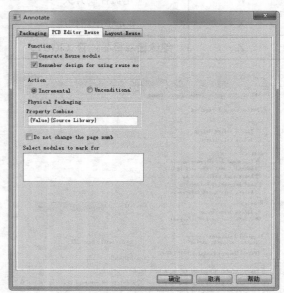

图 6-52 "PCB Editor Reuse" 选项卡

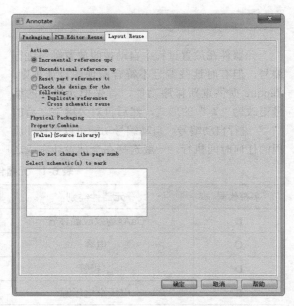

图 6-53 "Layout Reuse" 选项卡

6.6.2 反向标注

自动编号只能更改关键词后的数字，想要改变其中的序号或对调管脚、对调逻辑门，需要按规则编辑一个 "*.SWP" 文件。

（1）选择菜单栏中的 "Tools（工具）" → "Back Annotation（反向标注）" 命令或单击 "Capture" 工具栏中的 "Back annotate（反向标注）" 按钮，弹出 "Back annotate（反向标注）" 对话框，该对话框包含 2 个选项卡，"PCB Editor（PCB 编辑器）" 选项卡与 "Layout（布局）" 选项卡，分别如图 6-54、图 6-55 所示。

（2）"Scope（范围）" 栏和 "Mode（模式）" 栏内容与前述 "Annotate（标注）" 对话框的相同，这里不再赘述。

（3）"Back Annotation（反向标注）" 文本框指定所编辑的文本文件的内容，而这个文件的内容与叙述方式就要用到下面 3 个命令。

- CHANGEREF 改变元器件序号，例如把 "U1A" 改为 "U2A"，其命令格式为 "CHANGEREF U1A U2A"。

图 6-54 "PCB Editor(PCB 编辑器)"选项卡

图 6-55 "Layout(布局)"选项卡

- GATESWAP 将电路图中两个存在的相同的逻辑门进行互换,例如要将"U1A"与"UID"交换,其命令格式为"GATESWAP U1A UID"。

- PINSWAP 交换指定元器件中的两只管脚,例如把"U1A"的第 1 个管脚和第 4 个管脚交换。其命令格式为"PINSWAP U1A 12"。

6.7 自动更新属性

对于使用特殊封装或拥有自己封装库的公司,此项是一项特别有用的功能。首先定义好自己的属性文件。

选择菜单栏中的"Tools(工具)"→"Update Properties(更新属性)"命令,弹出"Update Properties(更新属性)"对话框,如图 6-56 所示。

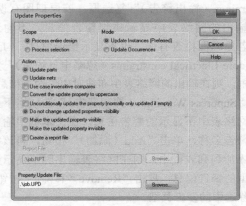

图 6-56 自动更新元器件对话框

该对话框中包含 3 个选项组,"Scope(范围)"栏和"Mode(模式)"栏内容与前述"Annotate(标注)"对话框的功能相同,这里不再赘述。

下面讲解"Action(功能)"选项组。

- Update parts:单击此单选钮,更新元器件的属性数据。
- Update nets 单击此单选钮,更新网络的属性数据。
- Use case insensitive compares:单击此复选框,不考虑元器件的灵敏度。
- Convert the update property to uppercase:单击此复选框,把更新的属性转换成大写字母。
- Unconditionally update the property:单击此复选框,无条件更新属性。
- Do not change updated properties visibility:单击此复选框,不改变元器件更新属性的可见属性。
- Make the updated property visible:单击此复选框,使元器件更新的属性可见。
- Make the updated property invisible:单击此复选框,使元器件更新的属性不可见。
- Create a report file:单击此复选框,产生报告文件。

"Property Update File(要更新的属性文件)":在该文本框中选择要更新的属性文件。

6.8 报表输出

Cadence 具有丰富的报表功能，可以方便地生成各种不同类型的报表。创建元器件报表的操作均是在项目管理窗口下进行的。

6.8.1 生成网络表

网络表有多种格式，通常为一个 ASCII 码的文本文件，网络表用于记录和描述电路中的各个元器件的数据以及各个元器件之间的连接关系。

绘制原理图的目的不只是按照电路要求连接元器件，最终目的是要设计出电路板。要设计电路板，就必须建立网络表，对于 Capture 来说，生成网络表是它的一项特殊功能。在 Capture 中，可以生成多种格式的网络表，在 Allegro 中，网络表是进行 PCB 设计的基础。

只有正确的原理图才可以创建完整无误的网络表，从而进行 PCB 设计。而原理图绘制完成后，无法用肉眼直观地检查出错误，需要进行 DRC 检查、元器件自动编号、属性更新等操作，完成这些步骤后，才可进行网络表的创建。

打开项目管理器窗口，并将其置为当前，选择需要创建网络表的电路图文件。

选择菜单栏中的"Tools（工具）"→"Create Netlist（创建网络表）"命令或单击"Capture"工具栏中的"Create Netlist（生成网络表）"按钮，弹出如图 6-57 所示的"Create Netlist（创建网络表）"对话框。该对话框中有 9 个选项卡，在不同

图 6-57 "Create Netlist（创建网络表）"对话框

的选项卡中生成不同的网络表。打开"PCB Editor（PCB 编辑器）"选项卡，设置网络表属性。

1. PCB Footprint 选项组

（1）在"Combined property（组合属性）"文本框中显示封装默认名"PCB Footprint"，单击右侧的 Setup ... 按钮，弹出如图 6-58 所示的"Setup（设置）"对话框，在该对话框中可以修改、编辑、查看配置文件的路径，设置输出参数。

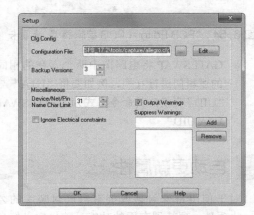

图 6-58 "Setup（设置）"对话框

（2）在"Configuration Files（配置文件）"文本框中显示文件路径。在"Backup Version（备份版本）"文本框中默认显示为 3。勾选"Output Warnings（输出警告）"复选框，若原理图有误，在输出的网络表中显示错误警告信息，不勾选则若原理图检查有误，也不显示错误信息。勾选"Ignore Electrical constraints（忽略电气约束）"复选框，则在输出的网络表中布线时电气约束信息；在"Suppress Warnings（抑制警告）"选项组下显示网络表中不显示的警告信息，在文本框中输入的警告名称，单击"Add（添加）"按钮，将该警告添加到列表框中，则在网络表输出时不显示该类型的警告信息，单击"Remove（移除）"按钮，删除选中的警告类型。

（3）勾选"Create PCB Editor Netlist（创建 PCB 网络表）"复选框，可导出包含原理图中所有信息的 3 个网络表文件"pstchip.dat""pstxnet.dat"和"pstxprt.dat"；在下面的"Option（选项）"选项组中显示参数设置。

在"Netlist Files（网络表文件）"文本框中显示默认名称"allegro"，单击右侧 ▣ 按钮，弹出如图 6-59 所示的"Select Directory（选择路径）"对话框。

图 6-59　"Select Directory（选择路径）"对话框

在该对话框中选择 PST*.DAT 文件的路径，默认的位置为设计中指定的最后一次调用该对话框的目录。

勾选"View Output（显示输出）"复选框，自动打开 3 个网络表文件，并独立地显示在 Capture 窗口中。

（4）勾选"Create or Update PCB Editor Board（Netrev）"复选框，图 6-60 所示的参数设置有效，更新或创建 PCB 文件。

图 6-60　参数设置

2. "Option（选项）"选项组

（1）在"Input Board（输入电路板）"与"Output Board（输出电路板）"文本框中显示要更新的 PCB 文件路径与名称。下面介绍关于输出的 PCB 文件参数设置选项。

- Allow Etch Removal During：勾选此复选框，在新建的 PCB 文件中，允许删除需要重新布的线。
- Allow User Defined Property：勾选此复选框，在新建的 PCB 文件中允许用户自己定义属性。
- Ignore Fixed Property：勾选此复选框，

在新建的 PCB 文件中忽略固定属性。

（2）Place Changed：元器件在原理图中放置改变时，在 PCB 中显示不同的状态。

- Always：在新建的 PCB 文件中对元器件进行放置。
- If Same：若更新后的元器件封装值等于更新前，则对元器件进行布局，否则原来的元器件将从 PCB 中删除，新的元器件重新放置。
- Never：在新建的 PCB 文件中对元器件进行手动放置。

（3）Board Launching Option：创建电路板选项，显示下面选项的含义。

- Open Board In Allegro PCB Editor：在 Allegro PCB 中打开电路板文件。
- Open Board In Cadence Sip：在 Cadence Sip 中打开电路板文件。
- Open Board In APD PCB：在 APD PCB 中打开电路板文件。
- Open Board In OrCAD PCB Editor：在 OrCAD PCB Editor 中打开电路板文件。
- Do not open board file：不打开电路板文件。

完成设置后，单击"确定"按钮，开始创建网络表，如图 6-61 所示。

图 6-61　创建网络表

（4）若创建过程中出现错误，则弹出错误提示对话框，如图 6-62 所示，详细的错误信息显示在"Session Log"窗口中。

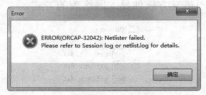

图 6-62　提示对话框

（5）若创建无误，则生成 3 个网络表文件"pstchip.dat""pstxnet.dat"和"pstxprt.dat"，如图

6-63～图 6-65 所示。网络表文件在项目管理器中 Output 文件下显示，如图 6-66 所示。

```
d:\yuanwenjian\fault-detector\allegro\pstchip.dat *
 1: FILE_TYPE=LIBRARY_PARTS;
 2: { Using PSTWRITER 14.01-p001 Dec-03-2017 at 16:12:02}
 3: primitive 'C_CAP300_C';
 4:    pin
 5:       '1';
 6:          PIN_NUMBER='(1)';
 7:          PINUSE='UNSPEC';
 8:       '2';
 9:          PIN_NUMBER='(2)';
10:          PINUSE='UNSPEC';
11:    end_pin;
12:    body
13:       PART_NAME='C';
14:       JEDEC_TYPE='cap300';
15:       VALUE='C';
16:    end_body;
17:    end_primitive;
18: primitive 'CAP_CAP400_CAP';
19:    pin
```

图 6-63 pstchip.dat 文件

```
d:\yuanwenjian\fault-detector\allegro\pstxnet.dat *
 1: FILE_TYPE = EXPANDEDNETLIST;
 2: { Using PSTWRITER 14.01-p001 Dec-03-2017 at 16:12:02 }
 3: NET_NAME
 4: 'T6'
 5: '@FAULT-DETECTOR.DETECTOR-DSN(SCH_1):T6':
 6: C_SIGNAL='@\fault-detector\.\detector-dsn\(sch_1):t6';
 7: NODE_NAME    R36 1
 8: '@FAULT-DETECTOR.DETECTOR-DSN(SCH_1):I08696@FAULT-DETECTOR-COMPONENTS.R.NORMAL(CHIP
 9: '1';
10: NET_NAME
11: 'T7'
12: '@FAULT-DETECTOR.DETECTOR-DSN(SCH_1):T7':
13: C_SIGNAL='@\fault-detector\.\detector-dsn\(sch_1):t7';
14: NODE_NAME    R41 1
```

图 6-64 pstxnet.dat

```
d:\yuanwenjian\fault-detector\allegro\pstxprt.dat *
 1: FILE_TYPE = EXPANDEDPARTLIST;
 2: { Using PSTWRITER 14.01-p001 Dec-03-2017 at 16:12:02 }
 3: DIRECTIVES
 4:    PST_VERSION='PST_HDL_CENTRIC_VERSION_0';
 5:    ROOT_DRAWING='FAULT-DETECTOR';
 6:    POST_TIME='Nov 28 2001 18:44:56';
 7:    SOURCE_TOOL='CAPTURE_WRITER';
 8: END_DIRECTIVES;
 9:
10: PART_NAME
11:    C1 'C_CAP300_C':;
12:
13: SECTION_NUMBER 1
14:    '@FAULT-DETECTOR.DETECTOR-DSN(SCH_1):I02862@FAULT-DETECTOR-COMPONENTS.C.N
```

图 6-65 pstxprt.dat 文件

（6）网络表还是连接电路图与 PCB 的桥梁，原理图的信息通过网络表导入 PCB 中，将 Capture 设计的原理图载入 Allegro 中有两种方式。

● 第三方软件导入网络表的方式。

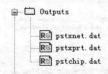

图 6-66 显示网络表文件

● 针对 Cadence 产品的直接导入方式，也称为新转法。

6.8.2 元器件报表

元器件报表主要用来列出当前工程中用到的所有元器件的标识、封装形式和库参考等，相当于一份元器件清单。依据这份报表，用户可以详细查看工程中元器件的各类信息，同时，在制作印制电路板时，也可以作为元器件采购的参考。

选择菜单栏中的"Tools（工具）"→"Bill of materials（材料报表）"命令或单击"Capture"工具栏中的"Bill of materials（材料报表）"按钮 ，弹出如图 6-67 所示的"Bill of materials（材料报表）"对话框，设置元器件清单参数。

图 6-67 "Bill of Materials（材料报表）"对话框

下面介绍该对话框中的参数设置。

（1）"Scope（范围）"选项组。

- Process entire design 生成整个设计的元器件清单。
- Process selection 生成所选部分元器件清单。

（2）"Mode（模式）"选项组。

- Use instances 使用当前属性。
- Use occurrences（Preferred）使用事件属性（推荐）。

（3）"Line Item Definition（定义元器件清单内容）"选项组。

- Place each part entry on a separate line：勾选此复选框，元器件清单中每个元器件信息占一行。

（4）"Include Files（包含文件）"选项组。

- Merge an include files with report：勾选此复选框，在元器件清单中是否加入其他文件。

（5）"Report（报告）"选项组。

- View Output：勾选此复选框，输出检查结果。

单击 OK 按钮，即可创建完成元器件清单，如图 6-68 所示。同时在"Project Manager"项目中"Outputs"目录下生成"template.bom"文件。

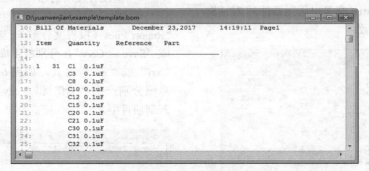

图 6-68 元器件清单

取消勾选"View Output（显示输出）"复选框，勾选"Open in Excel（用表格打开）"复选框，如图 6-69 所示，单击 OK 按钮，创建元器件清单，在表格中打开"template.bom"文件，如图 6-70 所示。

图 6-69 "Bill of materials（材料报表）"对话框

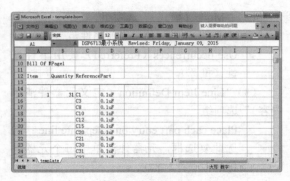

图 6-70　表格文件

6.8.3　交叉引用元器件报表

交互参考表显示元器件所在元器件库及元器件库路径等详细信息。

选择菜单栏中的"Tools（工具）"→"Cross reference parts（交叉引用元器件）"命令或单击"Capture"工具栏中的"Cross reference parts（交叉引用元器件）"按钮，弹出如图 6-71 所示的"Cross Reference Parts（交叉引用元器件）"对话框，设置交互参考表参数。

图 6-71　"Cross reference parts（交叉引用元器件）"对话框

下面介绍该对话框中的参数设置。

1.　"Scope（范围）"选项组

- Cross reference entire design：选择此单选钮，生成整个设计的交互参考表。
- Cross reference selection：选择此单选钮，生成所选部分电路图的交互参考表。

2.　"Mode（模式）"选项组

- Use instances：选择此单选钮，使用当前属性。
- Use occurrences（Preferred）：选择此单选钮，使用事件属性（推荐）。

3.　"Sorting（排序）"选项组

- Sort output by part value，then by reference designator：选择此单选钮，先报告 Value 后报告 reference，并按 value 排序。
- Sort output by reference designator，then by part value：选择此单选钮，先报告 reference 后报告 Value，并按 reference 排序。

4.　"Report（报告）"选项组

- Report the X and Y coordinates of all parts：选择此单选钮，报告器件的 x、y 坐标。
- Report unused parts in multiple part packages：选择此单选钮，报告一个封装里没有使用的器件。

单击 OK 按钮，即可生成交互参考表，在"Report Files（报告文件）"下选择"Save as XRF"或"Save as CSV"，分别将生成的报表文件保存为".xrf"或".csv"格式，如图 6-72、图 6-73 所示，系统分别产生".xrf"和".csv"两个文件，并加入到项目中。

图 6-72　".xrf"文件

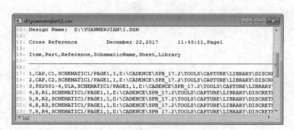

图 6-73　".csv"文件

6.8.4　属性参数文件

在 Capture 中用户还可以通过属性参数文件来更新元器件的属性参数，即将电路图中元器件属性参数输出到一个属性参数文件中，对该文件进行编辑修改后，再将其输入到电路图中，更新元器件属性参数。

1. 元器件属性参数的输出

在项目管理器中选择原理图文件，选择菜单栏中的"Tools（工具）"→"Export properties（输出属性）"命令，弹出如图 6-74 所示"Export properties（输出属性）"对话框。

图 6-74　"Export properties（输出属性）"对话框

2. 对话框中的参数设置

（1）"Scope（范围）"选项组。

- Export entire design or library：输出整个设计或库。
- Export selection：输出选择的设计或库。

（2）"Contents（内容）"选项组。

- Part Properties：输出元器件属性。
- Part and Pin Properties：输出元器件和管脚的属性。
- Flat Net Properties：输出 Flat 网络的属性。

（3）"Mode（模式）"选项组。

- Export Instance Properties：输出实体的属性。

- Export Occurrence Properties：输出事件的属性。

（4）Export File：设置输出文件的位置，单击 Browse... 按钮，在弹出的对话框中选择路径。

- 单击 OK 按钮，在项目管理器中生成属性文件"myproject.exp"，如图 6-75 所示。

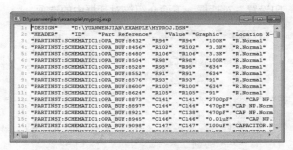

图 6-75　属性文件内容

3. 元器件属性参数文件的输入

在项目管理器中选择原理图文件，选择菜单栏中的"Tools（工具）"→"Import Properties（输入文件）"命令，弹出如图 6-76 所示的对话框。

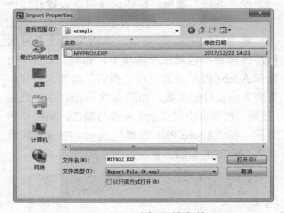

图 6-76　选择属性文件

选择 myproject.exp 文件，单击 打开(O) 按钮，输入属性文件。在原理图中显示经过修改的属性文件生成的改变。

6.9　打印输出

为方便原理图的浏览，经常需要将原理图打印到图纸上。Cadence 提供了直接将原理图打印输出的功能。

6.9.1 设置打印属性

在打印之前首先进行页面设置，同时，要确认一下打印机的相关设置是否适当。

选择菜单栏中的"File（文件）"→"Print Setup(打印设置)"命令，弹出如图6-77所示的"打印设置"对话框，下面介绍该对话框中的选项。

图6-77 "打印设置"对话框

- "打印机"选项：在该选项下设置打印机信息。
- "纸张"选项：在该选项组下设置打印所需纸张大小，包括大小及来源。

单击 属性(P)... 按钮，弹出页面设置对话框，该对话框包括三个选项卡：布局、纸张/质量和Adobe PDF 设置。在"布局"选项卡中显示页面方向及打印页数，如图6-78所示；在"纸张/质量"选项卡中设置纸张来源与颜色，如图6-79所示；在"Adobe PDF 设置"选项卡中显示转换成Adobe PDF 后的信息，如图6-80所示。

图6-78 "布局"选项卡

图6-79 "纸张/质量"选项卡

图6-80 "Adobe PDF 设置"选项卡

6.9.2 打印区域

若需要打印局部电路图，则需要提前选择打印区域，该命令必须在原理图编辑窗口中才能激活，选定特定区域后，直接执行打印命令则只打印选定部分。

（1）选择菜单栏中的"File（文件）"→"Print Area（打印区域）"→"Set（选择）"命令，在原理图中拖动出适当大小区域，将所需队形框选，在需要打印的对象外围显示黑色虚线框，如图6-81所示。

（2）完成打印区域的选择，若需重新选择打印区域，选择菜单栏中的"File（文件）"→"Print Area（打印区域）"→"Clear（清除）"命令，取消打印区域的选取。

注意

选择菜单栏中的"File（文件）"→"Print Preview（打印预览）"命令，弹出如图 6-81 所示的"Print Preview（打印预览）"对话框，单击 OK 按钮，显示原理图预览结果，如图 6-82 所示。

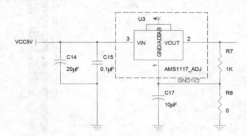

图 6-81　选择区域

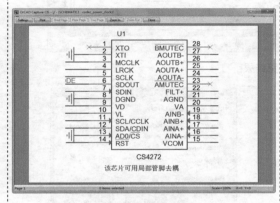

图 6-82　预览结果

6.9.3　打印预览

在打印设置完成后，为了保证打印效果，应先预览输出结果，减少成本浪费。

选择菜单栏中的"File（文件）"→"Print Preview（打印预览）"命令，弹出如图 6-83 所示的"Print Preview（打印预览）"对话框，打印预览，查看打印效果，如图 6-83 所示。

（1）Scale：设置打印比例。

1）Scale to paper size：Capture CIS 将电路图依照"Schematic Page Properties"对话框中的"Page Size"栏中设置的尺寸打印，数页电路图打印输出到 1 页打印纸上。

图 6-83　"打印设置"对话框

2）Scale to page size：Capture CIS 将电路图按照"Print"对话框中的"Paper size"栏中设置的尺寸打印，若"Paper size"选用的幅面尺寸大于设置的打印尺寸，则需要多张打印纸输出 1 幅。

3）Scaling：设置打印图的缩放比例。

（2）Print offsets：设置打印纸的偏移量。

偏移量是指打印出的电路图左上角与打印纸左上角之间的距离，若 1 幅电路图需要采用多张打印纸，则是指电路图与第 1 张打印纸左上角的距离。

（3）Print quality：以每 in 打印的点数（dpi：Dots Per Inch）表征，在打印质量下拉列表中有 100、200 和 300 供选用。300dpi 对应的打印质量最好。

（4）Copies：在该文本框中输入打印份数。

（5）Print to file：勾选此复选框，将打印图送至 .prn 文件中存储起来。

（6）Print all colors in black：勾选此复选框，强调采用黑白两色。

（7）Collate copies：勾选此复选框，设置按照页码的顺序打印。

单击 Setup... 按钮，弹出"打印设置"对话框，设置打印机相关参数，前面已经详细讲解，这里不再赘述。

单击 OK 按钮，显示原理图预览结果，如图 6-84 所示。

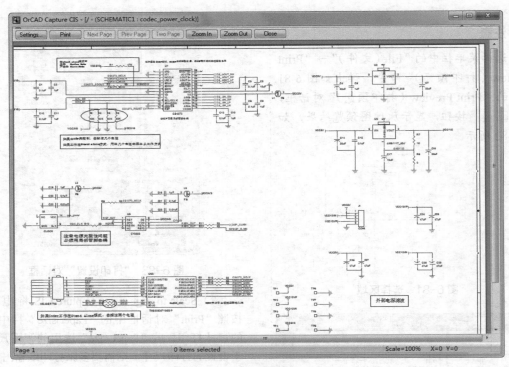

图 6-84　预览结果

6.9.4　打印

切换到项目管理器，选择要打印的某个绘图页文件夹或绘图页文件，选择菜单栏中的"File（文件）"→"Print（打印）"命令，弹出打印参数设置对话框，如图 6-85 所示。

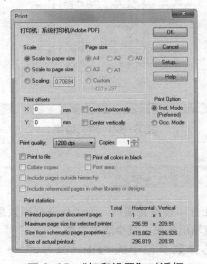

图 6-85　"打印设置"对话框

6.10　操作实例

本节在原理图绘制的基础上对原理图结果进行检查，通过对各种报表的分析达到检测原理图的目的。

6.10.1　模拟电路设计

本节将从实际操作的角度出发，绘制模拟电路。主要介绍原理

扫码看视频

图设计中经常遇到的一些知识点。包括查找元器件及其对应元器件库的载入和卸载、基本元器件的编辑、原理图的布局和布线，并生成表文件、打印预览原理图与文件。

1. 建立工作环境

（1）在 Cadence 主界面中，选择菜单栏中的"Files（文件）"→"New（新建）"→"Project（工程）"命令或单击"Capture"工具栏中的"Create Document（新建文件）"按钮，弹出如图 6-86 所示的"New Project（新建工程）"对话框，创建工程文件"Artificial Circuit.dsn"。在该工程文件夹下，默认创建图纸文件"SCHEMATIC1"，在该图纸子目录下自动创建原理图页 PAGE1。

图 6-86　"New Project（新建工程）"对话框

（2）选择图纸文件 SCHEMATIC1，选择菜单栏中的"Design（设计）"→"Rename（重命名）"命令，或单击右键选择快捷菜单中的"Rename（重命名）"命令，弹出"Rename Schematic（重命名原理图）"对话框，将原理图文件保存为"Artificial Circuit"。

（3）选择图纸页文件 PAGE1，选择菜单栏中的"Design（设计）"→"Rename（重命名）"命令，或单击右键选择快捷菜单中的"Rename（重命名）"命令，弹出"Rename Page（重命名图页）"对话框，保存图页文件名称为"Artificial Circuit"，完成原理图页文件的重命名，如图 6-87 所示。

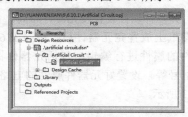

图 6-87　新建原理图文件

2. 设置图纸参数

选择菜单栏中的"Options（选项）"→"Design Template（设计向导）"命令，系统将弹出"Design Template（设计向导）"对话框，打开"Page Size（页面设置）"对话框，如图 6-88 所示。

在此对话框中对图纸参数进行设置。在"Units（单位）"栏选择单位为"Millimeters（公制）"，页面大小选择"A4"。单击"确定"按钮，完成图纸属性设置。

图 6-88　"Design Template（设计向导）"对话框

3. 元器件库管理

在知道元器件所在元器件库的情况下，通过"可用库"对话框加载该库。本实例中元器件在 CONNECTOR.OLB、DISCRETE.OLB 元器件库中。

在项目管理器窗口中，选择"Library"文件夹并单击右键，弹出快捷菜单，选择"Add File（添加文件）"命令，弹出"Add Files to Project Folder- Library"对话框，选择库文件路径"X:\Cadence\ SPB_17.2\tools\capture\library"，加载需要的元器件库。

单击 打开(0) 按钮，将选择的库文件加载到项目管理器窗口中的"Library"文件夹上，如图 6-89 所示。

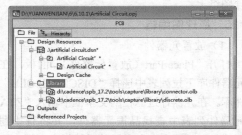

图 6-89　加载工程中需要的元器件库

下面对比两种元器件库的加载情况。

在"Place Part（放置元器件）"面板中加载元器件库相当于向系统中加载，成为系统中可用的库文件，加载后若不删除，则在绘制任何原理图的情况下，均可在面板中显示。

在项目管理器下"Library"文件夹中直接加载则只能在该项目文件中使用，用户为当前工程自行创建的库文件。重新创建的工程文件中不显示加载该元器件库。

4. 查找元器件

对不确定元器件库的情况可通过查找元器件来加载元器件库。本例中要放置"2N2222"元器件，此元器件不包含在上步加载的元器件库中，因此元器件库需要另行加载。

单击"Place Part（放置元器件）"面板中的"Search for Part（查找元器件）"按钮，显示搜索操作，在"Search For（搜索）"文本框中输入"*2n2222*"，单击"Part Search（搜索路径）"按钮，系统开始搜索，在"Library（库）"列表下显示符合搜索条件的元器件名、所属库文件，如图 6-90 所示。

选择需要的元器件库，单击 Add 按钮，在系统中加载该元器件所在的库文件 Transistor.olb，在"Part List（元器件列表）"列表框中显示该元器件库中的元器件，选择搜索的元器件"2N2222"，在面板中显示元器件符号的预览，如图 6-91 所示。

单击"Place Part（放置元器件）"按钮或双击元器件名称，将选择的芯片 2N2222 放置在原理图纸上。

5. 原理图编辑

（1）放置元器件。

打开"Place Part（放置元器件）"面板，在当前元器件库下拉列表中选择"DISCRETE.OLB"元器件库。在元器件过滤栏的文本框中输入"ZTA"，在元器件列表中查找晶振元器件，并将查找到的晶振放入原理图中；在元器件过滤栏文本框中输入

"diode"，并将查找所得二极管放入原理图中。

图 6-90　搜索库文件　　　图 6-91　加载库文件

选择"CONNECTOR.OLB"元器件库，在元器件过滤栏中的文本框中输入"Header16（16 针连接器）"，在元器件列表中查找 16 针连接器元器件，并将查找所得 16 针连接器放入原理图中；在元器件过滤栏的文本框中输入"Header20（20 针连接器）"，在元器件列表中查找 20 针连接器元器件，并将查找所得 20 针连接器放入原理图中。

依次放入其他元器件。其中，RESISTOR 7PACK（排阻）2 个，CAP（电容）1 个，Header 20（20 针连接器）1 个，放置元器件后的图纸如图 6-92 所示。

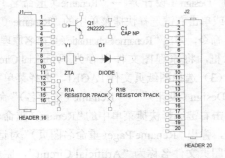

图 6-92　放置元器件后的图纸

（2）元器件属性设置及元器件布局。

在图纸上放置完元器件后，按照表 6-2 对每个元器件的属性进行编辑，包括元器件标识符、序号、型号等。设置好元器件属性的电路原理图如图 6-93 所示。

表 6-2 元器件属性

编号	注释 / 参数值
C1	1μF
R1A	RESISTOR 7PACK
R1B	RESISTOR 7PACK
Q1	2N2222
D1	Diode
Y1	ZTA

根据电路图合理地放置元器件，以达到美观地绘制电路原理图。设置好元器件属性后的电路原理图如图 6-93 所示。

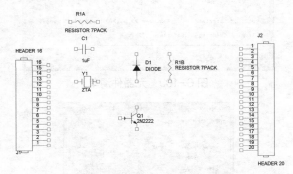

图 6-93 元器件布局后的电路原理图

6. 放置电源和接地符号

选择菜单栏中的"Place（放置）"→"Power（电源）"命令或单击"Draw（绘图）"工具栏中的"Place Power（放置电源）"按钮，弹出如图 6-94 所示的电源属性对话框；在原理图的合适位置放置电源。选择菜单栏中的"Place（放置）"→"Ground（接地）"命令或单击"Draw（绘图）"工具栏中的"Place Ground（放置接地）"按钮，放置接地符号，结果如图 6-95 所示。本例共需要两个接地。由于都是数字地，使用统一的符号表示即可，结果如图 6-96 所示。

7. 连接线路

布局好元器件后，下一步的工作就是连接线路。根据电路设计的要求，将各个元器件用导线连接起来。选择菜单栏中的"Place（放置）"→"Wire（导线）"命令或单击"Draw（绘图）"工具栏中的"Place Wire（放置导线）"按钮，完成元器件之间的电气连接。连接好的电路原理图如图 6-97 所示。

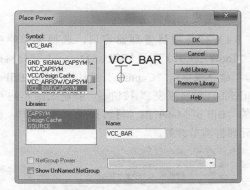

图 6-94 设置电源属性对话框

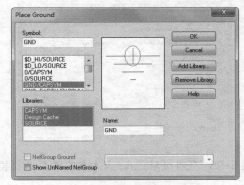

图 6-95 设置接地属性对话框

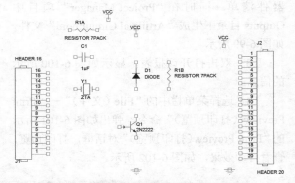

图 6-96 放置电源符号后的电路原理图

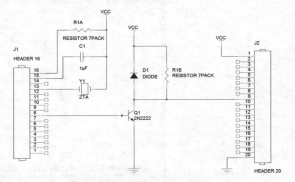

图 6-97 模拟电路原理图

8. 生成元器件清单

（1）打开项目管理器窗口，选择菜单栏中的"Tools（工具）"→"Bill of Materials（材料报表）"命令或单击"Capture"工具栏中的"Bill of Materials（材料报表）"按钮，弹出如图 6-98 所示的"Bill of Materials（材料报表）"对话框，设置元器件清单参数。

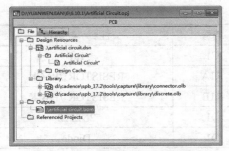

图 6-99　加载到项目管理器

图 6-98　"Bill of Materials（材料报表）"对话框

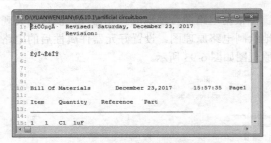

图 6-100　元器件清单

（2）单击 OK 按钮，即可创建完成元器件清单。同时在"Project Manager"项目中Outputs 目录下生成"Artificial Circuit.bom"文件，如图 6-99 所示。

（3）双击打开该报表，显示如图 6-100 所示的信息。

（4）选择菜单栏中的"File（文件）"→"Print Preview（打印预览）"命令，弹出如图 6-101 所示的"Print Preview（打印预览）"对话框，打印预览，查看打印效果，如图 6-102 所示。

图 6-101　打印设置对话框

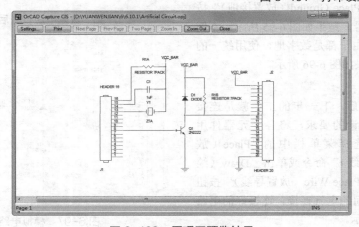

图 6-102　原理图预览结果

如检查无误，可连接打印机执行打印操作，这里不再赘述。

本例详细介绍了原理图如何加载元器件库。根据原理图所需在自带路径下加载对应元器件库。

6.10.2 晶体管电路图设计

本例设计的是一个基于单结型晶体管的一个简单而有趣的小电路图，生成所需的声音，也有选项来设定每个按钮产生预期的调整。

扫码看视频

1. 建立工作环境

（1）在 Cadence 主界面中，选择菜单栏中的"Files（文件）"→"New（新建）"→"Project（工程）"命令或单击"Capture"工具栏中的"Create Document（新建文件）"按钮，弹出如图 6-103 所示的"New Project（新建工程）"对话框，创建工程文件"Transistor.dsn"。在该工程文件夹下，默认创建图纸文件 SCHEMATIC1，在该图纸子目录下自动创建原理图页 PAGE1。

图 6-103 "New Project（新建工程）"对话框

（2）选择图纸文件 SCHEMATIC1，选择菜单栏中的"Design（设计）"→"Rename（重命名）"命令，或单击右键选择快捷菜单中的"Rename（重命名）"命令，弹出"Rename Schematic（重命名原理图）"对话框，将原理图文件保存为"Transistor"。

（3）选择图纸页文件 PAGE1，选择菜单栏中的"Design（设计）"→"Rename（重命名）"命令，或单击右键选择快捷菜单中的"Rename（重命名）"命令，弹出"Rename Page（重命名图页）"对话框，保存图页文件名称为"Transistor"，完成原理图页文件的重命名，如图 6-104 所示。

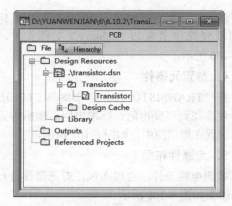

图 6-104 新建原理图文件

2. 设置图纸参数

选择菜单栏中的"Options（选项）"→"Design Template（设计向导）"命令，系统将弹出"Design Template（设计向导）"对话框，打开"Page Size（页面设置）"对话框，如图 6-105 所示。

图 6-105 "Design Template（设计向导）"对话框

在此对话框中对图纸参数进行设置。在"Units（单位）"栏选择单位为"Millimeters（公制）"，页面大小选择"A4"。单击"确定"按钮，完成图纸属性设置。

3. 元器件库管理

在知道元器件所在元器件库的情况下，通过"可用库"对话框加载该库。本实例中元器件在 CONNECTOR.OLB、DISCRETE.OLB 元器件库中。

在项目管理器窗口中，选择"Library"文件夹并单击右键，弹出快捷菜单，选择"Add File（添加文件）"命令，弹出"Add Files to Project Folder-Library"对话框，选择库文件路径"X:\Cadence\SPB_17.2\tools\capture\library"，加载需要的元器件库。

单击 **打开(0)** 按钮,将选择的库文件加载到项目管理器窗口"Library"文件夹上,如图 6-106 所示。

4. 放置元器件

在"TRANSISTOR.OLB、DISCRETE.OLB"元器件库找到可变电阻、标准电阻、喇叭等元器件,放置在原理图中,如图 6-107 所示。

5. 元器件布局

按照电路设计,合理布线,对元器件进行布局,结果如图 6-108 所示。

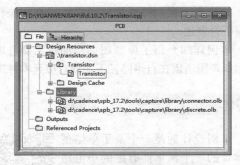

图 6-106　加载工程中需要的元器件库

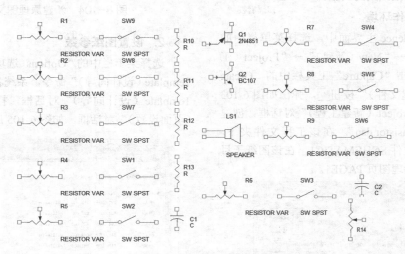

图 6-107　完成放置元器件

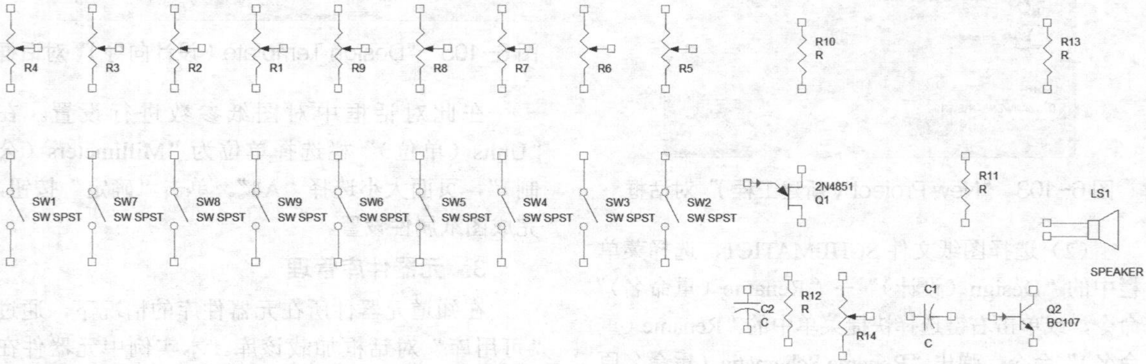

图 6-108　元器件布局

6. 设置元器件编号

在进行器件编号之前,元器件本身已经有了编号,如果对元器件编号不满意,需要将它们的编号全部变成"U?"或"R?"的状态,再进行重新编号。

选择菜单栏中的"Tools(工具)"→"Annotate(标注)"命令或单击"Capture"工具栏中的"Annotate(标注)"按钮 ,弹出如图 6-109 所示的"Annotate(标注)"对话框。

在"Scope(范围)"选项组下选择"Update

entire design（更新整个设计）"单选钮；在"Action（功能）"选项组下选择"Reset part reference to '?'（把所有的序号都变成？）"单选钮，其余参数选择默认。

图 6-109　"Annotate（标注）"对话框

单击 确定 按钮，完成编号设置，取消编号的原理图如图 6-110 所示。

选择菜单栏中的"Tools（工具）"→"Annotate（标注）"命令或单击"Capture"工具栏中的"Annotate（标注）"按钮，弹出如图 6-111 所示的"Annotate（标注）"对话框。

在"Scope（范围）"选项组下选择"Update entire design（更新整个设计）"单选钮；在"Action（功能）"选项组下选择"Unconditional reference update（无条件进行排序）"单选钮，其余参数选择默认。单击 确定 按钮，完成自动编号，结果如图 6-112 所示。

7. 元器件布线

对原理图进行布线，选择菜单栏中的"Place（放置）"→"Wire（导线）"命令或单击"Draw（绘图）"工具栏中的"Place Wire（放置导线）"按钮，完成元器件之间的电气连接，并对元器件属性进行编辑，连接好的电路原理图如图 6-113 所示。

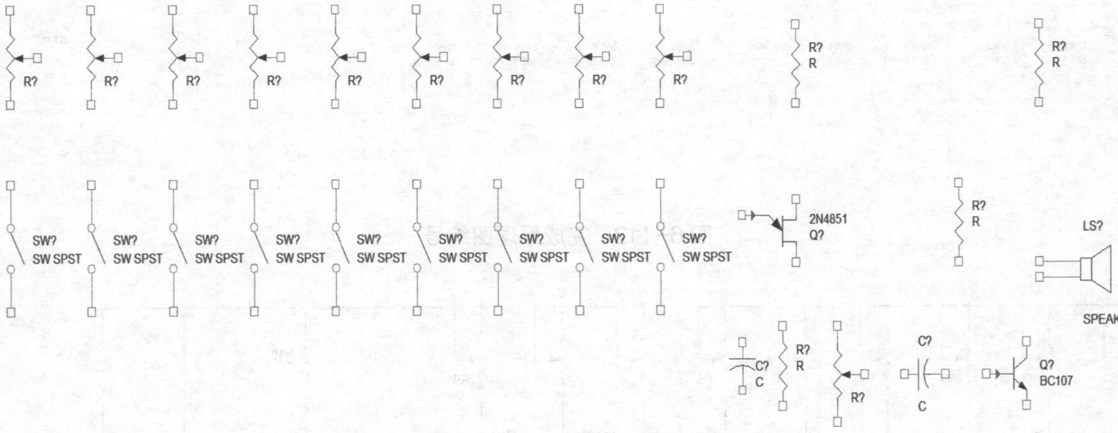

图 6-110　取消编号的原理图

8. 放置电源符号

选择菜单栏中的"Place（放置）"→"Power（电源）"命令或单击"Draw（绘图）"工具栏中的"Place power（放置电源）"按钮，弹出如图 6-114 所示的电源属性对话框，如图 6-115 所示；

在原理图的合适位置放置电源；选择菜单栏中的"Place（放置）"→"Ground（接地）"命令或单击"Draw（绘图）"工具栏中的"Place ground（放置接地）"按钮，放置接地符号，完成整个原理图的设计，如图 6-116 所示。

图 6-111 "Annotate（标注）"对话框

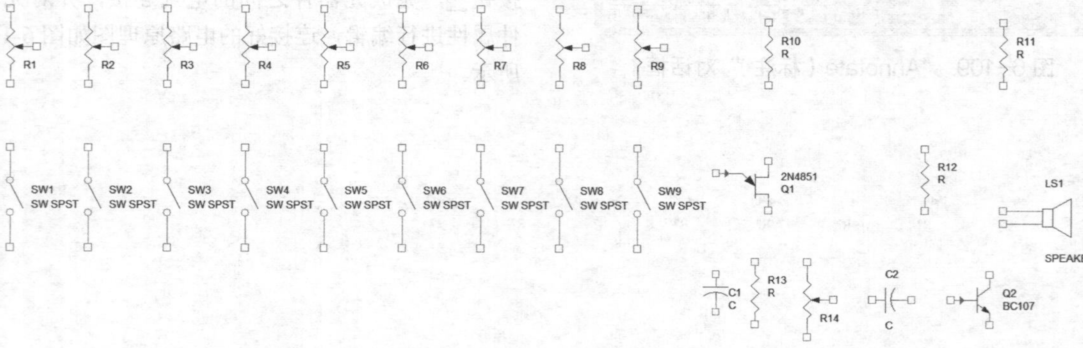

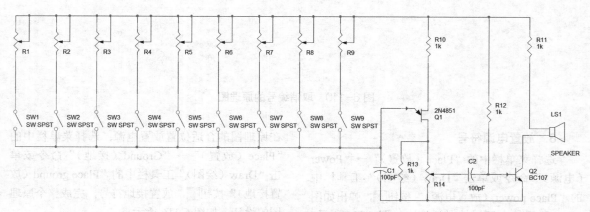

图 6-112 完成原理图编号

图 6-113 完成原理图布线

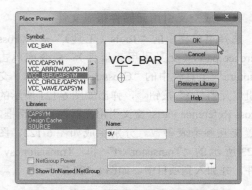

图 6-114　设置电源属性对话框

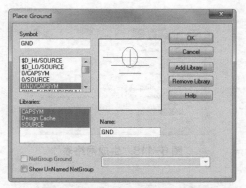

图 6-115　设置接地属性对话框

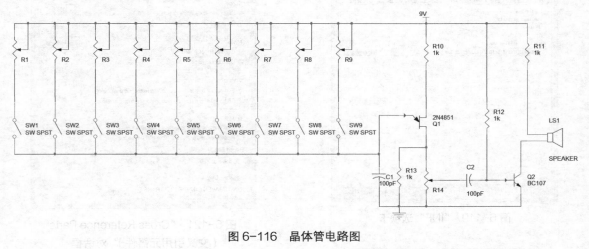

图 6-116　晶体管电路图

9. 生成网络表文件

选择菜单栏中的"Tools（工具）"→"Create Netlist（创建网络表）"命令或单击"Capture"工具栏中的"Create netlist（生成网络表）"按钮 ，弹出"Create Netlist（创建网络表）"对话框，打开"Layout（布局）"选项卡，选择默认设置，如图 6-117 所示。单击 确定 按钮，在项目管理器"Output"列表下自动加载后缀名为".MNL"的网络表，如图 6-118 所示。

选择菜单栏中的"Tools（工具）"→"Create Netlist（创建网络表）"命令或单击"Capture"工具栏中的"Create netlist（生成网络表）"按钮 ，弹出"Create Netlist（创建网络表）"对话框，打开"INF"选项卡，选择默认设置，如图 6-119 所示。单击 确定 按钮，在项目管理器"Outputs"列表下自动加载后缀名为".inf"的网

络表，如图 6-120 所示。

图 6-117　"Create Netlist（创建网络表）"对话框

图 6-118　生成网络表 1

图 6-119　"INF"选项卡

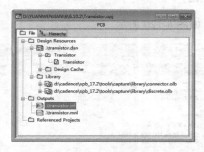

图 6-120　生成网络表 2

10. 成交叉引用元器件报表文件

选择菜单栏中的"Tools（工具）"→"Cross reference parts（交叉引用元器件）"命令或单击"Capture"工具栏中的"Cross reference parts（交叉引用元器件）"按钮，弹出如图 6-121 所示的"Cross Reference Parts（交叉引用元器件）"对话框，设置交互参考表参数。分别生成如图 6-122、图 6-123 所示的"Transistor.xrf"和"Transistor.csv"文件，并加入到项目中，如图 6-124 所示。

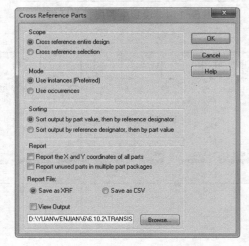

图 6-121　"Cross Reference Parts
（交叉引用元器件）"对话框

在本例中，着重介绍了一种快速的元器件编号方法。利用这种方法可以快速为原理图中的元器件进行编号。当电路图的规模较大时，使用这种方法对元器件进行编号，可以有效避免纰漏或重编的情况。

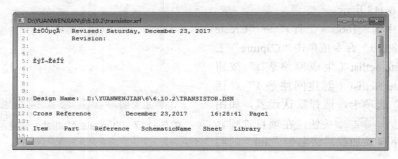

图 6-122　"Transistor.xrf"文件

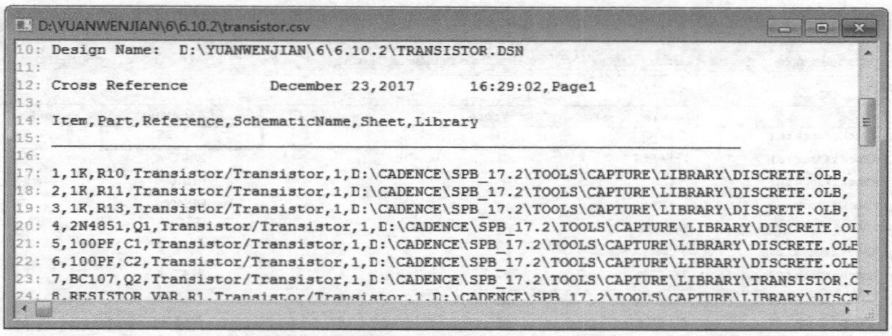

图 6-123 "Transistor.csv" 文件

图 6-124 加载报表文件

6.10.3 时钟电路设计

本例以实例的形式介绍如何利用正确的原理图创建完整无误的网络表，从而进行 PCB 设计。

（1）打开文件，选择菜单栏中的"File（文件）"→"Open（打开）"命令或单击"Capture"工具栏中的"Open Document（打开文件）"按钮，打开如图 6-125 所示的对话框，选择将要打开的文件"Clock.dsn"，将其打开。

扫码看视频

图 6-125 打开文件对话框

（2）添加 Footprint 属性。选择电路的所有模块，单击右键选择"Edit properties（编辑属性）"命令，在窗口下方选择打开"Parts（元器件）"选项卡，在弹出的对话框中"Filter by（过滤器）"下拉列表中选择"OrCAD-Capture"，如图 6-126 所示。选择属性"PCB Footprint"，在该列表框中输入元器件对应的封装名称，结果如图 6-127 所示。

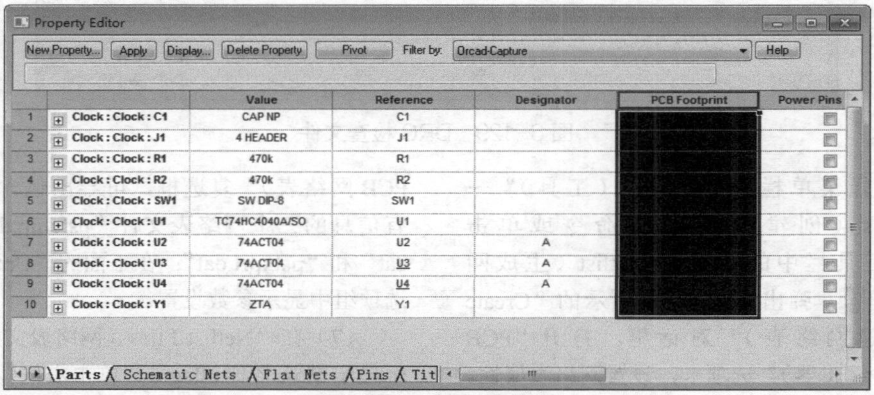

		Value	Reference	Designator	PCB Footprint	Power Pins
1	Clock : Clock : C1	CAP NP	C1			
2	Clock : Clock : J1	4 HEADER	J1			
3	Clock : Clock : R1	470k	R1			
4	Clock : Clock : R2	470k	R2			
5	Clock : Clock : SW1	SW DIP-8	SW1			
6	Clock : Clock : U1	TC74HC4040A/SO	U1			
7	Clock : Clock : U2	74ACT04	U2	A		
8	Clock : Clock : U3	74ACT04	U3	A		
9	Clock : Clock : U4	74ACT04	U4	A		
10	Clock : Clock : Y1	ZTA	Y1			

\Parts / Schematic Nets / Flat Nets / Pins / Tit

图 6-126 元器件属性编辑

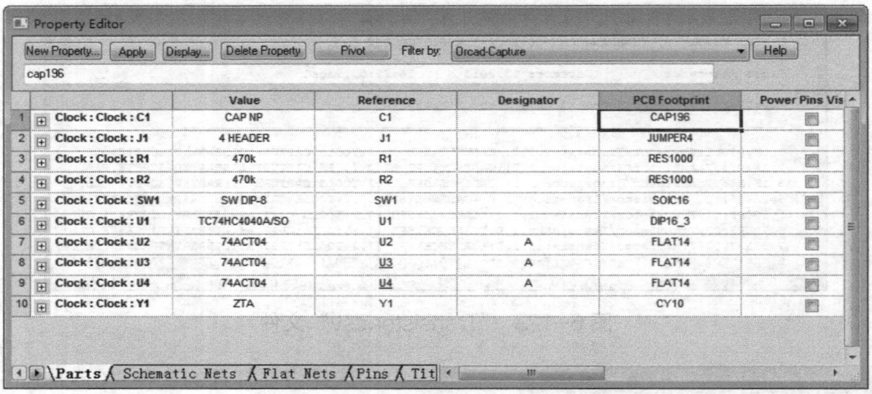

图 6-127 修改属性

（3）关闭属性管理器。打开项目管理器窗口，并将其置为当前，选择需要创建网络表的电路图文件"Clock.Dsn"。

（4）选择菜单栏中的"Tools（工具）"→"Design Rules Check（设计规则检查）"命令或单击"Capture"工具栏中的"Design rule check（设计规则检查）"按钮，打开"Design Rules Check（设计规则检查）"对话框，如图 6-128 所示，选择默认设置，单击 确定 按钮，开始进行设计规则检查，生成如图 6-129 所示的".drc"文件，显示检查结果，并自动加载到项目管理器"Output（输出）"文件夹下。

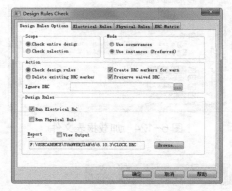

图 6-128 "Design Rules Check（设计规则检查）"对话框

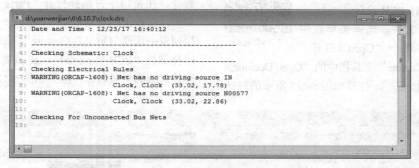

图 6-129 DRC 检查文件

（5）选择菜单栏中的"Tools（工具）"→"Create Netlist（创建网络表）"命令或单击"Capture"工具栏中的"Create Netlist（生成网络表）"按钮，弹出如图 6-130 所示的"Create Netlist（创建网络表）"对话框。打开"PCB Editor（PCB 编辑器）"选项卡，设置网络表属性。

（6）勾选"Create PCB Editor Netlist（创建

PCB 网络表）"复选框，可导出包含原理图中所有信息的三个网络表文件"pstchip.dat""pstxnet.dat"和"pstxprt.dat"；在下面的"Option（选项）"选项组中显示参数设置。

（7）在"Netlist Files（网络表文件）"文本框中显示默认名称 allegro，单击右侧按钮，弹出如图 6-131 所示的"Select Directory（选择路径）"

对话框。在该对话框中选择 **PST*.DAT** 文件的路径。

完成设置后，单击 确定 按钮，开始创建网络表，如图 6-132 所示。

图 6-130　"Create Netlist（创建网络表）"对话框

图 6-131　"Select Directory"对话框

图 6-132　"Progress"对话框

（8）该对话框自动关闭后，生成 3 个网络表文件"pstchip.dat""pstxnet.dat"和"pstxprt.dat"，如图 6-133 ~ 图 6-135 所示。网络表文件在项目管理器中 Output 文件下显示，如图 6-136 所示。

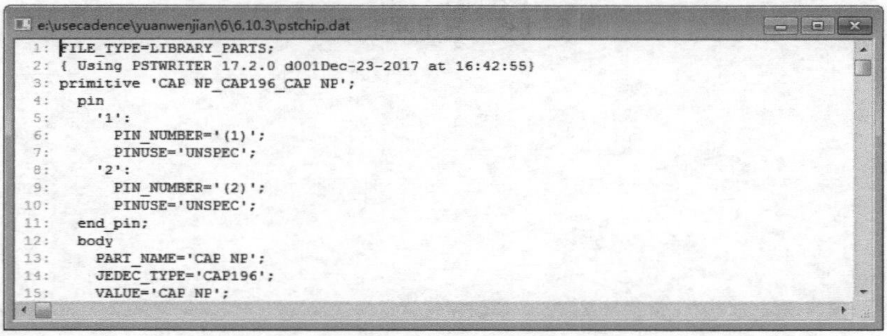

图 6-133　pstchip.dat 文件

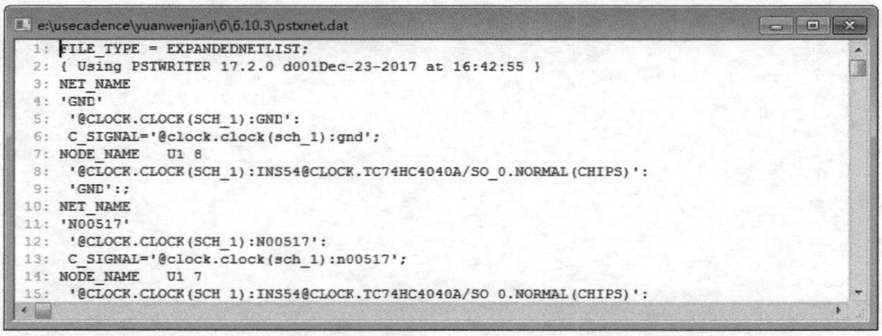

图 6-134　pstxnet.dat

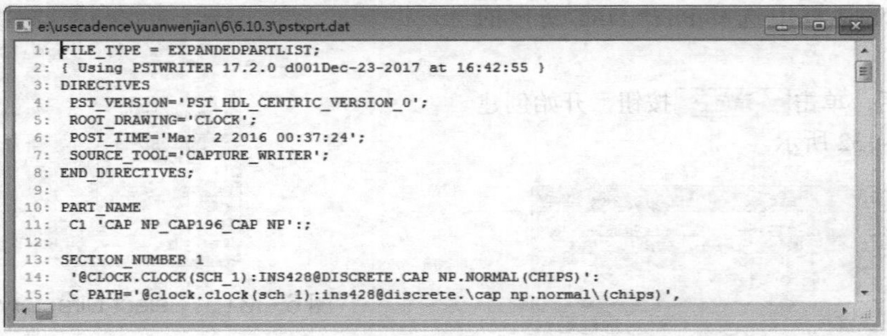

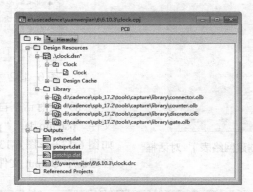

图 6-135　pstxprt.dat 文件

图 6-136　显示网络表文件

7Chapter

第 7 章
高级原理图设计

内容指南

前面学习了在一张图纸上绘制一般电路原理图的方法，这种方法只适应于规模较小、逻辑结构比较简单的系统电路设计。在进行电路图设计时，有时电路图在一张页面上是无法完成的，需要几页的图纸才能构成完整的电路图；还有些电路由于电路的结构复杂，在同一个层次上也无法完成，需要几个层次的电路图配合才可以。

因此，对于大规模的复杂系统，应该采用另外两种设计方法：平坦式和层次式。将整体系统按照功能分解成若干个电路模块，每个电路模块能够完成一定的独立功能，具有相对的独立性，可以由不同的设计者分别绘制在不同的原理图上。这样，电路结构清晰，同时也便于多人共同参与设计，加快工作进程。

☞**知识重点**

📖 平坦式电路
📖 层次式电路
📖 图纸的电气连接

7.1 高级原理图设计

如果电路规模过大，使得幅面最大的页面图纸也容纳不下整个电路设计，就必须采用特殊设计的平坦式或层次式电路结构。但是在以下几种情况下，即使电路的规模不是很大，完全可以放置在一页图纸上，也往往采用平坦式或层次式电路结构。

（1）将一个复杂的电路设计分为几个部分，分配给几个工程技术人员同时进行设计。

（2）按功能将电路设计分成几个部分，让具有不同特长的设计人员负责不同部分的设计。

（3）采用的打印输出设备不支持幅面过大的电路图页面。

目前自上而下的设计策略已成为电路和系统设计的主流，这种设计策略与层次式电路结构一致，因此相对复杂的电路和系统设计，大多采用层次式结构，使用平坦式电路结构的情况已相对减少。

7.2 平坦式电路

对于比较高级的电路，在设计时一般要采用平坦式和层次式电路结构。尤其是层次式电路结构，在电路和系统设计中得到广泛应用。

7.2.1 平坦式电路图特点

Flat Design 即平坦式设计，在电路规模较大时，将图纸按功能分成几部分，每部分绘制在一页图纸上，每张电路图之间的信号连接关系用"Off-Page Connector（页间连接符）"表示。

在 Capture 中平坦式电路图结构的特点如下。

（1）每页电路图上都有"Off-Page Connector（页间连接器）"，表示不同页面电路间的连接。不同电路上相同名称的"Off-Page Connector（页间连接器）"在电学上是相连的。

（2）平坦式电路之间不同页面都属于同一层次，相当于在 1 个电路图文件夹中。如图 7-1 所示，3 张电路图都位于 1 个文件夹下。

图 7-1 平坦式电路图结构

7.2.2 平坦式电路图结构

平坦式电路在空间结构上看是在同一个层次上的电路，只是整个电路在不同的电路图纸上，每张电路图之间是通过端口连接器连接起来的表示不同页面之间的电路连接。

7.3 层次式电路

层次式电路在空间结构上属于不同的空间层次的。在设计层次式电路时，一般先在一张图纸上用框图的形式设计总体结构，然后在另一张图纸上设计每个子电路框图代表的结构，直到最后一层电路图不包含子电路框图为止。

7.3.1 层次式电路图特点

Hierarchical Design 即层次式设计，将实际的总体电路进行模块划分，划分的原则是每个电路模块都应该有明确的功能特征和相对独立的结构，而且，还要有简单、统一的接口，便于模块彼此之间的连接。

基于上述的设计理念，层次电路原理图设计的具体实现方法有两种：一种是自上而下的层次原理图设计，另一种是自下而上的层次原理图设计。

（1）"层次式电路"以方块图来代替实际电路，目前在电路和系统设计中比较流行的"自上而下"设计方法，从根层开始看图，很容易看出整个电路的结构；如果要进一步了解内部结构，再看下一层。至于信号的连接，则是将电路方块图上的"电路层次图 I/O 端口"与内层电路图上相同名称的"电路图 I/O 端口"配对连接。

（2）对于层次式电路结构，首先在一张图纸上用框图的形式设计总体结构，然后在另外一张图纸上设计每个子电路框图代表的结构。在实际设计中，下一层次电路还可以包含有子电路框图，按层次关系将自电路框图逐级细分，直到最后一层完全为某一个子电路的具体电路图，不再含有子电路框图。

7.3.2　层次式电路图结构

层次式电路图的基本结构如图 7-2 所示。

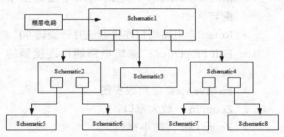

图 7-2　层次式电路结构图

在图 7-2 中，每个区域就是已给电路图系（标志为 Schematic 而不是 Page），每个区域相当于一个数据夹，其中可以只放一张电路图，也可以是几张电路图所拼接而成的平坦式电路图。

7.3.3　层次式电路图分类

电路图按结构不同可以分为简单层次式电路结构和复合层次式电路结构。

（1）简单层次式电路

层次式电路中不同层次子电路框图内部包含的各种子电路框图或具体子电路没有相同的，分别用不同层次的电路表示，则称为简单层次式电路，图 7-2 所示即为简单层次式电路，不同层次的电路只被一个框图"调用"。

（2）复合层次式电路

层次式电路设计中某些层次含有相同的子电路框图或具体电路，则称为复合层次式电路。对这些相同框图所代表的电路，只需绘制一次后，便可再多次调用，如图 7-3 所示。

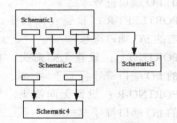

图 7-3　复合层次式电路

7.4　图纸的电气连接

原理图的高级连接不管是平坦式连接还是层次式连接，都包含多张原理图页，图纸间的电气连接使用输入输出端口与页间连接符，下面介绍这两种连接方式的使用方法。

7.4.1　放置电路端口

通过上面的学习可知，在设计原理图时，两点之间的电气连接，可以直接使用导线连接，也可以通过设置相同的网络标签来完成。还有一种方法，即使用电路的输入输出端口，能同样实现两点之间（一般是两个电路之间）的电气连接。相同名称的输入输出端口在电气关系上是连接在一起的，一般情况下在一张图纸中是不使用端口连接的，层次电路原理图的绘制过程中常用到这种电气连接方式。

放置输入输出端口的具体步骤如下。

1. 选择菜单栏中的"Place（放置）"→"Hierarchical Port（电路端口）"命令或单击"Draw（绘图）"工具栏中的"Place Port（放置电路端口）"按钮◇，激活命令。

2. 弹出"Place Hierarchical Port（输入输出端口属性设置）"对话框，如图 7-4 所示。在该对话框中可以选择不同类型的层次端口。

3. 下面介绍对话框中显示 CPSYM 库中的 I/O 端口类型。

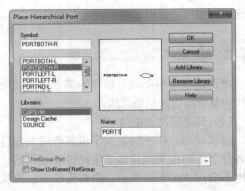

图 7-4　输入输出端口属性设置

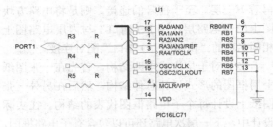

图 7-5　放置输入输出端口

- PORTHBOTH-L：设置双向箭头、节点在左的 I/O 端口符号 。
- PORTHBOTH-R：设置双向箭头、节点在右的 I/O 端口符号 PORTBOTH-R 。
- PORTLEFT-L：设置左向箭头、节点在左的 I/O 端口符号 PORTLEFT-L 。
- PORTLEFT-R：设置左向箭头、节点在右的 I/O 端口符号 PORTLEFT-R 。
- PORTNO-L：设置无向箭头、节点在左的 I/O 端口符号 PORTNO-L 。
- PORTNO-R：设置无向箭头、节点在右的 I/O 端口符号 PORTNO-R 。
- PORTHRIGHT-L：设置右向箭头、节点在左的 I/O 端口符号 PORTRIGHT-L 。
- PORTHRIGHT-R：设置右向箭头、节点在右的 I/O 端口符号 PORTRIGHT-R 。

4．在"Libraries（库）"列表库中显示已加载的元器件库，在"Symbol（符号）"列表框中显示所选元器件库中包含的端口符号，在"Name（名称）"文本框中编辑端口名称，在右侧显示端口符号缩略图。

5．单击 Add Library... 按钮，弹出如图 7-4 所示的"Browser Files（文件搜索）"对话框，选择要添加的库文件。

单击 Remove Library 按钮，删除"Libraries（库）"列表库中加载的元器件库。

6．单击 OK 按钮，退出对话框，鼠标指针上显示浮动的端口符号，移动鼠标指针到需要放置端口的地方，单击鼠标左键即可完成放置，如图 7-5 所示。此时鼠标指针仍处于放置端口的状态，重复操作即可放置其他的端口符号。

7．选择电路图端口，单击右键弹出如图 7-6 所示的快捷菜单，下面简单介绍部分常用的菜单命令。

- Mirror Horizontally：电路端口连接器左右翻转。
- Mirror Vertically：电路端口连接器上下翻转。
- Rotate：电路端口连接器逆时针旋转 90°。
- Edit Properties：编辑电路端口连接器的属性。
- Fisheye view：鱼眼视图。
- Zoom In：放大窗口。
- Zoom Out：缩小窗口。
- Go to…：跳转到指定位置。
- Cut：剪切端口连接器。
- Copy：复制端口连接器。
- Delete：删除端口连接器。

8．端口名称的编辑还可采用元器件参数编辑的方法，在原理图中双击端口名称，弹出如图 7-7 所示的"Display Properties（显示属性）"对话框，在该对话框中修改端口名称。

图 7-6　快捷菜单　　图 7-7　"Display Properties（显示属性）"对话框

7.4.2 放置页间连接符

在原理图设计中添加页间连接符，用于 Page1 与 Page2 间的电气连接。在上下两页连接的端口处放置页间连接符，平坦式电路页与页之间完成了电气连接。

在使用页间连接符时，这些电路图页必须在同一个电路文件夹下，且分页端口连接器要有相同的名字，才能保证电路图页的电路连接的名字，也不会在电路上进行连接。

放置页间连接符的具体步骤如下。

1. 选择菜单栏中的"Place（放置）"→"Off-Page Connector（页间连接符）"命令或单击"Draw（绘图）"工具栏中的"Place Off-Page Connector（放置页间连接符）"按钮 ，弹出如图 7-8 所示的"Place Off-Page Connector（放置页间连接符）"对话框。

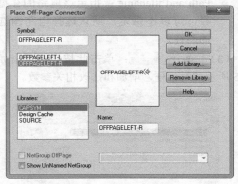

图 7-8 "Place Off-Page Connector（放置页间连接符）"对话框

2. 在该对话框中显示 CPSYM 库中的类型。

- OFFPAGELEF-L：设置采用双向箭头、节点在左的页间连接符，≪OFFPAGELEFT-L。
- OFFPAGELEF-R：设置采用双向箭头、节点在右的页间连接符，OFFPAGELEFT-R≫。

3. 在"Libraries（库）"列表框中显示已加载的元器件库，在"Symbol（符号）"列表框中显示所选元器件库中包含的电源、接地符号，在"Name（名称）"文本框中编辑页间连接符名称，在右侧显示页间连接符缩略图。

- 单击 Add Library... 按钮，弹出"Browser Files（文件 搜索）"对话框，选择要添加的库文件。

- 单击 Remove Library 按钮，删除"Libraries（库）"列表框中加载的元器件库。

- 单击 OK 按钮，退出对话框，在鼠标指针上显示浮动的页间连接符，移动鼠标指针到需要放置页间连接符的地方，单击鼠标左键即可完成放置，如图 7-9 所示。此时鼠标指针仍处于放置页间连接符的状态，重复操作即可放置其他的页间连接符。

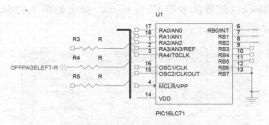

图 7-9 放置页间连接符

4. 同样在另一个页面，该网络的另一端也放置同名的页间连接符，在两个原理图页面建立了电气连接，两个页面内都放置后如图 7-10 所示。

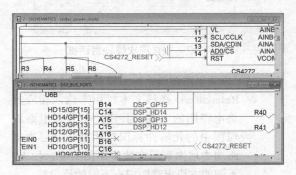

图 7-10 不同图页间放置同名页间连接符

5. 双击页间连接符，弹出如图 7-11 所示的"Edit off-Page Connector（编辑页间连接符）"对话框，在"Name（名称）"文本框中输入需要修改的页间连接符名称，如图 7-11 所示。

图 7-11 "Edit off-Page Connector（编辑页间连接符）"对话框

7.4.3 放置图表符

放置的图表符并没有具体的意义，只是层次电路的转接枢纽，需要进一步进行设置，包括其标识符、所表示的子原理图文件，以及一些相关的参数等。

（1）放置图表符的具体步骤如下。

选择菜单栏中的"Place（放置）"→"Hierarchical Block（图表符）"命令，或单击"Draw（绘图）"工具栏中的"Place Hierarchical Block（放置图表符）"按钮，弹出如图7-12所示的对话框。

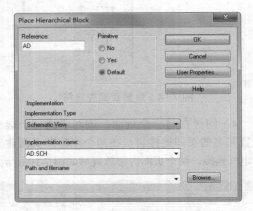

图7-12 放置层次模块对话框

（2）方块电路图属性的主要参数如下。

- Reference：在该文本栏用来输入相应方块电路图的名称，其作用与普通电路原理图中的元器件标识符相似，是层次电路图中用来表示方块电路图的唯一标志，不同的方块电路图应有不同的标识符。
- Implementation Type：该电路图所连接的内层电路图类型，其下拉菜单中一共有8项，如图7-13所示。选择除"None"外的其余选项后，激活文本框命令，如图7-14所示。其下拉菜单说明如下。

图7-13 Implementation Type 菜单选项

<none>：不附加任何工具参数。

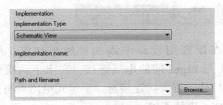

图7-14 激活文本框命令

Schematic View：与电路图连接。
VHDL：与 VHDL 硬件描述语言文件连接。
EDIF：与 EDIF 格式的网络表连接。
Project：与可编辑逻辑设计项目连接。
PSpice Model：与 PSpice 模型连接。
PSpice Stimulus：与 PSpice 仿真连接。
Verilog：与 Verilog 硬件描述语言文件连接。

- Implementation name：该文本栏用来输入该方块电路图所代表的下层子原理图的文件名。
- Path and filename：指定该电路的存盘路径，可以不指定，默认选择电路图选择的路径。

（3）User Properties：单击此按钮，弹出如图7-15所示的对话框，增加和修改相关参数。

图7-15 用户属性参数设置

单击 OK 按钮，关闭对话框。

（4）此时，鼠标指针变成了十字形，移动鼠标指针到需要放置方块电路图的地方，单击鼠标左键确定方块电路图的一个顶点，如图7-16所示，移动鼠标指针到合适的位置再次单击鼠标确定其对角顶点，即可完成方块电路图的放置，设置完属性的图表符如图7-17所示。

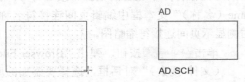

图7-16 放置图表符　图7-17 设置完成的图表符

7.4.4 放置图纸入口

（1）选中图表符，选择菜单栏中的"Place（放置）"→"Hierarchical Pin（图纸入口）"命令，或者单击"Draw（绘图）"工具栏中的"Place H Pin（放置图纸入口）"按钮，添加层次端口，弹出如图 7-18 所示的对话框。

图 7-18 电路端口属性设置对话框

（2）方块电路图属性的主要参数如下。

- **Type**：类型下拉列表，包含 8 种端口类型，这是电路端口最重要的属性，如图 7-19 所示。

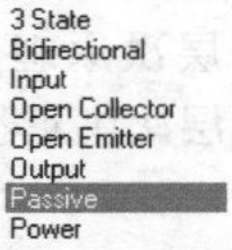

图 7-19 类型下拉列表

- **Name**：输入电路端口的名称，与层次原理图子图中的端口名称对应，只有这样才能完成层次原理图的电气连接。
- **Width**：设置管脚类型，有两个选项，包括 Scalar（普通）和 Bus（总线）。
- ：单击此按钮，弹出如图 7-20 所示的对话框，增加和修改相关参数。

图 7-20 用户属性参数设置

属性设置完毕后，单击 OK 按钮，关闭设置对话框。

（3）此时，在工作区出现一个随着鼠标指针移动的图纸入口，附着图纸入口的鼠标指针只能在方块电路图内部移动，选择要放置的位置，单击左键，管脚放在图表符的矩形框里，如图 7-21 所示。

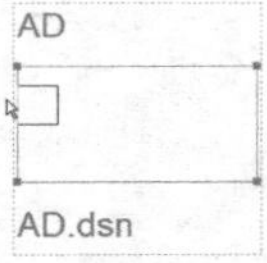

图 7-21 移动图纸入口

（4）此时，鼠标指针仍处于放置图纸入口的状态，重复步骤 3 的操作即可放置其他的图纸入口，如图 7-22 所示。完成放置后，单击鼠标右键或按"Esc"键便可退出操作，结果如图 7-23 所示。

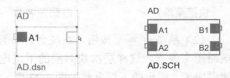

图 7-22 继续放置图纸入口　　图 7-23 图纸入口

7.5 层次电路的设计方法

层次电路的设计方法按照设计顺序可分为自上而下和自下而上，本节详细讲述这两种设计方法。

7.5.1 自上而下的层次原理图设计

采用自上而下的层次电路的设计方法，首先创建顶层图，在顶层添加图表符代表每个模块，再将这些层次块代表的模块转换成子原理图，完成每个模块代表的下一层原理图并保存。这些原理图应该与上一层那些模块有同样的名字，这些名称应该确保能将原理图和模块链接起来。

自上而下的层次电路主要还是以一般原理图绘图方法进行设计，主要采用特有的转换命令，下面详细介绍该命令。

（1）选中如图 7-24 所示的层次块，单击鼠标右键，弹出快捷菜单，如图 7-25 所示，选择"Descend Hierarchy（生成下层电路层）"命令，弹出如图 7-26 所示对话框，在弹出的对话框中可以修改创建电路图文件夹的名称，在"Name（名称）"栏输入"AD"。

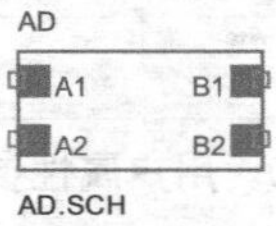

图 7-24　在原理图中选择层次块

图 7-25　层次块
　　　　　快捷菜单

图 7-26　修改下层
　　　　　电路图名称

（2）单击 OK 按钮，系统会自动创建一个电路图文件夹，这样层次块对应的下层电路就创建完成了，弹出的下层电路如图 7-27 所示。

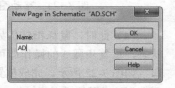

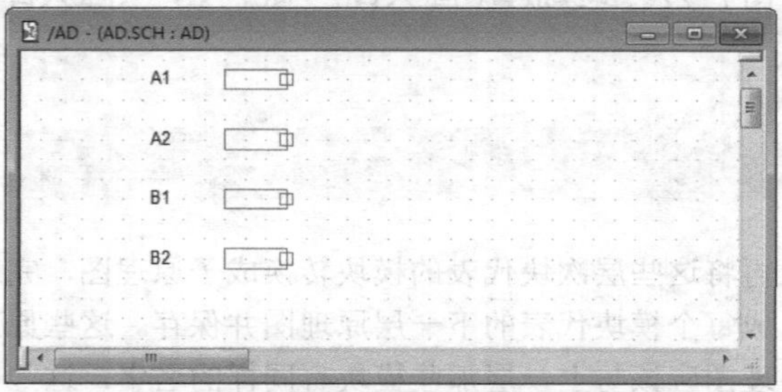

图 7-27　AD 层次块对应的下层电路

（3）同时，在项目管理器中自动创建一个新的原理图文件夹 AD.SCH，在该文件夹下显示创建的子原理图 AD，如图 7-28 所示。

图 7-28　项目管理器窗口

按照一般绘图的方法绘制子原理图，同样的方法绘制其余模块。这样，就完成了自上而下绘制层次电路的设计。

7.5.2　自下而上的层次原理图设计

所谓自下而上的层次电路设计方法，就是先根据各个电路模块的功能，首先创建低层次的原理图，将低层次电路图转换成层次电路特有的层次块元器件，然后利用该层次块元器件创建高层次的原理图，最后完成高层次原理图的绘制。

自下而上绘制层次原理图的方法主要依靠 Generate Part（生成层次块元器件）命令，具体步骤如下。

（1）先绘制完成需要转换模块的子原理图，打开项目管理器窗口，选择菜单栏中的"Tools（工具）"→"Generate Part（生成图表符元器件）"命令，弹出如图 7-29 所示的"Generate Part（生成图表符元器件）"对话框，设置要生成的层次块元器件参数。

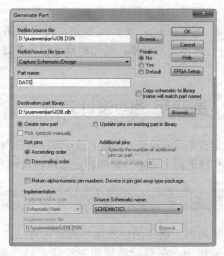

图 7-29　"Generate Part（生成图表符元器件）"对话框

（2）单击"Netlist/source file（资源文件）"选项右侧的 Browse... 按钮，选择当前项目文件，在"Part name（元器件名称）"文本框中输入层次块名称，其余选项选择默认，单击 OK 按钮，弹出如图 7-30 所示的对话框，设置层次块元器件的管脚信息。

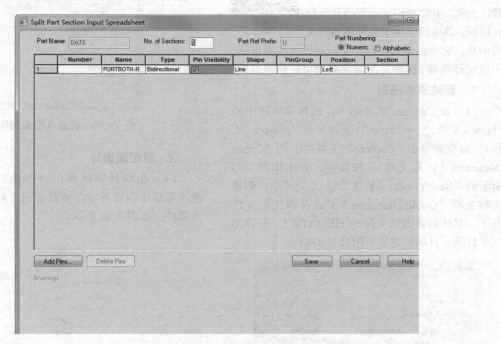

图 7-30　"Split Part Section Input Spreadsheet（拆分零件输入电子表格）"对话框

单击 Save 按钮，关闭对话框，完成子原理图到层次块的转换。

（3）在"Place Part（放置元器件）"面板→"Library（库）"选项组下显示系统自动加载的转换的层次块元器件 DATE，并保存在与当前项目文件名称同名的元器件库中，如图 7-31 所示。

（4）将该层次块放置到原理图中，结果如图 7-32 所示。

按照同样的方法设置其余子原理图，将生成的层次块元器件放置到顶层原理图中，完成顶层原理图的绘制，这样就完成了自下而上绘制层次电路的设计。

图 7-31　"Place Part
（放置元器件）"面板

图 7-32　放置层次块
元器件

7.6　操作实例

下面以实例的方法详细讲述高级原理图的绘制方法，分别讲述平坦电路的设计方法、自上而下绘制层次电路的设计方法及自下而上绘制层次电路的设计方法，教会读者设计高级原理图。

7.6.1 过零调功电路

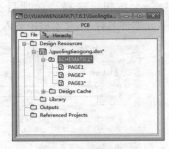
扫码看视频

下面以"过零调功电路"电路设计为例，介绍平坦式电路的具体设计过程。该电路适用于各种电热器具的调功。它是由电源电路、交流电过零检测电路、十进制计数器/脉冲分配器及双向可控硅等组成。

1. 新建原理图页

（1）在 Cadence 主界面中，选择菜单栏中的"Files（文件）"→"New"（新建）→"Project（工程）"命令或单击"Capture"工具栏中的"Create Document（新建文件）"按钮，弹出如图 7-33 所示的"New Project（新建工程）"对话框，创建工程文件"Guolingtiaogong.dsn"。在该工程文件夹下，默认创建图纸文件 SCHEMATIC1，在该图纸子目录下自动创建原理图页 PAGE1。

图 7-33 "New Project（新建工程）"对话框

（2）在项目管理器中选择"SCHEMATIC1"，单击鼠标右键弹出快捷菜单，选择"New Page（新建图页）"命令，弹出如图 7-34 所示的对话框，在"Name（名称）"文本框中显示新建的名称 PAGE2，单击 OK 按钮，完成第 2 页原理图的创建。

图 7-34 新建页名称修改对话框

用同样的方法创建第 3 页原理图 PAGE3，最终项目管理器显示如图 7-35 所示。

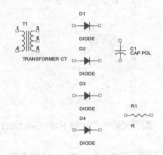

图 7-35 新建 3 页原理图

2. 原理图设计

（1）在项目管理器中双击图页"PAGE1"，进入原理图编辑环境，按照前面讲解的方法摆放元器件，如图 7-36 所示。

图 7-36 新建页上摆放元器件

（2）选择菜单栏中的"Place（放置）"→"Off-Page Connector（页间连接符）"命令或单击"Draw（绘图）"工具栏中的"Place off-page connector（放置页间连接符）"按钮，弹出如图 7-37 所示的"Place Off-Page Connector（放置页间连接符）"对话框，在"Name（名称）"文本框中输入新建页的名称 COUNTER_P1。

图 7-37 "Place Off-Page Connector（放置页间连接符）"对话框

（3）单击 OK 按钮，退出对话框，放置页间连接符，此时鼠标指针仍处于放置页间连接符的状态，可继续放置页间连接符 SOURCE_P2，结果如图 7-38 所示。

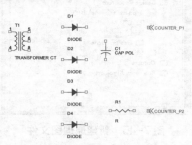

图 7-38　在 PAGE1 布局

（4）打开 PAGE2，在该图页放置元器件与页间连接符 COURCE_P1、COURCE_P2、COUNTER_S1 和 COUNTER_S2，如图 7-39 所示。

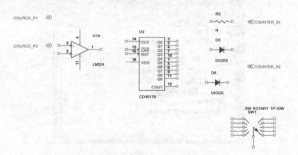

图 7-39　在 PAGE2 页布局

（5）打开页面 PAGE3，放置元器件与页间连接符 COUNTER_S1、COUNTER_S2，如图 7-40 所示。

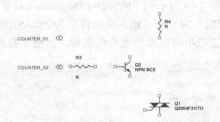

图 7-40　在 PAGE3 页布局

3. 电气连接

在两个原理图页面间建立同名的页间连接符的电气连接。

（1）选择菜单栏中的"Place（放置）"→"Wire（导线）"命令或单击"Draw（绘图）"工具栏中

的"Place Wire（放置导线）"按钮，完成元器件之间的电气连接。

（2）选择菜单栏中的"Place（放置）"→"Power（电源）"命令或单击"Draw（绘图）"工具栏中的"Place Power（放置电源）"按钮，放置接地符号，连接好的 3 页电路原理图分别如图 7-41、图 7-42、图 7-43 所示。

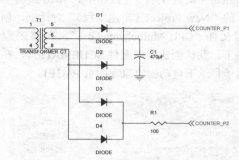

图 7-41　完成 PAGE1 设计

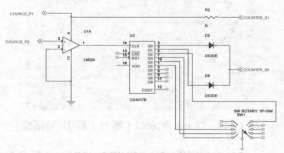

图 7-42　完成 PAGE2 设计

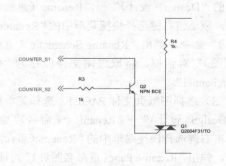

图 7-43　完成 PAGE3 设计

7.6.2　自上而下绘制单片机多通道电路

下面以"单片机多通道电路"电路设计为例，介绍自上而下层次电路的具体设计过程。将其分解成层次化原理图。先绘制上层电路图。分为单

扫码看视频

片机、逻辑电路和外围电路接口3个部分。要注意每个部分都有若干I/O接口。然后绘制下层电路图。

1. 新建原理图页

（1）在 Cadence 主界面中，选择菜单栏中的"Files（文件）"→"New"（新建）→"Project（工程）"命令或单击"Capture"工具栏中的"Create document（新建文件）"按钮，弹出如图 7-44 所示的"New Project（新建工程）"对话框，创建工程文件"CPU Multichannel.dsn"。在该工程文件夹下，默认创建图纸文件 SCHEMATIC1，在该图纸子目录下自动创建原理图页 PAGE1。

图 7-44 "New Project（新建工程）"对话框

（2）选择图纸文件 SCHEMATIC1，选择菜单栏中的"Design（设计）"→"Rename（重命名）"命令，或单击右键选择快捷菜单中的"Rename（重命名）"命令，弹出"Rename Schematic（重命名原理图）"对话框，将原理图文件保存为"CPU Multichannel"。

（3）选择图纸页文件 PAGE1，选择菜单栏中的"Design（设计）"→"Rename（重命名）"命令，或单击右键选择快捷菜单中的"Rename（重命名）"命令，弹出"Rename Page（重命名图页）"对话框，保存图页文件名称为"CPU"，完成原理图页文件的重命名，如图 7-45 所示。

2. 绘制 Z80ASIO0 的原理图符号

SH868 为 CMOS 元器件，在 Cadence 所带的元器件库中找不到它的原理图符号，所以需要自己绘制一个 SH868 的原理图符号。

（1）新建一个原理图元器件库。选择菜单栏中的"Files（文件）"→"New（新建）"→"Library

（库）"命令，空白元器件库被自动加入到工程中。

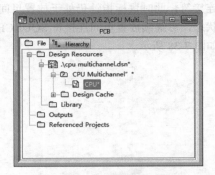

图 7-45 新建原理图文件

选择菜单栏中的"Files（文件）"→"Save As（保存为）"命令，将新建的原理图库文件保存为"CPU.olb"，如图 7-46 所示。

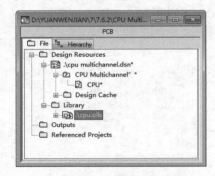

图 7-46 新建库文件

选择菜单栏中的"Design（设计）"→"New Part（新建元器件）"命令或单击右键在弹出的快捷菜单中选择"New Part（新建元器件）"命令，弹出如图 7-46 所示的"New Part Properties（新建元器件属性）"对话框，输入元器件名为 Z80ASIO0，在该对话框中可以添加元器件名称，如图 7-47 所示。

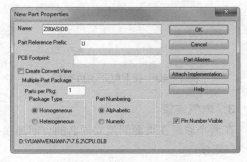

图 7-47 "New Part Properties（新建元器件属性）"对话框

单击 [　OK　] 按钮，关闭对话框，进入元器件编辑环境。

（2）绘制元器件外框。首先适当调整虚线框，适当调大，选择菜单栏中的"Place（放置）"→"Rectangle（矩形）"命令或单击"Draw（绘图）"工具栏中的"Place rectangle（放置矩形）"按钮，沿虚线边界线绘制矩形，如图7-48所示。

图 7-48　绘制元器件外形

（3）放置管脚。选择菜单栏中的"Place（放置）"→"Pin Array（阵列管脚）"命令，弹出如图7-49所示的"Place Pin Array（放置阵列管脚）"对话框，输入要放置的管脚个数为20。

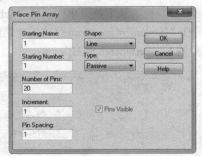

图 7-49　"Place Pin Array（放置阵列管脚）"对话框

单击 [　OK　] 按钮，选择默认设置。将该管脚放置到图纸左侧，结果如图7-50所示。用同样的方法将另外20个管脚放置到矩形右侧，结果如图7-51所示。

选择所有管脚，单击鼠标右键选择"Edit Properties（编辑属性）"命令，弹出"Browse Spreadsheet（搜索数据表）"对话框，设置管脚属性，管脚1属性设置结果，如图7-52所示，用同样的方法设置其余管脚，最后得到如图7-53所示的元器件符号图。

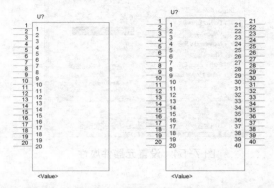

图 7-50　放置管脚　　图 7-51　所有管脚放置完成

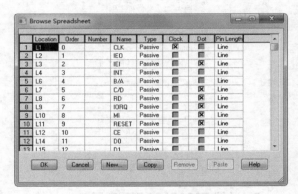

图 7-52　设置管脚属性

图 7-53　所有管脚放置完成

（4）编辑元器件参数。在工作区双击"Value"，弹出"Display Properties"（显示属性）对话框，将元器件的注释设置为Z80ASIO0，如图7-54所示。

（5）单击 [　OK　] 按钮，完成元器件属性设置，Z80ASIO0 元器件设计完成，如图 7-55 所示。

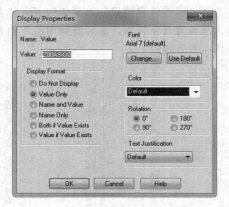

图 7-54　设置元器件属性

图 7-55　编辑元器件结果

3. 放置 Z80ASIO0 到原理图

打开"Place Part（放置元器件）"面板，在当前元器件库名称栏中选择新建的"CPU.olb"，在元器件列表中选择 Z80ASIO0 原理图符号，如图 7-56 所示。将其放置到原理图纸上，如图 7-56 所示。

图 7-56　选择元器件

4. 放置层次块

（1）选择菜单栏中的"Place（放置）"→"Hierarchical Block（图表符）"命令，弹出如图 7-57 所示的对话框，在"Reference（参考）"文本框中输入"Logic"，下面的"Implementation Type（内层电路类型）"栏中从下拉菜单中选择"Schematic View"，在"Implementation name（内层电路图名）"文本框中输入"Logic.SCH"。

图 7-57　放置图表符对话框

单击 OK 按钮，关闭对话框，放置图表符 Logic。

（2）选择菜单栏中的"Place（放置）"→"Hierarchical Block（图表符）"命令，弹出如图 7-58 所示的对话框，在"Reference（参考）"文本框中输入"Peripheral"，下面的"Implementation Type（内层电路类型）"栏中从下拉菜单中选择"Schematic View"，在"Implementation name（内层电路图名）"文本框中输入"Peripheral. SCH"。

图 7-58　放置图表符对话框

单击 [OK] 按钮，关闭对话框，放置图表符 Peripheral，如图 7-59 所示。

图 7-59 放置图表符

（3）选中"Logic"图表符，选择菜单栏中的"Place（放置）"→"Hierarchical Pin（图纸入口）"命令，或者单击"Draw（绘图）"工具栏中的"Place H Pin（放置图纸入口）"按钮，添加图纸入口，弹出如图 7-60 所示的对话框，在"Name（名称）"栏输入图纸入口名称，单击 [OK] 按钮，在"Logic"的图表符内放置图纸入口。

图 7-60 "Place Hierarchical Pin（放置图纸入口）"对话框

用同样的方法，放置其余图纸入口，结果如图 7-61 所示。

5. 原理图设计

选择菜单栏中的"Place（放置）"→"Wire（导线）"命令或单击"Draw（绘图）"工具栏中的"Place wire（放置导线）"按钮，对原理图进行布线操作。

选择菜单栏中的"Place（放置）"→"Ground（接地）"命令或单击"Draw（绘图）"工具栏中的"Place ground（放置接地）"按钮，选择接地符号，向原理图中放置接地符号，结果如图 7-62 所示。

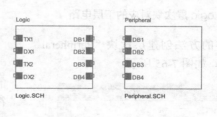

图 7-61 放置图纸入口

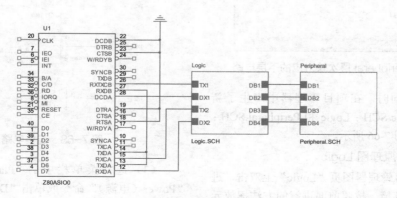

图 7-62 元器件绘制结果

6. 生成子原理图

（1）选择"Logic"层次块，单击鼠标右键，选择"Descend Hierarchy（生成下层电路层）"命令，弹出如图7-63所示的对话框，系统会自动创建一个电路图文件夹，弹出的对话框中可以修改创建电路图文件夹的名称，在"Name（名称）"栏中输入"Logic"，单击 OK 按钮，创建层次块"Logic"对应的下层电路，如图7-64所示。

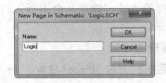

图7-63　修改下层电路图名称

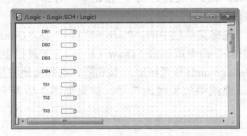

图7-64　Logic层次块对应的下层电路

（2）用同样的方法创建层次块"Peripheral"对应的子原理图，如图7-65所示。

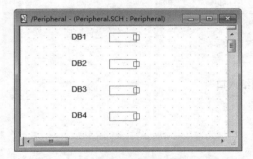

图7-65　Peripheral层次块对应的下层电路

（3）与此同时，在项目管理器中产生了新的电路图 Logic/SCH：Logic 和 Peripheral.SCH：Peripheral，如图7-66所示。

7. 绘制子原理图 Logic

（1）在项目管理器图页"Logic"上双击，进入原理图编辑环境，按照前面讲解的方法摆放元器件，如图7-67所示。

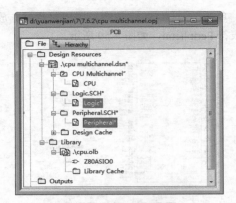

图7-66　项目管理器窗口

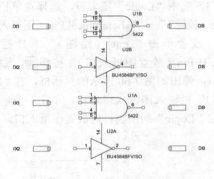

图7-67　新建页上摆放元器件

（2）选择菜单栏中的"Place（放置）"→"Wire（导线）"命令或单击"Draw（绘图）"工具栏中的"Place Wire（放置导线）"按钮，连接接地符号与对应接线端，如图7-68所示。

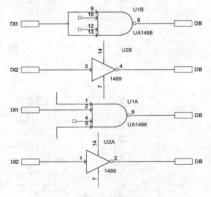

图7-68　连接电路图

（3）选择菜单栏中的"Place（放置）"→"Power（电源）"命令或单击"Draw（绘图）"工具栏中的"Place Power（放置电源）"按钮，弹出"Place Power（放置电源）"对话框，在该对话框中选择棒状电源符号，输入电压值为 +12V、-12V。同时，按照电路要求编辑元器件属性，结果如图 7-69 所示，至此完成原理图绘制。

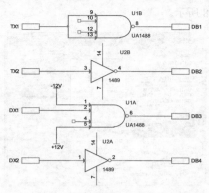

图 7-69　完成图页"Logic"绘制

8. 绘制子原理图 Peripheral

（1）在项目管理器图页"Peripheral"上双击，进入原理图编辑环境，按照前面讲解的方法摆放元器件，如图 7-70 所示。

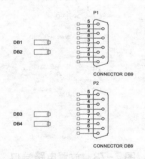

图 7-70　新建页 Peripheral 上摆放元器件

（2）选择菜单栏中的"Place（放置）"→"Ground（接地）"命令或单击"Draw（绘图）"工具栏中的"Place ground（放置接地）"按钮，在弹出的对话框中选择接地符号，然后向电路中添加接地符号，如图 7-71 所示。

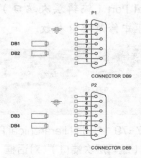

图 7-71　连接电路图

（3）选择菜单栏中的"Place（放置）"→"Wire（导线）"命令或单击"Draw（绘图）"工具栏中的"Place wire（放置导线）"按钮，连接接地符号与对应接线端，至此完成原理图绘制，如图 7-72 所示。

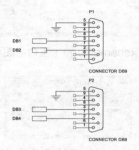

图 7-72　完成图页"Peripheral"绘制

至此，自上而下层次式电路的模块创建完成。

7.6.3　自下而上绘制单片机多通道电路

下面以"单片机多通道电路 1"电路设计为例，介绍自下而上层次电路的具体设计过程。

扫码看视频

在简单层次式电路创建后，复合层次式电路的创建就要简单很多，因为二者创建在电路操作上基本上是相同的。

1. 新建原理图页

（1）在 Cadence 主界面中，选择菜单栏中的"Files（文件）"→"New（新建）"→"Project（工程）"命令或单击"Capture"工具栏中的"Create document（新建文件）"按钮，弹出"New Project（新建工程）"对话框，创建工程文件"CPU Multichannel.dsn"。在该工程文件夹下，默认创建图纸文件 SCHEMATIC1，在该图纸子目录下自动创建原理图页 PAGE1。

（2）选择图纸页文件 PAGE1，选择菜单栏中的"Design（设计）"→"Rename（重命名）"命令，或单击右键选择快捷菜单中的"Rename（重命名）"命令，弹出"Rename Page（重命名图页）"对话框，保存图页文件名称为"Logic"，完成原理图页文件的重命名，如图 7-73 所示。

（3）在项目管理器上选择"SCHEMATIC1"，单击右键弹出快捷菜单，选择"New Page（新建图页）"命令，弹出如图 7-74 所示的对话框，在"Name（名称）"文本框中输入新建页的名称 Peripheral，单击 OK 按钮，完成第 2 页原理图的创建，如图 7-75 所示。

图 7-73 "Rename Page（重命名图页）"对话框

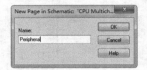

图 7-74 新建页名称修改对话框

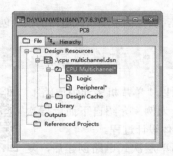

图 7-75 新建原理图页文件

2. 绘制子原理图 Logic

（1）在项目管理器图页"Logic"上双击，进入原理图编辑环境，按照前面讲解的方法摆放元器件，如图 7-76 所示。

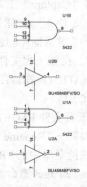

图 7-76 新建页上摆放元器件

（2）选择菜单栏中的"Place（放置）"→"Hierarchical Port（电路端口）"命令或单击"Draw（绘图）"工具栏中的"Place port（放置电路端口）"

按钮 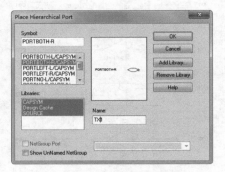，添加电路图 I/O 端口，弹出如图 7-77 所示的对话框，选择右向端口，并将其放置到原理图中，用同样的方法放置其余端口，最终结果如图 7-78 所示。

图 7-77 I/O 端口对话框

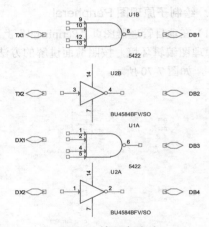

图 7-78 放置电路端口

注意

在放置端口过程中，需要修改端口参数，单击鼠标右键选择"Edit Properties（编辑属性）"命令，弹出如图 7-79 所示的"Edit Hierarchical Port（编辑层次端口）"对话框，在该对话框中修改端口参数。

图 7-79 "Edit Hierarchical Port（编辑层次端口）"对话框

（3）选择菜单栏中的"Place（放置）"→
"Power（电源）"命令或单击"Draw（绘图）"工
具栏中的"Place power（放置电源）"按钮，弹
出"Place Power（放置电源）"对话框，在该对
话框中选择棒状电源符号，输入电压值为 +12V、
−12V。同时，按照电路要求编辑元器件属性，结
果如图 7-80 所示。

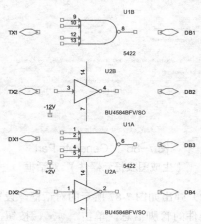

图 7-80　连接电路图

（4）选择菜单栏中的"Place（放置）"→"Wire
（导线）"命令或单击"Draw（绘图）"工具栏中
的"Place wire（放置导线）"按钮，连接接地
符号与对应接线端，如图 7-81 所示，至此完成原
理图绘制。

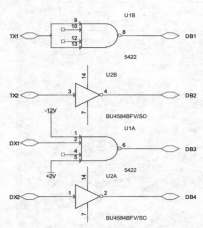

图 7-81　完成图页"Logic"绘制

3. 绘制子原理图 Peripheral

（1）在项目管理器图页"Peripheral"上双击，
进入原理图编辑环境，按照前面讲解的方法摆放

元器件，如图 7-82 所示。

（2）选择菜单栏中的"Place（放置）"→
"Hierarchical Port（电路端口）"命令或单击"Draw
（绘图）"工具栏中的"Place port（放置电路端
口）"按钮，添加电路图 I/O 端口，弹出端口选
择对话框，并将选择的端口放置到原理图中，用
同样的方法放置其余端口，最终结果如图 7-83
所示。

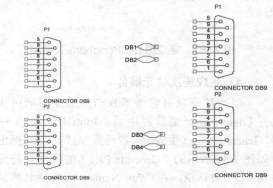

图 7-82　新建页　　图 7-83　放置
Peripheral 上摆放元器件　　电路端口

（3）选择菜单栏中的"Place（放置）"→
"Ground（接地）"命令或单击"Draw（绘图）"
工具栏中的"Place Ground（放置接地）"按钮，
在弹出的对话框中选择接地符号，然后向电路中
添加接地符号，如图 7-84 所示。

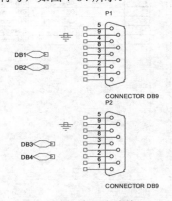

图 7-84　放置接地符号

（4）选择菜单栏中的"Place（放置）"→"Wire
（导线）"命令或单击"Draw（绘图）"工具栏中
的"Place Wire（放置导线）"按钮，连接接地
符号与对应接线端，至此完成原理图绘制，如
图 7-85 所示。

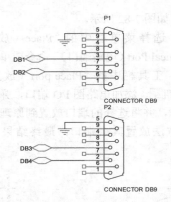

图 7-85　完成图页 "Peripheral" 绘制

4. 生成层次块元器件

（1）打开项目管理器窗口，选择图纸页文件 Logic，选择菜单栏中的 "Tools（工具）" → "Generate Part（生成图表符元器件）" 命令，弹出如图 7-86 所示的 "Generate Part（生成图表符元器件）" 对话框，在 "Part Name（元器件名称）" 文本框输入层次块名称 Logic，其余选项选择默认，单击 OK 按钮，完成层次块设置。

图 7-86　"Generate Part（生成图表符元器件）" 对话框

（2）弹出如图 7-87 所示的对话框，设置层次块元器件的管脚信息，单击 Save 按钮，关闭对话框，完成子原理图到层次块的转换。

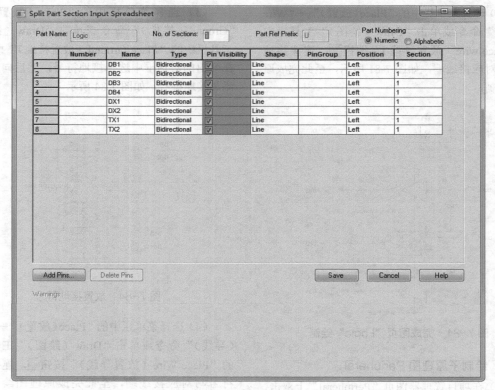

图 7-87　"Split Part Section Input Spreadsheet" 对话框

（3）选择图纸页文件 Peripheral，选择菜单栏中的"Tools（工具）"→"Generate Part（生成图表符元器件）"命令，弹出如图7-88所示的"Generate Part（生成图表符元器件）"对话框，在"Part name（元器件名称）"文本框中输入层次块名称 Peripheral，其余选项选择默认，单击 OK 按钮，完成层次块设置。

（4）弹出如图7-89所示的对话框，设置层次块元器件的管脚信息，选中5、6、7、8管脚，单击 Delete Pins 按钮，删除多余管脚，如图7-89所示，单击 Save 按钮，关闭对话框，完成子原理图到层次块的转换。

5. 绘制顶层电路图

（1）在项目管理器上选择"SCHEMATIC1"，单击右键弹出快捷菜单，选择"New Page（新建图页）"命令，弹出如图7-90所示的对话框，在"Name（名称）"文本框中输入新建页的名称 CPU，单击 OK 按钮，完成第3页原理图的创建。

（2）双击图页 CPU，进入原理图编辑环境。在"Place Part（放置元器件）"面板"Library（库）"选项组下显示系统自动加载的转换的层次块元器件，并保存在与当前项目文件名称同名的元器件库中，如图7-91所示。

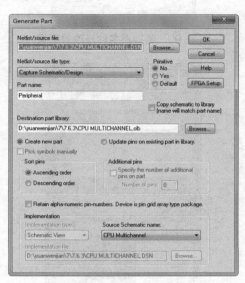

图7-88 "Generate Part（生成图表符元器件）"对话框

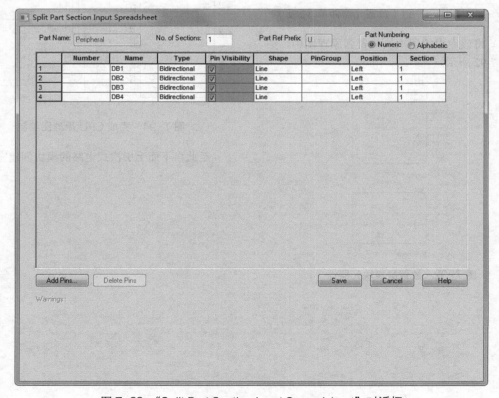

图7-89 "Split Part Section Input Spreadsheet"对话框

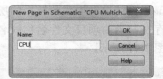

图 7-90　新建页名称修改对话框

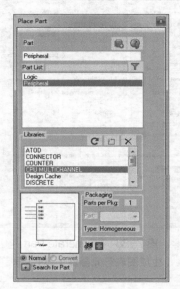

图 7-91　"Place Part（放置元器件）"面板

（3）将该库中的层次块放置到原理图中，结果如图 7-92 所示。

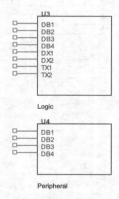

图 7-92　放置层次块元器件

（4）打开项目管理器，在"Library"文件夹下加载 cpu.olb 库文件，如图 7-93 所示。

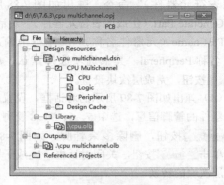

图 7-93　加载元器件库文件

（5）按照前面讲解的方法加载 CPU.OLB 库文件中的 Z80ASIO0 元器件，按照第 4 章讲解的方法设计原理图，结果如图 7-94 所示。

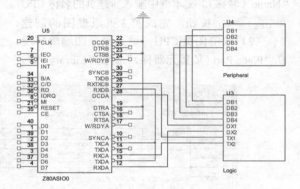

图 7-94　完成 CPU 原理图绘制

至此自下而上层次式电路的模块创建完成。

8 Chapter

第 8 章
创建元器件库

内容指南

大多数情况下，在同一个工程的电路原理图中，所用到的元器件由于性能、类型等诸多因素的不同，可能来自很多不同的库文件。这些库文件中，有系统提供的若干个集成库文件，也有用户自己建立的原理图库文件，非常不便于管理，更不便于用户之间的交流。

基于这一点，可以使用 Cadence 软件中提供的专用的原理图库管理工具——Library Explorer，为自己的工程创建一个独有的原理图元器件库，把本工程电路原理图中所用到的元器件原理图符号都汇总到该元器件库中，脱离其他的库文件而独立存在，这样，就为本工程的统一管理提供了方便。

本章将对元器件库的创建进行详细介绍，并学习如何管理自己的元器件库，从而更好地为设计服务。

☞ 知识重点

📖 原理图元器件库编辑器
📖 元器件编辑器

8.1 原理图元器件库编辑器

除了直接在 OrCAD Capture CIS 图形界面中创建元器件库文件、绘制库文件外，Cadence 提供了一个独立的编辑器 Library Explorer，可以用来创建和维护构建区的库，创建和维护库的分类元器件，进行元器件的校验，在构建区可以导入导出文件、元器件和库，创建库和元器件以及启动 Part Developer 进行封装元器件编辑等。

8.1.1 启动 Library Explorer

有别于 Cadence 其余模块双击图标即可启动编辑器的方法，Library Explorer 的启动方法比较烦琐，下面详细介绍两种启动 Library Explorer 模块，进入元器件库编辑图形界面的方法。

1. 间接启动

（1）执行"开始→程序→ Cadence SPB 17.2-2016 → Allegro Products → Project Manager"命令，将弹出"Cadence Product Choices"对话框。

（2）在"Cadence Product Choices"对话框内选择"Allegro PCB Librarian XL（PCB Librarian Expert）"选项，如图 8-1 所示。

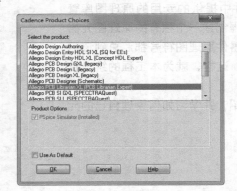

图 8-1 "Cadence Product Choices"对话框

（3）单击 OK 按钮后，进入库管理工具界面，如图 8-2 所示。

（4）选择菜单栏中的"File（文件）"→"Open（打开）"命令，在弹出的"Open Project（打开项目文件）"对话框中选择一个".cpm"文件，双击打开文件，原理图库管理工具的界面将刷新，如图 8-3 所示。

图 8-2 库管理 　　图 8-3 库管理工具
　工具界面 　　　　　　界面刷新

（5）在如图 8-3 所示的界面内，选择菜单栏中的"Tools（工具）"→"Library Tools（库工具）"→"Library Explorer（库搜索）"命令，进入"Library Explorer"图形界面，如图 8-4 所示。

2. 直接启动

（1）执行"开始"→"程序"→"Cadence SPB 17.2-2016"→ Allegro Products →"Library Explorer"命令，弹出"Cadence Product Choices"对话框，如图 8-5 所示。

（2）在"Cadence Product Choices"对话框内选择"Allegro PCB Designer（Schematic）"选项。

（3）单击 OK 按钮，在弹出的"Getting Started"对话框内选择"Create a new Managed Library Project"选项，如图 8-6 所示。

通过新建一个原理图库文件，或通过打开一个已有的原理图库文件，都可以启动进入原理图库文件编辑环境中。

（4）在"Getting Started"对话框内选择"Create a new Manager Library Project（创建一个新的元器件库项目）"单选钮，单击"OK"按钮，弹出"New Project Wizard-Project Name and Location"对话框，如图 8-7 所示。

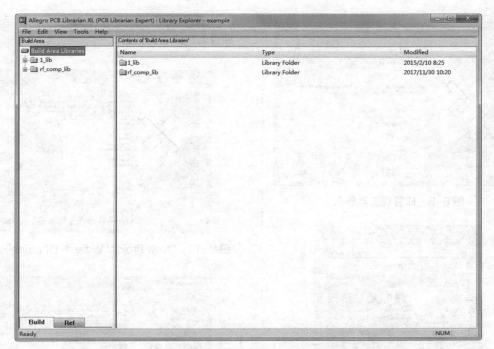

图 8-4 "Library Explorer"界面

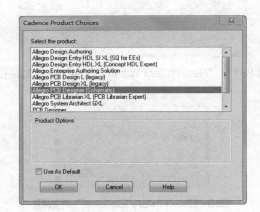

图 8-5 "Cadence Product Choices"对话框

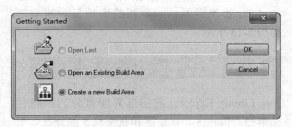

图 8-6 "Getting Started"对话框

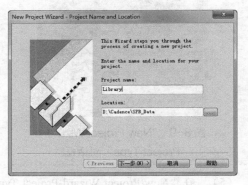

图 8-7 "New Project Wizard-Project
Name and Location"对话框

 注意

在图 8-8 所示的库管理工具界面中，选择菜单栏中的"File（文件）"→"New（新建）"→"New Library（新建库文件）"命令，弹出如图 8-9 所示的"New Project Wizard-Project Type"对话框。

图 8-8　库管理工具界面

图 8-9　"New Project Wizard-
Project Type"对话框

（5）　在"New Project Wizard-Project Type"对话框内选择"Non-DM"选项，单击 下一步(N) > 按钮，将弹出如图 8-10 所示的"New Project Wizard-Project Name and Location"对话框。

（6）单击 下一步(N) > 按钮，将弹出"New Project Wizard- Libraries"对话框，如图 8-10 所示。

Add... ：单击此按钮，可以添加参考库。

Import... ：单击此按钮，可以导入参考库。

Remove ：单击此按钮，可以移走参考库。

（7）单击 下一步(N) > 按钮，将弹出"New Project Wizard-Summary"对话框，如图 8-11 所示。在此对话框内显示项目的名称和路径等内容。

（8）单击 完成 按钮，弹出"Library

Explorer"对话框，如图 8-12 所示。提示新的库项目创建成功的信息。

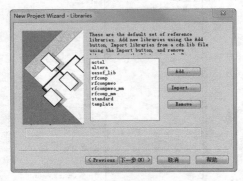

图 8-10　"New Project Wizard-Libraries"对话框

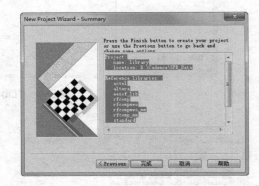

图 8-11　"New Project Wizard-Summary"对话框

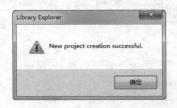

图 8-12　"Library Explorer"对话框

（9）单击 确定 按钮，弹出库 Library Explorer 管理界面，一个新的库项目创建成功，如图 8-13 所示。

8.1.2　Library Explorer 图形界面

Library Explorer 的图形界面可分为标题栏、菜单栏、构建区、显示区和状态栏 5 部分。

1.　标题栏

标题栏显示软件名称及所打开文件的路径及名称，如图 8-14 所示。

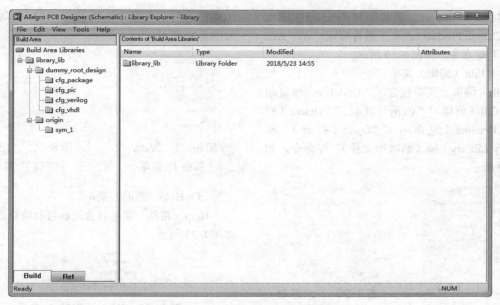

图 8-13　Library Explorer 管理界面

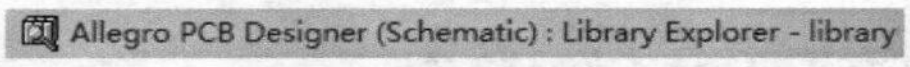

图 8-14　标题栏

2. 构建区

左边的构建区内又分为 Build 构建区（见图 8-15）和 Ref 参考区（见图 8-16）。

图 8-15　Build 构建区　　图 8-16　Ref 参考区

（1）构建区主要显示 *.lib 指定的库，可以在构建区对库进行创建和修改，系统会自动更新创建或重命名操作的 cds.lib 项目文件，通过在菜单栏中执行"View（视图）/Refresh（刷新）"命令进行构建区内更新显示。在构建区内创建成功的库经过校验后可以导入参考区。

（2）参考区主要显示 *.lib 中显示的库。参考区的库都是经过校验确认的，在参考区中不可能对库进行编辑修改，如果需要可以导入到构建区内进行修改编辑，确定后再导回参考区。参考区

中的库是通过导入构建区的库进行添加操作的。

3. 显示区

右边的显示区显示左边库中选中的内容，如图 8-17 所示，显示区内可以显示选中库中的内容，包括名称、类型、修改日期及属性。

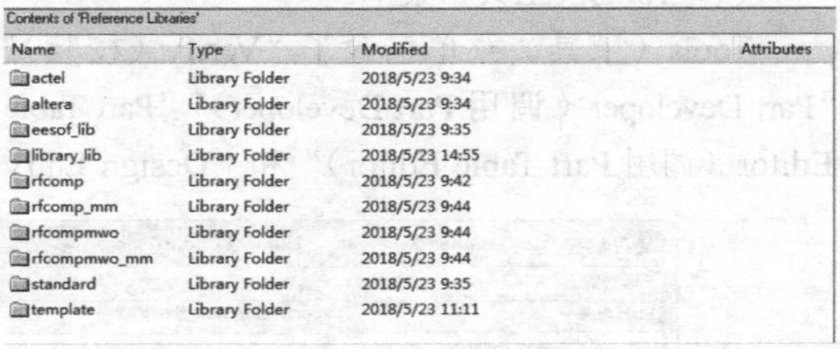

图 8-17　显示区

4. 菜单栏

在"Library Explorer"的界面中，菜单栏由"File（文件）""Edit（编辑）""View（视图）""Tools（工具）"和"Help（帮助）"5 个菜单组成，如图 8-18 所示。

File　Edit　View　Tools　Help

图 8-18　菜单栏

（1）File（文件）菜单。

File（文件）菜单包含"New（新建）""Open Build Area（打开构建区）""Close Build Area（关

闭构建区）""Import（导入库）""Export（导出库）""Change Product（改变工具许可证）"和"Exit（退出）"等命令，如图 8-19 所示。

（2）Edit（编辑）菜单。

Edit（编辑）菜单包含了"Undelete（恢复删除）""Cut（剪切）""Copy（复制）""Delete（删除）""Rename（重命名）""Open（打开）"和"Modify Library List（编辑库文件）"等命令，如图 8-20 所示。

图 8-19 File 菜单

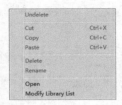

图 8-20 Edit 菜单

（3）View（视图）菜单。

View（视图）菜单包含了"Status Bar（状态栏）""Build Area（构建区）""Reference Area（参考区）""Categories（分类显示的切换）""View Footprint（查看管脚图）"和"Refresh（刷新）"等命令，如图 8-21 所示。

（4）Tools（工具）菜单。

Tools（工具）菜单包含了"Verify（校验）""Part Developer（调用 Part Developer）""Part Table Editor（调用 Part Table Editor）"和"Design Entry HDL（进入原理图工具 Concept HDL）"等命令，如图 8-22 所示。

图 8-21 "View（视图）"菜单　　图 8-22 "Tools（工具）"菜单

（5）Help（帮助）菜单。

Help（帮助）菜单包含查看帮助信息的命令，如图 8-23 所示。

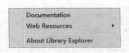

图 8-23 "Help（帮助）"菜单

8.1.3　新建库文件

选择菜单栏中的"File（文件）"→"New（新建）"→"Build Library（新建库）"命令，在左侧构建区"Build（创建）"选项卡下显示生成一个名为"new_Library"的新文件夹，如图 8-24 所示，根据需要修改新库的名称，创建新库，在右侧显示区显示创建的库文件的包含信息。

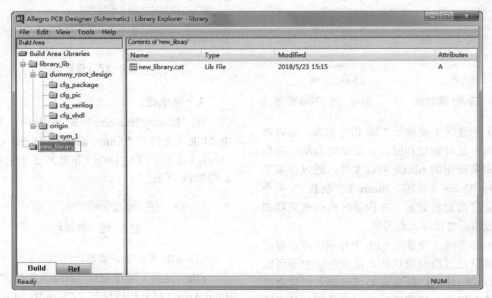

图 8-24　创建新库

8.1.4 导入库文件

选择菜单栏中的"File（文件）" → "Import（导入）"命令，弹出如图 8-25 所示的"Import（导入）"对话框，在左侧构建区"Build（创建）"选项卡下显示导入的新文件夹，如图 8-26 所示，在右侧显示区显示创建的库文件的包含信息。

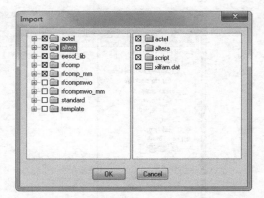

图 8-25 "Import（导入）"对话框

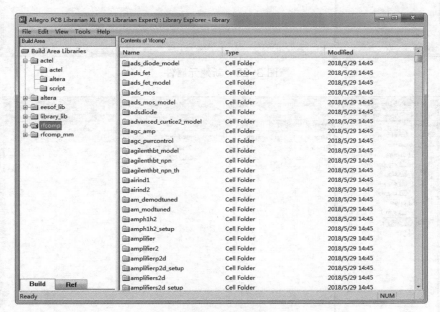

图 8-26 导入库文件

8.1.5 新建库元器件

在左侧构建区"Build（创建）"选项卡下选中添加元器件库文件，选择菜单栏中的"Files（文件）" → "New（新建）" → "Part（新建元器件）"命令或单击鼠标右键，弹出如图 8-27 所示的快捷菜单，选择"New Part（新建元器件）"命令，在选中库的文件夹下生成一个名为"new cell"的新文件夹，如图 8-28 所示，可修改新建元器件名称。

在左侧构建区"Build（创建）"选项卡下选择添加元器件库文件，在右侧显示库文件详细信息，如图 8-29 所示。

图 8-27 快捷菜单

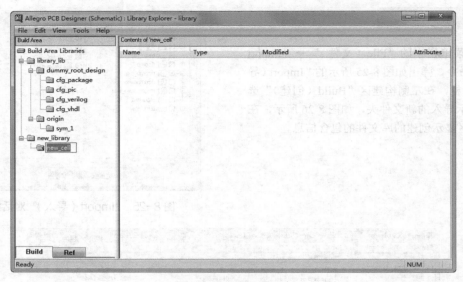

图 8-28　新建元器件

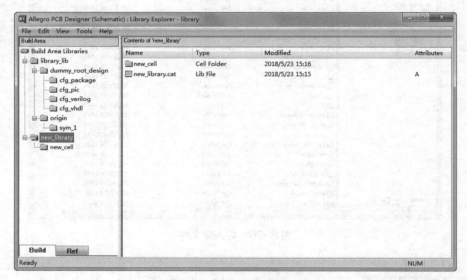

图 8-29　显示元器件库信息

8.2　元器件编辑器

　　元器件编辑器建立元器件只需按每一个现象中的内容提示设置相应的参数，而且每一个数据产生的结果在窗口右边的阅览框中都可以实时看到。

8.2.1　库元器件编辑器

　　在 Library Explore 管理界面内左侧构建区

选择添加的元器件库或元器件，选择菜单栏中的"Tools（工具）"→"Part Developer（元器件编辑器）"命令或单击鼠标右键，弹出如图 8-28 所示的快捷菜单，选择"Part Developer（元器件编辑器）"命令，弹出 Part Developer 编辑器，在该界面进行元器件信息的编辑，如图 8-30 所示。

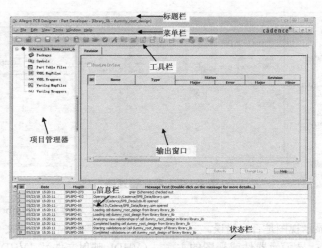

图 8-30　元器件编辑图形界面

1. 编辑器组成

Part Developer 编辑器可以对元器件的原理图库符号、物理管脚的对应信息及元器件列表的数据等进行编辑，还可以创建和校验元器件数据。

Part Developer 图形界面由标题栏、菜单栏、工具栏、项目管理器、输出窗口、信息栏和状态栏组成，如图 8-28 所示。

元器件编辑器 Part Developer 是用来创建元器件的工具，其最大的特点是直观和简便。不管是创建一个新的元器件还是对一个旧的元器件进行编辑，都必须要清楚地知道在 Cadence 中，一个完整的元器件到底包含了哪些内容以及这些内容是怎样来有机地表现一个完整的元器件。

2. 导入要编辑的元器件

单击"Cell（元器件）"工具栏中的"Open Cell（打开元器件）"按钮 🔲，弹出如图 8-31 所示的"Open Cell（打开元器件）"对话框，选择要打开的元器件并进行相关设置。

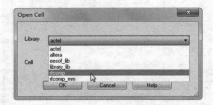

图 8-31　"Open Cell（打开元器件）"对话框

在"Library（库）"下拉列表中选择在 Library Explorer 编辑器中打开的元器件库文件，选择需要编辑元器件所在库文件；在"Cell（元器件）"

下拉列表中选择元器件库中需要编辑的元器件，该库中包含多个元器件单元，如图 8-32 所示。

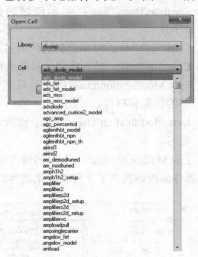

图 8-32　元器件下拉列表

3. 项目管理器

在项目管理器窗口选择元器件名称，在右侧查看元器件的日志和版本的信息，如图 8-33 所示。在编辑器内的表格中显示以下可以设置的选项。

- Name：显示元器件和视图的名称。
- Type：显示视图的类型。
- Status/Major：显示元器件的一些主要状态，有"Created""Baseline""Modified" 3 个值。"Created"是创建新元器件或新视图，"Baseline"是第一次启动元器件日志或重新开始，"Modified"是修改元器件

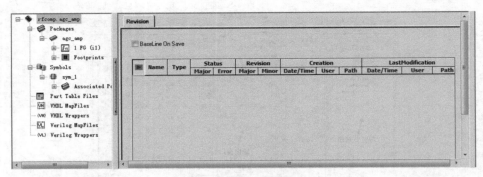

图 8-33　项目管理器

时会显示此值。

- Status/Error：显示视图是否有错误。
- Revision/Major：显示元器件或视图的主要版本。
- Revision/Minor：显示元器件或视图的小版本。
- Creation/Date/Time：显示创建的日期和时间。
- Creation/User：显示创建的注册名。
- Creation/Path：显示库和元器件名称。
- Last Modification/Date/Time：显示修改视图的日期和事件。
- Last Modification/User：显示修改者的注册名。
- Last Modification/Path：最后的修改及路径。

元器件编辑器提供了 7 种表述元器件的方式，

"Package（封装）""Symbol Editor（符号）""Part Table Files（部件列表文件）""VHDL MapFiles（VHDL 映射文件）""VHDL WrapperFiles（VHDL 包装文件）""Verilog MapFiles（Verilog 映射文件）"和"Verilog WrapperFiles（Verilog 包装文件）"，在不同选项中设置元器件参数，下面简单介绍两种常用的参数设置方式。

8.2.2　封装编辑

在项目管理器窗口中单击"Package"选项，打开封装编辑器。在封装编辑器内可以进行元器件封装的创建及修改，共有"General（通用）""Package Pin（封装管脚）"和"Part Table（部件表）"3 个选项卡，如图 8-34 所示。

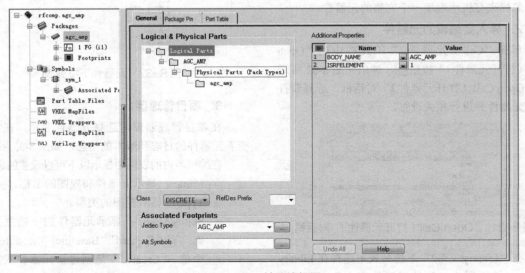

图 8-34　封装编辑器

1. General 选项卡

打开"General（通用）选项卡"，显示如图 8-33 所示的界面，在该选项卡内有以下组成部分。

（1）Logical & Physical Parts：逻辑和物理元器件。

- 逻辑部分的主要功能是定义元器件的逻辑管脚并且被映射到一个或多个物理部分。逻辑部分的名称也可以以物理部分为后缀，在默认的情况下逻辑部分的名称和物理部分的名称是相同的。
- 物理部分的主要作用是逻辑到物理的管脚映射和物理属性的设置。物理部分的名称可以和逻辑部分相同。

（2）Class：提供元器件的类型，共有"DISC REIE""IO""IC"和"MECHANICAL"4 种类型可选择。

（3）RefDes Prefix：选择元器件参考编号的前缀，有 C、D、M、R、T、U、X 等选项。

（4）Associated Footprints：此区域内有 Jedec Type 和 Alt Symbols 两栏，可以将元器件管脚图信息与元器件联系起来。可以手工指定也可以通过浏览选择，默认的选择是来自 Cadence 提供的管脚图。

（5）Additional Properties：可以添加其他属性。

2. Package Pin 选项卡

打开"Package Pin"选项卡，如图 8-35 所示。在该选项卡中可以输入封装的管脚信息，逻辑管脚和物理管脚都在这里输入。

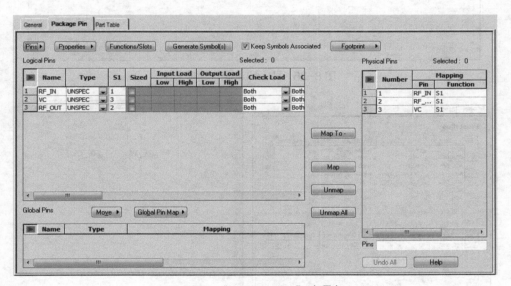

图 8-35　"Package Pin"选项卡

- Logical Pins：显示封装的逻辑管脚信息。
- Footprint ▶：在下拉菜单中有针对封装管脚的 Add、Rename 和 Delete 命令。
- Functions/Slots：弹出"Edit Functions"对话框。主要有添加封装的通道、删除封装的通道和修改通道的管脚配置的功能。
- Generate Symbol(s)：创建封装对应的符号。
- Keep Symbols Associated：选择此选项，当封装的管脚列表变更了就会同时更新符号的管脚列表，确保封装和符号的对应。

- Global Pins 栏：显示应用于所有通道的管脚列表。
- Physical Pins 栏：显示物理管脚号、映射的逻辑管脚和通道。
- Pins 栏：不用通过单击的方法来选择需要的管脚，可以进行多个管脚的选择。

3. Part Table 选项卡

打开"Part Table"选项卡，如图 8-36 所示，显示元器件的整体属性以及排列顺序。

8.2.3 元器件符号编辑

在项目管理器窗口中单击"Symbol（符号）"→"sym1"选项，打开元器件符号编辑器。在符号编辑器中可以查看完成的符号信息，可以

查看符号的图形，如图 8-37 所示，共有"General（通用）""Symbol Pins（符号管脚）"和"Find（查找）"3 个选项卡，在右侧显示元器件符号的缩略图，以便更直观地显示元器件符号信息。

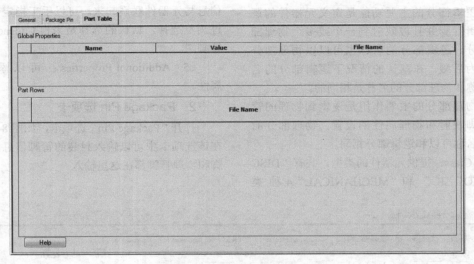

图 8-36 "Part Table"选项卡

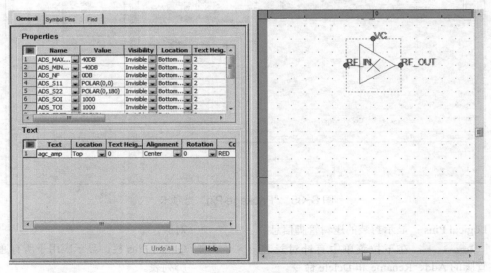

图 8-37 符号编辑器

1．General（通用）选项卡

打开"General（通用）"选项卡，该选项卡主要描述符号的属性。

在"Properties（属性）"栏显示元器件符号的属性；在"Text（文本）"栏显示所有符号中的文字。

2．Symbol Pins（元器件符号管脚）选项卡

（1）打开"Symbol Pins"选项卡，如图 8-38 所示，可以输入符号管脚和确定符号的大小，还可以修改存在的管脚的信息和符号尺寸。

（2）Preserve Pin Position：勾选此复选框，符号外形改变时，管脚的位置以及管脚关联的属

性和管脚文字将不会调整，不勾选，则文字动态调整，一般选择这个选项。

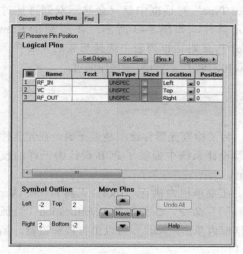

图 8-38 "Symbol Pins"选项卡

（3）Logical Pins：显示所有符号管脚相关的属性。

（4）Symbol Outline 栏：确定符号相对于原点的长度和宽度。

（5）Move Pins 栏：单击箭头可以移动选择的管脚。一次可以移动一个格。

3. Find（查找）选项卡

打开"Find（查找）"选项卡，如图 8-39 所示，可以根据不同的条件查找相应的文件。

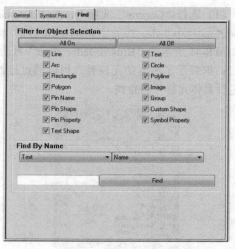

图 8-39 "Find（查找）"选项卡

- Filter for Object Selection：项目选择的过滤器。

- Find By Name：通过名称进行查找。

8.2.4 加载元器件封装

在项目管理器窗口中单击"Symbol（符号）"→"sym1"→"Associated Package"→"age_amp"选项，打开元器件符号编辑器。在符号编辑器中可以加载符号封装，如图 8-40 所示，共有"General（通用）""Package Pin（封装管脚）"和"Part Table（部件表）"3 个选项卡，在右侧显示元器件符号的基本信息和封装信息。

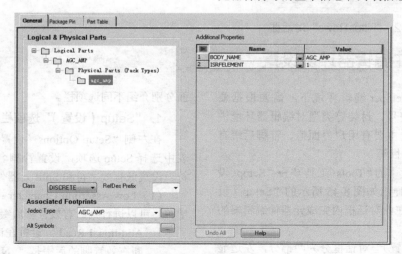

图 8-40 符号编辑

（1）选择"General"选项卡，单击 Associated Footprints 栏中 Jedec Type 右边的按钮 ┌...┐，将弹出如图 8-41 所示的"Browse Jedec Type"对话框。此对话框显示了所有的元器件，可以通过过滤功能进行具体元器件的查找。

图 8-41 "Browse Jedec Type"对话框

（2）右键单击"Browse Jedec Type"对话框中 Name 列表内的任意一项，在弹出的菜单中选择"Filter Rows"命令，将弹出如图 8-42 所示的"Filter Rows"对话框。

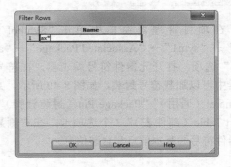

图 8-42 "Filter Rows"对话框

（3）在文本框中输入所要查找元器件的类型，如输入"ax*"，单击 ┌ OK ┐按钮，则"Browse Jedec Type"对话框中就只会显示双列直插封装的元器件，如图 8-43 所示。在刷新的 Browse Jedec Type 对话框列表中选择想要的元器件，如 axrw70，单击 ┌ OK ┐按钮即可。

8.2.5 编译元器件

为了检查元器件绘制是否正确，在元器件编辑器设计系统中提供了 PCB 设计中一样的校验功能。

在菜单栏内执行"Tool（工具）"→"Verify（验证）"命令，在弹出的"Verification（验证）"对话框内单击 ┌ Verify ┐可以进行校验设置，如图 8-44 所示。

图 8-43 显示元器件　　图 8-44 "Verification（验证）"对话框

元器件编辑器环境设置

在 Part Developer 编辑环境下，需要根据要绘制的元器件符号、封装等类型对编辑器环境进行相应的设置。主要有用户界面值、管脚后缀有效字符和封装属性等。

选择菜单栏中的"Tools（工具）"→"Setup（设置）"命令，将弹出如图 8-45 所示的"Setup（设置）"对话框，在此对话框内完成元器件编辑器的相关设置。

"Setup（设置）"对话框分为两部分，左边显示的是"Setup Options（设置选项）"管理列表，右边的显示的是对应列表中可以设置的选项，下

面分别介绍不同选项栏。

1."Setup（设置）"选项栏

在左侧"Setup Options（设置选项）"管理列表中选择 Setup 选项，设置管脚名后缀的有效字符。设置低有效字符和 Split 元器件的默认属性。

（1）Low Assertion Character：设置后缀有效字符，可以进行判断有效管脚后缀字符的设置。

- Additional Read：设置在读元器件时，判断有效管脚的后缀是"_N"还是"*"。
- Read/Write：设置在读写元器件时，确定是以"_N"还是"*"后缀作为有效管脚。

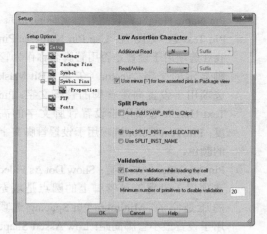

图 8-45　"Setup（设置）"对话框

（2）Split Parts：设置 Split 元器件。一个 Split 元器件由多个符号代表。在组成符号和 chips.prt 文件中有以下专有的设置属性。

- Auto Add SWAP_INFO to Chips：将多管脚器件的逻辑部分分为几个有相同逻辑功能的符号，符号间也可能会交换管脚。
- Use SPLIT_INST and $LOCATION：指定打包成同一个元器件的符号属性 $LOCATION 为同一个值。
- Use SPLIT_INST_NAME：指定想要打包成同一个元器件的符号属性 Use SPLIT_INST_NAME 为同一个值。

2. "Package（封装）"选项栏

在左侧"Setup Options（设置选项）"管理列表中选择 Package，如图 8-46 所示，设置元器件封装，可以进行如下设置。

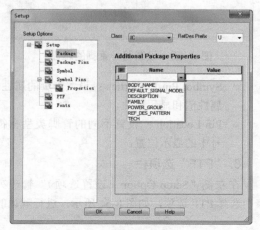

图 8-46　设置封装

（1）Class：集，在该下拉列表中选择元器件类型，有 IC、IO 和 DISCRETE3 个选项。

（2）RefDes Prefix：在该下拉列表中设置封装的参考编号的前缀。

（3）Additional Package Properties：输入其他的封装属性。可以在"Name（名称）"菜单下选择提供的属性，也可以根据需要添加其他的属性。

3. "Package Pins（封装管脚）"选项栏

在左侧"Setup Options（设置选项）"管理列表中选择 Package Pins，设置默认封装管脚属性，如图 8-47 所示。

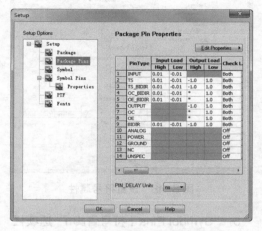

图 8-47　设置默认封装管脚属性

单击 Edit Properties 按钮，弹出包含 Add（添加）、Rename（重命名）和 Delete（删除）这 3 个命令选项的菜单，执行这些命令，可以完成添加、重命名和删除属性的操作。

4. "Symbol（符号）"选项栏

在左侧"Setup Options（设置选项）"管理列表中选择 Symbol 选项，如图 8-48 所示。在对话框中可以创建符号，设置符号的默认值。具体设置内容如下。

- System Unit：设置符号的测量单位。
- Sheet Size：设置原理图图框大小。如果符号超出图框的范围会出现错误报告。
- Pin grid size：设置格点大小。在添加符号管脚的时候，只能将符号管脚放在格点上。
- Non-pin grid factor：设置非管脚格点。
- Minimum Size：设置符号的最小高度和

宽度。

- Symbol Outline：设置符号外行线的宽度。
- Auto Expand Bus：设置向量管脚。
- Text Attributes：设置符号中文字的高度、颜色和角度。
- Default Property Height：设置符号中属性和属性值的高度。
- Symbol Properties：设置系统属性。

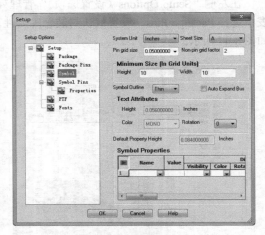

图 8-48　设置符号属性

5. "Symbol Pins（符号管脚）"选项栏

在左侧"Setup Options（设置选项）"管理列表中选择 Symbol Pins 选项，可以进行管脚文字及管脚属性的设置，如图 8-49 所示。

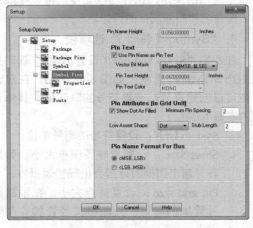

图 8-49　设置符号管脚的默认值

- Pin Name Height：设置管脚名称的高度。
- Pin Text 区域设置：Use Pin Name as Pin Text 选项用于设置是否用管脚名称作为管脚显示的文字；Vector（矢量）Bit Mask 选项用于设置向量管脚的管脚文字；Pin Text Height 选项用于设置管脚文字的高度；Pin Text Color 选项用于设置管脚文字的颜色。
- Pin Attributes 区域设置：Show Dot As Filled 选项用于设置符号管脚上的圆点是填充的还是空的；Minimum Pin Spacing 选项用于设置最小管脚间距；Low Assert Shape 选项用于设置低有效管脚的形状；Stub Length 选项用于设置符号管脚的长度。
- Pin Name Format for Bus：设置管脚的显示格式。在该选项栏下选择 Properties 选项，在如图 8-50 所示的界面内可以进行符号管脚的属性和不同类型管脚位置的设置。

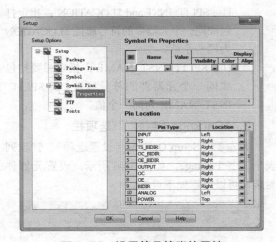

图 8-50　设置符号管脚的属性

- Symbol Pin Properties：设置管脚的属性、属性值和显示属性。
- Pin Location：设置不同的管脚类型在符号中的显示位置。

6. "PTF"选项栏

在左侧"Setup Option（设置选项）"管理列表中选择 PTF 选项，如图 8-51 所示，进行默认的元器件列表文件属性的设置。

- Name：设置属性名称。
- Value：设置属性值。
- Context：该选项内有"Key""Injected""Global""Key and Injected"4 个不同的选项，根据需要进行选择。

7. "Font（字体）"选项栏

在左侧"Setup Option（设置选项）"管理列表中选择"Font（字体）"选项，在如图 8-52 所示的界面内可以进行元器件字体的设置。

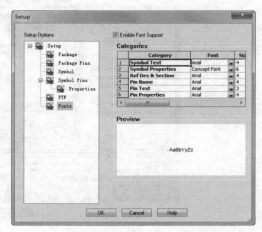

图 8-52　设置元器件字体

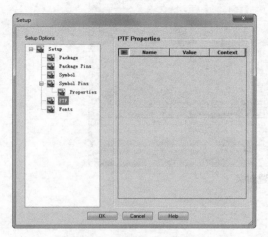

图 8-51　设置元器件列表

8.4　元器件的创建

本节通过创建一个封装符号来详细讲解如何绘制一个具体的元器件，使用户了解和学习创建原理图库元器件的方法和步骤，主要讲解新元器件的建立、封装的建立以及管脚的添加。

8.4.1　创建封装

在 Part Developer 中可以快速地创建封装。具体的操作方法如下。

（1）在左侧项目管理器中选择 Packages 选项，单击鼠标右键，在弹出的图 8-53 所示的菜单中选择"New（新建）"命令，将产生一个新的封装，如图 8-54 所示。

（2）选择"General"选项卡，在 Logical & Physical Parts 栏内可以看出，器件包含逻辑和物理部分。在 Additional Properties 栏内将显示封装的属性，如图 8-55 所示。

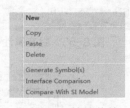

图 8-53　快捷菜单

（3）在"General"选项卡内的树结构中选择"Physical Parts（Pack Types）选项"，单击右键，在弹出的菜单中选择 New 命令，在弹出的"Add Physical Part"对话框内的 Pack Type 栏中输入"DIP"，如图 8-56 所示。

（4）在"Add Physical Part"对话框内单击 OK 按钮，在"Orgical & Physical Parts"的树形图中看到新建的封装"_DIP"已经完成，如图 8-57 所示。

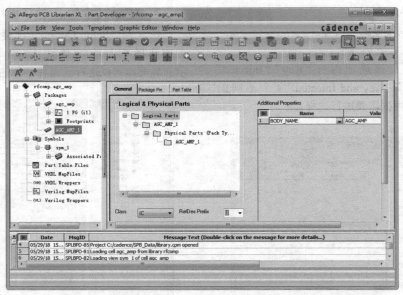

图 8-54　新建封装

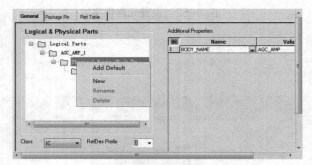

图 8-55　封装属性

图 8-56　"Add Physical Part"对话框

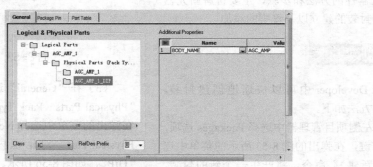

图 8-57　新建的 _DIP 封装

8.4.2　创建管脚

管脚是元器件的基本组成部分，是元器件进行功能实现的关键。管脚的正确分配对元器件的性能起着至关重要的作用。

1. 添加逻辑管脚

添加逻辑管脚的具体操作过程如下。

（1）在如图 8-58 所示界面内选择"Package Pin"选项卡。

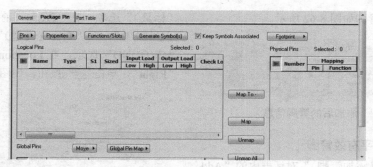

图 8-58　"Package Pin" 选项卡

（2）在 "Package Pin" 选项卡中，单击 Pins▶ 按钮，在弹出的菜单中选择 "Add（添加）" 命令，将弹出 "Add Pin（添加管脚）" 对话框，如图 8-59 所示。

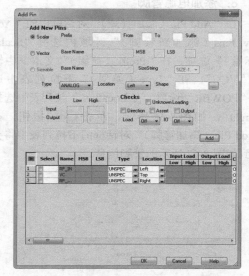

图 8-59　"Add Pin（添加管脚）" 对话框

2. 添加地址管脚

在 "Add Pin（添加管脚）" 对话框中 "Add New Pins（添加新管脚）" 区域内选择 "Vector（矢量）" 选项；在 "Base Name（基极名称）" 文本框中输入 A；在 "MSB（平均速度）" 文本框中输入 8；在 "LSB（最低有效值）" 文本框中输入 0；在 "Type（类型）" 下拉列表中选择 "INPUT" 选项，如图 8-60 所示。然后单击 Add 按钮，添加地址管脚。

3. 添加数据管脚

在 "Add Pin（添加管脚）" 对话框内的 "Add New Pins（添加新管脚）" 区域内选择 "Vector（矢量）" 选项；在 "Base Name（基极名称）" 文本框中输入 0；在 "MSB（平均速度）" 文本框中输入 8；在 "LSB（最低有效值）" 文本框中输入 0；在 "Type（类型）" 下拉列表中选择 "OUTPUT" 选项，如图 8-61 所示。然后单击 Add 按钮，添加数据管脚。

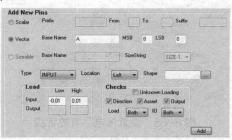

图 8-60　设置地址管脚

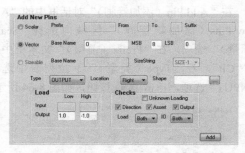

图 8-61　设置数据管脚

4. 添加信号管脚

在 "Add Pin（添加管脚）" 对话框内的 "Add New Pins（添加新管脚）" 区域内选择 "Scalar（标量）" 选项，在 "Prefix（前缀）" 文本框内输入 "CLR"，在 "Suffix（后缀）" 栏输入 "*"，在 "Type（类型）" 下拉列表中选择 "INPUT" 选项，然后单击 Add 按钮，再分别在 "Prefix（前缀）" 文本框内输入 "ES" 和 "E"，其他设置不变，单击按钮。添加管脚如图 8-62 所示。

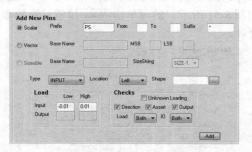

	Select	Name	MSB	LSB	Type	Location	Input Load Low	Input Load High	Output Load Low	Output Load High	
1		RF_IN			UNSPEC	Left					C
2		VC			UNSPEC	Top					C
3		RF_...			UNSPEC	Right					C
4	✓	A	8	0	INPUT	Left	-0.01	0.01			B
5	✓	O	8	0	OUTPUT	Right			1.0	-1.0	B

图 8-62　添加后的管脚信息

5. 添加低电平有效管脚

在"Add Pin（添加管脚）"对话框内的"Add New Pins（添加新管脚）"区域内选择"Scalar（标量）"选项，在"Prefix（前缀）"文本框内输入"CLR""ES""E""PS"，在"Suffix（后缀）"栏输入"*"，在"Type（类型）"下拉列表中选择"INPUT"选项，单击 Add 按钮，如图 8-63 所示。

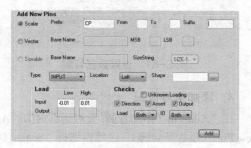

图 8-63　设置低电平有效管脚

6. 添加高电平有效管脚

在"Add Pin（添加管脚）"对话框中的"Add New Pins（添加新管脚）"区域内选择"Scalar（标量）"选项，在"Prefix（前缀）"文本框中输入"CP"，在"Type（类型）"下拉列表中选择"INPUT"选项，单击 Add 按钮，如图 8-64 所示。

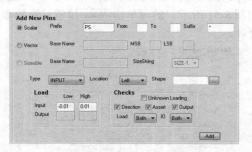

图 8-64　设置高电平有效管脚

7. 添加地管脚

在"Add Pin（添加管脚）"对话框中的"Add New Pins（添加新管脚）"区域内选择"Scalar

（标量）"选项，在"Prefix（前缀）"文本框中输入"GND"，在"Type（类型）"下拉列表中选择"GROUND"选项，在 Location 下拉列表中选择"Right"，单击 Add 按钮，如图 8-65 所示。

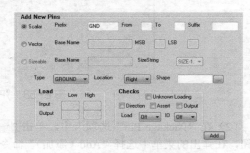

图 8-65　设置地管脚

8. 添加电源管脚

在"Add Pin（添加管脚）"对话框内的"Add New Pins（添加新管脚）"区域内选择"Scalar（标量）"选项，在"Prefix（前缀）"文本框中输入"VCC"，在"Type（类型）"下拉列表中选择"POWER"选项，在 Location 下拉列表中选择"Right"，如图 8-66 所示，单击 Add 按钮。在"Add Pin（添加管脚）"对话框的下拉列表中将会看到如图 8-67 所示的管脚信息。

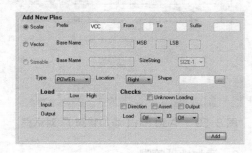

图 8-66　添加管脚信息

	Select	Name	MSB	LSB	Type	Location	Input Load Low	Input Load High	Output Load Low	Output Load High	Check L	Check IO	Ch
1		RF_IN			UNSPEC	Left					Off	Off	
2		VC			UNSPEC	Top					Off	Off	
3		RF_...			UNSPEC	Right					Off	Off	
4	✓	A	8	0	INPUT	Left	-0.01	0.01			Both	Both	✓
5	✓	O	8	0	OUTPUT	Right			1.0	-1.0	Both	Both	✓
6	✓	CLR*			INPUT	Left	-0.01	0.01			Both	Both	✓
7	✓	ES*			INPUT	Left	-0.01	0.01			Both	Both	✓
8	✓	E*			INPUT	Left	-0.01	0.01			Both	Both	✓
9	✓	PS*			INPUT	Left	-0.01	0.01			Both	Both	✓
10	✓	CP			INPUT	Left	-0.01	0.01			Both	Both	✓
11	✓	GND			GROUND	Right					Off	Off	
12	✓	VCC			POWER	Right					Off	Off	

图 8-67　"Add Pin（添加管脚）"对话框

在"Add Pin（添加管脚）"对话框内单击 OK 按钮，在"Package Pin"选项卡内查看添加管脚信息和"Add Pin（添加管脚）"对话框内显示的内容完全相同，其中显示 8 个 A、O 选项，如图 8-68 所示。

	Name	Type	S1	Sized	Input Load Low	Input Load High	Output Load Low	Output Load High	Check
17	O<7>	OUTPUT					1.0	-1.0	Both
18	O<8>	OUTPUT					1.0	-1.0	Both
19	CLR*	INPUT			-0.01	0.01			Both
20	ES*	INPUT			-0.01	0.01			Both
21	E*	INPUT			-0.01	0.01			Both
22	PS*	INPUT			-0.01	0.01			Both
23	CP	INPUT			-0.01	0.01			Both
24	GND	GROUND							Off
25	VCC	POWER							Off

图 8-68 "Package Pin" 选项卡的管脚信息

9. 指定管脚图

指定管脚图是指给对应的管脚指定管脚号，管脚号可以手动输入也可以在指定 PCB 管脚图中进行提取。从指定管脚图中进行管脚号的提取的步骤如下。

（1）选择 "Package Pin" 选项卡，如图 8-69 所示。在 "Package Pin" 选项卡内单击 Footprint 按钮，在弹出的菜单上选择 "Extract from Footprint" 命令，如图 8-70 所示，将弹出 "pdv" 对话框，如图 8-71 所示。

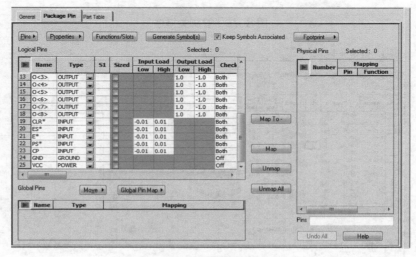

图 8-69 "Package Pin" 选项卡

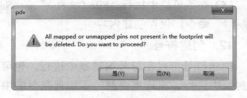

图 8-70 选择 "Extract from Footprint" 命令

图 8-71 "pdv" 对话框

（2）在弹出的 "pdv" 对话框中单击 是(Y) 按钮，"Physical Pins" 栏显示提取的管脚号，如图 8-72 所示。单击 Number 按钮可以进行管脚的排序，可倒序排列或是顺序排列。

10. 处理电源管脚

通常情况下电源管脚不要求显示在符号中，可以将电源管脚从 Logical Pins 栏移到 Global Pins 栏内，具体操作过程如下。

	Number	Mapping Pin	Mapping Func
1	1		
2	2		
3	3		
4	4		
5	5		
6	6		
7	7		
8	8		
9	9		
10	10		
11	11		
12	12		
13	13		
14	14		
15	15		

图 8-72 "Physical Pins" 栏显示

（1）选择 "Package Pin" 选项卡，单击 "Logical Pins" 栏的 Type 标题，按照类型进行管脚排序，如图 8-73 所示。

（2）选择类型为 "POWER" 的管脚，单击 Move 按钮，在弹出的菜单中选择 "Logical Pins to Global" 命令，将管脚移到 Global Pins 栏；再选择类型为 "GROUND" 的管脚，单击 Move 按钮，在弹出的菜单中选择"Logical Pins to Global"命令，将管脚移到 Global Pins 栏，如图 8-74 所示。

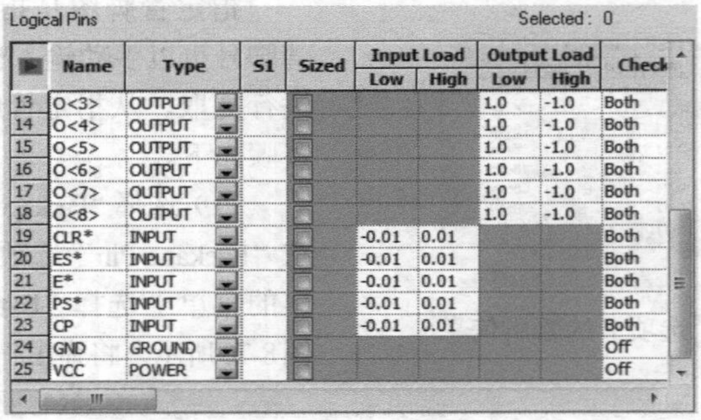

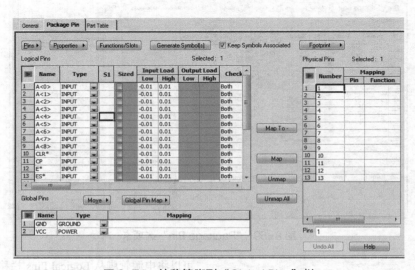

图 8-73　管脚类排序

图 8-74　转移管脚到"Global Pins"栏

11. 映射管脚

逻辑管脚映射需要先选择逻辑管脚，再选择封装管脚，然后单击映射按钮；全局管脚的映射需要先选择全局管脚，再选择对应的封装管脚。管脚映射的具体操作如下。

（1）选择"Package Pin"选项卡，单击"Logical Pins"栏的"A<0>"行"S1"列对应的表格，然后在"Package Pin"栏的 Number 列，选择"9"，单击 Map To · 按钮。用同样的方法将"A<1>"到"A<8>"的管脚全部映射，如图 8-75 所示。

（2）同理，将"PS*""CLR""ES*""E*""CP"的管脚和"O<0>"～"O<8>"的管脚映射，如图 8-76 所示。

（3）单击 Global Pins 栏内的"GND""VCC"管脚，在对应 Physical Pins 栏的 Number 列选择"24""14"，单击 Map 按钮，如图 8-77 所示。

（4）分别在 Logical Pins 栏和 Physical Pins 栏中单击右键，在弹出菜单中，选择 Hide Mapped Pins 命令，隐藏所有映射完成的管脚。

（5）在菜单栏中执行"File（文件）"→"Save（保存）"命令，保存创建内容。

12. 创建符号

创建符号可以在符号编辑器中进行，也可以在封装中进行。在这里讲解一下如何在封装中进行符号的创建。具体操作过程如下。

（1）选择"Package Pin"选项卡，在 Physical Pins 栏中，单击 Generate Symbol(s) 按钮，将弹出"Generate Symbol(s) for Package"对话框，如图 8-78 所示。

（2）设置好后，单击 OK 按钮，系统会自动创建原理图符号，在元器件属性的 Symbol 节点下会生成新的节点，如图 8-79 所示。

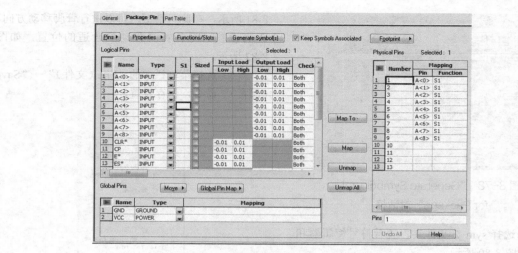

图 8-75 "A<1>" 到 "A<8>" 的管脚映射

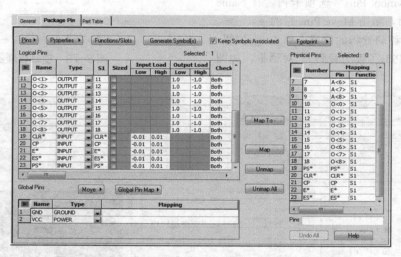

图 8-76 "PS*""CLR""ES*""E*""CP" 的管脚映射

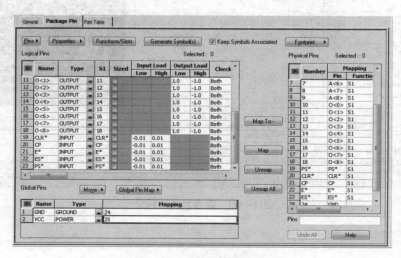

图 8-77 全局管脚映射

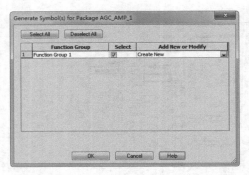

图 8-78 "Generate Symbol（s）
for Package"对话框

（3）选择 sym_2 文件夹，查看符号编辑器和
符号，如图 8-80 所示。

（4）在"Symbol Pins"选项卡内，在 Name
栏中选中选项后，单击 Move Pins 栏的 ▲、▼、
◀、▶ 按钮，移动管脚的位置。单击 Move 按钮，
将弹出"Move Pins（移动管脚）"对话框，如图

8-81 所示，在此对话框内可以进行管脚移动方向、
距离设置。将各管脚移动到合适的位置，如图
8-82 所示。

（5）选择菜单栏中的"File（文件）"→"Save
（保存）"命令，保存设置。

图 8-79 项目管理器

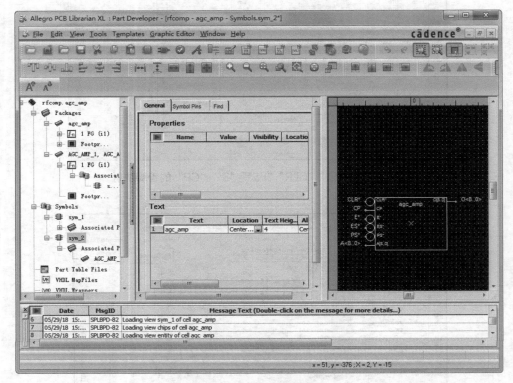

图 8-80 查看元器件符号

图 8-81　"Move Pins（移动管脚）"对话框

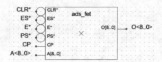

图 8-82　调整管脚位置

第 9 章
创建 PCB 封装库

内容指南

虽然 Allegro 提供了丰富的元器件封装库资源，但是在实际的电路设计中，由于电子元器件技术的不断更新，有些特定的元器件封装仍需自行制作。元器件的封装信息主要包括外形和焊盘这两个部分。

本章将对元器件封装进行详细介绍，并学习如何管理自己的元器件封装库，从而更好地为设计服务。

☞**知识重点**

📖 封装的基本概念
📖 Allegro Package 图形界面
📖 焊盘设计
📖 过孔设计

9.1 封装的基本概念

所谓封装是指安装半导体集成电路芯片用的外壳，它不仅起着安放、固定、密封、保护芯片和增强电热性能的作用，而且还是沟通芯片内部世界与外部电路的桥梁。随着电子技术的飞速发展，集成电路的封装技术也发生了很大的变化，从开始的 DIP、QFP、PGA、BGA 到 CSP，然后发展到 MCM，封装技术越来越先进。芯片的管脚数越来越多，间距越来越小，重量越来越轻，适用频率越来越高，可靠性越来越强，耐温性越来越好，使用起来也越来越方便。

芯片的封装在 PCB 上通常表现为一组焊盘、丝印层上的边框及芯片的说明文字。焊盘是封装中最重要的组成部分，用于连接芯片的管脚，并通过印制电路板上的导线连接印制电路板上的其他焊盘，进一步连接焊盘所对应的芯片管脚，完成电路板的功能。在封装中，每个焊盘都有唯一的标号，以区别于封装中的其他焊盘。丝印层上的边框和说明文字主要起指示作用，指明焊盘组所对应的芯片，方便印制电路板的焊接。焊盘的形状和排列是封装的关键组成部分，确保焊盘的形状和排列正确才能正确地建立一个封装。对于安装有特殊要求的封装，边框也需要绝对正确。

9.1.1 常用封装介绍

总体上讲，根据元器件采用安装技术的不同，可分为插入式封装技术"Through Hole Technology THT"和表贴式封装技术"Surface Mounted Technology SMT"。

（1）插入式封装元器件安装时，元器件安置在板的一面，将管脚穿过 PCB 焊接在另一面上。插入式元器件需要占用较大的空间，并且要为每只管脚钻一个孔，所以它们的管脚会占据两面的空间，而且焊点也比较大。但从另一方面来说，插入式封装元器件与 PCB 连接较好，力学性能好。例如，排线的插座、接口板插槽等类似的界面都需要一定的耐压能力，因此，通常采用 THT 封装技术。

（2）表贴式封装的元器件，管脚焊盘与元器件在同一面。表贴式封装元器件一般比插入式封装元器件体积要小，而且不必为焊盘钻孔，甚至还能在 PCB 的两面都焊上元器件。因此，与使用插入式封装元器件的 PCB 比起来，使用表贴式封装元器件的 PCB 上元器件布局要密集很多，体积也就小很多。此外，表贴式封装元器件也比插入式封装元器件要便宜一些，所以现今的 PCB 上广泛采用表贴封装元器件。

（3）元器件封装可以大致分成以下种类。

- BGA（Ball Grid Array）：球栅阵列封装。因其封装材料和尺寸的不同还细分成不同的 BGA 封装，如陶瓷球栅阵列封装 CBGA、小型球栅阵列封装 μBGA 等。

- PGA（Pin Grid Array）：插针栅格阵列封装技术。这种技术封装的芯片内外有多个方阵形的插针，每个方阵形插针沿芯片的四周间隔一定距离排列，根据管脚数目的多少，可以围成 2～5 圈。安装时，将芯片插入专门的 PGA 插座。该技术一般用于插拔操作比较频繁的场合之下，如个人计算机 CPU。

- QFP（Quad Flat Package）：方形扁平封装，为当前芯片使用较多的一种封装形式。

- PLCC（Plastic Leaded Chip Carrier）：有引线塑料芯片载体。

- DIP（Dual In-line Package）：双列直插封装。

- SIP（Single In-line Package）：单列直插封装。

- SOP（Small Out-line Package）：小外形封装。

- SOJ（Small Out-line J-Leaded Package）：J 形管脚小外形封装。

- CSP（Chip Scale Package）：芯片级封装，较新的封装形式，常用于内存条中。在 CSP 的封装方式中，芯片是通过一个个锡球焊接在 PCB 上，由于焊点和 PCB 的接触面积较大，所以内存芯片在运行中所产生的热量可以很容易地传导到 PCB 上并散发出去。另外，CSP 封装芯片采用中心管脚形式，有效地缩短了信号的传导距离，其衰减随之减少，芯片的抗干扰、抗噪性能也能得到大幅提升。

- Flip-Chip：倒装焊芯片，也称为覆晶式组装技术，是一种将 IC 与基板相互连接的先进封装技术。在封装过程中，IC 会被翻覆过来，让 IC 上面的焊点与基板的接合点相互连接。由于成本与制造因素，使用 Flip-Chip 接合的产品通常根据 I/O 数多少分为两种形式，即低 I/O 数的 FCOB（Flip Chip on Board）封装和高 I/O 数的 FCIP（Flip Chip in Package）封装。Flip-Chip 技术应用的基板包括陶瓷、硅芯片、高分子基层板及玻璃等，其应用范围包括计算机、PCMCIA 卡、军事设备、个人通信产品、钟表及液晶显示器等。

- COB（Chip on Board）：板上芯片封装。即芯片被绑定在 PCB 上，这是一种现在比较流行的生产方式。COB 模块的生产成本比 SMT 低，并且还可以减小模块体积。

9.1.2 封装文件

在 Allegro 设计过程中经常会使用到不同的符号文件类型，主要可分为元器件封装符号及格式图符号。

（1）元器件封装符号。元器件封装是电子元器件的物理表示，如电容、电阻、连接器和晶体管等，每个元器件封装都包含着元器件的管脚，可以作为互联时连接线的连接点。

（2）格式符号。格式符号是指包含图示大小、版本定义、设计者、设计日期和公司标志等信息，是不同公司用于对设计图例规范化的各视图。

（3）编辑号的图示文件可以转化为以下不同种类的符号文件。

- 元器件封装符号，后缀为 ".psm"。
- 结构图符号，后缀为 ".bsm"。
- 格式图符号，后缀为 ".osm"。
- 填充图示符号，后缀为 ".ssm"。
- Flash 符号，后缀为 ".fsm

9.2 元器件封装概述

元器件封装就是元器件的外形和管脚分布图。电路原理图中的元器件只是表示一个实际元器件的电气模型，其尺寸、形状都是无关紧要的。而元器件封装是元器件在 PCB 设计中采用的，是实际元器件的几何模型，其尺寸至关重要。元器件封装的作用就是指示出实际元器件焊接到电路板时所处的位置，并提供焊点。

元器件的封装信息主要包括两个部分：外形和焊盘。元器件的外形（包括标注信息）一般在 "Top Overlay（丝印层）" 上绘制。而焊盘的情况就要复杂一些，焊盘有两个英文名字，分别是 Land 和 Pad，Land 用于可表面贴装的元器件，是二维的表面特征；Pad 用于可插件的元器件，是三维的特征。二者可以交替使用，但是在功能上是有分别的。若是可插式焊盘，则涉及穿孔所经过的每一层；若是贴片元器件的焊盘，一般在顶层 "Top Overlay（丝印层）" 绘制。

9.3 常用元器件的封装介绍

随着电子技术的发展，电子元器件的种类越来越多，每一种元器件又分为多个品种和系列，每个系列的元器件封装都不完全相同。即使是同一个元器件，由于不同厂家的产品也可能封装不同。为了解决元器件封装标准化的问题，近年来，国际电工协会发布了关于元器件封装的相关标准。下面将介绍常见的几种元器件的封装形式。

9.3.1 分立元器件的封装

分立元器件出现最早，种类也最多，包括电阻、电容、二极管、三极管和继电器等，这些元器件的封装一般都可以在 Cadence 的安装目录 "X:\Cadence\SPB_17.2\tools\capture\library\ Discrete. olb" 封装库中找到。下面逐一介绍几种分立元器件的封装。

（1）电阻的封装。

电阻只有两个管脚，它的封装形式也最为简单。电阻的封装可以分为插式封装和贴片封装两类。在每一类中，随着承受功率的不同，电阻的体积也不相同，一般体积越大承受的功率也越大。

插式电阻的封装如图 9-1 所示。对于插式电阻的封装，主要需要下面几个指标：焊盘中心距、电阻直径、焊盘大小以及焊盘孔的大小等。在 Miscellaneouse Device.inLib 封装库中可以找到这些插式电阻的封装，名字为 AXIAL×××。例如 AXIAL-0.4，0.4 是指焊盘中心距为 0.4in（1in=2.54cm），即 400mil。

贴片电阻的封装图如图 9-2 所示。这些贴片电阻的封装也可以在 Miscellaneouse Device.inLib 封装库中找到。

图 9-1　插式电阻封装 　　图 9-2　贴片电阻封装

（2）电容的封装。

电容大体上可分为两类，一类为电解电容，另一类为无极性电容。每类电容又可以分为插式封装和贴片封装两大类。在 PCB 设计的时候，若是容量较大的电解电容，如几十毫法以上，一般选用插式封装，如图 9-3 所示。例如，在 Miscellaneouse Device.inLib 封装库中有名为 RB7.6-15 和 POLA0.8 的电容封装。RB7.6-15 表示焊盘间距为 7.6mm，外径为 15mm；POLA0.8 表示焊盘中心距为 800mil（20.32mm）。

图 9-3　插式电容的封装

若是容量较小的电解电容，如几微法～几十微法，可以选择插式封装，也可以选择贴片封装，如图 9-4 所示为电解电容的贴片封装。

容量更小的电容一般都是无极性的。现在无极性电容已广泛采用贴片封装，如图 9-5 所示，这种封装与贴片电阻相似。

图 9-4　电解电容的　　　图 9-5　无极性电容
　　　贴片封装　　　　　　　　贴片封装

在确定电容使用的封装时，应该注意以下几个指标。

- 焊盘中心距：如果这个尺寸不合适，对于插式安装的电容，只有将管脚折弯才能焊接。而对于贴片电容就要麻烦得多，可能要采用特别的措施才能焊接到电路板上。
- 圆柱形电容的直径或片状电容的厚度：若这个尺寸设置过大，在电路板上，元器件会摆得很稀疏，浪费资源。若这个尺寸设置过小，将元器件安装到电路板时会有困难。
- 焊盘大小：焊盘必须比焊盘过孔大，在选择了合适的过孔大小后，可以使用系统提供的标准焊盘。
- 焊盘孔大小：选定的焊盘孔大小应该比管脚稍微大一些。
- 电容极性：对于电解电容还应注意其极性，应该在封装图上明确标出正负极。

（3）二极管的封装。

二极管的封装与插式电阻的封装类似，只是二极管有正负极而已。二极管的封装如图 9-6 所示。

对于发光二极管的封装如图 9-7 所示。

 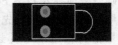

图 9-6　二极管　　　　　图 9-7　发光二极管
　　　的封装　　　　　　　　的封装

（4）三极管的封装。

三极管分为 NPN 和 PNP 两种，它们的封装方法相同，如图 9-8 所示。

图 9-8　三极管的封装

9.3.2 集成电路的封装

（1）DIP 封装。

DIP 为双列直插元器件的封装，如图 9-9 所示。双列直插元器件的封装是目前最常见的集成电路封装。

标准双列直插元器件封装的焊盘中心距是 100mil，边缘间距为 50mil，焊盘直径为 50mil，孔直径为 32mil。封装中第一管脚的焊盘一般为正方形，其他各管脚为圆形。

（2）PLCC 封装。

PLCC 为有引线塑料芯片载体，如图 9-10 所示。此封装是贴片安装的，采用此封装形式的芯片的管脚在芯片体底部向内弯曲，紧贴芯片体。

图 9-9　双列直插元器件的封装　　图 9-10　PLCC 封装

（3）SOP 封装。

SOP 为小外形封装，如图 9-11 所示。与 DIP 封装相比，SOP 封装的芯片体积大大减小。

图 9-11　SOP 封装

（4）OFP 封装。

OFP 为方形扁平封装，如图 9-12 所示。此封装是当前芯片使用较多的一种封装形式。

（5）BGA 封装。

BGA 为球形阵列封装，如图 9-13 所示。

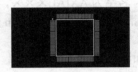 

图 9-12　OFP 封装　　　　图 9-13　BGA 封装

（6）SIP 封装。

SIP 为单列直插封装，如图 9-14 所示。

图 9-14　SIP 封装

9.4　Allegro Package 图形界面

在 Cadence 软件中，要将绘制好的原理图正确完整地导入 PCB Editor 中，并对电路板进行布局布线，就必须首先确定原理图中每个元器件符号都有相应的零件封装"PCB Footprint"。虽然软件自带强大的元器件及封装库，也需要设计自己的元器件库和对应的零件封装库。在 Cadence 中主要使用 Allegro Package 封装编辑器 Package Designer 来创建和编辑新的零件封装。

"Allegro Package"工作界面主要有标题栏、菜单栏、工具栏、工作窗口、视窗、命令窗口和状态栏，如图 9-15 所示，下面分别介绍各部分的功能。

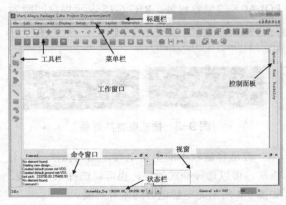

图 9-15　"Allegro Package"工作界面

9.4.1 标题栏

显示软件名称及所打开文件的路径及名称。其中，软件名称为"（Package）Allegro"，打开的封装文件名称为"1.dra"，文件路径为"D:/yuanwenjian/9"。

9.4.2 菜单栏

菜单栏由"File（文件）""Edit（编辑）""View（视图）""Add（添加）""Display（显示）""Setup（设置）""Shape（外形）""Layout（布局）""Dimension（标注）""Tools（标注）"和"Help（帮助）"共11 个下拉菜单组成。

（1）File（文件）菜单（见图 9-16）。

- New：新建封装文件。
- Open：打开封装文件。
- Recent Design：近期打开的封装文件。
- Save：保存封装文件。
- Create Symbol：生成符号。
- Create Device：元器件生成。
- Import：导入不同格式的文件。
- Export：导出不同格式的文件。
- Viewlog：查看文本文件。
- File Viewer：文件浏览器。
- Plot Setup：打印设置。
- Plot Preview：打印预览。
- Plot：打印。
- Properties：属性。
- Script：脚本。
- Exit：退出。

（2）Edit（编辑）菜单。

选择当前操作的编辑命令，如"Move（移动）""Copy（复制）""Mirror（镜像）"和"Delete（删除）"等，如图 9-17 所示。

（3）View（视图）菜单。

View（视图）菜单包含对当前编辑的封装图形进行的视图操作，包括"Zoom In（放大）""Zoom Out（缩小）"和"Refresh（刷新）"等命令，如图 9-18 所示。

（4）Add（添加）菜单。

包含为当前编辑的图形绘制工具常用命令，主要包括"Line（添加直接）""Arc with Radius

（弧形）""3pt Arc（3 点弧形）""Circle（圆）"和"Rectangle（四边形）"等，如图 9-19 所示。

图 9-16 "File（文件）"菜单

图 9-17 "Edit（编辑）"菜单

图 9-18 "View（视图）"菜单

图 9-19 "Add（添加）"菜单

（5）Display（显示）菜单。

设置封装图形的显示设置，包含"Color/Visibility（颜色的设置）""Element（元器件信息）""Measure（测量）""Constraint（约束）"和"Property（特性设置）"等命令，如图 9-20 所示。

（6）Setup 菜单。

包含对显示窗的编辑尺寸、图示选项、网络显示以及文字大小等属性进行设计的命令，如图 9-21 所示。

（7）Shape（外形）菜单。

包含添加、定义几何图形的工具命令，如图 9-22 所示。

（8）Layout（布局）菜单。

包含元器件封装定义管脚操作，如图 9-23 所示。

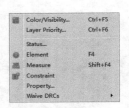

图 9-20 "Display（显示）"菜单

图 9-21 "Setup（设置）"菜单

图 9-22 "Shape（外形）"菜单

图 9-23 "Layout（布局）"菜单

（9）Dimension（标注）菜单。

包括对需要测量的尺寸予以标注等命令，如图 9-24 所示。

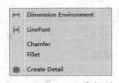

图 9-24 "Dimension（标注）"菜单

（10）Tools（工具）菜单。

包括对元器件管脚的焊盘进行编辑、修改和替换等操作命令，如图 9-25 所示。

（11）Help（帮助）菜单。

包括在线帮助和使用查询等命令，如图 9-26 所示。

图 9-25 "Tools（工具）"菜单　图 9-26 "Help"菜单

9.4.3　工具栏

在 Allegro Package 工作界面内，工具栏显示菜单栏中常用的命令，以按钮的形式显示，可以通过"View（视图）"→"Customize Toolbar（自定义工具栏）"命令，控制工具栏显示与否。

（1）"File（文件）"工具栏，如图 9-27 所示，共有 3 个按钮，其功能依次为新建文件、打开文件和保存文件。

（2）"Edit（编辑）"工具栏，如图 9-28 所示，共有 7 个按钮，其功能依次为移动、复制、删除、撤销、返回、固定和解除固定。

图 9-27 "File"工具栏　　图 9-28 "Edit"工具栏

（3）"View（视图）"工具栏，如图 9-29 所示，共有 9 个按钮，其功能依次为撤销所有飞线显示、显示飞线、视图选择、视图满幅、视图放大、视图缩小和前一视图等功能。

图 9-29 "View"工具栏

（4）"Setup（设置）"工具栏，如图 9-30 所示，共有 6 个按钮，其功能依次为格点设置、颜色设置、阴影设置、层叠设置、电气规则设置和设计参数设置。

（5）"Display（显示）"工具栏，如图 9-31 所示，共有 7 个按钮，主要有显示成分、显示测量尺寸、显示添加的管脚、显示标签等参数。

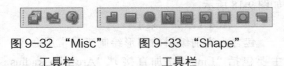

图 9-30 "Setup"工具栏　　图 9-31 "Display"工具栏

（6）"Misc（杂项）"工具栏，如图 9-32 所示，共有 3 个按钮，其功能依次为列出报告、DRC 更新和帮助。

（7）"Shape（外形）"工具栏，如图 9-33 所示，共有 9 个按钮，表示可以添加不同形状的外形。

图 9-32 "Misc"工具栏　　图 9-33 "Shape"工具栏

（8）"Dimension（标注）"工具栏，如图 9-34 所示，共有 3 个按钮，对工作窗口中的图形进行。

（9）"Add（添加）"工具栏，如图 9-35 所示，共有 4 个按钮，其功能依次为线段、矩形、文字和文字编辑。

图 9-34　"Dimension"　　　图 9-35　"Add"
工具栏　　　　　　　　工具栏

（10）"Route（布线）"工具栏，如图 9-36 所示，共有 4 个按钮，其功能依次为添加线段、滑动功能、延迟和添加顶点。

图 9-36　"Route"工具栏

9.4.4 视图

在 Allegro Package 工作界面内显示工作窗口、Command 窗口、World View 窗口、Options 窗口、Find 窗口以及 Visibility 窗口。

（1）工作窗口。

在工作窗口内进行封装外形的创建。

（2）Command 窗口。

显示在设计过程中使用过的命令，如图 9-37 所示。

图 9-37　"Command"窗口

（3）World View 窗口。

显示设计中的一个特殊部分，也可以显示设计的整体，如图 9-38 所示。

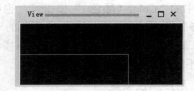

图 9-38　"View"窗口

（4）Options 窗口。

显示当前被激活的命令的参数，如图 9-39 所示，可以通过在其包含的下拉列表中选择控制被激活的命令，其下拉列表如图 9-40 所示。

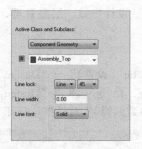　　

图 9-39　"Options"窗口　　图 9-40　下拉列表

（5）Find 窗口。

按照物件的类型进行网络、器件的搜索，同时也可以按照物件名称进行直接搜索，如图 9-41 所示。

图 9-41　"Find"窗口

（6）Visibility 窗口。

通过颜色的设定设置项目的可视性，如图 9-42 所示。

图 9-42　"Visibility"窗口

9.5 设置工作环境

进入 PCB 库编辑器后，同样需要根据要绘制的元器件封装类型对编辑器环境进行相应的设置。PCB 库编辑环境设置包括设计参数、层叠管理、颜色设置和用户属性。

1. 设计参数设计

选择菜单栏中的"Setup（设置）"→"Design Parameter（设计参数）"命令，弹出"Design Parameter Editor（设计参数编辑）"对话框，打开

"Design（设计）"选项卡，设置焊盘文件设计参数，如图 9-43 所示。

在"Size（大小）"区域内设置如下。

- 在"User units（用户单位）"选项下选择"Mil"，设置使用单位为 mil。
- 在"Size（大小）"选项下选择"Other"，设置工作区尺寸为自行设定。

图 9-43 "Design（设计）"选项卡

- 在"Accuracy（精度）"选项组下输入 0，设置小数点后没有小数，即为整数。
  在"Extents（内容）"区域内设置的 Left X 值为 -2000，Lower Y 值为 -2000，Width 值为 4000，Height 值为 4000。
  在"Drawing Type（图纸类型）"选项组下设置"Type（类型）"为 Part，建立一般的零件封装。
  单击 OK 按钮，完成设置。

2. 设置层叠

选择菜单栏中的"Setup（设置）"→"Cross-section（层叠结构）"命令，或单击"Setup（设置）"工具栏中的"Cross-section（层叠结构）"按钮，

弹出如图 9-44 所示的"Layout Cross Section（层叠设计）"对话框，在该对话框中可添加删除元器件所需的层。

3. 颜色设置

选择菜单栏中的"Display（显示）"→"Color/Visible（颜色可见性）"命令或单击"Setup（设置）"工具栏中的"Color（颜色）"按钮，也可以按"Ctrl+F5"组合键，弹出如图 9-45 所示的"Color Dialog（颜色）"对话框，用户可按照习惯设置编辑器中不同位置的颜色。

4. 用户属性设置

选择菜单栏中的"Setup（设置）"→"User Preferences（用户属性）"命令，即可打开"User

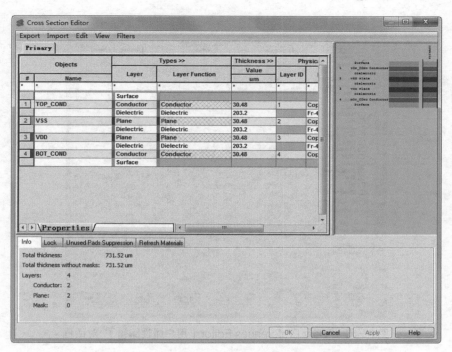

图 9-44　"Layout Cross Section（层叠设计）"对话框

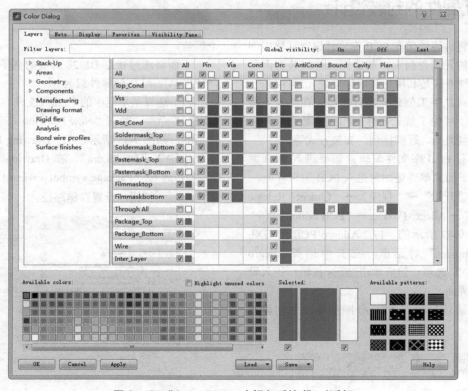

图 9-45　"Color Dialog（颜色系统）"对话框

Preferences Editor（用户属性编辑）"对话框，如图 9-46 所示，设置后的系统参数，一般选择默认设置。

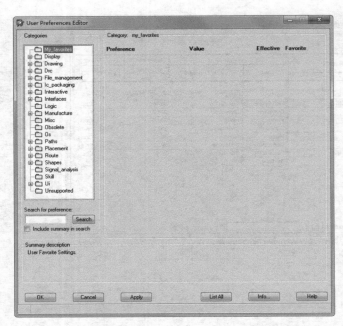

图 9-46 "User Preferences Editor（用户属性编辑）"对话框

9.6 元器件的封装设计

本节将讲述如何在 PCB 库文件编辑环境中创建一个新的元器件封装。创建元器件封装有两种方式：一种方式是利用封装向导创建元器件封装，另一种方式是手工创建元器件封装。在绘制元器件封装前，应先了解元器件的相关参数，如外形尺寸、焊盘类型、管脚排列、安装方式等。

在进行 PCB 库文件编辑前需要进入 PCB 编辑环境，下面简单讲述如何进入 PCB 编辑环境。

执行"开始"→"程序"→"Cadence Release 17.2-2016"→ Allegro Product →"PCB Editor"命令，弹出如图 9-47 所示的"17.2 Allegro PCB SI GXL Product Choices"对话框，在其中选择 Allegro PCB SI GXL 选项，然后单击 OK 按钮，进入设计系统主界面。

下面讲述如何在 Allegro 图形界面中创建元器件封装。

9.6.1 使用向导建立封装零件

使用 Allegro 提供的 Wizard 功能创建封装零件方便快速。PCB 元器件向导通过一系列对话框让用户输入参数，最后根据这些参数自动创建一个封装。

下面将通过建立 DIP28 封装的例子来说明如何使用 Wizard 创建零件封装。

（1）选择菜单栏中的"File（文件）"→"New（新建）"命令，弹出"New Drawing（新建图纸）"对话框，如图 9-48 所示。在"Drawing Name"文本框中输入"DIP28.dra"，在 Drawing Type 下拉列表中选择"Package symbol（wizard）"选项，单击 Browse... 按钮，设置存储路径。

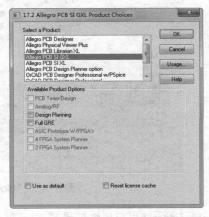

图 9-47 "17.2 Allegro PCB Design GXL"对话框

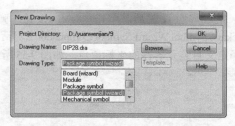

图 9-48　"New Drawing" 对话框

（2）完成设置后，单击 OK 按钮，将弹出 "Package Symbol Wizard" 对话框，如图 9-49 所示。在 "Package Type（封装类型）" 选项列表内显示 8 种元器件封装类型。

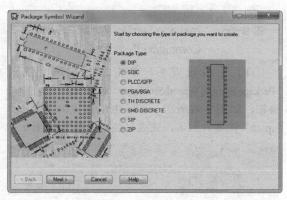

图 9-49　"Package Symbol Wizard" 对话框

（3）选择 DIP 选项，然后单击 Next> 按钮，将弹出 "Package Symbol Wizard-Template" 对话框，如图 9-50 所示，选择使用默认模板或加载自定义模板。

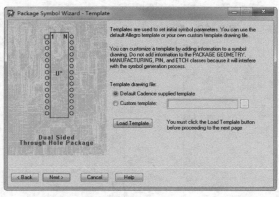

图 9-50　"Package Symbol Wizard-Template" 对话框

● 选择 "Default Cadence supplied template（使

用默认库模板）" 选项，单击 Load Template 按钮，加载默认模板。

● 选择 "Custom template（使用自定义模板）" 选项，单击 ... 按钮，加载自定义创建的模板文件。

（4）完成设置后，单击 Next> 按钮，弹出 "Package Symbol Wizard-General Parameters" 对话框，如图 9-51 所示，在该对话框中定义封装元器件的单位及精确度。

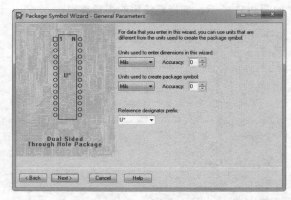

图 9-51　"Package Symbol Wizard-General Parameters" 对话框

（5）单击 Next> 按钮，弹出如图 9-52 所示 "Package Symbol Wizard-ZIP Parameter" 对话框，通过设置下面的参数，定义元器件封装管脚数。

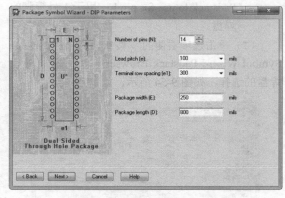

图 9-52　"Package Symbol Wizard-ZIP Parameter" 对话框

● Number of pins（N）：管脚数，输入的封装元器件名称为 DIP28，系统自动调整管脚数为 14。

● Lead pitch（e）：上下管脚中心间距默认

为 100mil。
- Terminal row spacing（el）：左右管脚中心间距默认为 300mil。
- Package width（E）：设置封装宽度默认为 250mil。
- Package length（D）：设置封装长度默认为 800mil。

（6）完成参数设置后，单击 Next> 按钮，弹出"Package Symbol Wizard-Padstacks"对话框，如图 9-53 所示，选择要使用的焊盘类型。

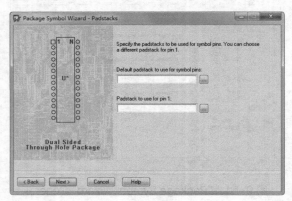

图 9-53 "Package Symbol Wizard-Padstacks"对话框

- Default padstack to use for symbol pins：用于符号管脚的默认焊盘。
- Padstack to use for pin 1：用于 1 号管脚的焊盘。

（7）单击选项右侧的 按钮，弹出"Package Symbol Wizard Padstack Browser"对话框，进行焊盘的选择，如图 9-54 所示。

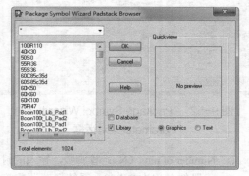

图 9-54 "Package Symbol Wizard Padstack Browser"对话框

完成焊盘设置后，单击 Next> 按钮，弹出"Package Symbol Wizard-Symbol Compilation"对话框，选择定义封装元器件的坐标原点，如图 9-55 所示。

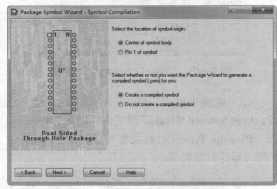

图 9-55 "Package Symbol Wizard-Symbol Compilation"对话框

（8）完成设置后，单击 Next> 按钮，弹出"Package Symbol Wizard-Summary"对话框内单击 Finish 按钮，如图 9-56 所示。显示生成后缀名为".dra"".psm"的零件封装，完成封装，如图 9-57 所示。

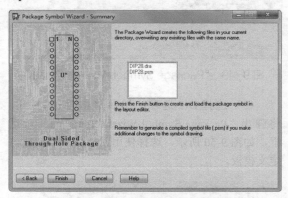

图 9-56 "Package Symbol Wizard-Summary"对话框

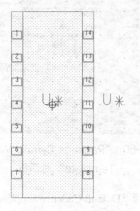

图 9-57 ZIP40 封装

9.6.2 手动建立零件封装

使用封装向导来建立封装快捷、方便，但是设计中所用到的封装远不止向导中的那几种类型，有可能需要设计许多向导中没有的封装类型，手动建立零件封装是不可避免的。用手工创建元器件管脚封装，需要用直线或曲线来表示元器件的外形轮廓，然后添加焊盘来形成管脚连接。元器件封装的参数可以放置在 PCB 的任意图层上，但元器件的轮廓只能放置在顶端覆盖层上，焊盘则只能放在信号层上。当在 PCB 文件上放置元器件时，元器件管脚封装的各个部分将分别放置到预先定义的图层上。

下面以建立 DIP30 为例来介绍手动建立封装的操作过程。

1. 设置工作环境

选择菜单栏中的"File（文件）"→"New（新建）"命令，弹出"New Drawing（新建图纸）"对话框，在"Drawing Name（图纸名称）"文本框中输入"DIP30"，在"Drawing Type（图纸类型）"下拉列表中选择"Package symbol（封装符号）"选项，单击 Browse... 按钮，选择新建封装文件的路径，如图 9-58 所示。

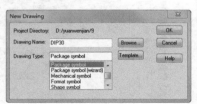

图 9-58 "New Drawing（新建图纸）"对话框

完成参数设置后，单击 OK 按钮，进入到 Allegro 封装符号的设计界面。

2. 放置管脚

（1）选择菜单栏中的"Setup（设置）"→"Design Parameter（设计参数）"命令，弹出"Design Parameter Editor（设计参数编辑器）"对话框，选择默认设置，单击 OK 按钮，完成参数设置。

（2）选择菜单栏中的"Layout（布局）"→"pins（管脚）"命令，打开"Option（选项）"面板，设置添加的管脚参数。

（3）选择"Connect（连接）"选项，绘制有编号的管脚；单击 □ 按钮，在弹出的"Select A padstack（选择焊盘）"对话框，从列表中选择焊盘的型号，如图 9-59 所示。

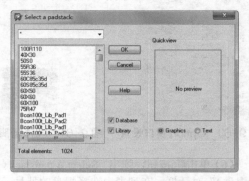

图 9-59 "Select a padstack"对话框

其余参数选项设置如下。

- Rotation：管脚旋转角度，默认值为 0，表示不旋转。
- Spacing：表示输入多个焊盘时，焊盘中心的距离。
- Order：X 方向和 Y 方向上管脚的递增方向。
- Pin#：管脚编号。
- Inc：下一个管脚编号与现在的管脚编号差值，默认值为 1。
- Text block：设置管脚编号的字体。
- Offset x：管脚编号的文字自管脚的原点默认向右偏移值，输入负值，文字在符号左侧。
- Offset y：管脚编号的文字自管脚的原点默认向上偏移值，输入负值，文字向下偏移。

设置完成的结果如图 9-60 所示。

（4）此时，鼠标在工作区上显示浮动的绿色焊盘图标，在命令窗口中输入"x 0 0"，按 Enter 键，在坐标（0，0）处放置 Pin1，如图 9-61 所示。鼠标指针继续显示浮动的焊盘图标，可继续在命令行中输入坐标放置焊盘或单击右键，在弹出的菜单中选择"Done（完成）"命令，结束 Pin1 的添加。

（5）加入多个管脚。放置好 Pin1 管脚后，选择菜单栏中的"Layout（布局）"→"pins（管脚）"命令，打开"Option（选项）"面板，选择"Connect（连接）"选项，放置有编号的管脚。

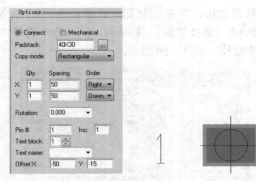

图 9-60　Option 窗口设置　图 9-61　Pin1 管脚

（6）单击 ... 按钮，弹出 "Select A padstack（选择焊盘）" 对话框，在列表中选择焊盘的型号，如图 9-62 所示。

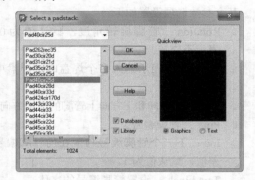

图 9-62　"Select a padstack（选择焊盘）" 对话框

设置 XQty 为 1，YQty 值为 14，表示放置 14 个管脚。

- Pin#：自动更新为 2，表示起始管脚编号为 2。

- Inc：选择默认值 1，下个管脚编号在现在的管脚编号基础上加 1。

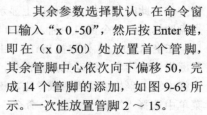

图 9-63　添加 14 个管脚

其余参数选择默认。在命令窗口输入 "x 0 -50"，然后按 Enter 键，即在（x 0 -50）处放置首个管脚，其余管脚中心依次向下偏移 50，完成 14 个管脚的添加，如图 9-63 所示。一次性放置管脚 2～15。

（7）选择菜单栏中的 "Layout（布局）" → "pins（管脚）" 命令，打开右侧 "Option（选项）" 面板，在该选项板中设置管脚参数。

- 设置 XQty 为 1，XQty 值为 15，表示有 15 个管脚。

- Pin#：自动更新为 16，表示要添加的首个管脚编号为 16。

- Offset x：管脚编号的文字自管脚的原点默认向右偏移值，输入正值，文字在符号右侧。

- Offset y：管脚编号的文字自管脚的原点默认向上偏移值，输入负值，文字向下偏移。

其余参数选择默认设置，在命令窗口输入 x 200 0，然后按 Enter 键，完成 15 个管脚的添加，如图 9-64 所示。

3. 设置元器件实体范围和高度

（1）加入零件范围。选择菜单栏中的 "Setup（设置）" → "Areas（区域）" → "Package Boundary（封装界限）" 命令，设置 "Options（选项）" 窗口中的 Active Class and Subclass 区域下拉框中的选项为 "Component Geometry" 和 "Place_Bound_Top"，设置 "Segment Type" 栏值为 Line45，如图 9-65 所示。

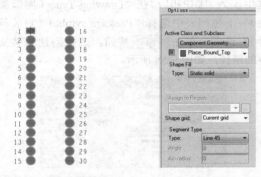

图 9-64　添加其余管脚　图 9-65　设置 Options 窗口内容

（2）在命令框内输入以下命令。

- x -30 -730。
- x 230 -730。
- x 230 30。
- x -30 30。
- x -30-730。

（3）Allegro 将自动填充所要求区域，完成加入零件实体的范围，如图 9-66 所示。

（4）设置零件高度。选择菜单栏中的 "Setup（设置）" → "Areas（区域）" → "Part Height（封装高度）" 命令，设置 "Options（选项）" 窗口中的 Active Class and Subclass 区域下拉框中的选项为"Component Genmetry"和"Place_Bound_Top"。用鼠标左键单击下零件实体范围的形状，在"Options"窗口内的"Max Height（高度）"文本框内输入 450，表示零件的高度为 450mil，如图 9-67 所示。在工作窗口内单击鼠标右键，选择"Done（完成）"命令，完成零件高度的设置。

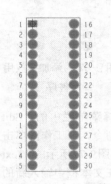
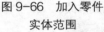

图 9-66　加入零件　　　　图 9-67　Options
　　　实体范围　　　　　　　　窗口设置

（5）选择菜单栏中的"View（视图）"→"3D Viewer（3D 显示）"命令，则系统生成该 PCB 的 3D 效果图，自动打开"Allegro 3D Viewer（3D 显示器）"窗口，如图 9-68 所示。

图 9-68　封装 3D 效果图

4. 添加元器件外形

零件外形主要用于在电路板上辨识该零件及其方向或大小，具体步骤如下。

（1）选择菜单栏中的"Add（添加）"→"Rectangle（矩形）"命令，在"Options（选项）"窗口内进行如下设置：设置"Active Class and Subclass"区域下拉框中的选项为"Component

Genmetry"和"Place_Bound_Top"，表示零件外形的层面；在"Line font"下拉列表中选择"Solid"，表示零件外形为实心的线段，如图 9-69 所示。

在命令窗口中输入"x -30 -730"，按"Enter"键，输入"x 230 30"，再次按"Enter"键。形成一个 260mil×760mil 大小的长方形框，如图 9-70 所示。

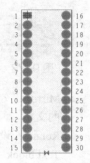

图 9-69　设置"Options"　图 9-70　添加零件外形
　　　窗口

（2）添加零件标签。选择菜单栏中的"Layout（布局）"→"Labels（标签）"命令，打开如图 9-71 所示的子菜单，主要包含 5 种选项命令。

图 9-71　添加零件标签

（3）添加零件标签的具体操作步骤。选择菜单栏中的"Setup（设置）"→"Grids（网格）"命令，弹出"Define Grid（定义网格）"对话框。在"Define Grid（定义网格）"对话框内，设置"Non-Etch"区域内的 Spacing x 值为 10，y 值为 10，如图 9-72 所示。然后单击 [OK] 按钮。

（4）添加底片用零件序号（RefDes For Artwork）。底片用零件序号在生产文字面底片时参考到零件序号层面，通常放置于管脚 1 附近。

选择菜单栏中的"Layout（布局）"→"Labels"→"RefDes（零件序号）"命令，打开 Options（选项）窗口，设置参数，如图 9-73 所示。

● Active Class and Subclass：在区域中选择元器件序号的文字层面为 RefDes 和 Silkscreen_Top。

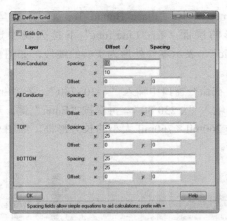

图 9-72 "Define Grid" 对话框

- Mirror：勾选此复选框，镜像 RefDes 中的文字。
- Rotate：设置 RefDes 的文字旋转角度。
- Text block：设置 RefDes 的文字字体。
- Text juse：设置 RefDes 的文字的对齐方式。

在工作区标签坐标点处单击鼠标左键，靠近 Pin1 附件，确定 RefDes 文字的输入位置。

在命令窗口中，输入 "U*"，然后单击鼠标右键，在弹出的快捷菜单中选择 "Done（完成）" 选项没完成加入底片用零件序号的动作，如图 9-74 所示。

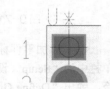

图 9-73 Options 窗口　　图 9-74 添加底片用
设置内容（一）　　　　　　零件序号

（5）添加摆放用零件序号（RefDes For Placement）。摆放用零件序号在摆放零件时参考到零件序号层面，通常放置于零件中心点附近。

选择菜单栏中的 "Layout（布局）" → "Labels（标签）" → "Refdes（零件序号）" 命令，打开 Options 窗口，设置 Active Class and Subclass。在该区域设置 RefDes 的文字层面为 RefDes 和 Display_Top，如图 9-75 所示。

在工作区标签坐标点处单击鼠标左键，确定 RefDes 文字的输入位置。

在命令窗口内输入 "U*"，然后单击鼠标右键，在弹出的快捷菜单中选择 Done 命令，完成摆放用零件序号的添加，如图 9-76 所示。

图 9-75 Options 窗口　　图 9-76 添加摆放用
设置内容（二）　　　　　　零件序号

（6）编辑零件标签。选择菜单栏中的 "Edit（编辑）" → "Text（文本）" 命令，在工作区单击要编辑的元器件序号，弹出如图 9-77 所示的 "Text Edit（编辑文本）" 对话框，在文本框中输入新的文本内容，单击 OK 按钮，完成修改。

图 9-77 "Text Edit（编辑文本）" 对话框

（7）添加零件类型（Device Type）。选择菜单栏中的 "Layout（布局）" → "Labels（标签）" → "Device（设备）" 命令，打开 "Options（选项）" 窗口，设置 Active Class and Subclass 区域下拉框中的选项为 Device Type 和 Assembly_Top。其余参数选择默认，如图 9-78 所示。

在工作区域内单击鼠标左键，确定输入位置，在命令窗口中输入 DIP，然后单击鼠标右键，在弹出的菜单中选择 Done 命令，完成零件类型的添加，如图 9-79 所示。

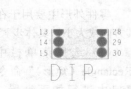

图 9-78 Options 窗口　　图 9-79 添加零件类型
设置内容（三）

（8）添加零件中心（Body Center）。零件中心点用来指定零件中心点的位置。

选择菜单栏中的"Add（添加）"→"Text（文本）"命令，打开"Options（选项）"面板，设置 Active Class and Subclass 区域下拉框中的选项为"Component Geometry（几何图形）"和"Body_Center"。将"Text just"选择 Center，表示 RefDes 的文字为中心对齐，如图 9-80 所示。

- 在命令窗口中输入"x 100 -350"，按 Enter 键，确定零件中心文字输入的位置。
- 在命令窗口中输入"o"文字，然后单击鼠标右键，在弹出的菜单栏中选择 Done 命令，完成中心位置的确定，如图 9-81 所示。

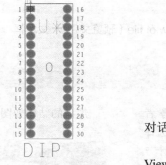

图 9-80　Options 窗口　　图 9-81　确定零件中心设置内容（四）

5. 创建零件档案

每个封装元器件都包含 2 个后缀名为".dra"".psm"的封装文件，下面介绍如何创建这两个封装文件。

（1）建立 Symbol 档案。在菜单栏中执行"File（文件）"→"Create Symbol（创建符号）"命令，将弹出"Create Symbol（创建符号）"对话框，如图 9-82 所示。选择保存的路径，保存创建的 DIP30 封装。

（2）建立 Drawing 档案。在菜单栏中执行"File（文件）"/"Save（保存）"命令，保存".dra"文件，供以后修改此零件时使用。

6. 保存封装元器件

（1）选择菜单栏中的"File（文件）"→"Create Device（生成设备）"命令，将弹出"Create Device File（生成设备文件）"对话框，在此对话框内的"Device Type（设备类型）"栏中有 IC、IO、DISCRETE 这 3 种选项，如图 9-83 所示。

图 9-82　"Create Symbol"对话框

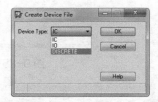

图 9-83　"Create Device File"对话框

（2）在"Create Device File（生成设备文件）"对话框内单击　OK　按钮，创建零件成功。

（3）选择菜单栏中的"File（文件）"→"File Viewer（文件预览）"命令，在弹出的对话框内将打开的文件类型更改为".txt"，如图 9-84 所示。

图 9-84　更改文件类型

（4）选择"dip30.txt"文件，单击　打开(O)　按钮，会弹出"View of file"文本框，如图 9-85 所示。从该文本框内可以查看零件的相关信息。

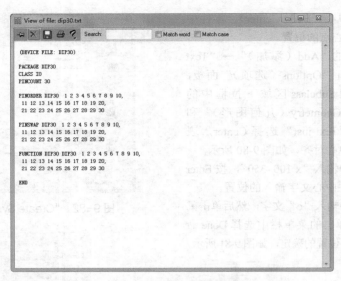

图 9-85 "View of file（预览文件）"文本框

9.7 焊盘的概述

焊盘是 PCB 封装设计中的重要部分，初学者一般注重封装外形的设计，忽视封装焊盘的选择和修改。有别于一般电路设计软件在焊盘设计方面的弱势，Allegro PCB 提供了专门的焊盘编辑器 Pad Designer，其功能十分强大。

焊盘确定了元器件在电路板上的焊接位置，如果焊盘结构设计不合理，会使焊点达不到理想的效果。焊盘的设计结构影响着焊点的可靠性，同时对焊接过程中出现的焊接缺陷、可清洗性、可测试性和检修量起着重要作用。

9.7.1 焊盘的基本概念

焊盘的作用是放置焊锡，连接导线与元器件的管脚。焊盘是表面贴装装配的基本构成单元，描述了元器件管脚与 PCB 设计中涉及的各个物理层之间的联系。

所有的焊盘都包括两方面：焊盘的尺寸和焊盘的形状；钻孔的尺寸和显示的符号。焊盘的几何形状是基于所用到的元器件的焊接类型。焊盘的形状使用安装工艺透明的方式来定义，焊盘的图案是电路几何形状的一部分，是在焊盘尺寸上定义的。焊盘的形状和图案受到可生产性水平和电镀、腐蚀、装配或其他条件的公差限制。

焊盘的结构如图 9-86 所示。

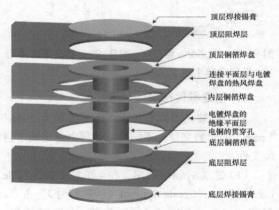

图 9-86 焊盘的结构

下面解释图 9-86 所示中出现的部分焊盘参数。

- PADSTACK：一组 PAD 的总称。
- 顶层焊接锡膏：在布线层（routing layer）中的过孔上，尺寸大于钻孔的铜盘（copper pad），有两个作用：提供导线连接的焊接"盘"；加固上下两个布线层（top and bottom routing layers）。
- 顶层阻焊层：阻焊层指 PCB 上焊盘（表面贴焊盘、插件焊盘、过孔）外一层涂了绿油的位置，防止在 PCB 上锡过程中不需要焊接的地方沾染焊锡，所以称为阻焊层（绿油层），需要焊接的部分一般显示为小圆圈或小方圈，比焊盘大。阻焊层又可以分为 Top Layers 和 Bottom Layers 两层。

9.7.2 焊盘设计原则

焊盘 PCB 设计时应遵循以下几点。

（1）在进行焊盘 PCB 设计时，焊点可靠性主要取决于长度而不是宽度。

（2）采用封装尺寸最大值和最小值为参数进行同一种元器件焊盘设计时焊盘尺寸的计算，保证设计结果适用范围宽。

（3）PCB 设计时应严格保持同一个元器件对称使用焊盘的全面的对称性，即焊盘图形的形状与尺寸应完全一致。

（4）焊盘与较大面积的导电区（如地、电源等平面）相连时，应通过一较细导线进行热隔离，一般宽度为 0.2 ～ 0.4mm，长度约为 0.6mm。

（5）波峰焊时焊盘设计一般比载流焊时大，因为波峰焊中元器件有胶水固定，焊盘稍大，不会危及元器件的移位和直立，相反却能减少波峰焊的"遮蔽效应"。

（6）焊盘设计要适当，既不能太大也不能太小。焊盘太大则焊料铺展面大，形成的焊点较薄；焊盘太小则焊盘铜箔对熔融焊料的表面张力小，当铜箔的表面张力小于熔融焊料表面张力时，形成的焊点为不浸润焊点。

9.8 Pad Designer 图形编辑器

Allegro 设计时 Pad Designer 编辑器界面中进行焊盘设计，该界面结合对话框与 Windows 界面，包括标题栏、工具栏与工作区。

执行"开始"→"程序"→"Cadence Release 17.2-2016"→"Product Utilities"→"PCB Editor Utilities"→"Padstack Editor"命令，进入 Pad Editor 图形界面，如图 9-87 所示。

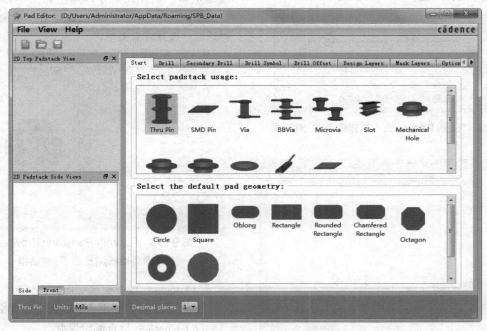

图 9-87 "Pad Editor"界面

9.8.1　菜单栏

Pad Editor 编辑器菜单栏包括"File（文件）""View（视图）"和"Help（帮助）"3 个菜单，下面介绍每个菜单的作用。

1. File（文件）菜单

主要用于文件的打开、关闭、保存等操作，如图 9-88 所示，下面分别介绍各命令。

图 9-88　"File（文件）"菜单

（1）New：新建，选择此命令，弹出如图 9-89 所示的 New Padtack（新建焊盘）对话框，在"Padstack name（焊盘名称）"文本框中输入焊盘名称，单击 ... 按钮，弹出如图 9-90 所示的"New padstack（新建焊盘文件）"对话框，选择焊盘文件路径，在"Padstack usage（焊盘用法）"下拉列表中选择焊盘类型，如图 9-91 所示。

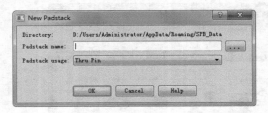

图 9-89　"New Padstack（新建焊盘）"对话框

图 9-90　"Pre_New（新建）"对话框

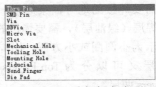

图 9-91　选择焊盘类型

单击 OK 按钮，完成焊盘文件的创建。

（2）Open：打开，选择此命令，弹出如图 9-92 所示的"Open padstack（打开焊盘文件）"对话框，选择文件路径，打开已创建的焊盘文件。

图 9-92　"Open padstack（打开焊盘）"对话框

（3）Library Padstack Browser：库焊盘堆栈浏览器。选择此命令，弹出如图 9-93 所示的"Library Padstack Browser（库焊盘堆栈浏览器）"对话框，选择焊盘类型。

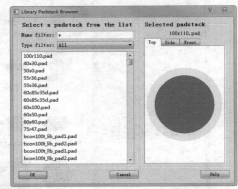

图 9-93　"Library Padstack Browser（库焊盘堆栈浏览器）"对话框

（4）Save：保存焊盘文件。

（5）Save As：更名保存编辑的焊盘文件。

（6）Check：检查编辑焊盘。

（7）Script：脚本信息，执行此命令，弹出"Scripting（脚本）"对话框，进行脚本录制和演示，如图 9-94 所示。

图 9-94 "Scripting（脚本）"对话框

（8）Exit：退出，选择此命令，退出焊盘编辑器。

2. View（视图）菜单

主要用于执行用户界面的设置情况，如图 9-95 所示。

Reset UI to Cadence default：将用户界面重置为 Cadence 默认值。

3. Help 菜单

显示在进行焊盘创建、编辑过程中遇到的问题、需要的帮助指导，菜单命令如图 9-96 所示，包 含 Documentation、Web Resources、Command Reference、About 命令，为用户提供相应的 帮助。

图 9-95 "Reports 图 9-96 "Help"菜单
（报告）"菜单

Documentation：文档，执行该命令，打开如图 9-97 所示的网页式文档，显示在学习过程中遇

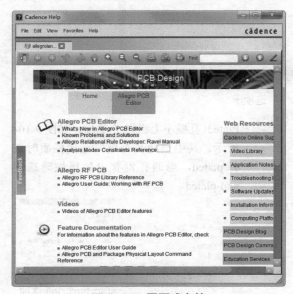

图 9-97 网页式文档

到的问题并寻找帮助。

9.8.2 工作区

（1）2D Padstack Top Views：显示焊盘的 2D 顶视图，如图 9-98 所示。

（2）2D Padstack Side Views：显示焊盘的 2D 侧视图以及正视图。通过 top、side、front 直观地了解到焊盘的封装、层叠信息、钻孔信息，如图 9-99 所示。

图 9-98 显示焊盘 图 9-99 显示焊盘
顶视图 侧视图

（3）Start 界面：该选项卡用来选择焊盘类型以及焊盘默认的几何形状，如图 9-100 所示。分为两个部分："Select Padstack usage"选项组与"New Padstack（新建焊盘）"对话框中的"Padstack usage（焊盘用途）"下拉列表中的焊盘类型相同。在"Select the default pad geometry"选项组下选择焊盘的形状，其中包括 Circle（圆形）、Square（正方形）、Oblong（椭圆形）、Rectangle（长方形）、Rounded Rectangle（圆角长方形）、Chamefered Rectangle（倒角长方形）、Octagon（八边形）、Donut（环形）、n-Side Polygon（多边形）"。

（4）Drill 选项卡：该选项卡为钻孔界面，用于定义钻孔的类型、尺寸、误差。还可以定义钻孔的行与列，以及每个钻孔行与列之间的间隔。直接输入数字即可，在界面左下角的 Units（单位）中通过下拉菜单选择单位，如图 9-101 所示。

1）Drill hole（钻孔参数）选项组

在该选项组下设置焊盘为通孔时，钻孔的直径、类型和形状。

- Hole type：钻孔形状，提供了 2 种不同的钻孔形状选项，"Circle（圆形）和 Square（方形），如图 9-102 所示。

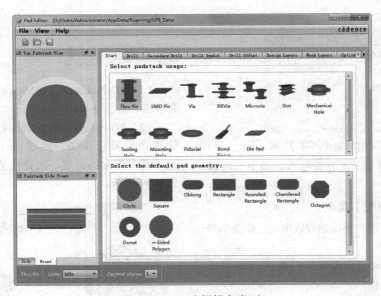

图 9-100　选择焊盘类型

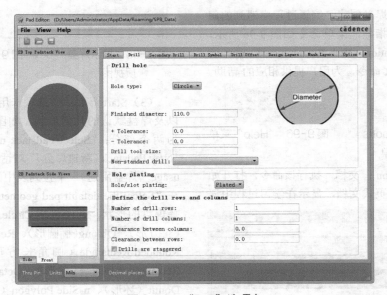

图 9-101　"Drill" 选项卡

- Finished diameter：钻孔直径，设置钻孔
  的直径。
- +Tolerance、-Tolerance：公差，焊盘钻孔
  直径允许的误差范围。
- Non-standard drill：非标准钻孔类型，有
  7 种不同类型，如图 9-103 所示。
2）Hole Plating（电镀孔）选项组
- Hole/slot Plating：电镀类型，根据不同
  需要提供了"Plated（孔壁上锡）和 Non-

Plated（孔壁不上锡）2 个选项，如图 9-104
所示。其中当通孔有电气连接性质时选
择 plated，当通孔没有电气属性时选择
non-plated。

图 9-102　Hole type 选项　　图 9-103　Non-
standard drill 选项

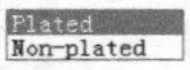

图 9-104　Plating 选项

3）Define the drill rows and columns（定义孔的行与列）选项组

在该选项组中设置孔的行与列尺寸。

- Drill are Staggered：勾选该复选框，添加的多个错列的钻孔。
- Number of drill Rows（行）、Number of drill Columns（列）：设置钻孔数目，行和列的数目的设置范围是 1~10，总的过孔数不超过 50。
- Clearance between Rows、Clearance between Columns：设置孔行、列方向的间距。

（5）Secondary Drill：该选项卡用于设置焊盘为盲 / 埋孔时，钻孔的直径、类型和形状，如图 9-105 所示。

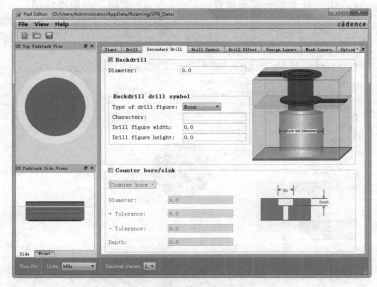

图 9-105　"Secondary Drill" 选项卡

1）勾选 "Backdrill（埋孔）" 复选框，激活 "Backdrill drill symbol" 选项组，设置钻孔的基本尺寸。

在 "Type of drill figure（钻头类型）" 下拉列表中选择钻头形状，如图 9-106 所示。其中包括 Null（空）、Circle（圆形）、Square（正方形）、Hexagon X（X 方向的六边形）、Hexagon Y（Y 方向的六边形）、Octagon（八边形）、Cross（十字形）、Diamond（菱形）、Triangle（三角形）、Oblong X（X 方向的椭圆形）、Oblong Y（Y 方向的椭圆形）、Rectangle（长方形）。

- Character：在该文本框中输入字符，表示图形内的文字。
- Drill figure width、Drill figure height：在该文本框中输入图形的尺寸，表示图形的宽度和高度。

2）勾选 "Counter bore/sink（盲孔）" 复选框，激活选项组，设置盲孔的基本尺寸。

- 下拉列表：选择钻头形状，如图 9-107 所示。
- Diameter（直径）：在文本框中输入直径值。
- +Tolerance、+Tolerance：公差，焊盘钻孔直径允许的误差范围。
- Depth：设置孔深。

（6）Drill Symbol：在该选项卡中定义钻孔的几何图形及其大小，如图 9-108 所示。

图 9-106　钻头　图 9-107　沉孔　图 9-108　钻头
　形状　　　钻头形状　　　　形状

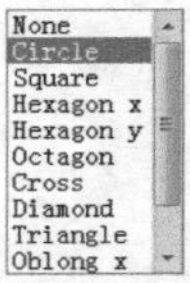

在 "Type of drill figure（钻头类型）" 下拉

列表中选择用户需要的符号，如图 9-109 所示。

- Character：设置钻头特性。
- Drill figure diameter：表示钻孔直径。

（7）Drill Offset：该选项卡定义钻孔的中心与图示中心的距离，如图 9-110 所示。

- Offset x、Offset y：焊盘坐标原点距离焊盘中心的长度，通常情况下都设置为 0，即坐标原点与焊盘的中心重合。

（8）Design Layers：该选项卡显示层面设置，

如图 9-111 所示。

在该选项组中选择要编辑的层；在表格中"Regular Pad（规则焊盘）"选项栏、"Thermal Relief（热焊盘）"选项栏和"Anti Pad（负片焊盘）"选项栏中选择需要的几何形状，同时填写相关的数据。

该选项组中各项的意义如下。

- BEGIN LAYER：定义焊盘在 PCB 中的起始层，一般指顶层。
- END LAYER：定义焊盘在 PCB 中的结束层，一般指底层。

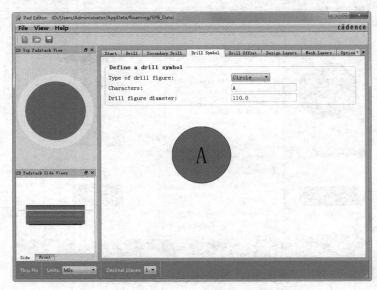

图 9-109 "Drill Symbol"选项卡

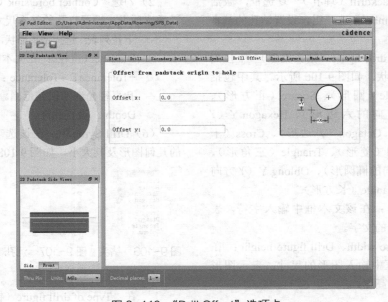

图 9-110 "Drill Offset"选项卡

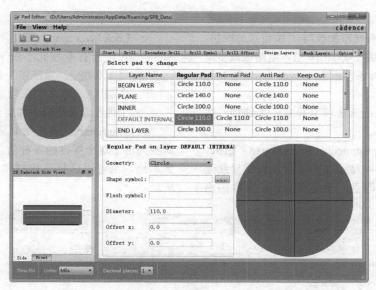

图 9-111 "Design Layers" 选项卡

- DEFAULT INTERNAL：定义焊盘在 PCB 中处于顶层和底层之间的各层。
- SOLDERMASK_TOP：定义位于顶层铜箔焊盘位置的去阻焊窗。
- SOLDERMASK_BOTTOM：定义位于底层铜箔焊盘位置的去阻焊窗。
- PASTEMASK_TOP：定义位于顶层焊盘位置的涂胶开窗，此功能用于 PCB 的钢网加工。
- PASTEMASK_BOTTOM：定义位于底层焊盘位置的涂胶开窗，此功能用于 PCB 的钢网加工。

在 "Select pad to change（选择要改变的焊盘）" 选项组下显示焊盘在每一层的信息。Regular Pad、Thermal Pad、Anti Pad、Keep Out 菜单分别表示焊盘几何图形、散热、隔离、阻焊。

在层上单击鼠标右键，显示如图 9-112 所示的快捷菜单，选择命令可以在选择的层上、下添加和删除层。

图 9-112 快捷菜单

在 "Regular Pad on layer DEFAULF INTERNAL"

选项组下可以设置焊盘的外形、尺寸。

- Geometry（几何图形）" 提供了以下选项：Null（空）、Circle（圆形）、Square（正方形）、Oblong（椭圆形）Rectangle（长方形）和 Shape（自定义外形）。
- Shape symbol：选择焊盘和隔离孔的外形。当选择某一外形时，系统会自动添加宽度和高度。
- Flash symbol：选择散热孔的外形。当选择某一外形时，系统会自动添加 Width 和 Height。
- Diameter：在文本框中输入直径值。
- +Tolerance、+Tolerance：公差，焊盘钻孔直径允许的误差范围。
- Offset x、Offset y：焊盘坐标原点距离焊盘中心的长度，通常情况下都设置为 0，即坐标原点与焊盘的中心重合。

（9）Mask Layers：该选项卡用于设置阻焊层焊盘参数，如图 9-113 所示。

阻焊层分为 sold mask 和 paste mask，一般称之为绿油层和锡膏防护层（钢网层）。值得注意的是 Solder Mask 是出负片，也就是说，设计图纸上绘制图形的地方在实际生产时是没有绿油的。Paste mask 是出正片，设计图纸上绘制有电路的位置是会有锡膏的。

单击"Add Layer（添加板层）"按钮添加板层，最多可以顶层、底层各添加 16 层，电路板最多添加 32 层。除此之外还包括 filmmask（预留层）和 coverlay（图覆层）。

（10）Options：该选项卡只有两个选项，如图 9-114 所示。

- Suppress unconnected internal pad；legacy artwork：不显示在当前层没有铜导线连接网络的焊盘，但是在 gerber 文件的格式中保留。

- Lock layer span：锁层，当加入新的层后，保证盲孔或埋孔不受干扰。若埋孔连接层 1 和层 2，当在层 1 和层 2 之间添加一个层 1A，那么，在勾选这个选项后，这个埋孔就会将层 1 和层 1A 连接。

（11）Summary：该选项卡显示简要的汇总表。简要列出了这个焊盘的各种信息，可以选择保存到本地，也可以选择直接打印输出，如图 9-115 所示。

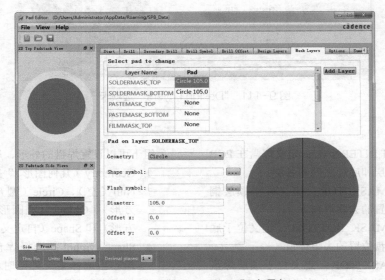

图 9-113 "Mask Layers" 选项卡

图 9-114 "Options" 选项卡

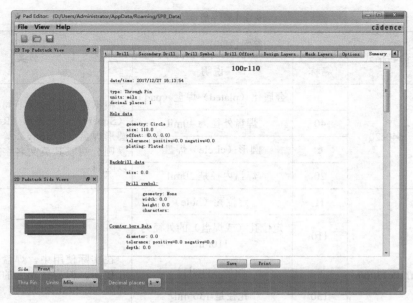

图 9-115　单位选项

1）Units（单位）选项：在该选项下指定焊盘编辑的单位类型。

打开如图 9-116 所示的下拉选项，显示 Mils（千分之一英寸）、Inch（英寸）、Millimeter（毫米）、Centimeter（厘米）和 Micro（微米）5 种单位选项。

图 9-116　单位类型

2）在"Decimal places（小数点位置）"文本框内可以输入 0 ～ 4 中的任意整数，设置小数点后的精确度位数，最高精确度为小数点后 4 位。

9.9　焊盘设计

在建立元器件封装时，需要将每个管脚放到封装中，放置管脚的同时需要在库中寻找相对应的焊盘，即元器件封装的每个管脚都必须有一个焊盘与之相对应。Allegro 会将每个管脚对应的焊盘名存储起来。焊盘文件的后缀名为".pad"。

当元器件的封装符号添加到设计中时，Allegro 从焊盘库复制元器件封装的每个管脚对应的焊盘数据，并且从元器件的封装库中复制元器件的封装数据。

下面简单介绍焊盘的不同分类。

1. 按照外形

按照焊盘的外形一般分为"Shape Symbol（外形符号）"与"Flash Symbol（花焊盘）"两种。

2. 按照管脚

元器件的封装管脚按照与焊盘的连接方式分为表贴式与直插式，而对应的焊盘则分为贴片焊盘与钻孔焊盘，在表 9-1 中显示这两种焊盘的命名规则。

表 9-1 焊盘命名规则

焊盘类型		命名格式	参数说明		分类
			名称	说明	
钻孔焊盘		p40c20	p	金属化（plated）焊盘（pad）	根据焊盘的形状不同，还有正方形（Square）、长方形（Rectangle）和椭圆形焊盘（Oblong）等，在命名的时候则分别取其英文名字的首字母来加以区别
			40	焊盘外径为 40mil	
			c	圆形（circle）焊盘	
			20	焊盘内径是 20mil	
钻孔焊盘		h110c130p/u	H	定位孔（hole）	在实际使用中，焊盘也可以做定位孔使用，但为管理上的方便，在此将焊盘与定位孔加以区别
			110	定位孔（或焊盘）的外径为 110mil	
			c	圆形（circle）	
			130	孔径是 130 mil	
			p	金属化（plated）孔	
			u	非金属化（unplated）孔	
贴片焊盘	长方形焊盘	s30_60	S	表面贴（surface mount）焊盘	贴片焊盘还有其他形状焊盘，这里只介绍最基本的三种。 宽度和高度是指Allegro的Pad_Designer工具中的参数，用这两个参数来指定焊盘的长和宽或直径。如上方法指定的名称均表示在top层的焊盘，如果所设计的焊盘是在bottom层时，在名称后加一字母"b"来表示
			30	宽度为 30mil	
			60	高度为 60mil	
	方形焊盘	ss050	第一个 s	表面贴（surface mount）焊盘	
			第二个 s	正方形（square）焊盘	
			050	宽度和高度都为 50mil	
	圆形焊盘	sc60	s	表面贴（surface mount）焊盘	
			c	圆形（circle）焊盘	
			60	宽度和高度都为 60mil	

贴片式焊盘在电气层只需要对顶层、顶层加焊层、顶层阻焊层进行设置，而且只需要对常规焊盘进行设置，而热风焊盘和反焊盘均选择NULL，而钻孔焊盘则设置相对较多。

3. 按照分布层

印制板的表层按照显示方式的不同分为正片和负片，而焊盘按照在不同层上分布分为"Regular Pad（规则焊盘）（规则焊盘）""Thermal Relief（热焊盘）（热风焊盘）"和"Anti Pad（负片焊盘）（隔离焊盘）"。

4. 各种焊盘尺寸的关系

焊盘＝常规焊盘＝助焊盘；反焊盘＝阻焊盘＝常规焊盘 +0.1mm 类型。

热风焊盘：外径等于常规焊盘外径，内径等于钻孔直径 +0.5mm（6mil or 8mil）；开口直径＝（外径－内径）/2+10mil。

9.9.1 钻孔焊盘

建立如图 9-117 所示的钻孔焊盘 Pad60sq30d，

说明如何建立正方形有钻孔的焊盘，参数说明见表 9-2。

表 9-2　参数说明

参数	说明	参数	说明
Pad	焊盘	sq	焊盘的外形为正方形
60	焊盘的外形大小为 60mil	30	焊盘的钻孔尺寸为 30mil
d	钻孔的孔壁必须上锡，可以用来导通各种层面		

具体的建立步骤如下。

（1）执行"开始"→"程序"→"Cadence Release 17.2-2016"→"Product Utilities"→"PCB Editor Utilities"→"Padstack Editor"命令，将弹出如图 9-118 所示的对话框。

图 9-117　钻孔焊盘

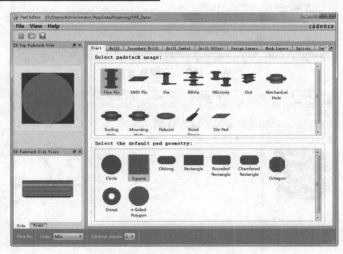

图 9-118　"Pad Editor"对话框

（2）在"Start"选项卡内进如下设置。

- Unites 选择 Mils，Decimal places 设置为 0，表示点位为 Mil，取整数。
- 在"Select Padstack usage"选项组选择"Thru Pin（通孔）"。
- 在"Select the default pad geometry"选项组下设置 Hole type 为 Square，表示钻孔为方形。

（3）在"Drill"选项卡内进行设置通孔尺寸。

- 选择 Hole /slot Plating 选项为 Plated，表示孔壁要上锡；Finished diameter 文本框内输入 40 表示孔径为 40mil，如图 9-119 所示。

（4）在"Drill Offset"选项卡内进行如下设置。

- 在 Offset x 文本框内输入 0，表示 x 轴不偏移，如图 9-120 所示。

（5）在"Drill Symbol"选项卡内进行如下设置。

- 在 Type of drill figure 内设置选项为 Rectangle，

表示矩形；在 Characters 文本框内输入 A；在"Width（宽度）"文本框内输入 45，表示圆形的宽度为 45mil；在"Height（高度）"文本框内输入 25，表示圆形的高度为 25mil，如图 9-121 所示。

（6）在 Design Layer 层内进行如下设置。

1）在 Layer Name 列表内选择"BEGIN LAYER"选项，选择 BEGIN LAYER 层后进行如下设置。

- "Regular Pad（规则焊盘）"列表"Geometry（几何图形）"选项下选择 Square，表示焊盘为正方形；"Width（宽度）"输入 60，表示正方形边长为 60mil；Height 自动输入 60；Offset x 和 Offset y 文本框内输入 0，如图 9-122 所示。
- 在"Thermal Relief（热焊盘）"列表"Geometry（几何图形）"选项下选择 Square，表示焊盘为正方形；"Width（宽度）"输入 78，表示正方形边长为 78mil；Offset x 和 Offset y 文本框输入 0，如图 9-123 所示。

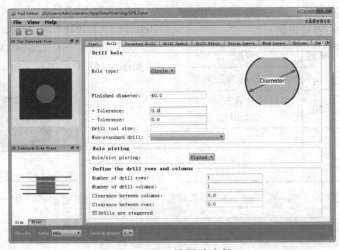

图 9-119　设置孔直径

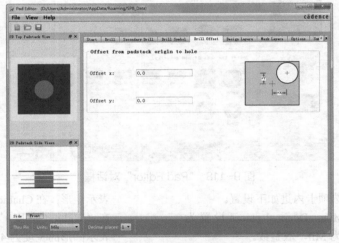

图 9-120　设置偏移量

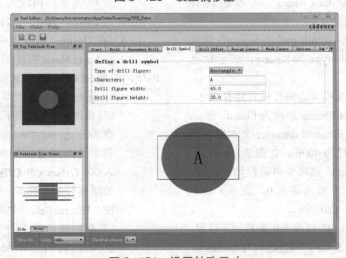

图 9-121　设置钻孔尺寸

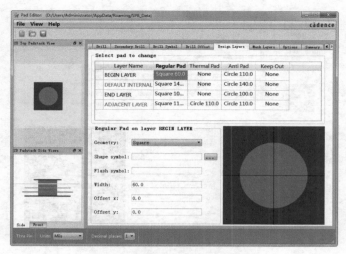

图 9-122　设置规则焊盘

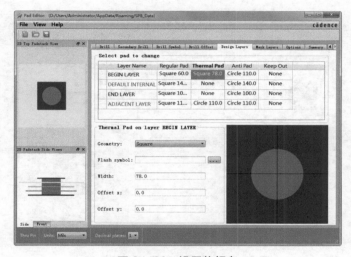

图 9-123　设置热焊盘

- 在"Anti Pad（负片焊盘）"列表"Geometry（几何图形）"选项下选择 Square，表示焊盘为正方形；Width 输入 78，表示正方形边长为 78mil；Offset x 和 Offset y 文本框内输入 0，设置完成后如图 9-124 所示。

2）设置 END LAYER 层。END LAYER 层的设置内容和 BEGIN LAYER 层的设置内容相同，结果如图 9-125 所示。

3）设置 DEFAULT INTERNAL 层。在"Layer Name（层名称）"列表内选择 BEGIN LAYER 与 END LAYER 间的"DEFAULT INTERNAL"选项，选择 DEFAULT INTERNAL 层后进行如下设置。

- 在 Regular Pad（规则焊盘）列表中设置内容为 Geometry（几何图形）选择 Circle，

表示焊盘为圆形；Diameter 输入 50，表示外切圆的直径为 50mil；Offset x 和 Offset y 文本框内输入 0，如图 9-126 所示。
- 在 Thermal Relief（热焊盘）列表"Geometry（几何图形）"选项下选择 Circle，表示焊盘为圆形；Diameter 输入 75，表示外切圆的直径为 75mil；Offset x 和 Offset y 文本框内输入 0，如图 9-127 所示。
- 在 Anti Pad（负片焊盘）列表"Geometry（几何图形）"选项下选择 Circle，表示焊盘为圆形；Diameter 输入 75，表示外切圆的直径为 75mil ；在 Offset x 和 Offset y 文本框内输入 0，如图 9-128 所示。

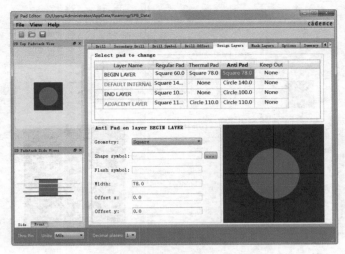

图 9-124　设置"BEGIN LAYER"层

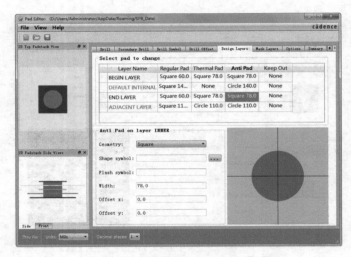

图 9-125　设置"END LAYER"层

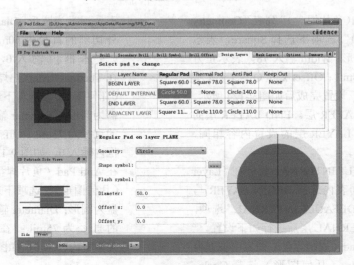

图 9-126　规则焊盘设置

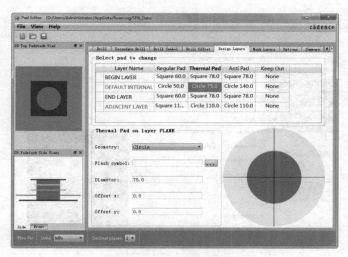

图 9-127 热焊盘设置

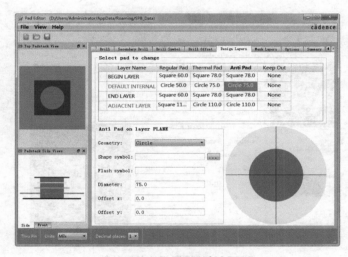

图 9-128 设置默认层

（7）打开"Mask Layer"选项卡。

1）设置 SOLDERMASK_TOP 层。在"Layer Name（层名称）"列表内选择"SOLDER MASK_TOP"选项，选择 SOLDER MASK_TOP 层后进行如下设置。

在 Pad（焊盘）列表下的 Geometry（几何图形）栏中选择 Square，表示正面焊盘为正方形，在 Width（宽度）文本框内输入 75，如图 9-129 所示。

2）设置 SOLDERMASK_BOTTOM 层。在"Layer Name（层名称）"列表内选择"SOLDER MASK_BOTTOM"选项，选择 SOLDERMASK_BOTTOM"后进行如下设置。

- 在 Pad（焊盘）列表下的 Geometry（几何图形）栏中选择 Square，表示正面焊盘为正方形，在 Width（宽度）文本框内输入 75，设置好的各层参数如图 9-130 所示。

（8）顶层预览。

在左侧的 2D Padstack Top Views 选项组下显示焊盘的 2D 顶视图。在 2D Padstack Side Views 选项组下显示焊盘的 2D 侧视图以及正视图。

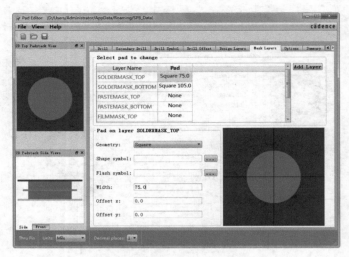

图 9-129 设置"SOLDERMASK_BOTTOM"层

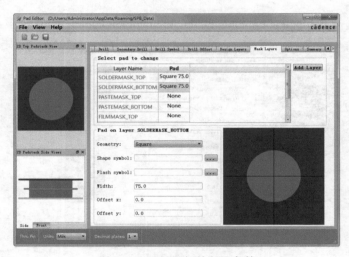

图 9-130 设置好的各层参数

9.9.2 热风焊盘设计

下面介绍如图 9-131 所示的 Pad60sq34d 的热风焊盘 tr50x64x15-45 的创建过程,在表 9-3 中显示参数说明。

表 9-3 参数说明

参数	说明	参数	说明
tr	放散热 pad(Thermal Relief(热焊盘))	15	开口尺寸等于 15mil
50	内径尺寸等于钻孔尺寸(34mil)加上 16mil	—	数字分隔符
x	数字的分隔符	45	开口角度等于 45°

具体的建立步骤如下。

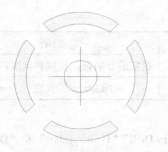

图 9-131　热风焊盘

（1）启动 Package Designer，进入主工作界面。选择菜单栏中的"File（文件）"→"New（新建）"命令，弹出"New Drawing（新建图纸）"对话框，在"Drawing Type（图纸类型）"下拉列表中选择"Flash symbol"选项，在"Drawing Name"文本框内输入"tr50x64x15-45.dra"，如图9-132 所示。

图 9-132　"New Drawing"对话框

（2）单击 Browse... 按钮指定存放的位置，然后单击 OK 按钮回到编辑器界面。

（3）选择菜单栏中的"Setup（设置）"→"Design Parameter（设计参数）"命令，在弹出的"Design Parameter Editor"对话框中选择"Design（设计）"选项卡进行图纸尺寸设置，如图9-133 所示。

图 9-133　"Design"选项卡

● Type：选择 Flash。

● User Units：选择单位为 Mils。

● Accuracy：设置为 0，表示取整数部分。

● Left X：-500；Lower Y：-500；Width：1000；Height；1000。

其余参数设置为默认。

（4）选择菜单栏中的"Add（添加）"→"Flash（焊盘栈）"命令，将弹出"Thermal Pad Symbol（焊盘栈符号）"对话框，如图 9-134 所示。

图 9-134　"Thermal Pad Symbol"对话框

（5）选择默认选项，单击 OK 按钮，在工作区上显示热风焊盘。

（6）建立符号。选择菜单栏中的"File（文件）"→"Create Symbol（生成符号）"命令，将弹出"Create Symbol（生成符号）"对话框，如图9-135 所示，将 tr50x64x15-45.fsm 文件保存起来。

图 9-135　"Create Symbol"对话框

9.9.3　贴片焊盘设计

下面介绍 SMD 贴片焊盘 smd60_30 的创建的方法，在表 9-4 中显示参数说明。

表 9-4 参数说明

参数	说明	参数	说明
smd	SMD 的焊盘，单一层面且没有钻孔	—	数字的分隔符，宽度和高度的分隔符号
60	Padstack 的宽度为 60mil	30	Padstack 的高度为 30mil

（1）启动 Padstack Editor 打开焊盘编辑器 Pad Editor。

（2）选择菜单栏中的"File（文件）"→"new（新建）"命令，弹出"New Padstack（新建焊盘）"对话框，在"Padstack Name（焊盘名称）"文本框内输入"smd30_60"，类型为"SMD Pin"，如图 9-136 所示。

图 9-136 "New Padstack" 对话框

（3）单击 ... 按钮，弹出"New padstack"对话框，指定存放的位置，如图 9-137 所示，单击"Save（保存）"按钮，保存设置并关闭"New padstack"对话框。

在"New Padstack（新建焊盘）"对话框中单击 OK 按钮，返回编辑器界面。

图 9-137 "New padstack" 对话框

（4）设置"Layers（层）"选项卡中的参数。因为表面贴焊盘无钻孔，故钻孔参数设置选项卡

"Secondary Drill""Drill symbol" 和 "Drill Offset"不定义。

打开"Drill（钻孔）"选项卡，在"Hole type（孔类型）"选项中显示为"None"，便是创建贴片式焊盘，对其余选项进行以下设置。

- Unites：默认选择 Miles，表示设计单位为 Mils。
- Decimal Places：选择 0，表示为整数。

设置完成的参数如图 9-138 所示。

（5）设置"Design Layers（设计的层）"选项卡中的参数。打开"Design Layers（设计的层）"选项卡，设置开始层与阻焊层的参数值，如图 9-139 所示。

设置开始层：选择"BEGIN LAYER"层，在"Regular Pad（规则焊盘）"栏"Geometry（几何图形）"选项下选择"Rectangle"，表示焊盘为矩形；在"Width（宽度）"文本框输入 60，Height 文本框输入 30，"Thermal Relief（热焊盘）"栏和"Anti Pad（负片焊盘）"栏均不输入。

（6）设置"Mask Layers（阻焊层）"选项卡中的参数。

设置顶层阻焊层：选择 SOLDERMASK_TOP 层，在"Regular Pad（规则焊盘）"栏下设置内容为"Geometry（几何图形）"选择 Rectangle，表示焊盘为矩形；在"Width（宽度）"文本框中输入 66，"Height（高度）"文本框中输入 36，"Thermal Relief（热焊盘）"栏和"Anti Pad（负片焊盘）"栏均不输入，如图 9-140 所示。

（7）在左侧的 2D Padstack Top Views 选项组下显示焊盘的 2D 顶视图，如图 9-141 所示。仔细检查焊盘所有的属性以及尺寸，确认无误后保存设计。至此，一个表面贴焊盘就设计完成。

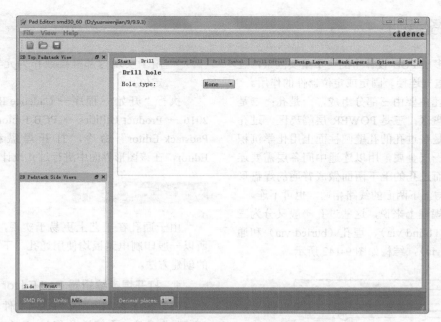

图 9-138　设置"Drill（钻孔）"选项卡参数

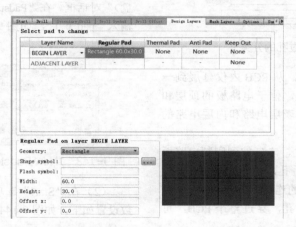

图 9-139　设置好的"Design Layers（设计的层）"参数

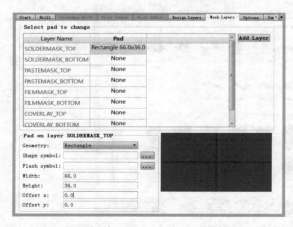

图 9-140　设置好的"Mask Layers（阻焊层）"参数

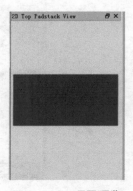

图 9-141　顶层预览

9.10 过孔设计

过孔是多层 PCB 设计中的一个重要因素，过孔可以起到电气连接、固定或定位器件的作用。

一个过孔主要由三部分组成，一是孔；二是孔周围的焊盘区；三是 POWER 层隔离区。过孔的工艺过程是在过孔的孔壁圆柱面上用化学沉积的方法镀上一层金属，用以连通中间各层需要连通的铜箔，而过孔的上下两面做成普通的焊盘形状，可直接与上下两面的线路相通，也可不连。

从工艺规程上来说，这些过孔一般又分为三类，即盲孔（blind via）、埋孔（buried via）和通孔（through via），结构如图 9-142 所示。

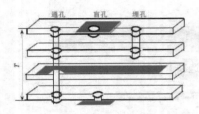

图 9-142 过孔的分类

- Blind via：盲孔，从 PCB 内仅延展到一个表层的导通孔，位于电路板的顶层和底层表面，用于表层电路和内层电路的连接。
- Buried via：埋孔，未延伸到印制电路板表层的一种导通孔，位于电路板内层，用于内层电路间的连接。
- Through via：通孔，穿过整个 PCB，可

用于实现内部互连或作为元器件的安装定位孔。

执行"开始→程序→ Cadence Release 17.2-2016 → Product Utilities → PCB Editor Utilities → Padstack Editor"命令，打开焊盘编辑器 Pad Editor，在该图形界面中进行过孔设计。

9.10.1 通孔设计

由于通孔在工艺上更易于实现，成本较低，所以一般印制电路板均使用通孔。下面介绍通孔的创建方法。

1. 打开焊盘编辑器 Pad Editor

（1）选择菜单栏中的"File（文件）"→"New（新建）"命令，系统弹出"New Padstack（新建焊盘）"对话框。在"Padstack name（文本名）"栏中输入"pad_c_1"，如图 9-143 所示。单击 OK 按钮即可。

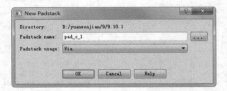

图 9-143 "New Padstack（新建焊盘）"对话框

（2）在"Start"选项卡内进行设置。基本参数设置如下，如图 9-144 所示。

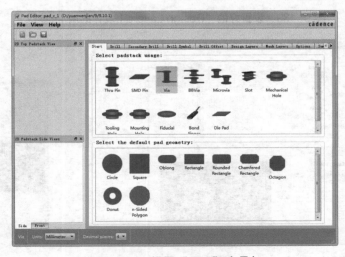

图 9-144 设置"Start"选项卡

定义所用的单位及精度："Units（单位）"设置为"Millimeter"，"Decimal places（小数点位置）"文本框设置为"2"。

（3）在"Drill"选项卡内设置通孔尺寸。

定义钻孔符号"Hole type"设置为"Circle"，定义钻孔参数"Drill/Slot Plating（电镀）"设置为"Plated（上锡）"，"Finished diameter（钻孔属性）"设置为"1.00"，如图 9-145 所示。

图 9-145 "Drill"选项卡

（4）在"Drill Offset"选项卡内进行设置。Offset x y 文本框内输入 0，偏置都设置为"0"。

（5）在设置 Design Layer 选项卡内进行设置。通孔属于贯通孔，要设置从上到下不同层的孔径，参数设置如下，激活"BEGIN LAYER"层，进行如下设置，如图 9-146 所示。

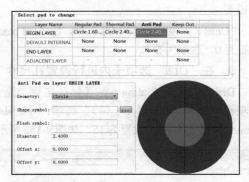

图 9-146 设置"BEGIN LAYER"层

- "Regular Pad（规则焊盘）"："Geometry（几何图形）"设置为"Circle"，"Diameter（直径）"设置为"1.60"。
- "Thermal Relief（热焊盘）"："Geometry（几何图形）"设置为"Circle"，"Diameter（直径）"设置为"2.40"，"Height（高度）"

设置为"2.40"。

- "Anti Pad（负片焊盘）"："Geometry（几何图形）"设置为"Circle"，"Diameter（直径）"设置为"2.40"。

2. 定义默认的中间层

激活"DEFAULT INTERNAL"层，设置如下，如图 9-147 所示。

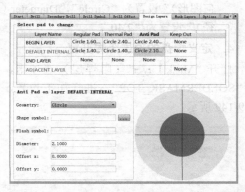

图 9-147 设置"DEFAULT INTERNAL"层

- "Regular Pad（规则焊盘）"："Geometry（几何图形）"设置为"Circle"，"Diameter（直径）"设置为"1.40"。
- "Thermal Relief（热焊盘）"："Geometry（几何图形）"设置为"Circle"，"Diameter（直径）"设置为"1.40"。
- "Anti Pad（负片焊盘）"："Geometry（几何图形）"设置为"Circle"，"Diameter（直径）"设置为"2.10"。

3. 定义焊盘的底层

激活"END LAYER"，进行如下设置，如图 9-148 所示。

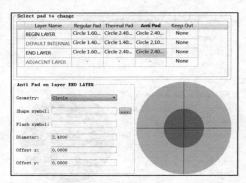

图 9-148 设置"END LAYER"层

- "Regular Pad（规则焊盘）"："Geometry（几何图形）"设置为"Circle"，"Diameter（直径）"设置为"1.60"。
- "Thermal Relief（热焊盘）"："Geometry（几何图形）"设置为"Circle"，"Diameter（直径）"设置为"2.40"。
- "Anti Pad（负片焊盘）"："Geometry（几何图形）"设置为"Circle"，"Diameter（直径）"设置为"2.40"。

4. 定义焊盘的顶层阻焊开窗

打开"Mask Layer"（阻焊层）选项卡，激活"SOLDERMASK_TOP"，进行如下设置，如图 9-149 所示。

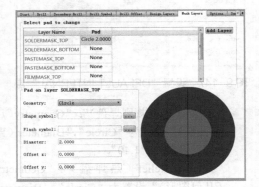

图 9-149　设置"SOLDERMASK_TOP"层

- "Regular Pad（规则焊盘）"："Geometry（几何图形）"设置为"Circle"，"Diameter（直径）"设置为"2.00"。

5. 定义焊盘的底层阻焊开窗

激活"SOLDERMASK_BOTTOM"层，进行如下设置，如图 9-150 所示。

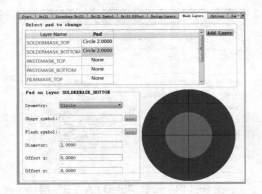

图 9-150　设置"SOLDERMASK_BOTTOM"层

- "Regular Pad（规则焊盘）"："Geometry（几何图形）"设置为"Circle"，"Diameter（直径）"设置为"2.00"。

至此，通孔的设计工作已经完成。

9.10.2　盲孔设计

在高密度板的设计中会大量应用到盲孔／埋孔。这两种孔必须创建后才能用在 PCB 的设计中，不能将通孔作为盲孔／埋孔使用。

下面以设计一个内径为 20mm、外径为 40mm 的盲孔为例，来介绍盲孔制作的过程。

1. 打开焊盘编辑器 Pad Editor

选择菜单栏中的"File（文件）"→"New（新建）"命令，系统弹出"New Padstack（新建焊盘）"对话框。在"文本名"栏中输入"b_v40_20.pad"，如图 9-151 所示。单击 OK 按钮即可。

图 9-151　"New Padstack（新建焊盘）"对话框

2. 选择"start（开始）"选项卡，进行以下设置

"Units（单位）"选择 Mils 选项，Decimal places 设置为 0，表示为整数。

3. 在"Drill"选项卡内进行设置孔尺寸

Drill/Slot hole Plating type（钻孔电镀类型）选项栏中选择"Plated（上锡）"选项，"Finished diameter（钻孔半径）"设置为 15，如图 9-152 所示。

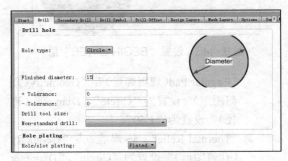

图 9-152　"Drill"选项卡

在"Drill Offset"选项卡内设置 Offset x 和 Offset y 为 0。

4. 在"Drill Symbol"选项卡内进行设置

在 Type of drill figure 中选择"Circle（圆形）"选项，"Character（字符）"文本框中输入 A，如图 9-153 所示。

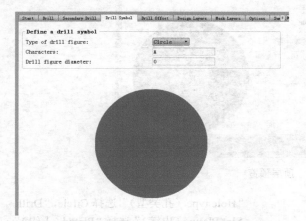

图 9-153   设置"Drill Symbol"选项卡参数

5. 选择"Design Layer（层）"选项卡

（1）设置"BEGIN LAYER"层。

选择"BEGIN LAYER"层，进行以下设置。

1）"Regular Pad（规则焊盘）"选项栏：在"Geometry（几何图形）"中选择 Circle 选项，"Diameter（直径）"设置为 40。

2）Thermal Relief（热焊盘）选项栏：在"Geometry（几何图形）"中选择 Circle 选项，"Diameter（直径）"设置为 46。

3）Anti Pad（负片焊盘）选项栏："Geometry（几何图形）"选择 Circle 选项，"Diameter（直径）"设置为 46。

设置好的内容如图 9-154 所示。

（2）设置 DEFAULT INTERNAL 层。

选择"DEFAULT INTERNAL"层，进行以下内容设置，如图 9-155 所示。

- 在"Regular Pad（规则焊盘）"选项栏中"Geometry（几何图形）"选择 Circle 选项，"Diameter（直径）"设置为 25。
- 在"Thermal Relief（热焊盘）"选项栏中

"Geometry（几何图形）"选择 Circle 选项，"Diameter（直径）"设置为 44。

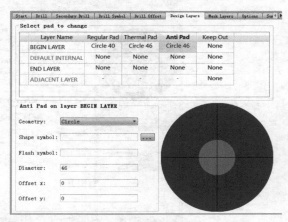

图 9-154   设置顶层铜箔层

- 在"Anti Pad（负片焊盘）"选项栏中"Geometry（几何图形）"选择 Circle 选项，"Diameter（直径）"设置为 44。

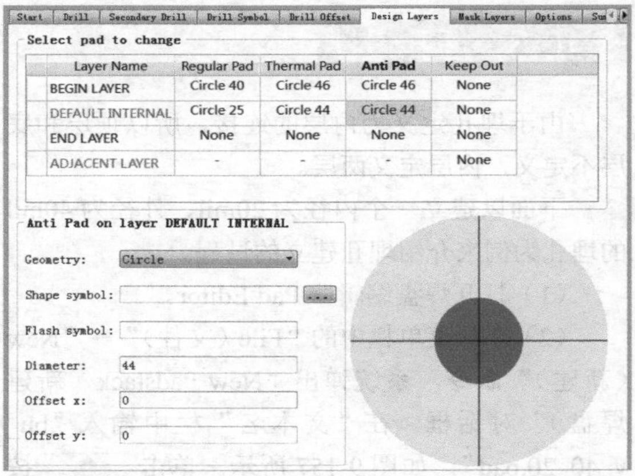

图 9-155   设置 DEFAULT INTERNAL 层

6. 打开"Mask Layer（阻焊层）"选项卡

（1）设置 SOLDERMASK_TOP。选择 SOLDERMASK_TOP 后，进行如下设置。

在"Pad（焊盘）"选项栏中的"Geometry（几何图形）"选择 Circle 选项，将"Diameter（直径）"设置为 40。

（2）在左侧的 2D Padstack Top Views 选项组下进行顶层预览，如图 9-156 所示。

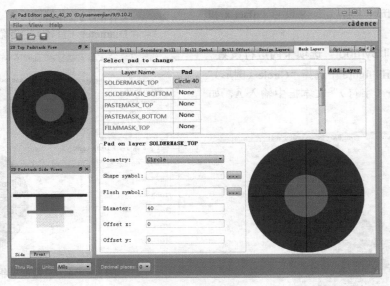

图 9-156　顶层预览

（3）选择菜单栏中的"File（文件）"→"Save As（另存为）"命令，保存文件。

9.10.3　埋孔设计

由于埋孔定义为内层的连接，所以顶层和底层不定义，内层定义两层。

下面以建立一个内径为 20mil、外径为 40mil 的埋孔为例来介绍埋孔建立的过程。

（1）打开焊盘编辑器 Pad Editor。

（2）选择菜单栏中的"File（文件）"→"New（新建）"命令，系统弹出"New Padstack（新建焊盘）"对话框。在"文本名"栏中输入"bu_v_40_20.pad"，如图 9-157 所示。单击 OK 按钮即可。

图 9-157　"New Padstack（新建焊盘）"对话框

（3）在"Start"选项卡内进行设置。

- "Units（单位）"选择 Mils 选项，"Decimal places（小数点位置）"设置为 0，表示为整数。
- （4）在"Drill"选项卡内进行设置通孔尺寸。

- "Hole type（孔类型）"选择 Circle，"Drill/Slot Plating（电镀）"选择"Plated（上锡）"选项，"Finished diameter（钻孔半径）"设置为 15，如图 9-158 所示。

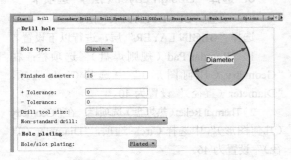

图 9-158　"Drill"选项卡

（5）在"Secondary Drill"选项卡中设置埋孔。勾选"Backdrill"复选框，设置埋孔数据。

- "Type of drill figure（钻孔符号类型）"选项栏中选择 Circle 选项，"Characters"（字符）文本框中输入"A"，"Drill figure diameter（钻孔半径）"设置为 15，如图 9-159 所示。
- （6）定义插入层。打开"Design Layers（层）"选项卡，注意埋孔是电路板内层的连接，所以顶层和底层不定义，在内层定义两层。

在 BEGIN LAYER 上用鼠标单击右键，在弹出的快捷菜单中选择"Insert Layer Below（插入）"

命令，新插入一层，同时命名为 HOLELAYER。
选择 HOLELAYER 层后进行以下设置。

- 在 Regular Pad（规则焊盘）选项栏中
"Geometry（几何图形）"选择 Circle 选项，
将"Diameter（直径）"设置为 21。

- 在"Thermal Relief（热焊盘）"选项栏中

"Geometry（几何图形）"选择 Circle 选项，
将"Diameter（直径）"设置为 38。

- 在"Anti Pad（负片焊盘）"选项栏中
"Geometry（几何图形）"选择 Circle 选项，
将"Diameter（直径）"设置为 38。

设置好以后如图 9-160 所示。

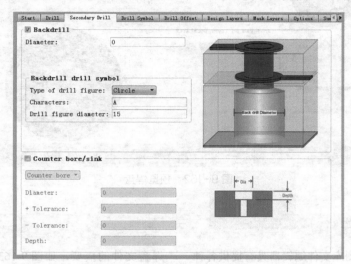

图 9-159 "Secondary Drill"选项卡

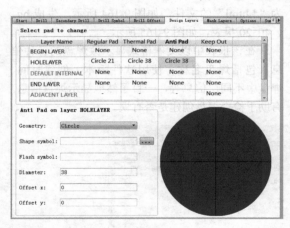

图 9-160 设置插入层

（7）设置 DEFAULT INTERNAL，选择
DEFAULT INTERNAL 层后进行以下内容设置。

- 在"Regular Pad（规则焊盘）"选项栏中
"Geometry（几何图形）"选择 Circle 选项，
将"Diameter（直径）"设置为 24。

- 在"Thermal Relief（热焊盘）"选项栏中
"Geometry（几何图形）"选择 Circle 选项，
将"Diameter（直径）"设置为 44。

- 在"Anti Pad（负片焊盘）"选项栏中
"Geometry（几何图形）"选择 Circle 选项，
将"Diameter（直径）"设置为 44。

设置完成以后如图 9-161 所示。

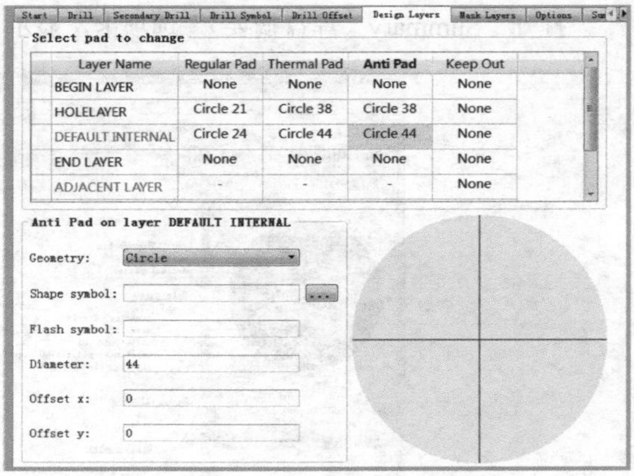

图 9-161 设置默认层

（8）在左侧的 2D Padstack Top Views 可以观察到焊盘的预览情况，如图 9-162 所示。

（9）选择菜单栏中的"File（文件）"→"Save（保存）"命令，保存建立的内容。

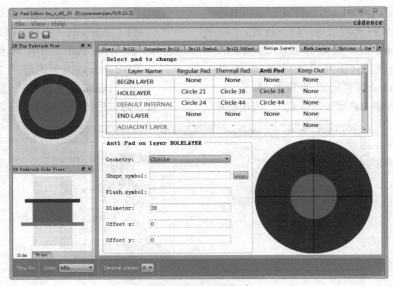

图 9-162　预览焊盘

9.11 报表文件

Cadence 的原理图库文件编辑器具有提供各种报表生成的功能，可以生成 3 种报表：元器件报表、元器件规则检查报表以及元器件库报表。用户可以通过各种报表列出的信息，帮助进行元器件规则的有关检查，使创建的元器件以及元器件库更准确。

在还以前面创建的埋孔文件"bu_v_40_20.pad"为例，介绍各种报表的生成方法。

打开"Summary（焊盘摘要）"选项卡，显示焊盘文件的摘要，如图 9-163 所示。单击"Save（保存）"按钮，弹出保存对话框，保存后缀名为"*.html"的文件，如图 9-164 所示，生成 bu_v_40_20 报表，如图 9-165 所示。

在该报表中以文本格式显示改焊盘的各种信息，包括焊盘名称、使用软件版本、创建时间、焊盘中不同层信息等，一目了然地显示焊盘信息，有助于检查焊盘创建是否有误。

图 9-163　"Summary（焊盘摘要）"选项卡

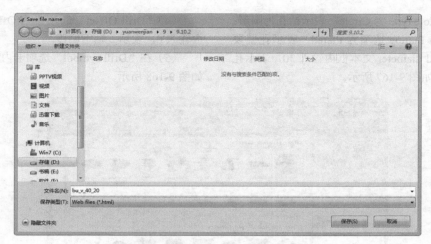

图 9-164 "Save file name" 对话框

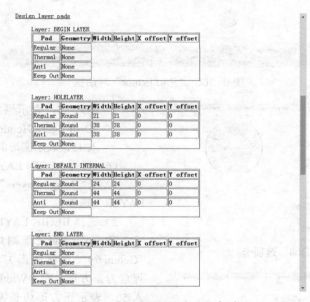

图 9-165 PAD60SQ40D 报表

9.12 操作实例

下面通过几种不同形式的焊盘的建立来介绍通过孔管脚焊盘的建立。

9.12.1 正方形有钻孔焊盘

下面以建立 Pad50sq30d 焊盘为例说明如何建立正方形有钻孔的焊盘，采用的热风焊盘为 tr40x54x10-35。具体的建立步骤如下。

扫码看视频

（1）执行"开始"→"程序"→"Cadence Release 17.2-2016"→"Product Utilities"→"PCB Editor Utilities"→"Padstack Editor"命令，将弹出如图 9-166 所示的对话框。

（2）在"Start"选项卡内进行设置。

● "Unites（单位）"选择 Mils，"Decimal places（小数点位置）"设置为 0，表示点位为 Mil，取整数。

（3）在"Drill"选项卡内设置孔尺寸。Drill

hole 内设置 Hole type 为 Circle，表示钻孔为圆形；选择 Hole/slot Plating 选项为 Plated，表示孔壁要上锡；Finished diameter 文本框内输入 30，表示孔径为 30mil，如图 9-167 所示。

（4）"Drill Offset"选项卡内 Offset x 文本框内输入 0，表示 x 轴不偏移。

（5）在"Drill symbol"选项卡内设置孔尺寸，如图 9-168 所示。

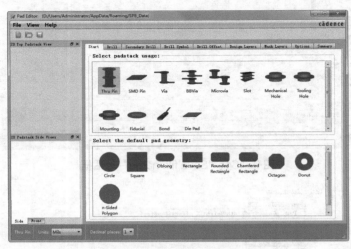

图 9-166 "Pad Editor"对话框

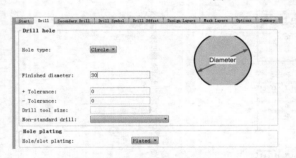

图 9-167 "Drill"选项卡

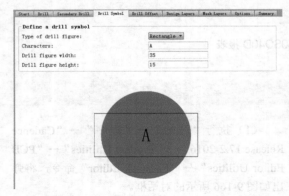

图 9-168 "Drill symbol"选项卡

- Type of drill figure 选项为 Rectangle，表示矩形；在 Characters 文本框内输入 A；在"Drill figure Width（宽度）"文本框内

输入 35，表示圆形的宽度为 35mil；在"Drill figure Height（高度）"文本框内输入 15，表示圆形的高度为 15mil。

（6）设置 BEGIN LAYER 层。

1）在"Design Layers"选项卡内选择"BEGIN LAYER"选项。

2）选择 BEGIN LAYER 层后进行如下设置。

"Regular Pad（规则焊盘）"设置内容：在"Geometry（几何图形）"中选择 Square，表示焊盘为正方形；在"Width（宽度）"文本框内输入 50，表示正方形边长为 50mil；在 Offset x 和 Offset y 文本框内输入 0。

"Thermal Relief（热焊盘）"设置内容："Geometry（几何图形）"选择 Square，表示焊盘为正方形；"Width（宽度）"输入 68，表示正方形边长为 68mil；Offset x 和 Offset y 文本框中输入 0。

"Anti Pad（负片焊盘）"设置内容："Geometry（几何图形）"选择 Square，表示焊盘为正方形；Width 输入 68，表示正方形边长为 68mil；在 Offset x 和 Offset y 文本框内输入 0，设置完成后如图 9-169 所示。

（7）设置 END LAYER 层。

END LAYER 层的设置内容和 BEGIN LAYER 层的设置内容相同，将 END LAYER 层设置完毕，如图 9-170 所示。

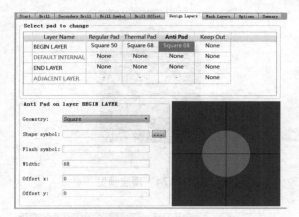

图 9-169 设置"BEGIN LAYER"层

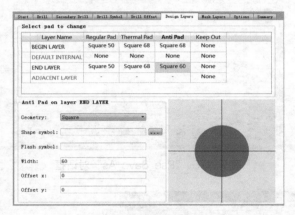

图 9-170 设置"END LAYER"层

（8）设置 DEFAULT INTERNAL 层。

1）在"Layer Name（层名称）"列表内选择"DEFAULT INTERNAL"选项，此时在中下方显示"Current Layer：DEFAULT INTERNAL"。

2）选择 DEFAULT INTERNAL 层后进行如下设置。

- "Regular Pad（规则焊盘）"设置内容："Geometry（几何图形）"选择 Circle，表示焊盘为圆形；"Diameter（直径）"输入40；Offset x 和 Offset y 文本框内输入 0。
- "Thermal Relief（热焊盘）"设置内容："Geometry（几何图形）"选择 Circle，表示焊盘为圆形；"Diameter（直径）"输入30；Offset x 和 Offset y 文本框内输入 0。
- "Anti Pad（负片焊盘）"设置内容："Geometry（几何图形）"选择 Circle，表

示焊盘为圆形；"Diameter（直径）"输入60；Offset x 和 Offset y 文本框内输入 0，设置好后，如图 9-171 所示。

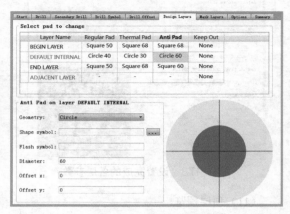

图 9-171 设置默认层

（9）设置 SOLDERMASK_TOP 层。

打开"Mask Layer"选项卡，在"Layer Name（层名称）"列表内选择"SOLDER MASK_TOP"选项。

"Pad（焊盘）"设置内容：在"Geometry（几何图形）"栏中选择 Square，表示正面焊盘为正方形，在"Width（宽度）"文本框内输入 60，如图 9-172 所示。

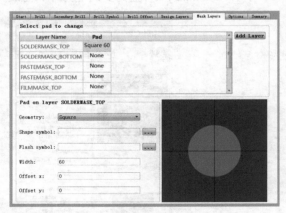

图 9-172 设置"SOLDERMASK_BOTTOM"层

（10）设置 SOLDERMASK_BOTTOM 层。

1）打开"Mask Layer"选项卡，在"Layer Name（层名称）"列表内选择"SOLDER MASK_BOTTOM"选项。

2）"Regular Pad（规则焊盘）"设置内容。

- 在"Geometry（几何图形）"栏中选择 Square，表示正面焊盘为正方形。

● 在"Width（宽度）"文本框内输入60，设置完成的各层参数如图9-173所示。

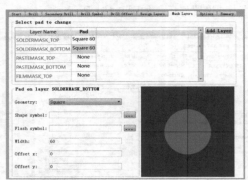

图9-173　设置完成的各层参数

（11）顶层预览。

在左侧的 2D Padstack Top Views 观看顶层预览，如图9-174所示。

（12）保存焊盘。

选择菜单栏中的"File（文件）"→"Save As（另存为）"命令，弹出如图9-175所示的 Save Padstack"对话框，输入文件名 Pad50sq30d，单击"Save（保存）"按钮，保存焊盘。

（13）查看报表。

打开"Summary（焊盘摘要）"选项卡，生成

pad50sq30d 报表，如图9-176所示。

图9-174　顶层预览

图9-175　"Pse_Save_As"对话框

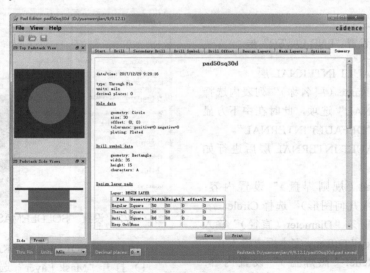

图9-176　"pad50sq30d"报表

9.12.2　圆形有钻孔焊盘

本小节以建立 Pad50cir30d 为例说明如何建立圆形有钻孔的焊盘。

扫码看视频

具体的建立步骤如下。

（1）打开 Pad Editor 图形界面。

（2）选择菜单栏中的"File（文件）"→"new（新建）"命令，弹出"New Padstack（新建焊盘）"

对话框，在"Padstack Name（焊盘名称）"文本框内输入"Pad50cir30d"，如图 9-177 所示。

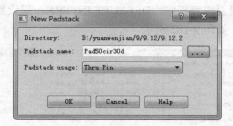

图 9-177　"New Padstack"对话框

单击 OK 按钮，返回编辑器界面。

（3）在"Start"选项卡内进行如下设置。

- "Unites（单位）"选择 Mils，Decimal Places 设置为 0，表示点位为 mil，取整数。

（4）在"Drill"选项卡内设置通孔尺寸。

- 设置"Hole type（孔类型）"为 Circle Drill，表示钻孔为圆形；设置"Drill/Slot Plating（电镀）"选项为"Plated（上锡）"，表示孔壁要上锡；在"Finished diameter（孔半径）"文本框内输入 30，表示孔径为 30mil，如图 9-178 所示。

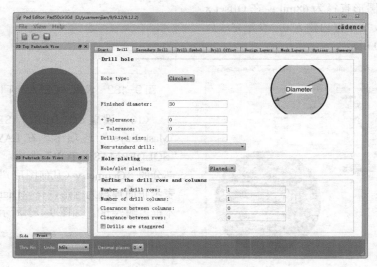

图 9-178　"Drill"选项卡

（5）在"Drill Offset"选项卡内进行如下设置。

- "Offset x（X 向偏移）"文本框内输入 0，表示 x 轴不偏移；"Offset y（Y 向偏移）"文本框内输入 0，表示 y 轴不偏移。

（6）在"Drill symbol"选项卡内设置孔尺寸，如图 9-179 所示。

- 设置"Type of drill figure"选项为 Rectangle，表示矩形；在"Characters（字符）"文本框内输入 A；Width（宽度）文本框内输入 35，表示圆形的宽度为 35mil；在 Height（高度）文本框内输入 15，表示圆形的高度为 15mil。

（7）设置 BEGIN LAYER 层。打开"Design Layer"选项卡，在"Layer Name（层名称）"列表内选择"BEGIN LAYER"选项。

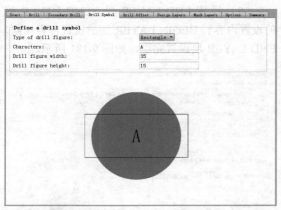

图 9-179　"Drill symbol"选项卡

选择 BEGIN LAYER 层后进行如下设置。

- "Regular Pad（规则焊盘）"设置内容为"Geometry（几何图形）"选择 Circle，表

示焊盘为圆形；"Diameter（直径）"输入 50，表示圆形直径为 50mil；在 Offset x 和 Offset y 文本框内输入 0。

- "Thermal Relief（热焊盘）"设置内容为："Geometry（几何图形）"选择 Circle，表示焊盘为圆形；"Diameter（直径）"输入 68，表示圆形直径为 68mil；在 Offset x 和 Offset y 文本框内输入 0。

- "Anti Pad（负片焊盘）"设置内容为："Geometry（几何图形）"选择 Circle，表示焊盘为圆形；Diameter（直径）输入 68，表示圆形直径为 68mil；在 Offset x 和 Offset y 文本框内输入 0，设置完成后如图 9-180 所示。

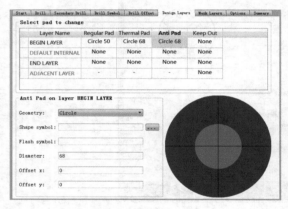

图 9-180 设置 "END LAYER" 层

（8）设置 END LAYER 层。END LAYER 层的设置内容和 BEGIN LAYER 层的设置内容相同，END LAYER 层设置完毕，如图 9-181 所示。

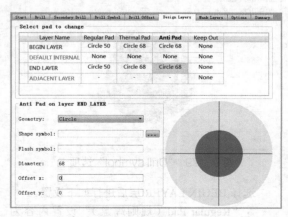

图 9-181 设置 "END LAYER" 层

（9）设置 DEFAULT INTERNAL 层。DEFAULT INTERNAL 层的设置内容和 BEGIN LAYER 层的设置内容相同，DEFAULT INTERNA 层设置完毕，如图 9-182 所示。

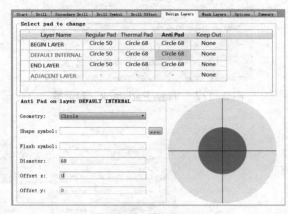

图 9-182 设置 "DEFAULT INTERNAL" 层

（10）设置 SOLDERMASK_TOP 层。打开 "Mask Layer" 选项卡，在 LAYER 列表内选择 "SOLDERMASK_TOP" 选项，在 "Pad（焊盘）" 部分的 "Geometry（几何图形）" 栏中选择 Circle，表示正面焊盘为圆形，在 "Diameter（直径）" 文本框内输入 60，如图 9-183 所示。

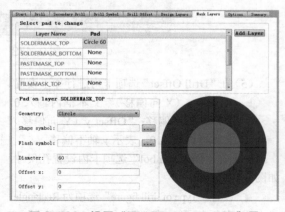

图 9-183 设置 "SOLDERMASK_TOP" 层

（11）设置 SOLDERMASK_BOTTOM 层。"SOLDERMASK_BOTTOM" 层设置内容与 "SOLDERMASK_TOP" 层相同，设置好的各层参数如图 9-184 所示。

（12）在左侧的 2D Padstack Top Views，观看顶层预览，如图 9-185 所示。

（13）保存焊盘。选择菜单栏中的 "File（文件）"→"Save（保存）"命令，保存焊盘。

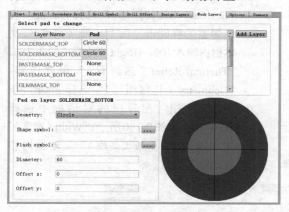

图 9-184 设置好的各层参数

图 9-185 顶层预览

（14）打开"Summary（焊盘摘要）"选项卡，显示报表，如图 9-186 所示，可以查看设置的各种信息。

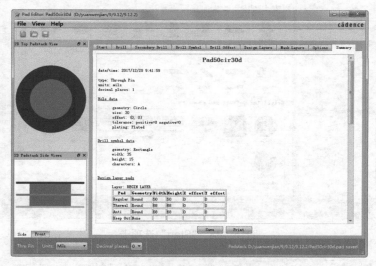

图 9-186 "Pad50cir30d"摘要报表

9.12.3 椭圆形有钻孔焊盘

下面以建立焊盘 Pad100×180o60×140o 为例来介绍椭圆形有钻孔的焊盘的建立方法。

（1）打开 Pad Editor 图形编辑器。

（2）选择菜单栏中的"File（文件）"→"new（新建）"命令，弹出"New Padstack（新建焊盘）"对话框，在"Padstack Name（焊盘名称）"文本框内输入"Pad100_180o60_140o"，如图 9-187 所示。

扫码看视频

单击 OK 按钮，返回编辑器界面。

（3）在"Start"选项卡内进行如下设置，如图 9-188 所示。

- "Unites（单位）"选择 Mils，Decimal Places 设置为 0，表示点位为 mil，取整数。

图 9-187 "New Padstack"对话框

在"Select Padstack usage"选项组选择焊盘类型为"Slot"（槽）；在"Select the default pad geometry"选项组下选择焊盘的形状 Oblong（椭圆形）。

（4）在"Drill"选项卡内进行如下设置。

- 设置"Slot type（槽类型）"为 Oval Slot，表示槽孔为椭圆形；在 X size 文本框内输入 60，Y size 文本框内输入 140，表示槽孔尺寸为 30milx140mil。

选择"Hole/Slot Plating（电镀）"选项为

"Plated（上锡）"，表示孔壁要上锡；X tolerance、Y tolerance 输入 +3mil 和 -3mil，表示钻孔的正、负误差值，如图 9-189 所示。

（5）在 "Drill Offset" 选项卡内进行如下设置。

在 Offset x 文本框内输入 0，表示 x 轴不偏移；Offset y 文本框内输入 0，表示 y 轴不偏移。

（6）设置 BEGIN LAYER 层。打开 "Design Layer" 选项卡，在 "Layer Name（层名称）" 列表内选择 "BEGIN LAYER" 选项。

（7）选择 BEGIN LAYER 层后进行如下设置。

● "Regular Pad（规则焊盘）" 设置内容："Geometry（几何图形）" 选择 Oblong，表示焊盘为椭圆形；在 "Width（宽度）" 文本框内输入 100，Height 文本框内输入 180。

● "Thermal Relief（热焊盘）" 设置内容："Geometry（几何图形）" 选择 Flash，单击 ▢ 按钮，在弹出的对话框中选择 Tr30_20；如图 9-190 所示。"Width（宽度）" 文本框和 "Height（高度）" 文本框内将自动输入数值。

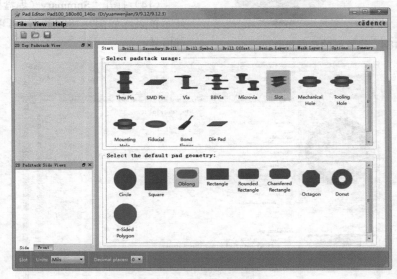

图 9-188 "Start" 选项卡

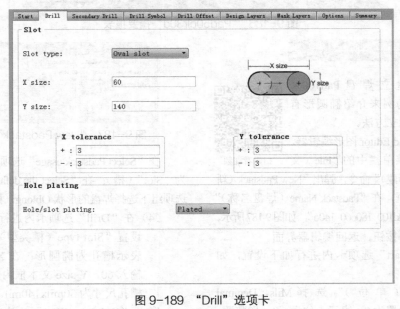

图 9-189 "Drill" 选项卡

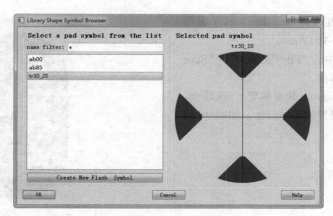

图 9-190 选择 Flash 符号

- "Anti Pad（负片焊盘）"设置内容："Geometry（几何图形）"选择 Oblong，表示焊盘为椭圆形；"Width（宽度）"输入 90；"Height（高度）"输入 170；设置完成后如图 9-191 所示。

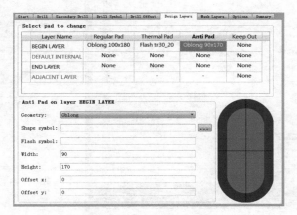

图 9-191 设置 "BEGIN LAYER" 层

（8）设置 DEFAULT INTERNAL 和 END LAYER 层。DEFAULT INTERNAL 和 END LAYER 层与 BEGIN LAYER 层的设置内容相同，如图 9-192 所示。

（9）设置 PASTMASK_TOP 层和 PASTE MASK_BOTTOM 层。打开"Mask Layer（阻焊层）"选项卡，在"Layer Name（层名称）"列表内选择"PASTMASK_TOP"选项。

选择 PASTEMASK_TOP 层后进行以下设置；"Pad（焊盘）"设置内容为"Geometry（几何图形）"选择 Oblong，表示焊盘为椭圆形；在"Width（宽度）"文本框内输入 106，Height 文本框内输入 186。

"PASTEMASK_BOTTOM"选项与"PASTMASK_TOP"内容相同，设置完成后，如图 9-193 所示。

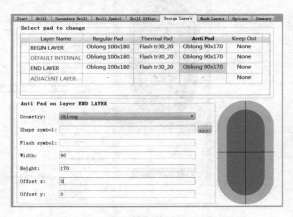

图 9-192 设置 DEFAULT INTERNAL 层和 END LAYER 层

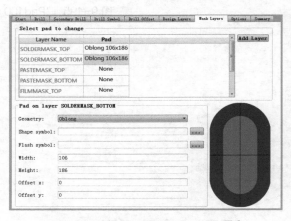

图 9-193 设置 ASTMASK_TOP 层和 PASTEMASK_BOTTOM 层

（10）在左侧的 2D Padstack Top Views 选项进行顶层预览，如图 9-194 所示。

（11）选择菜单栏中的"File（文件）"→"Save（保存）"命令，保存焊盘。

（12）选择"Summary（焊盘摘要）"选项卡，显示报表，可以查看设置的各种信息，如图 9-195 所示。

图 9-194　顶层预览

图 9-195　"Pad100×100o60×140o"报表

10 Chapter

Chapter

第 10 章

Allegro PCB 设计平台

内容指南

Cadence 的 PCB 设计以 Allegro 为平台，对电路板进行设计。本章将主要介绍印制电路板的界面、PCB 编辑器的特点、PCB 设计界面及参数环境设置等知识，使读者对电路板的设计有一个全面了解。相对于原理图的设计来说，对 PCB 图的设计则需要设计者更细心和耐心。

☞**知识重点**

📖 PCB 编辑器界面简介
📖 文件管理系统
📖 参数设置

10.1 PCB 编辑器界面简介

与原理图编辑器的界面一样，PCB 编辑器界面 Allegro PCB 也是在软件主界面的基础上添加了一系列菜单和工具栏，这些菜单及工具栏主要用于 PCB 设计中的电路板设置、布局、布线及工程操作等。

图 10-1 所示可知，Allegro PCB 设计系统主要由标题栏、菜单栏、工具栏、控制面板、状态栏、视窗、控制面板、工作窗口和命令窗口组成。

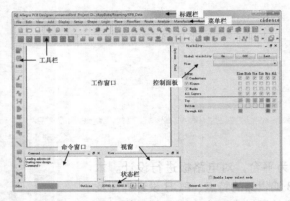

图 10-1 "Allegro PCB" 编辑器界面

10.1.1 标题栏

标题栏显示选择的开发平台、设计名称、存放路径等信息。

（1）启动软件后，弹出如图 10-2 所示的"Cadence 17.2 Allegro Product Choices"对话框，在该对话框中选择需要的开发平台，一般情况下选择"Allegro PCB Design"选项，激活"Available Product Option（有效的产品选项）"选项组，如图 10-3 所示。

在"Available Product Option（有效的产品选项）"选项组下显示 7 个复选框，在该选项下，可选择 6 个复选框，读者可根据设计的 PCB 要求进行设置。

（2）Use as default：作为默认文件。勾选此复选框，每次启动该软件，不再弹出该对话框，默认选择的产品类型为"Allegro PCB Design"选项，如图 10-3 所示。

Reset license cache：重置许可证缓存。勾选

此复选框，将清除使用记录，恢复为软件刚安装后的状态。

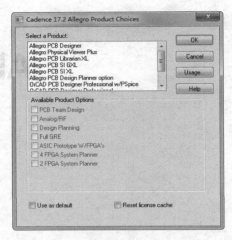

图 10-2 "Cadence 17.2 Allegro Product Choices"对话框

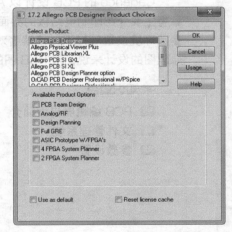

图 10-3 选择"Allegro PCB Design"选项

10.1.2 菜单栏

菜单栏位于标题栏的下方，在 PCB 设计过程中，各项操作都可以使用菜单栏中相应的菜单命令来完成，包括工具的启动和优化设计的入口，各项菜单中的具体命令如下。

- Files（文件）菜单：主要用于文件的打开、关闭、保存与打印等操作。
- Edit（编辑）菜单：用于对象的选取、复

制、粘贴与查找等编辑操作。
- View（视图）菜单：用于视图的各种管理，如工作窗口的放大与缩小，各种工具、面板、状态栏及节点的显示与隐藏等。
- Add（添加）：用于添加绘图工具。
- Display（显示）：用于显示属性参数的设置。
- Setup（设置）菜单：用于环境参数的设置。
- Shape（外形）菜单：用于设置电路板外形。
- Logic（原理图）菜单：用于原理图属性的添加与设置。
- Place（放置）菜单：包含了在 PCB 中放置对象的各种菜单项。
- Flow Plan（流程图）：用于对流程图的插入、编辑等操作。
- Route（布线）菜单：可进行与 PCB 布线相关的操作。
- Analyze（分析）菜单：用于电路板分析设置。
- Manufacture（制造）菜单：用于电路板加工制造前的参数设置。
- Tools（工具）菜单：可为 PCB 设计提供各种工具，如 DRC 检查、元器件的手动、自动布局、PCB 图的密度分析以及信号完整性分析等操作。
- "Help（帮助）"菜单：帮助菜单。

10.1.3　工具栏

（1）工具栏中以图标按钮的形式列出了常用菜单命令的快捷方式，用户可根据需要对工具栏中包含的命令项进行选择，对摆放位置进行调整。

在 PCB 设计界面中，Allegro PCB 17.2 提供了丰富的工具栏，共有 17 种，如图 10-4 所示。

图 10-4　工具栏

（2）工具栏位于菜单栏下方，围绕工作编辑窗口放置，包括一些常用命令按钮。工具栏与菜单基本上是对应的，大部分菜单命令都能通过工具栏中的相应按钮来完成。右击工作窗口将弹出一个快捷菜单，其中包括一些 PCB 设计中常用的命令，如图 10-5 所示。

图 10-5　右键快捷命令

（3）选择菜单栏中的"View（视图）"→"Customize Toolbar（自定义工具栏）"命令，系统将弹出如图 10-6 所示的"Customize（自定义）"对话框。在该对话框中可以对工具栏中的功能按钮进行设置，以便用户创建自己的个性工具栏。

图 10-6　"Customize（自定义）"对话框

"Toolbars（工具栏）"选项卡的子菜单中列出了所有原理图设计中的工具栏，在工具栏名称左侧有" √ "标记则表示该工具栏已经被打开了，否则该工具栏是被关闭的。

（4）在图 10-7 中所示的 Commands（命令）

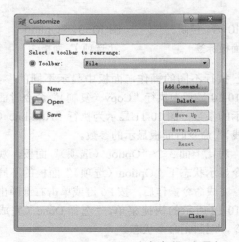

图 10-7　"Command（命令）"选项卡

选项卡下，用户可设置工具栏中的命令，自行添加、删除、移动工具栏中的按钮。

10.1.4 控制面板

控制面板一般位于右侧，是一个浮动面板，当鼠标指针移动到其标签上时，就会显示该面板，也可以通过单击标签在几个浮动面板间进行切换，还可将该面板固定显示在右侧。

当工作面板为浮动状态时，单击右上角的"固定"按钮 ，面板固定在工作窗口右侧，不随鼠标的移开而自动隐藏；这时，右上角的图标变为"浮动"按钮 ，单击此按钮，工作面板变为浮动，将鼠标指针放置在此处时，面板打开，移开鼠标指针，面板自动隐藏，只在工作窗口右侧显示面板标签如图 10-8 所示。

在 PCB 设计中经常用到的工作面板有 Option（选项）面板、Find（查找）面板及 Visible（可见性）面板。

1. Option（选项）面板

"Option（选项）"面板如图 10-9 所示。在该面板中列出了当前命令执行后的相关参数，通过对参数的设置，完成工作窗口中的相应命令。该功能体现了 Allegro 操作的方便性。

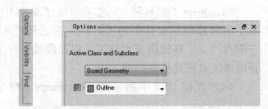

图 10-8 控制　　　图 10-9 "Option
面板标签　　　（选项）"面板 1

执行不同的操作，面板中显示不同的参数。图 10-10 显示为执行"Copy（复制）"命令时面板显示的参数；图 10-11 显示为执行"Add line（添加线）"命令时面板显示的参数。

对比上面 3 个"Option（选项）"面板，观察命令显示状态下"Option（选项）"面板的不同显示，完成命令操作后，按 F6 键或单击右键弹出如图 10-12 所示的快捷菜单，"选择 Done（完成）"命令，返回无命令状态。

2. Find（查找）面板

"Find（查找）"面板如图 10-13 所示。在该面板中可以快速方便地查找对象。该面板包含两个选项组。

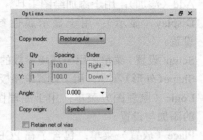

图 10-10 "Option（选项）"面板 2

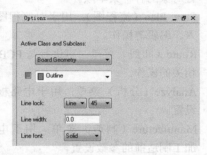

图 10-11 "Option（选项）"面板 3

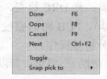

图 10-12 快捷菜单

图 10-13 "Find（查找）"面板

（1）Design Object Find Filter（设计对象查找过滤器）。

单击"All On（全选）""All Off（全不选）"按钮，分别全部选择或全部清除对下面选项的选择。下面介绍选择对象属性。

- Groups：将单个或多个元器件设置为群组。
- Comps：带元器件序号的元器件。
- Symbols：所有电路板中的元器件。
- Function：群组中的单个元器件。
- Nets：导线。
- Plus：管脚。
- Vias：过孔。
- Clines：具有电气特性的线段（导线间、过孔间、导线与过孔间）。
- Lines：没有电气特性的线段（元器件外框）。
- Shapes：任意多边形（圆、矩形、多边形）。
- Voids/Cavities：挖空部分（多边形内部）。
- Cline Segs：有电气特性的无拐角线段。
- Other Segs：无电气特性的无拐角线段。
- Figures：图形符号。
- DRC errors：违反设计规范的位置及相关信息。
- Text：文本。
- Ratsnests：飞线。
- Rat Ts：T 型飞线。

通过勾选不同的复选框，可执行不同的命令。

（2）Find By Name（按名称查找）。

1）在左侧下拉列表中选择查找类型，如图 10-14 所示。

2）在右侧下拉列表中选择查找类别，按照元器件名称或按照元器件列表查找，如图 10-15 所示。

图 10-14　查找类型　　图 10-15　查找类别

3）在文本框中输入查找的关键词。输入"*"，表示任意。

4）单击"More（更多）"按钮，弹出如图 10-16 所示的"Find by Name or Property（通过名称或属性查找）"对话框，在该对话框中可以更详细、精确地进行查找。

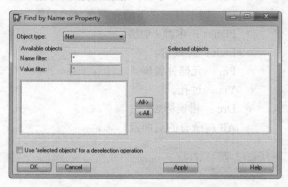

图 10-16　"Find by Name or Property（通过名称或属性查找）"对话框

- Object type（对象类型）：打开该下拉列表。
- Name filter：按名称进行过滤。
- Value filter：按元器件值进行过滤。
- Available objects：有用的对象。
- Selected object：选中的对象。
- All→：单击该按钮，将 Available object（有用的对象）列表中的对象全部转移到 Selected object（选中的对象）列表中。
- ←All：单击该按钮，将 Selected object（选中的对象）列表中的对象全部转移到 Available object（有用的对象）列表中。

3. Visible（可见性）面板

"Visible（可见性）"面板如图 10-17 所示，在该面板中设置连线层的颜色。

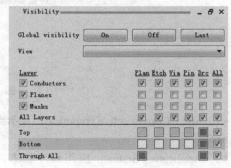

图 10-17　Visiblity（可见性）面板

- Views：视图。将当前层颜色存储为视图文件，在下拉列表中选择"Last View"，系统自动按照该文件调整面板显示的颜色。该选项可用于快速窗口切换。

- Conductors：控制对象的可见性，勾选各元素前的小方框，表示显示该对象，反之，则不显示。下面介绍显示的对象。
- Planes：电源／地层。
- Etch：走线层。
- Pin：元器件管脚。
- Via：过孔。
- Drc：错误标志。
- All：所有的层面及标志。

10.1.5 视窗

在"World View（视窗）"窗口中可以看到整个电路板的轮廓，也可以显示电路板局部区域，同时控制该电路板的大小，调整电路板位置。

同控制面板显示相似，"World View（视窗）"也可固定或浮动显示在工作区一侧，如图 10-18 所示。同时，"World View（视窗）"还可单独显示为窗口形式，如图 10-19 所示。一般情况下，默认将"World View（视窗）"固定在工作区一侧，方便显示。其中绿色部分为当前放大显示区，蓝色部分为板轮廓。

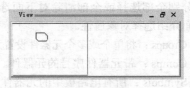

图 10-18 固定视窗

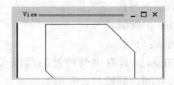

图 10-19 显示独立窗口

10.1.6 状态栏

状态栏显示在编辑器界面最下方，与标题栏相对应，分布在整个编辑器界面的顶端与底部。实时显示执行的命令名称、坐标点位置等，如图 10-20 所示。

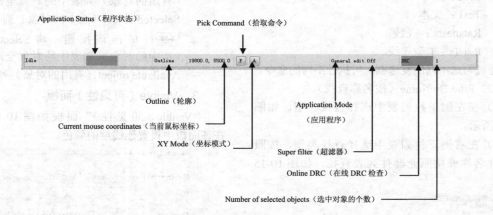

图 10-20 状态栏

（1）Idle：Current active command，显示当前激活命令。

（2）Application Status：应用程序状态，显示 3 种带颜色的"Cmd（指令键）"。

- 绿色：表示正常状态。
- 红色：命令指向状态，输入命令的瞬间显示红色，并在颜色框中显示"Busy"，进入命令执行状态后，恢复绿色。

- 黄色：可中断的命令执行状态。

（3）Outline：轮廓。单击此选项，弹出如图 10-21 所示的快捷菜单，选择"All（全部）"选项，弹出如图 10-22 所示的子菜单。

（4）Current mouse coordinates：当前鼠标坐标。在工作区移动时，该区域显示的坐标随之发生变化。

（5）Pick Command：运行拾取命令。单击此选项，弹出如图 10-23 所示的"Pick（拾取）"对话框。

标模式，"R（Relative）"表示相对坐标模式。

图 10-24　"Pick（拾取）"对话框 2

（7）Application Mode：应用程序。单击此按钮，弹出如图 10-25 所示的快捷菜单，显示各种程序编辑命令，包含"General Edit（常规编辑）""Placement Edit（配置编辑）""Etch Edit（描述编辑）""Flow Planning（浮动设计）""Signal Integrity（信号分析）"和"None（没有）"。

（8）Super filter：超滤器。单击此选项，弹出如图 10-26 所示的快捷菜单，设置过滤器开关，并选择过滤类型。

图 10-21　快捷菜单　　图 10-22　"All（全部）"子菜单

图 10-23　"Pick（拾取）"对话框 1

- Type：类型。显示两种坐标类型，"XY Coordinate（xy 坐标）""Distance、Angle（距离、角度）"，显示不同表示形式。
- Value：值。输入坐标值，以便精确选取。
- Snap to current grid：勾选复选框，捕捉当前网格。
- Relative（from last grid）：勾选复选框，使用相对坐标。以上次选择的坐标为参考点。
- Pick：拾取。单击此按钮，拾取文本框中输入的坐标值。
- Close：关闭。单击此按钮，关闭对话框。
- 在无命令状态下，弹出如图 10-24 所示的"Pick（拾取）"对话框，增加"Zoom（缩放）"按钮，单击此按钮，缩放文本中输入的坐标点区域。

（6）XY Mode：显示当前坐标模式。A、R 两种模式切换显示，"A（Absolute）"表示绝对坐

图 10-25　快捷菜单　　　图 10-26　快捷菜单

（9）Online DRC：在线 DRC 检查。

（10）Number of selected objects：选中对象的个数。显示的数字为当前选中元素的个数。单击此选项，弹出如图 10-27 所示的快捷菜单，通过不同的选择方法快速选择对象。

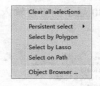

图 10-27　快捷菜单

10.1.7　命令窗口

"Command（命令）"窗口是输入命令名和显

示命令提示的区域，显示正在使用的命令信息，默认的命令行在工作区下方，为若干文本行。绝大多数的 Allegro 的菜单中的命令都有相对应的命令名字，通过在命令窗口中输入相应的"名字＋回车"，通过鼠标单击相应的命令达到一样的效果。

（1）命令窗口的几点说明。

- 可固定显示，也可浮动显示。
- 移动拆分条，可以扩大与缩小命令窗口，如图 10-28 所示。

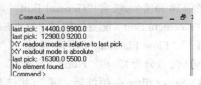

图 10-28　缩放拆分条

- 拖动命令行窗口，可以将其布置在屏幕上的其他位置。在默认情况下，它布置在工作区的下方。
- 对于当前命令中输入的内容，可以在独立窗口中进行编辑，如图 10-29 所示。独立窗口和命令窗口相似，系统可以显示当前进程中命令的输入和执行过程。在执行某些命令时，系统会自动切换到独立窗口，列出相关信息。

图 10-29　独立窗口

通过命令窗口反馈各种信息，包括出错信息。因此，用户要时刻关注在命令窗口中出现的信息。如图 10-30 显示的直接输入"Delete"命令，不显示信息。

图 10-30　显示反馈信息

在工作区选中要删除的对象，继续在命令窗口中输入"Delete"命令，显示执行信息：last pick： 13200.0 9100.0。

Allegro 可以将较长或常用的命令进行简化，用"o"来代替"open"命令，在命令窗口输入"o"，然后按 Enter 键就会提示打开那个文件。

（2）常用的快捷命令。

- x 100：y 坐标不变，x 方向移动 100 个单位值（以设定的原点为参考点）。
- y 100：x 坐标不变，y 方向移动 100 个单位值。
- x 100 100：移动到（100，100）坐标处。

> **注意**
>
> pick 命令与上面的 x 或 y 命令功能相同，只是在执行 pick 命令时会弹出一个窗口，输入想要的坐标值即可，与上面相对应，pick 命令也提供 3 种模式：pick、pickx 和 picky。

- mirror：激活镜像命令，然后选择要镜像的对象。
- rotate：激活旋转命令，然后执行该命令。
- angle 90：先选取对象，再执行该命令可将选中对象旋转 90°。
- F2：放大当前。
- F3：执行布线命令。
- F4：显示元器件。
- F5：刷新。
- F6：结束当前命令。
- F8：取消前一次操作。
- F9：取消当前命令。
- F10：栅格显示。
- F11：放大窗口。
- F12：缩小窗口。

选择菜单栏中的"Tools（工具）"→"Utilities（实用工具）"→"aliases/Function keys（快捷键）"命令或在"Command（命令）"窗口中输入"Alias"命令或"Funckey"命令，弹出如图 10-31 所示的窗口，该窗口内列出了所有的快捷键。

注意

Alias 命令不能定义单个字母快捷键。Funckey 命令功能比 Alias 命令的功能强大，包含了所有 alias 命令能定义的快捷键，而且还可以定义单个字母为快捷键，如果单个字母被定义成快捷键，则该字母不再用来输入键盘命令。

相对于菜单命令，快捷键命令更方便快捷，

Cadence 系统是一个比较开放的系统，它给用户留出了比较多的定制空间，为更好地进行电路板设计，软件提供了自主设置快捷键的命令。完成设置后，电路板设计功能更强大。

选择菜单栏中的"Tools（工具）"→"Utilities（实用工具）"→"Keyboard Commands（快捷命令）"命令，弹出如图 10-32 所示的"Command Browser（搜索命令）"对话框，在该对话框中可以查看所有键盘命令，这些命令都可以设置成快捷键。

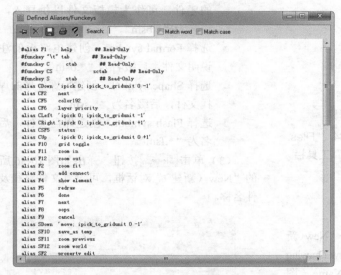

图 10-31　"Defined Aliases /Funckeys"对话框

图 10-32　"Command Browser （搜索命令）"对话框

（3）下面讲解如何对快捷键进行定义。

若将"Ctrl+Z"设置为"add connect（添加连线）"操作，在命令窗口中直接输入"alias Ctrl add connect"，回车后完成快捷键的自主定义。

注意

在命令窗口中直接定义的快捷键只能在当前设计中使用，系统重启后，快捷键设置将会失效。

定义快捷键的功能键包括"F2 ～ F12""↑""↓""←""→""Insert""Home""Page Up""Delete""End""Page Down"，以及上述功能键加上"Ctrl""Alt""Shift""Ctrl"+"Alt""Ctrl"+"Shift""Shift"+"Alt""Ctrl"+"Alt"+"Shift"

切换键的单独或公用的 7 种组合。另外，还有"Ctrl"+键盘上的除功能键以外的任意键都可以设置为快捷键。

另外还有一种可修改系统 env 文件，可永久保存，不会在重启后重新设置，方法相同，由于不同设计使用的快捷键不同，这里不建议使用这种方法，因此不再详细讲解。

10.1.8　工作区

工作区是进行电路原理图设计的工作平台。在该区域中，用户可以新绘制一个电路图，将从原理图中导入的封装元器件进行布局、布线、覆铜等操作。

10.2 文件管理系统

在"File（文件）"菜单栏下或"File（文件）"工具栏中显示关于文件管理的操作命令，如图 10-33、图 10-34 所示，下面介绍利用上述命令对文件进行新建、打开、保存和打印操作。

图 10-33 "Files
（文件）"菜单

图 10-34 "Files
（文件）"工具栏

10.2.1 新建文件

（1）选择菜单栏中的"File（文件）"→"New（新建）"命令，弹出如图 10-35 所示的"New Drawing（新建图纸）"对话框。在"Drawing Name（图纸名称）"这一栏里写入电路板名称 PCB Board。在"Drawing Type（图纸类型）"下拉列表中选择"Board（Wizard）"。

图 10-35 "New Drawing（新建图纸）"对话框

（2）在"Project Directory（工程目录）"栏显示新建文件路径；在"Drawing Name（图纸名称）"文本框中输入图纸名称；在"Drawing Type（图纸类型）"下拉列表中选择图纸类型。

- 选择 Board，创建普通电路板文件，后缀名为".brd"。
- 选择 Board（wizard），利用向导创建电

路板文件，后缀名为".brd"。
- 选择 Module，创建模块文件，后缀名为".mdd"。
- 选择 Package symbol，创建普通元器件封装库文件，后缀名为"*.psm"。
- 选择 Package symbol（wizard），利用向导创建元器件封装，后缀名为"*.psm"。
- 选择 Mechanical symbol，创建机构类型的零件，可作为模板文件以供导入，后缀名为"*.bsm"。
- 选择 Formal symbol，创建电路板的注释说明文件，后缀名为"*.osm"。
- 选择 Shape symbol，创建特殊外形的焊盘栈文件，后缀名为"*.ssm"。
- 选择 Flash symbol，创建焊盘文件，后缀名为"*.fsm"。

（3）单击 Browse... 按钮，弹出如图 10-36 所示的"New（新建）"对话框，可设置文件路径及文件名称。

图 10-36 "New（新建）"对话框

单击 Template... 按钮，按照向导创建电路板文件，在 10.1 节详细讲述了如何创建电路板，这里不再赘述。

单击 OK 按钮后关闭对话框。

10.2.2 打开文件

（1）选择菜单栏中的"File（文件）"→"Open（打开）"命令或单击"Files（文件）"工具栏中的

"Open（打开）"按钮 ，弹出如图 10-37 所示的 "Open（打开）"对话框。

图 10-37 "Open（打开）"对话框

（2）单击 按钮，对电路板的框架进行预览，如图 10-38 所示。

图 10-38 预览电路板框架

（3）单击 按钮，可以预览电路板的参数，如图 10-39 所示。

图 10-39 预览电路板参数

10.2.3 保存文件

1. 保存

选择菜单栏中的"File（文件）"→"Save（保存）"命令或单击"Files（文件）"工具栏中的"Save（保存）"按钮 ，直接保存当前文件，默认名称为 unnamed.brd。

2. 另存为

选择菜单栏中的"File（文件）"→"Save As（另存为）"命令，弹出如图 10-40 所示的"Save_As（另存为）"对话框，该对话框与"Open（打开）"对话框类似，可以更改图纸文件的名称、路径等。

图 10-40 "Save_As（另存为）"对话框

10.2.4 打印文件

利用 PCB 编辑器的文件打印功能，可以将 PCB 文件不同层面上的图元按一定比例打印输出，用以校验和存档。

1. 打印设置

PCB 文件在打印之前，要根据需要进行页面设定，其操作方式与 Word 文档中的页面设置非常相似。

选择菜单栏中的"File（文件）"→"Plot Setup（打印设置）"命令，弹出"Plot Setup（打印设置）"对话框，如图 10-41 所示。

该对话框中有"General（常规）""Windows（窗口）"两个选项卡，该对话框内各个选项的作用如下。

（1）General（常规）选项卡。

Plot Scaling（打印缩放比例）选项组。设置打印缩放比例，共有 3 个选项。

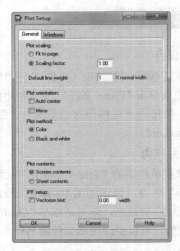

图 10-41 打印设置

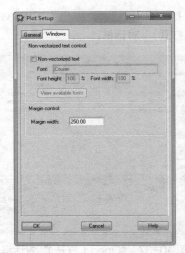

图 10-42 "Windows（窗口）"选项卡

● Fit to page：将打印范围调整到适合纸张的大小。

● Scaling factor：设置打印的份数。

● Default line weight：设置打印的线宽。

Plot orientation（打印方向）选项组。设置图纸打印方向，共有 2 个选项。

● Auto center：将打印的范围放置到纸张的正中央。

● Mirror：翻转打印范围。

Plot method（打印方法）选项组。设置图纸打印方法，共有 2 个选项。

● Color：彩色打印输出。

● Black and white：黑白打印输出。

Plot contents（打印内容）选项组。设置图纸要打印的内容，共有 2 个选项。

● Screen contents：仅打印目前屏幕呈现的部分。

● Sheet contents：打印整个电路板的内容。

IPF setup（IPF 设置）选项组。显示图纸中文字设置，共有两个选项。

● Vectorize text：将文字转换成线段方式输出。

● width：设置文字线段的宽度。

（2）"Windows（窗口）"选项卡，如图 10-42所示。

Non-vectorize text control（无向量控制）选项组。

● Non-vectorize text：文字不转换成线段方式输出。

● Font：字体。

● Font height：字高。

● Font width：字宽。

● View available fonts：浏览可用字体。

Margin Control（页面控制）选项组。

● Margin width：页边距。

2. 打印预览

选择菜单栏中的"File（文件）"→"Plot Preview（打印预览）"命令，弹出打印预览窗口，如图 10-43 所示，可以预览打印效果。

3. 打印输出

设置、预览完成后，可直接进行打印。选择菜单栏中的"File（文件）"→"Plot（打印）"命令或在打印预览窗口单击 Print... 按钮，弹出如图 10-44 所示的对话框。

在"Print quality（打印质量）"下拉列表中有100dpi、200dpi、300dpi 这 3 个选项；勾选"Print to file（输出至文件）"复选框，输出打印文件，同时在后面的文本框中显示打印文件名称。

单击 Setup... 按钮，弹出如图 10-45 所示的对话框，设置选择打印机。

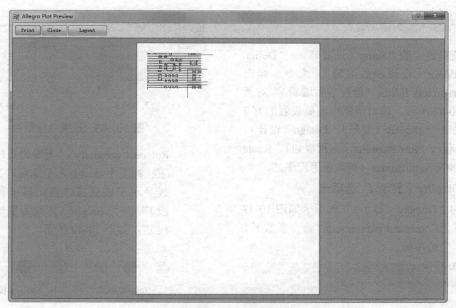

图 10-43　打印预览

图 10-44　"Print（打印）"对话框

图 10-45　"打印设置"对话框

10.3　参数设置

在进行 PCB 设计前，首先要对工作环境进行详细的设置。主要包括板形的设置、PCB 图纸的设置、电路板层的设置、层的显示、颜色的设置、布线框的设置、PCB 系统参数的设置以及 PCB 设计工具栏的设置等。

进入 PCB 编辑器 Allegro PCB Design，打开菜单栏中的"Setup（设置）"命令，如图 10-46 所示，设置工作环境属性的命令大多可在该菜单中找到。

图 10-46　"Setup（设置）"菜单

10.3.1 设计参数设置

选择菜单栏中的"Setup（设置）"→"Design Parameters Editor（设计参数编辑）"命令，弹出"Design Parameters Editor（设计参数编辑）"对话框，如图 10-47 所示。该对话框中需要设置的有 7 个设置选项卡："Display（显示）、Design（设计）、Shapes（外形）、Flow Planning（流程规划）、Route（布线）和 Mfg Applications（制造应用程序）"。

1. "Display（显示）"选项卡

打开的"Display（显示）"选项卡如图 10-47 所示，设置"Command parameters（命令参数）"，其中包括 5 个选项组。

图 10-47 "Display（显示）"选项卡

（1）Display（显示）选项。

- Connect point size：连接点大小，系统默认值为 10。
- DRC marker size：DRC 显示尺寸，系统默认值为 25。
- Rat T（Virtual pin）size：T 型飞线尺寸，系统默认值为 35。
- Max rband count：当放置、移动元器件时允许显示的网格飞线数目。当移动零件时，零件的管脚数大于这个值时，就不显示连到这零件管脚上的网络，经过管脚的网络还是显示的，如图 10-48 所示。

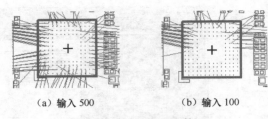

（a）输入 500　　　　（b）输入 100

图 10-48 设置飞线数目

- Ratsnest geometry：飞线的走线模式，在下拉列表中显示有两个选项，"Jogged（飞线呈水平或垂直时自动显示有拐角的线段）"和"Straight（走线为最短的直线线段）"，如图 10-49 所示。

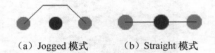

（a）Jogged 模式　　（b）Straight 模式

图 10-49 飞线走线模式

- Ratsnest points：飞线的点距。在其下拉列表中显示有两个选项，"Closest endpoint（显示 Etch/Pin/Via 最近两点间的距离）"和"Pin to pin（管脚之间最近的距离）"，如图 10-50 所示。

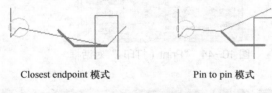

Closest endpoint 模式　　　　Pin to pin 模式

图 10-50 设置飞线点距

（2）Display net names（OpenGL only）：显示网络名称。包含 3 个选项：Clines、Shape 和 Pins。

（3）Enhanced display modes：高级显示模式。

- Plated holes：显示上锡的过孔。
- Backdrill holes：显示反向钻孔。
- Non-plated holes：显示没有上锡的孔。
- Padless holes：显示没有上锡的过孔。
- Connect points：显示连接点。
- Filled pads：填满模式，如图 10-51 所示。

（a）勾选复选框　　（b）不勾选复选框

图 10-51 焊盘模式

- Connect line endcaps：使导线拐弯处平滑。
- Thermal Pads ： 热焊盘。
- Bus rats ： 总线型飞线。
- Waived DRCs：DRC 忽略检查。
- Drill labels ： 过孔层。
- Design Oragin ： 显示原点。
- Diffpair driver Pins ： 不同对传感器管脚，如图 10-52 所示。

（a）勾选复选框　　（b）不勾选复选框

图 10-52　传感器管脚模式

 注意

　　Allegro PCB 文件中，若焊盘是圆圈显示，走线拐角有断接痕迹。需要进行参数设置，下面介绍设置步骤。

　　1）选择菜单栏中的"Setup（设置）"→"Design Paramenter Editor（设计参数编辑）"命令，在"Display（显示）"选项卡"Enhanced display mode（高级显示模式）"下勾选"Plated holes，Filled pads，Connect line endcaps（使导线拐弯处平滑）"复选框。

　　2）按住鼠标中键（如果没有鼠标中键可以按 Shift+ 鼠标右键组合；或按住上下左右方向键都可以）进行缩放刷新，在走线拐弯连接处已经平滑过渡了。

　　3）勾选"Filled pad（填满模式）"复选框，按住上面的方法刷新，焊盘显示实体，不再显示圆圈。

　　4）勾选"Plated holes（显示上锡的过孔）"复选框，刷新图纸，显示 VIA 的通孔。

- Grids ： 网格。
- Grids on ： 启动网格。
- Setup grids ： 网格设置。单击此按钮，弹出"Define Grid（定义网格）"对话框，对网格进行设置，在后面章节进行详细介绍。
- Parameter description ： 参数描述。

2."Design（设计）"选项卡

　　打开的"Design（设计）"选项卡如图 10-53 所示，设置页面属性，其中包括 6 个选项组。

图 10-53　"Design（设计）"选项卡

（1）Size ： 图纸尺寸设置。

- User Units ： 设定单位。下拉列表中有 5 种可选单位，如图 10-54 所示。Mils 表示 10^{-3} 英寸，Inch 表示英寸；Microns 表示微米；Millimeter 表示毫米；Centimeter 表示厘米。

图 10-54　选择单位

- Size ： 设定工作区的大小标准。若在 User Units（设定单位）下拉列表中选择 Mils（米制）或 Inch（英寸）选项，则该选项提供了 A、B、C、D、Other 这 5 种不同的尺寸，如图 10-55 所示；若在 User Units（使用单位）下拉列表中选择其余三种选项，则该选项提供了 A1、A2、A3、A4、Other 这 5 种不同的尺寸，如图 10-56 所示。

图 10-55　图纸尺寸 1　　图 10-56　图纸尺寸 2

● Accuracy：精度。在文本框中输入小数点后的位数。
● Long Name Size：名称字节长度。系统默认值为 255。
（2）Extents：图纸范围设置。
● Left X：在该文本框中输入图纸左下角起始的横向坐标值。
● Lower Y：在该文本框中输入图纸左下角起始的纵向坐标值。
● Width：在该文本框中输入图纸宽度。
● Height：在该文本框中输入图纸高度。
（3）Move origin：图纸原点坐标。x、y 分别为移动的相对坐标，输入后系统会自动更改 Left X、Lower Y 的值，以达到移动原点的目的。
（4）Drawing type：图纸类型设置。不能修改，显示当前文件的类型。
（5）Link lock：走线设置。
● Lock direction：锁定方向。包含 3 个选项：Off（以任意角度进行拐角）、45（以 45°角进行拐角）、90（以 90°进行拐角）。
● Lock mode：锁定模式。
● Minimum radius：最小半径。
● Fixed 45 Length：45°斜线长度。
● Fixed radius：圆弧走线固定半径值。
● Tangent：切线方式走弧线。
（6）Symbol：图纸符号设置。
● Angle：角度。范围为 1°～ 315°，设置元器件默认方向。
● Mirror：镜像。放置元器件时旋转至背面。
● Default symbol height：设置为图纸符号默认高度。

3. "Text（文本）"选项卡

本选项卡在"Text（文本）"选项下设置文本属性，如图 10-57 所示。

● Justification：加 text 时字体的对齐方式。文本有 3 种对齐方式："Centre（中间对齐）""Right（右对齐）"和"Left（左对齐）"。
● Parameter block：光标大小的设定。
● Text marker size：文本书签尺寸。
● Setup Text size：字体设置。单击此按钮，弹出如图 10-58 所示的"Text Setup（文本

设置）"对话框。通过该对话框可方便直观地设置需要的文字大小，或对已有的文字大小进行修改。

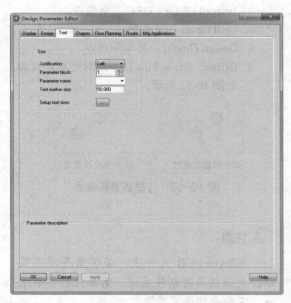

图 10-57 "Text（文本）"对话框

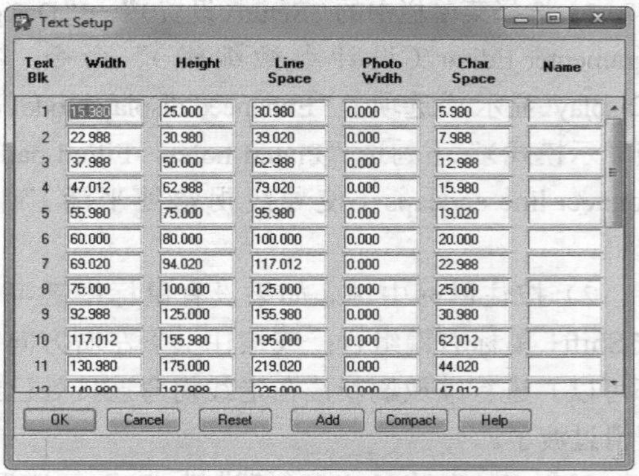

图 10-58 "Text Setup（文本设置）"对话框

该对话框中可以设置的标题有："Text BIK（字体类型）""Width（宽度）""Height（高度）""Line Space（行间距）""Photo Width（底片上的字宽）"和"Char Space（字间距）"。

● OK：完成设置后，单击此按钮，确认设置，退出对话框。
● Cancel：单击此按钮，取消设置操作，退出对话框。
● Reset：单击此按钮，重置参数。
● Add：单击此按钮，添加新的文字类型。

- <kbd>Compact</kbd>：单击此按钮，合并所有类型，默认有 16 种文字样式。
- <kbd>Help</kbd>：帮助。

4. "Shapes（外形）"选项卡

打开的"Shapes（外形）"选项卡如图 10-59 所示，设置页面属性，包括以下 3 个选项组。

图 10-59　"Shape（外形）"选项卡

（1）Edit global dynamic shape parameters。

单击此按钮，弹出如图 10-60 所示的"Global Dynamic Shape Parameters（全局动态形体参数）"对话框，编辑全局动态形体参数。

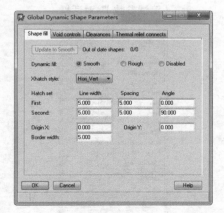

图 10-60　"Global Dynamic Shape Parameters（全局动态形体参数）"对话框

（2）Edit static shape parameters 选项。

单击此按钮，弹出如图 10-61 所示的"Static Shape parameters（静态形体参数）"对话框，编辑变形参数。

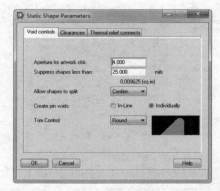

图 10-61　"Static Shape parameters（静态形体参数）"对话框

（3）Edit split plane parameters 选项。

单击此按钮，弹出如图 10-62 所示的"Split Plane Params（分割平面层参数）"对话框，编辑分割平面参数。

图 10-62　"Split Plane Params（分割平面层参数）"对话框

5. Flow Planning（流程规划）选项卡。

打开的"Flow Planning（流程规划）"选项卡如图 10-63 所示，设置电路板流程，包括 6 个选项组。

6. "Route（布线）"选项卡。

打开的"Route（布线）"选项卡如图 10-64 所示，设置布线参数，包括 8 个选项组。

7. "Mfg Applications（制造应用程序）"选项卡。

打开的"Design（设计）"选项卡如图 10-65

所示，设置应用程序制造属性，包括以下 4 个选项组。

图 10-63 "Flow Planning（流程规划）"选项卡

图 10-64 "Route（布线）"选项卡

（1）Edit testprep parameters。

单击此按钮，弹出如图 10-66 所示的"Testprep Parameters（测试参数）"对话框，编辑测试参数。

（2）Edit thieving parameters。

单击此按钮，弹出如图 10-67 所示的"Thieving Parameters（变形参数）"对话框，编辑变形参数。

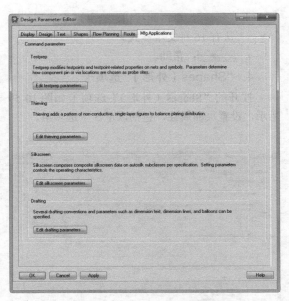

图 10-65 "Mfg Applications（制造应用程序）"选项卡

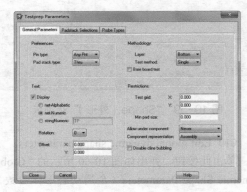

图 10-66 "Testprep Parameters（测试参数）"对话框

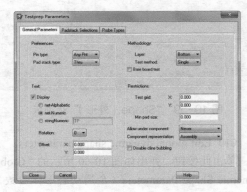

图 10-67 "Thieving Parameters（变形参数）"对话框

（3）Edit silkscreen parameters。

单击此按钮，弹出如图 10-68 所示的 "Auto Silkscreen（丝印层编辑）"对话框，编辑丝印层参数。

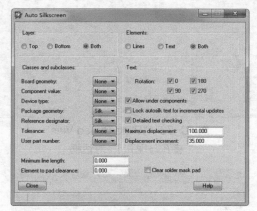

图 10-68 "Auto Silkscreen（丝印层编辑）"对话框

（4）Edit drafting parameters。

单击此按钮，弹出如图 10-69 所示的 "Dimensioning Parameters（标注参数）"对话框，编辑图形参数。

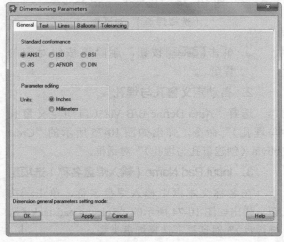

图 10-69 "Dimensioning Parameters（标注参数）"对话框

10.3.2 设置子集选项

为了更容易操作管理，达到更好的视觉效果以及提供后处理和生产需求，在 Allegro 中的设计文件可以包含很多不同的层面，每个中层面在电路板上对应一个 SubClass（子集），又把一定

关系的 SubClass（子集）归类为一个 Class（集），同样把一些一定关系的 Class（集）归类为一个 Group（组），所以 Allegro 在操作管理每个层面都很方便、快捷。如果需要增加一些自定义的层面，则可根据下面的步骤设置子集选项。

选择菜单栏中的 "Setup（设置）"→ "SubClass（子集）"命令，弹出如图 10-70 所示的 "Define Subclass（定义子集）"对话框。在该对话框中单击每个子集选项前的 □ 按钮弹出对应的子集设置对话框，如图 10-71 所示。该对话框为选择子集 "BOARD GEOMETRY" 的定义对话框。

图 10-70 "Define Subclass（定义子集）"对话框 1

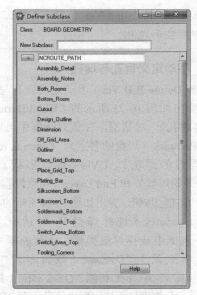

图 10-71 "Define Subclass（定义子集）"对话框 2

在图 10-71 所示的 "New Subclass（新建子集）"

文本框中输入子集名称，单击 Enter 键完成添加。在子集列表最上方显示名为"NEWSUBCLASS_PATH"的新子集，单击新子集左边的 ⟶ 按钮，弹出"Delete（删除）"快捷命令，选择该命令，即可删除新建的子集。

在图 10-70 中单击不同子集前方的 ☐ 按钮弹出不同的子集设置对话框，新建子集的方法相同。这里不再赘述，读者可自行练习。

10.3.3 设置盲孔属性

选择菜单栏中的"Setup（设置）"→"B/B Via Defination（盲孔与埋孔定义）"命令弹出如图 10-72 所示的子菜单，分为"Define B/B Via（手动定义盲孔与埋孔）、Auto Define B/B Via（自动定义盲孔与埋孔）"两个命令。

图 10-72 "B/B Via Definition（盲孔与埋孔定义）"子菜单

下面分别介绍这两种定义方法。

> 📝 **注意**
>
> B/B Via 为 Blind Via 和 Buried Via 的简写，即盲孔和埋孔。

1. 手动定义盲孔与埋孔

选择 Define B/B Via（手动定义盲孔与埋孔）命令，弹出如图 10-73 所示的"Blind/Buried Vias（盲孔与埋孔）"对话框，在该对话框中可以设置"Bbvia Padstack（焊盘的名字）、Padstack to Copy（调用焊盘的形状）、UVia（焊盘形状）、Start Layer（开始焊盘）和 End Layer（结束焊盘）。"

- 单击 ☐ 按钮，弹出如图 10-74 所示的"Select a padstack（选择焊盘）"对话框，在列表框中选择焊盘类型，该列表框中的焊盘来源于"Database（数据库）""Library（库）"中。在右侧"Quick view（快速显示）"框中显示选中焊盘信息。有"Graphics（图形）、Text（文本）"两种显示方法。
- 单击 Add BBVia 按钮，新建一个焊盘，完善焊盘信息，选择焊盘类型。

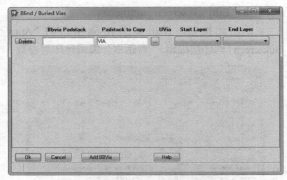

图 10-73 "Blind/Buried Vias（盲孔与埋孔）"对话框

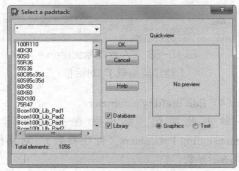

图 10-74 "Select a padstack（选择焊盘）"对话框

- 单击 Delete 按钮，删除该按钮对应的焊盘。

2. 自动定义盲孔与埋孔

选择"Auto Define B/B Via（自动定义盲孔与埋孔）"命令，弹出如图 10-75 所示的"Creat bbvia（创建盲孔与埋孔）"对话框。

3. Input Pad Name（输入焊盘名称）选项组

在名称文本框中输入焊盘名称，单击 ☐ 按钮，弹出如图 10-74 所示的"Select a padstack（选择焊盘）"对话框，选择焊盘类型。

> 📝 **注意**
>
> 焊盘命名格式为 < prefix（前缀）> < start layer（起始传导层名称）> < end layer（结束传导层名称）>，其中，<前缀>可加可不加。勾选"Add prefix（添加前缀）"复选框，名称前添加前缀，在后面的文本框后总输入前缀内容；不勾选，则不加。

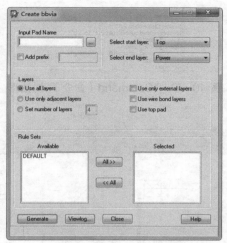

图 10-75　"Create bbvia
（创建盲孔与埋孔）"对话框

4. Layer（层）选项组

- Use all layer：选中此项，在所用层上创建盲孔与埋孔。
- Use only adjacent layers：选中此项，只能在相邻的层上创建盲孔与埋孔。
- Use number of layers：选中此项，在后面的文本框后总输入创建盲孔与埋孔的层数。
- Use only external layers：勾选此复选框，只在外部层上创建盲孔与埋孔。
- Use wire bond layers：勾选此复选框，表示在有焊线的层上创建盲孔与埋孔。
- Use top pad：勾选此复选框，在每个新焊盘嘴上免得焊盘匹配输入焊盘的开始

层定义。

- Generate uvia：勾选此复选框，生成过孔。

5. Rule Set（物理规则设置）

将左侧"Available（有效的）"列表框中需要设置的规则添加到右侧"Selected（已选择）"列表框中。通过 All>> 和 <<All 按钮，将进行两个列表框中的规则交换。

单击 Generate 按钮，创建新的盲孔和埋孔。弹出提示对话框，如图 10-76 所示。提示对话框中的进度完成后，完成创建。在命令窗口中显示如下信息。

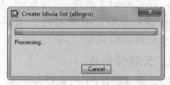

图 10-76　提示对话框

- Starting Create bbvia list
- Bbvia completed successfully，use Viewlog to review the log file.

若出现错误，显示如图 10-77 所示的提示对话框，随即弹出如图 10-78 所示的"View of file：bbvia（文件视图）"对话框，显示错误提示信息。

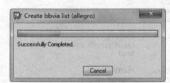

图 10-77　提示对话框

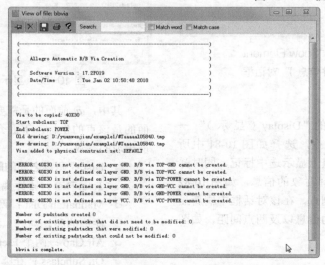

图 10-78　"View of file：bbvia（文件视图）"对话框

图 10-79 "Command（命令）"对话框

> **注意**
>
> 在命令窗口中可以显示错误信息，如图10-79 所示。

10.4 信息显示

在电路板中的信息显示命令可以显示两点之间的距离以及一些相关的信息。该命令可显示的对象很多，在"Find（查找）"面板中勾选不同的对象，执行该命令后，显示对应的信息，这里简单介绍显示元器件信息。

1. 显示元器件信息

选择菜单栏中的"Display（显示）"→"Element（元器件）"命令，显示元器件信息，然后鼠标左键单击预查看的元器件，将会弹出"Show Element"对话框，如图 10-80 所示。

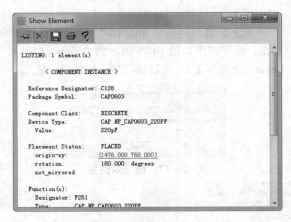

图 10-80 "Show Element（显示元器件信息）"对话框

2. 显示测量信息

选择菜单栏中的"Display（显示）"→"Measure（测量）"命令，选择如图 10-81 中所示的右侧点，在选择点上显示选中标记，同时弹出一个信息框显示选择对象的信息，如图 10-82 所示。然后再选择左侧点，在该对话框中刷新显示结果，添加第二点的信息以及两点间距，如图10-83 所示。

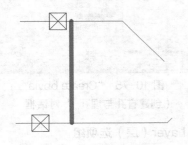

图 10-81 选择对象

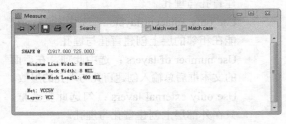

图 10-82 显示第一点信息

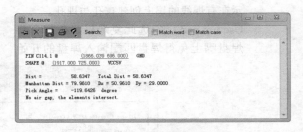

图 10-83 显示测量的信息

其中，@ 前面的是需要显示信息的点，@ 后面的是该点的坐标；下面介绍在信息对话框中可能出现的参数。

- Dist：两点之间的距离。
- Total Dist：点距离的总和。
- Manhattan Dist：两点之间的水平和垂直距离的和。
- Air Gap：两个 Element 之间的最小距离。
- On Subclass：在哪一层面。

10.5　用户属性设置

在"User Preferences Editor（用户属性编辑）"对话框中可以进行工作环境、界面和显示效果的一些设定，设置后的系统参数将用于这个工程的设计环境，并不随 PCB 文件的改变而改变。

选择菜单栏中的"Setup（设置）"→"User Preferences（用户属性）"命令，即可打开"User Preferences Editor（用户属性编辑）"对话框，如图 10-84 所示。

图 10-84　"User Preferences Editor（用户属性编辑）"对话框

该对话框中需要设置的有 20 个设置页，因为这里涉及的内容比较多，而且很多功能都很少用到，所以下面只针对一些常用设置作介绍。

1. "Display（显示）"设置页

（1）选择"Display（显示）"→"Cursor（光标）"选项，在项目的右侧"pcb_cursor"下拉菜单中选择"infinite"项，如图 10-85 所示，单击"Apply（应用）"按钮，显示满屏正交十字；在"pcb_cursor_gangle"文本框中输入角度值，光标按照设置的角度显示，实现与 PADS 一样的显示效果。

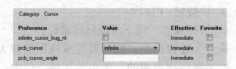

图 10-85　"Cursor（光标）"项目

在 user Preferences Editor 选择"Display（显示）"→"Highlight（高亮）"选项，在项目的右侧勾选"display_nohilitefont"复选框，如图 10-86 所示。单击"Apply（应用）"按钮，再单击相关网络即可实体高亮显示，且不再是一截一截的斜线，这给识读 PCB 图带来很大方便。

图 10-86　"Highlight（高亮）"项目

（2）选择"Display（显示）"→"Visual（直观）"选项，如图 10-87 所示。在项目的右侧勾选"display_drcfill"复选框，单击"Apply（应用）"按钮，DRC 实体高亮显示。

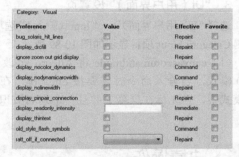

图 10-87　"Visual（直观）"项目

2. "File_management（文件管理器）"设置页

选择"File_management（文件管理器）"→"Autosave（自动保存）"选项，右侧 Categories Autosave 项目显示如图 10-88 所示。

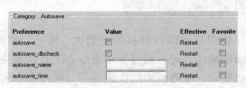

图 10-88　"Autosave（自动保存）"项目

- autosave：每隔一段时间 Allegro 会自动备份当前的设计。定时自动备份只在 Allegro 不使用的情况下起作用，也就是说当使用者正在操作 Allegro 时，该功能无效。下次启动 Allegro 时生效。

- Autosave_dbcheck：在保存数据前进行快速的 Database 检查。默认情况下，这个功能是关闭的，因为它增加了保存时间。下次启动软件时生效。此功能花费时间较长，建议不勾选。
- autosave_name：设置自动备份文件的名字。默认为 autosave〈brd/dra〉，下次启动时生效。
- autosave_time：在该文本框内输入 20，表示每隔 20min 系统将自动备份一次当前文件。自动保存时间间隔最短可设置为 10min，最长可设置为 300min。

自动备份功能只有在不使用 Allegro 时才被激活，也就是说使用者在操作 Allegro 时，自动保存功能是没用作用的。所以使用者应该经常自行备份，以防止不必要的麻烦。

3. "Ui（用户界面）"设置页

选择"Ui（用户界面）"→"Input（输入）"选项，右侧 Category Input 项目显示如图 10-89 所示。

（1）canvascommandmode 将 Allegro 行改为 15.0 模式，当输入命令时需要按 Enter 键，在新的模式下，当光标在屏幕上并且一个别名被识别出，不需要再按 Enter 键就会立即执行。要进入输入命令模式，光标必须在控制区域单击。执行下一个命令后失效。

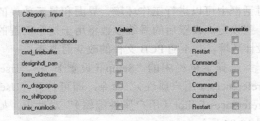

图 10-89 "Input（输入）"项目

（2）form_oldreturn 当在 Allegro 窗口中添加一个值后按 Enter 键时，窗口将按传统按下默认按钮，设置该项将使 Enter 键和 Tab 键一样到下一个区域。执行下一个命令后生效。

（3）no_dragpopup 默认情况下，为了使用 strokes，当单击鼠标右键时必须按下 Ctrl 键。设置这个选项，允许通过单击鼠标右键拖动使用 strokes，设置了该项就失去了通过单击鼠标右键选择快捷菜单的能力。不得不单击两次鼠标右键，一次查看弹出菜单，另一次选择弹出菜单。执行下一个命令后生效。

用户选项中有许多参数，在此不一一列举。

10.6 快捷操作

快捷操作除了利用菜单命令之外的快捷键调整视图外，还有 Script 功能和 Strokes 功能，利用这些功能，简化电路板的设计步骤，减少设计时间。下面介绍各种快捷键的功能。

10.6.1 视图显示

视图显示即控制视图的放大、缩小、移动、显示等操作，可以通过菜单命令、工具栏和快捷键来实现。电路板中的视图显示与电路图中的视图显示有异曲同工之效，但略有不同，读者在绘制过程中需要进行区别。

1. 视图平移 PAN

（1）利用方向键可平移。

（2）在三键鼠标中按"中间键"即可动态平移；若为二键鼠标则为"右键 +Shift"。

（3）按键盘上的上下左右方向键。

（4）始终按住鼠标中键实现上下左右拖动。

（5）按 Shift+ 鼠标右键实现上下左右拖动。

2. 缩放视图

（1）放大视图。

- 菜单栏："View（视图）"→"Zoom In（放大）"命令。
- 工具栏："View（视图）"工具栏中的"Zoom In（放大）"按钮。
- 快捷键：F11。
- 快捷操作：向下滑动鼠标滚轮。

执行上述操作后，都可以完成视图的放大操作。扩大视图到绘图的一个小的区域，但中心不变，显示的内容变少。

（2）缩小视图。

- 菜单栏："View（视图）"→"Zoon Out（缩小）"命令。
- 工具栏："View（视图）"工具栏中的"Zoon Out（缩小）"按钮🔍。
- 快捷键：F12。
- 快捷操作：向上滑动鼠标滚轮。

执行上述操作后，都可以完成视图的缩小操作。增加绘图的显示区域，显示的信息多，但对象少。

（3）显示全部。

- 菜单栏："View（视图）"→"Zoom Fit（显示全部）"命令。
- 工具栏："View（视图）"工具栏中的"Zoom Fit（显示全部）"按钮🔍。
- 快捷键：F2。

执行上述操作后，显示所有绘制对象。

（4）显示区域。

- 菜单栏："View（视图）"→"Zoom by Points（区域显示）"命令。
- 工具栏："View（视图）"工具栏中的"Zoom by Points（区域显示）"按钮🔍。

执行此操作后，通过鼠标选择放大区域。具体做法是按住鼠标左键，在需要放大的画面上进行拖曳，最后释放左键，即完成了所选视图的放大。

（5）显示上一个视图。

- 菜单栏："View（视图）"→"Zoom Previous（显示上一个视图）"命令。
- 工具栏："View（视图）"工具栏上的"Zoom Previous（显示上一个视图）"按钮🔍。
- 快捷键：Shift+F11。

执行此操作后，电路板恢复到前一次缩放或平移操作之前的显示状态。

（6）显示整体。

- 菜单栏："View（视图）"→"Zoom World（显示整体）"命令。
- 快捷键：Shift+F12。

执行此操作后，此命令表示在工作区域内显示绘图的整个内容。

（7）显示中心。

- 菜单栏："View（视图）"→"Zoom Center（显示中心）"命令。

执行此操作后，以选择的点为中心重新显示绘图区域，在工作区域显示绘图的全部内容。

（8）显示选中对象。

- 工具栏："View（视图）"→"Zoom Selection（显示选中对象）"命令。

执行此操作后，在电路板中单击对象则放大显示选中的对象。

（9）刷新。

- 菜单栏："View（视图）"→"Redraw（刷新）"命令。
- 工具栏："View（视图）"工具栏上的"Redraw（刷新）"按钮🔄。
- 快捷键：F5。

执行此操作后，刷新当前显示区域。

（10）三维显示。

- 菜单栏："View（视图）"→"3D Viewer（三维显示）"命令。
- 工具栏："View（视图）"工具栏上的"3D Viewer（三维显示）"按钮🗔。

执行此操作后，显示当前电路板中对象的三维模型，如图 10-90 所示。

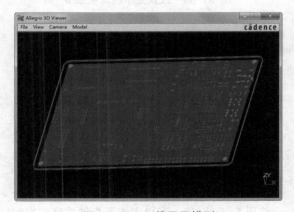

图 10-90　三维显示模型

3. 显示细节

该操作主要应用于尺寸标注过程中。

（1）选择菜单栏"Manufacture"→"Drafting"→"Create Detail(显示细节)"，此时在命令窗口中显示："Select elements to copy .Pick two points to define the selection window."，如图 10-91 所示。

（2）用鼠标单击选择所要显示设计细节的区域，如图 10-92 所示，所选中的区域会发生高亮，同时出现一个随光标移动的比框选区域大的区域，如图 10-93 所示，在空白处单击鼠标左键，放置放大的对象细节，如图 10-94 所示，可继续单击左键放置细节，完成放置后，单击右键选择"Done（完成）"命令，结束操作。

图 10-91 "Command" 对话框

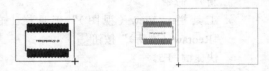

图 10-92 框选对象　　图 10-93 高亮显示对象

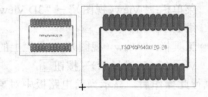

图 10-94 放置显示的对象细节

10.6.2 Script 功能

Script 功能指录制一些常用的动作或一些简单的操作，将进行的操作记录下来制作成脚本文件，在下次使用到相同的动作时就可以回放这些录制的 Script，如颜色的设置、网格大小的设置等。录制的记录方式采用的是文本文件格式，修改起来比较方便，Script 的库目录在"\SPB_Data"目录中，也可以在 library 中调用 Script 文件。合理使用 Script 功能，可以省去不少做重复动作的时间从而提高效率。下面介绍 Script 的基本操作。

1. 录制脚本

（1）在菜单栏中执行"File（文件）"→"Script（脚本）"命令，将弹出"Scripting（脚本）"对话框，如图 10-95 所示。在"Name（名称）"文本框中输入录制或回放的文件名，默认路径为当前的工作路径，如"newscr_col"，然后单击"Record（记录）"按钮，开始记录操作过程。下面进行需要记录的操作。

● Macro Record Mode：选择是否要用宏模式录制 Script。

● Library：当前工作目录下和工作环境设置的 Script 目录下的 Script。

● Record：开始录制 Script。

● Stop：结束录制 Script。

● Replay：回放 Script。

（2）完成操作后，在菜单栏中执行"File（文件）"→"Script（脚本）"命令，在弹出的"Scripting（脚本）"对话框中单击"Stop（停止）"按钮，完成录制，如图 10-96 所示。

图 10-95 "Scripting" 对话框

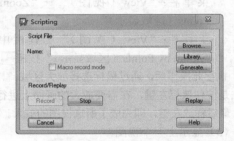

图 10-96 "Scripting（脚本）" 对话框

2. 回放脚本

有 3 种选择脚本文件的方法。

● 在"Scripting（脚本）"对话框中"Name（名称）"文本框汇总中输入正确的路径和文件名。

● 在"Scripting（脚本）"对话框中单击"Browser（搜索）"按钮，弹出如图 10-97所示的"Script（脚本）"对话框，选择对应的脚本文件。

● 在"Scripting（脚本）"对话框中单击"Library（库）"按钮，将会弹出"Select Script to Replay"对话框，如图 10-98 所示。在弹出的对话框内选择录制好的"newscr_col"文件，然后单击 OK 按钮。

图 10-97　"Script（脚本）"对话框

图 10-98　"Select Script to Replay"对话框

选中脚本后，返回如图 10-99 所示的"Scripting（脚本）"对话框，单击"Replay（回放）"按钮，将会回放录制的资料。

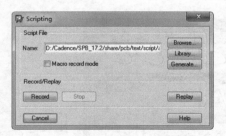

图 10-99　"Script（脚本）"对话框

 注意

Script 只记录当时的状况，它是一个文档，可以用文字编辑。

3. 查看脚本

在菜单栏中选择"File（文件）"→"Viewlog（日志）"命令，弹出如图 10-100 所示的对话框，

选择录制好的文件，单击"打开"按钮可以看到录制的内容，如图 10-101 所示。

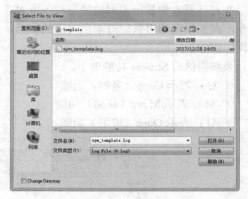

图 10-100　"Select File to View（选择要查看的文件）"对话框

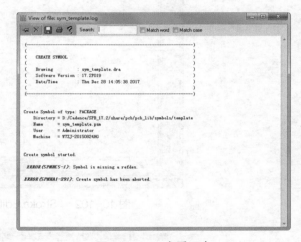

图 10-101　查看日志

10.6.3　Strokes 功能

Strokes 功能指利用鼠标在工作区滑动出设定的轨迹，即可执行对应的命令。在使用 Strokes 命令时，需要按住 Ctrl 键，然后按住鼠标右键在工作区域内滑动，滑出的不同路径将产生不同的功能。

Strokes 功能可以节省选取菜单或单击工具栏命令的时间，通过滑动鼠标完成功能，可以使布局更加方便快捷。

用户根据需要可以自行定义 Strokes 功能，具体操作步骤如下。

（1）选择菜单栏中的"Tools（工具）"→"Utilities（应用程序）"→"Stroke Editor（滑动编

辑）"命令，将弹出"Stroke Editor（滑动编辑）"对话框，如图 10-102 所示。

在对话框右侧显示不同的图形与下方对应的命令，在工作区利用鼠标滑动出对应的图形，即可执行该命令。

系统提供的 Strokes 功能如下。

● C：表示 Copy（复制）功能。

● M：表示 Move（移动）功能。

● U：表示 Oops（取消）功能。

● W：表示 Zoom World（显示整个绘图）功能。

● ∧：表示 Delete（删除）功能。

（2）在"Stroke Editor（滑动编辑）"对话框中左侧大的空白区域内绘制自定义的图形，如"o"，如图 10-103 所示。

（3）在"Command（命令）"文本框内输入Open，单击"Add（添加）"按钮，用户自定义的Stroke 将出现在对话框的右边，如图 10-104 所示。

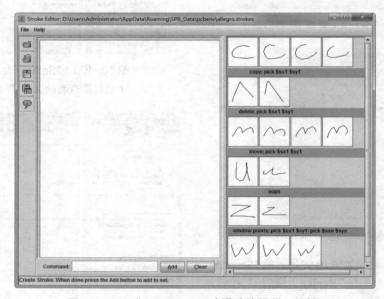

图 10-102 "Stroke Editor（滑动编辑）"对话框

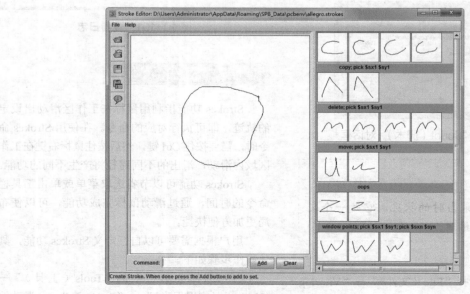

图 10-103 绘制自定义图形

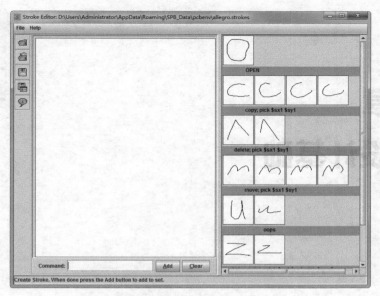

图 10-104 自定义 Stroke

（4）用鼠标右键单击右边栏中添加的 Strokes 将会出现两个命令，"Edit（编辑）"和"Delete（删除命令）"，如图 10-105 所示。

图 10-105 弹出命令选项

在"Command（命令）"文本框内可以修改对应的命令名称。选择"Delete（删除）"命令，将会弹出"Stroke Editor（滑动编辑器）"对话框，如图 10-106 所示，提示用户是否删除对应此命令的所有 Strokes，单击"是"按钮，将删除 Strokes。

图 10-106 "Stroke Editor"对话框

Chapter 11

第 11 章
PCB 设计基础

内容指南

设计印制电路板（PCB）是整个工程设计的目的。即使原理图设计得再完美，电路板设计得不合理性能也将大打折扣，严重时甚至不能正常工作。本章主要介绍电路板的基础设计过程，包括 PCB 文件的创建、编辑环境的设置、元器件的导入和元器件的布局。

☞ **知识重点**

📖 印制电路板概述
📖 电路板物理结构及环境参数设置
📖 PCB 编辑器的编辑功能

11.1 印制电路板概述

在设计之前，首先介绍一些有关印制电路板的基础知识，以便用户能更好地理解和掌握 PCB 的设计过程。

11.1.1 印制电路板的概念

印制电路板（Printed Circuit Board），简称 PCB，是以绝缘覆铜板为材料，经过印制、腐蚀、钻孔以及后处理等工序，在覆铜板上刻蚀出 PCB 图上的导线，将电路中的各种元器件固定并实现各元器件之间的电气连接，使其具有某种功能。随着电子设备的飞速发展，PCB 越来越复杂，上面的元器件越来越多，功能也越来越强大。

印制电路板根据导电层数的不同，可以分为单面板、双面板和多层板 3 种。

- 单面板：单面板只有一面覆铜，另一面用于放置元器件，因此只能利用敷铜的一面设计电路导线和元器件的焊接。单面板结构简单，价格便宜，适用于相对简单的电路设计。对于复杂的电路，由于只能单面布线，所以布线比较困难。
- 双面板：双面板是一种双面都敷有铜的电路板，分为顶层 Top Layer 和底层 Bottom Layer。它双面都可以布线焊接，中间为一层绝缘层，元器件通常放置在顶层。由于双面都可以布线，因此双面板可以设计比较复杂的电路。它是目前使用非常广泛的印制电路板结构。
- 多层板：如果在双面板的顶层和底层之间加上别的层，如信号层、电源层或者接地层，即构成了多层板。通常的 PCB 包括顶层、底层和中间层，层与层之间是绝缘的，用于隔离布线，两层之间的连接是通过孔实现的。一般的电路系统设计用双面板和四层板即可满足设计需要，只是在较高级电路设计中，或有特殊要求时，比如对抗高频干扰要求很高情况下使用 6 层或 6 层以上的多层板。多层板制作工艺复杂，层数越多，设计时间越长，成本也越高。但随着电子技术的发展，电子产品越来越小巧精密，电路板的面积要求越来越小，因此目前多层板的应用也日益广泛。

下面将介绍几个印制电路板中常用的概念。

1. 元器件封装

元器件的封装是印制电路设计中非常重要的概念。元器件的封装就是实际元器件焊接到印制电路板时的焊接位置与焊接形状，包括实际元件的外形尺寸，空间位置，各管脚之间的间距等。元器件封装是一个空间的概念，对于不同的元器件可以有相同的封装，同样一种封装可以用于不同的元器件。因此，在制作电路板时必须知道元器件的名称，同时也要知道该元器件的封装形式。

对于元器件封装，在第 6 章中已经作过详细讲述，在此不再讲述。

2. 过孔

过孔是用来连接不同板层之间导线的孔。过孔内侧一般由焊锡连通，用于元器件管脚的插入。过孔可分为 3 种类型：通孔（Through）、盲孔（Blind）和埋孔（Buried）。从顶层直接通到底层，贯穿整个 PCB 的过孔称为通孔；只从顶层或底层通到某一层，并没有穿透所有层的过孔称为盲孔；只在中间层之间相互连接，没有穿透底层或顶层的过孔就称为埋孔。

3. 焊盘

焊盘主要用于将元器件管脚焊接固定在印制电路板上并将管脚与 PCB 上的铜膜导线连接起来，以实现电气连接。通常焊盘有 3 种形状，圆形（Round）、矩形（Rectangle）和正八边形（Octagonal），如图 11-1 所示。

图 11-1　焊盘

4. 铜膜导线和飞线

铜膜导线是印制电路板上的实际布线，用于连接各个元器件的焊盘。它不同于 PCB 布线过程中的飞线。所谓飞线，又叫预拉线，是系统在装入网络报表以后，自动生成的不同元器件之间错综交叉的线。

铜膜导线与飞线的本质区别在于铜膜导线具有电气连接特性，而飞线则不具有。飞线只是一种形式上的连线，只是在形式上表示出各个焊盘之间的连接关系，没有实际电气连接意义。

11.1.2 PCB 设计流程

在进行印制电路板的设计时，首先要确定设计方案，并进行局部电路的仿真或实验，完善电路性能。之后根据确定的方案绘制电路原理图，并进行 ERC 检查。最后完成 PCB 的设计，输出设计文件，送交加工制作。设计者在这个过程中尽量按照设计流程进行设计，这样可以避免一些重复的操作，同时也可以防止不必要的错误出现。

要想制作一块实际的电路板，首先要了解印制电路板的设计流程。印制电路板的设计流程如图 11-2 所示。

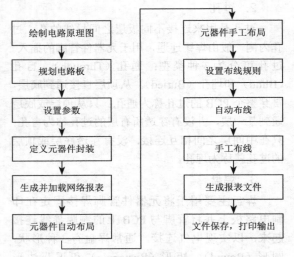

图 11-2　印制电路板的设计流程

1. 绘制电路原理图

电路原理图是设计印制电路板的基础，此工作主要在电路原理图的编辑环境中完成。如果电路图很简单，也可以不用绘制原理图，直接进入 PCB 设计。

2. 规划电路板

印制电路板是一个实实在在的电路板，其规划包括电路板的规格、功能、工作环境等诸多因素，因此在绘制电路板之前，用户应对电路板有一个总体的规划。具体是确定电路板的物理尺寸、元器件的封装、采用几层板以及各元器件的布局位置等。

3. 设置参数

主要是设置电路板的结构及尺寸、板层参数、通孔的类型、网格大小等。

4. 定义元器件封装

原理图绘制完成后，正确加入网络报表，系统会自动地为大多数元器件提供封装，但是对于用户自己设计的元器件或是某些特殊元器件必须由用户自己创建或修改元器件的封装。

5. 生成并加载网络报表

网络报表是连接电路原理图和 PCB 设计之间的桥梁，是电路板自动布线的灵魂。只有将网络报表装入 PCB 系统后，才能进行电路板的自动布线。

在设计好的 PCB 上生成网络报表和加载网络报表，必须保证产生的网络报表已没有任何错误，其所有元器件都能够加载到 PCB 中。加载网络报表后，系统将产生一个内部的网络报表，形成飞线。

6. 元器件自动布局

元器件自动布局是由电路原理图根据网络报表转换成的 PCB 图。对于电路板上元器件较多且比较复杂的情况，可以采用自动布局。由于一般元器件自动布局都不太规则，甚至有的相互重叠，因此必须手动调整元器件的布局。

元器件布局的合理性将影响到布线的质量。对于单面板设计，如果元器件布局不合理将无法完成布线操作；而对于双面板或多层板的设计，如果元器件布局不合理，布线时将会放置很多过孔，使电路板布线变得很复杂。

7. 元器件手工布局

对于那些自动布局不合理的元器件，可以进行手工调整。

8. 设置布线规则

飞线设置好后，在实际布线之前，要进行布线规则的设置，这是 PCB 设计所必需的一步。在这里用户要设置布线的各种规则，如安全距离、导线宽度等。

9. 自动布线

Cadence 提供了强大的自动布线功能，在设置好布线规则之后，可以利用系统提供的自动布线功能进行自动布线。只要设置的布线规则正确、元器件布局合理，一般可以成功完成自动布线。

10．手工布线

在自动布线结束后，有可能因为元器件布局，自动布线无法完全解决问题或产生布线冲突，此时就需要进行手工布线加以调整。如果自动布线完全成功，则可以不必手工布线。另外，对于一些有特殊要求的电路板，不能采用自动布线，必须由用户手工布线来完成设计。

11．生成报表文件

印制电路板布线完成之后，可以生成相应的各种报表文件，如元器件报表清单、电路板信息报表等。这些报表可以帮助用户更好地了解所设计的 PCB 和管理所使用的元器件。

12．文件保存，打印输出

生成了各种报表文件后，可以将其打印输出保存，PCB 文件和其他报表文件均可打印，以便今后工作中使用。

11.1.3　文件类型

Allegro 电路图设计中常用文档类型如下。

- .brd——普通的电路板文件。
- .dra——库元器件文件，绘制符号。
- .psd——焊盘栈文件，可直接调用。
- .psm——普通库文件。
- .osm——由图框及图文件说明组成的库文件
- .bsm——由板外框机螺孔组成的库文件。
- .fsm——有特殊图形元器件的库文件，仅用于建立焊盘栈及热焊盘。
- .ssm——特殊外形库文件，仅用于建立特殊外形的焊盘栈。
- .mdd——定义模块文件。
- .tap——NC 钻孔文件。
- .scr——脚本和宏文件。
- .art——底片文件。
- .log——临时信息文件。
- .color——视图层面切换文件。
- .jrl——记录的事件文件。

11.1.4　印制电路板设计的基本原则

印制电路板中元器件的布局、布线的质量，对电路板的抗干扰能力和稳定性有很大的影响，所以在设计电路板时应遵循 PCB 设计的基本原则。

1．元器件布局

元器件布局不仅影响电路板的美观，而且还影响电路的性能。在布局前首先需要进行布局前的准备工作，绘制板框、确定定位孔与对接孔的位置、标注重要网络等；然后进行布局操作，根据原理图进行布局调整；最后进行布局后的检查，如空间上是否有冲突、元器件排列是否整齐有序等。在元器件布局时，应注意以下几点。

- 按照关键元器件布局，即首先布置关键元器件，如单片机、DSP、存储器等，然后按照地址线和数据线的走向布置其他元器件。
- 对于工作在高频下的电路要考虑元器件之间的布线参数，高频元器件管脚引出的导线应尽量短些，以减少对其他元器件以及电路的影响。
- 模拟电路模块与数字电路模块分开布置，不要混乱地放置在一起。
- 带强电的元器件与其他元器件的距离尽量远一些，并布置在调试时不易接触到的地方。
- 较重的元器件需要用支架固定，防止元器件脱落。
- 热敏元器件要远离发热元器件，对于一些发热严重的元器件，可以安装散热片。
- 对于电位器、可调电感线圈、可变电容器、微动开关等可调元器件的布局应考虑整机的结构要求，应放置在便于调试的地方。
- 确定特殊元器件位置时需要尽可能地缩短高频元器件之间的连线，输入、输出元器件要尽量远。
- 要增大可能存在电位差的元器件之间的距离。
- 要按照电路的流程放置功能电路单元，使电路的布局有利于信号的流通，以功能电路的核心元器件为中心进行布局。

- 位于电路板边缘的元器件距电路板边缘不少于 2mm。

2. 布线

在布线时，应遵循以下基本原则。

- 输入端与输出端导线应尽量避免平行布线，以避免发生反馈耦合。
- 导线的宽度最好取 15mil（0.381mm）以上，最小不能小于 10mil（0.254mm）。
- 导线间的最小间距是由线间绝缘电阻和击穿电压决定的，满足电气安全要求，在条件允许的范围内尽量大一些，一般不能小于 12mil（0.305mm）。
- 微处理器芯片的数据线和地址线尽量平行布线。
- 布线时尽量少拐弯，若需要拐弯，一般取 45° 走向或圆弧形。在高频电路中，拐弯时不能取直角或锐角，以防止高频信号在导线拐弯时发生信号反射现象。

- 在条件允许范围内，尽量使电源线和接地线粗一些。
- 阻抗高的布线越短越好，阻抗低的布线可以长一些，因为阻抗高的布线容易发射和吸收信号，使电路不稳定。电源线、地线、无反馈组件的基极布线、发射极引线等均属低阻抗布线，发射极跟随器的基极布线、收录机两个声道的地线必须分开，各自成一路，一直到功效末端再合起来。
- 在电源信号和地信号线之间加上去耦电容；尽量使数字地和模拟地分开，以免造成地反射干扰，不同功能的电路块也要分割，最终地与地之间使用电阻跨接。由数字电路组成的印制电路板，其接地电路布成环路大多能提高抗噪声能力。接地线构成闭环路，因为环形地线可以减小接地电阻，从而减小接地电位差。

11.2 建立电路板文件

用 Allegro 软件进行 PCB 设计最基本的是要建立一块空白电路板，然后定义层面添加板外框等一些动作，Allegro 本身提供两种建板的模式：一种是使用向导，另一种是手动创建。

11.2.1 使用向导创建电路板

Allegro 提供了 PCB 设计向导，以帮助用户在向导的指示下建立 PCB 文件，这样可以大大减少用户的工作量。尤其是在设计一些通用的标准接口板时，通过 PCB 设计向导，可以完成外形、板层、接口等各项基本设置，十分便利。

操作步骤如下：

（1）启动 PCB Editor。

（2）选择菜单栏中的"File（文件）"→"New（新建）"命令，弹出如图 11-3 所示的"New Drawing（新建图纸）"对话框。在"Drawing Name（图纸名称）"栏中写入电路板名称 PCB Board。在"Drawing Type（图纸类型）"下拉列表中选择 Board（Wizard）。

图 11-3 "New Drawing（新建图纸）"对话框

（3）单击 OK 按钮后关闭对话框，弹出"Board Wizard（板向导）"对话框，如图 11-4 所示，进入 Board Wizard 的工作环境。在该对话框中显示电路板向导的流程、板的单位、工作区域的大小、原点坐标、板的外框、栅格间距、板电气层面的设定、基本的设计规则设定等。

（4）单击 Next> 按钮，进入图 11-5 所示的界面。提示用户是否有建好的电路板模板需要导入。如果有模板选择"Yes（是）"选项然后单击右侧按钮 ，弹出如图 11-6 所示的"Board Wizard Template Browser"对话框，查找已有模板。选择"No（否）"选项，表示不输入模板。

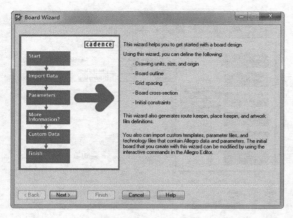

图 11-4　"Board Wizard（板向导）"对话框

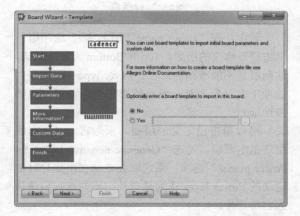

图 11-5　"Board Wizard- Template"对话框

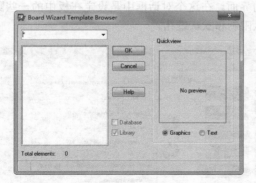

图 11-6　"Board Wizard Template Browser"对话框

（5）单击图 11-5 中的 Next> 按钮，进入图 11-7 所示的界面。提示用户是否要选择一个已有 Tech file（包括了板子的层面和限制设定的参数）导入进来。对两个选项均选择"No（否）"选项，表示不选择 Tech file 文件与 Parameter file 文件。

（6）单击 Next> 按钮，进入图 11-8 所示的界面。提示用户是否要选择一个已有 Board Symbol（包括板框和其他一些有关板子信息的参数模块）导入进来。这里选择"No（否）"选项，表示不导入参数模块。

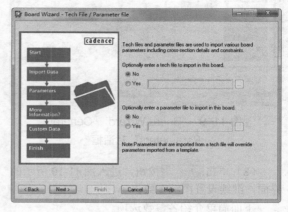

图 11-7　"Board Wizard -Tech File/ Parameter file"对话框

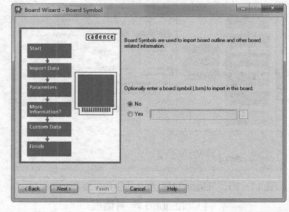

图 11-8　"Board Wizard -Board Symbol"对话框

（7）单击 Next> 按钮，进入图 11-9 所示的界面。设置图纸选项，选择 Units(单位)、Size(工作区的范围大小)，与"Design Parameter Editor（设计参数编辑）"中工作区参数设定相同。其中，Size（工作区的范围大小）下拉列表中没有自行定义的 Other 选项。在"Specify The location of the origin for this drawing（设定工作区的原点的位置）"选项下有两个选项："At the lower left corner of the drawing（把原点定在工作区的左下脚）"和"At the center of the drawing（把原点定在工作区的正中心）"。

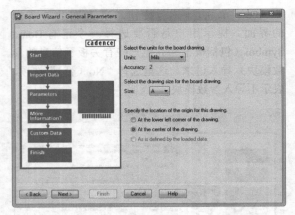

图 11-9 "Board Wizard – General Parameters" 对话框

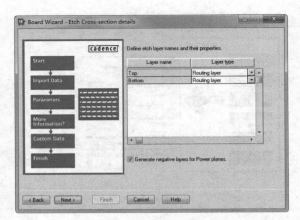

图 11-11 "Board Wizard – Etch Cross-section details" 对话框

（8）单击 Next> 按钮，进入图 11-10 所示的界面，继续设置图纸参数。

下面简单介绍各参数选项。

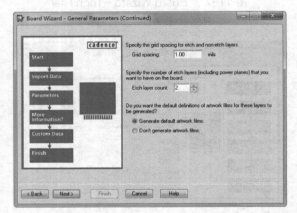

图 11-10 "Board Wizard – General Parameters（Continued）" 对话框

- Grid spacing：图纸格点大小。这里的格点设定包括电气和非电气的格点，作图时如有其他格点要求可以执行菜单命令"Setup（设置）" > "Grid（格点）"。
- Etch layer count：设定板子的电气层面的数目。
- Generate default artwork films：勾选此选项，出底片时系统会把这几层自动加入。
- Don't generate artwork films：勾选此选项，在出底片时需要手动加入出底片的层面。

（9）单击 Next> 按钮，进入如图 11-11 所示的界面，定义层面的名称和其他条件。

其中，在"Layer name（层名称）"选项组下单击需要修改的层面，Top 和 Bottom 为系统默认，这两层是不能改动的。在"Layer type（层类型）"选项下定义层面是一般布线层还是电源层（包括接地层）。

可以单击已定义的层面，来为它定义是布线层还是电源层，勾选"Generate negative layers for Power planes"选项，系统就会自动在出底片时把定义的 Power layer 认为是负片；不勾选，系统认为它是正片。

（10）单击 Next> 按钮，进入图 11-12 所示的界面。在这个对话框中是设定在板中的一些默认限制和默认过孔。

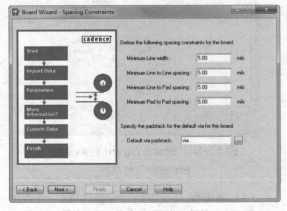

图 11-12 "Board Wizard – Spacing Constraints" 对话框

- Minimum Line width：设定在板中系统能允许的最小布线宽度。

- Minimum Line to Line spacing：设定在板中系统能允许的布线与布线的间距最小值。
- Minimum Line to Pad spacing：设定在板中系统能允许的布线与 Padstack 的间距最小值。
- Minimum Pad to Pad spacing：设定在板中系统能允许的 Padstack 与 Padstack 的间距最小值。
- Default via padstack：设定在板中系统默认的过孔。

（11）单击 Next> 按钮，进入图 11-13 所示的界面。在该对话框中定义板框的外形，有两种选择："Circular board（圆形板框）"和"Rectangular board（方形板框）"。

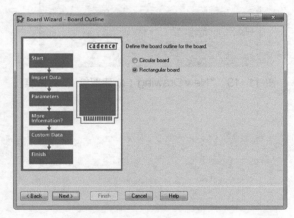

图 11-13　"Board Wizard –
Board Outline"对话框

 注意

一些特殊外形的板框只能自行创建，或者创建 Mechanical Symbol，再从先前的第四步导入模板。Mechanical Symbol 的创建在后面的章节介绍，这里不再赘述。

（12）选择"Rectangular board（方形板框）"选项，单击 Next> 按钮，进入图 11-14 所示的界面。

下面简单介绍各参数选项。

- Width 和 Height：确定板框的长度和宽度。
- Cut length：挖掉板子四角的长度，由于挖掉的是个正方形，只需填入一边的长

度即可。需勾选"Corner cutoff（挖掉拐角）"复选框，才能设置此选项。

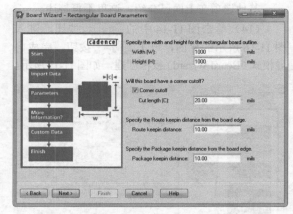

图 11-14　"Board Wizard – Rectangular Board
Parameters"对话框

- Route keepin distance：定义布线区域的范围，即与板外框的间距。
- Package keepin distance：定义布局的零件区域的范围，即与板外框的间距。

 注意

Route keepin：设定在此区域内布线，否则操作出错。

Package keepin：设定布局的零件区域，否则操作出错。

（13）如果选择"Circular board（圆形板框）"选项，进入如图 11-15 所示的对话框。

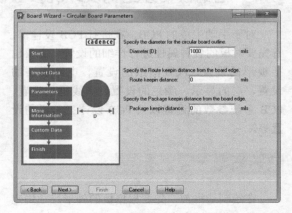

图 11-15　"Board Wizard – Circular Board
Parameters"对话框

下面简单介绍各参数选项。

● Diameter：定义圆形板的直径。

其他选项在上面已介绍，这里不再赘述。

（14）单击图 11-14 中的 Next> 按钮，进入图 11-16 所示的界面，单击 Finish 按钮，完成向导模式（Board Wizard）板框创建，如图 11-17 所示。

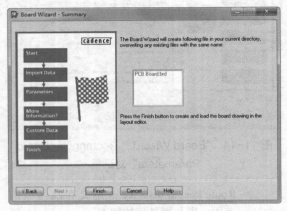

图 11-16 "Board Wizard - ummary" 对话框

图 11-17 完成的板框

11.2.2 手动创建电路板

选择菜单栏中的"File（文件）"→"New（新建）"命令或单击"Files（文件）"工具栏中的"New（新建）"按钮 ，弹出如图 11-18 所示的"New Drawing（新建图纸）"对话框。

在"Drawing Name（图纸名称）"文本框中输入图纸名称，在"Drawing Type（图纸类型）"下拉列表中选择图纸类型"Board"。

单击 OK 按钮结束对话框，进入设置电路板的工作环境。

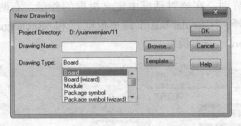

图 11-18 "New Drawing（新建图纸）"对话框

11.3 电路板物理结构及环境参数设置

对于手动生成的 PCB，在进行 PCB 设计前，首先要对板的各种属性进行详细的设置。主要包括板形的设置、PCB 图纸的设置、电路板层的设置、层的显示、颜色的设置、布线框的设置、PCB 系统参数的设置以及 PCB 设计工具栏的设置等。

11.3.1 图纸参数设置

在绘制边框前，先要根据板的外形尺寸确定 PCB 的工作区域大小。

在"Design Parameter Editor（设计参数编辑）"对话框中的 Design（设计）选项卡下的"Extents（图纸范围）"选项组中可以设置图纸边框大小。该选项组下有 4 个参数，如图 11-19 所示，确定这 4 个参数即可完成边框大小和位置的确定。

板边框所定原点为：（0，0），屏幕的左下角坐标（-10000，-10000）；左上角坐标（-10000，7000）；右上角坐标（11000，7000）；右下角坐标（11000，-10000），这样宽度为 21000mm、高度为 17000mm，根据这个尺寸就能在"Extents（图纸范围）"中进行设置了，将 Left X、Lower Y、Width 和 Height 设置成相应的值。

图 11-19　"Extents（图纸范围）"选项

11.3.2　电路板的物理边界

电路板的边框即为 PCB 的实际大小和形状，也就是电路板的物理边界。根据所设计的 PCB 在产品中的位置、空间的大小、形状以及与其他部件的配合来确定 PCB 的外形与尺寸。任何一块 PCB 都要有边框存在，而且都应该是闭合的。

1.　执行命令

- 菜单栏："Add（添加）"→"Line（线）"命令。
- 工具栏："Add（添加）"工具栏中的"Add Line（添加线）"按钮。

2.　操作步骤

将鼠标指针移到工作窗口的合适位置，单击鼠标左键即可进行线的放置操作，每单击左键一次就确定一个固定点，当绘制的线组成了一个封闭的边框时，即可结束边框的绘制。单击鼠标右键，选择快捷命令"Done（完成）"结束命令，绘制结束后的 PCB 边框如图 11-20 所示。

通常将板的形状定义为矩形。但为了满足电路的某种特殊要求，也可以将板形定义为圆形、椭圆形或者不规则的多边形。这些都可以通过如图 11-21 所示的"Add（添加）"菜单或工具栏来完成。

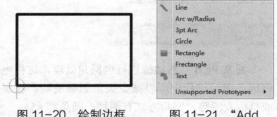

图 11-20　绘制边框　　图 11-21　"Add（添加）"菜单

3.　精确绘制

采用上述方法绘制的边框无法确定具体尺寸，下面介绍如何精确绘制边框。

（1）执行该命令后，打开图 11-22 所示的 "Option（选项）"面板，进行参数的设置，在下拉列表中分别选择 Board Geometry 和 Outline，同时在下面的文本框中设置"Line lock（隐藏线）""Line width（线宽）""Line font（线型）"。

图 11-22　"Option（选项）"面板

（2）单击命令输入窗口，输入字符："x 0 0"（x 空格 0 空格 0 回车），注意空格和小写字符，命令输入之后按 Enter 键确认执行该命令。

（3）x 轴方向增量 200mm，输入字符："ix 1000"或"x 1000，0"，注意鼠标的位置不影响坐标。

（4）y 轴方向增量 128mm，输入字符："iy 1280"或"x 1000，1280"。

（5）x 轴方向增量 −200mm，输入字符："ix −1000"或"x 0，1280"。

（6）y 轴方向增量 −128mm，输入字符："iy −1280"或"x 0，0"。

（7）右击，选择快捷命令"Done（完成）"，结束命令。

4．选项说明

下面简单介绍"Option（选项）"面板中各参数。

（1）"Line lock（隐藏线）"：在该选项中分别设置边框线类型及角度。

在左侧下拉列表中有"Line（线）""Arc（弧）"两种边框线；在右侧下拉列表中显示"45""90""Off"3种角度值。选择"Line（线）"绘制边框的方法简单，这里不再赘述。

若选择"Arc（弧）"绘制边框，则完成设置后，单击鼠标左键确定起点，向右拖动鼠标指针，拉伸出一条直线，如图11-23（a）所示，也可向上拖动，分别拖动出不同形状的弧线，如图11-23（b）、（c）所示。

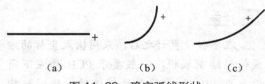

（a）　　　　（b）　　　　（c）

图 11-23　确定弧线形状

确认形状后单击左键一次确定一个固定点，用同样的方法确定下一段线的形状，最终结果如图11-24所示。

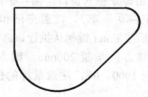

图 11-24　弧形边框

（2）"Line width（线宽）"：在该文本框中设置边框线的线宽。

编辑绘制完成的边框线线宽。选中要编辑的边框线，单击右键，弹出如图11-25所示的快捷菜单，选择"Change Width（修改宽度）"命令，弹出如图11-26所示的"Change Width（修改宽度）"对话框，在"Enter width（输入宽度）"文本框中输入要修改的宽度值，单击 OK 按钮，关闭对话框，完成修改。用同样的方法修改其余边框线，最终结果如图11-27所示。

图 11-25　快捷菜单　　图 11-26　"Change Width（修改宽度）"对话框

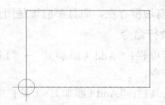

图 11-27　修改后的边框

（3）"Line font（线型）"：设置边框线的显示类型。

在下拉列表中显示5种类型，如图11-28所示。

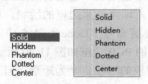

图 11-28　选择线型

电路板的最佳形状为矩形，长宽比为3：2或4：3，电路板面尺寸大于200mm×150mm时，应考虑电路板的机械强度。

11.3.3　编辑物理边界

通常PCB要将边缘进行倒圆角处理，这样电路板在搬运过程中可以减少尖角划破皮肤、衣服或机柜表漆等。倒角方式有两种：圆角和45°。

选择菜单栏中的"Manufacture（制造）"→Draft（设计图）命令，弹出如图11-29所示的子菜单。本节主要介绍"Chamfer（倒角）"和"Fillet（圆角）"命令。

（1）"Chamfer（倒角）"命令：将两条相交或将要相交的直线改成斜角相连。

执行该命令后，打开"Option（选项）"面板，显示如图 11-30 所示的参数。

- First：第一条线的折角。
- Second：第二条线的折角。
- Chamfer angle：折角的度数，可以选择下拉列表中的角度值，也可以输入任意值。

按照图 11-30 设置倒角参数，选择角度值为 45°，选择边框左上角两条相交线，倒角结果如图 11-31 所示。

图 11-29　子菜单　　图 11-30　倒角参数设置

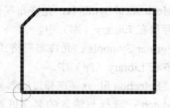

图 11-31　倒角结果

（2）"Fillet（圆角）"命令：将两条相交或将要相交的直线改成以圆弧相连。

执行该命令后，打开"Option（选项）"面板，显示如图 11-32 所示的参数。在"Radius（半径）"文本框中输入圆弧的半径值。对边框右侧边线进行操作，结果如图 11-33 所示。

图 11-32　圆角的参数设置

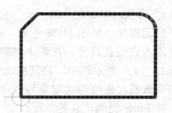

图 11-33　倒圆角结果

11.3.4　放置定位孔

为确定电路板安装位置，需在电路板四周安装定位孔，下面介绍定位孔的安装过程。

1. 执行命令

- 菜单栏："Place（放置）"→"Manually（手工放置）"命令。
- 工具栏："Place（放置）"工具栏中的"Place Manual（手工放置）"按钮。

2. 操作步骤

（1）执行该命令后，弹出如图 11-34 所示的"Placement（放置）"对话框。打开"Advance Settings（预先设置）"选项卡，在"List construction（设计目录）"选项组下，勾选"Library（库）"复选框，默认勾选"Database（数据库）"复选框，如图 11-35 所示。

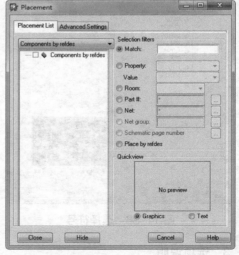

图 11-34　"Placement（放置）"对话框

（2）打开"Placement List（放置列表）"选项卡，在下拉列表中选择"Mechanical symbols（数

据包符号）"选项，单击左边的"＋"号，显示加载的库中的元器件，如图 11-36 所示，MTG 为前缀的符号均为定位孔符号。在选中对象的左端的方格中打上"√"表示选中，将其拖动到 PCB 板上单击完成放置，也可勾选对象后在命令行输入"x 5 5"，按 Enter 键确认放置位置。

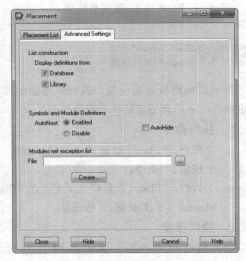

图 11-35 "Advanced Settings （预先设置）"选项卡

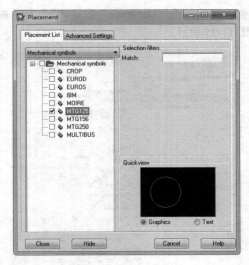

图 11-36 选择符号

3. 选项说明

（1）右侧"Option（选项）"面板参数的设置如图 11-37 所示。

（2）打开"Placement List（放置列表）"选项

卡左侧下拉列表，左侧"Components（元器件）"文本框上方的下拉列表中有 7 个选项，下面介绍常用的几种类型，如图 11-38 所示。

图 11-37 放置元器件　　图 11-38 选择类型的参数设置

- Components by refdes：允许选择一个或多个元器件序号，存放在 Database（数据库）中。
- Components by net group：允许选择一个或多个元器件序号，存放在 Database（数据库）中。
- Package Symbols：允许布局封装符号（不包含逻辑信息，即网络表中不存在的），存放在 Database（数据库）中。
- Mechanical Symbols：允许布局机械符号，存放在 Library（库）中。
- Format Symbols：允许布局格式符号，存放在 Library（库）中。

（3）"Selection filters（选择过滤器）"区域。

- Match：选择与输入的名字匹配的元素，可以使用通配符"*"选择一组元器件，如"U*"。
- Property：按照定义的属性布局元器件。
- Room：按照 Room 定义布局。
- Part：按照元器件布局。
- Net：按照网络布局。
- Schematic page number：按照原理图页放置，单击右侧▦按钮，弹出"Schematic page number（原理图页）"对话框，在该对话框中选择原理图，如图 11-39 所示。
- Place by refdes：按照元器件序号布局。

图 11-39 "Schematic page number
（原理图页）"对话框

11.3.5 设定层面

PCB 一般包括很多层，不同的层包含不同的

设计信息。制板商通常将各层分开做，之后经过压制处理，最后生成各种功能的电路板。

Allegro 系统默认的 PCB 板都是两层板，即 TOP 层和 BOTTOM 层。在电路设计中可能需要添加不同层，在对电路板进行设计前可以对板的层数及属性进行详细的设置。

1. 执行方式

- 菜单栏："Setup（设置）"→"Cross-section（层叠结构）"命令。
- 工具栏："Setup（设置）"工具栏中的"Cross-section（层叠结构）"按钮 。

2. 操作步骤

执行此命令后，弹出如图 11-40 所示的"Cross Section Editor（层叠设计）"对话框，在该对话框中可以增加层、删除层以及对各层的属性进行编辑。

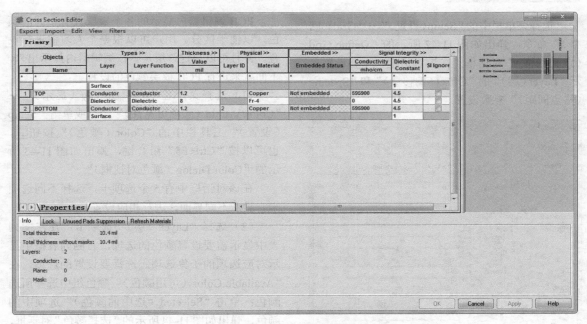

图 11-40 "Cross Section Editor（层叠设计）"对话框

（1）该对话框的表格显示了当前 PCB 图的层结构。在这个对话框列表最上方显示板的层面数、层面的材质、层面名等。

- Types：层面的类型，包含 Surface、Conductor、Dielectric 和 Plan 这 4 个选项。
- Material：从下拉列表中选择材料，单击 后，就可以在里面选择想要的层面材料

（其中 FR-4 是常用的绝缘材料，Copper 是铜箔）。

- Thickness：分配给每个层的厚度。

在列表中间 3 组层的任意对象上右击，弹出如图 11-41 所示的对话框，可利用两种命令添加层，在列表中上、下两层只能显示如图 11-41 中所示的一种命令。选定一层为参考层进行添加时，

添加的层将出现在参考层的下面或上面。

图 11-41 快捷命令

（2）单击某一层的名称或选中该层后单击■按钮可以修改该层的属性。

- Physical Thickness：板子厚度的显示。
- Material：层面的材料选择。
- Types/Layer：选择层面的类型。单击■后，就可以在里面选择想要的层面类型。

11.3.6 设置栅格

选择菜单栏中的"Setup（设置）"→"Grids（网格）"命令，弹出如图 11-42 所示的"Define Grid（定义网格）"对话框，在该对话框中主要设置显示"Layer（层）"的"Offset（偏移量）"和"Spacing（格点间距）"参数设置。

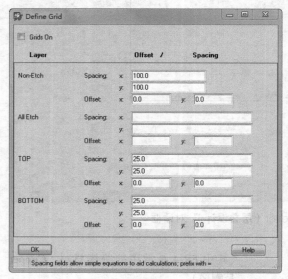

图 11-42 "Define Grid（定义网格）"对话框

需要设置格点参数的层有"Non-Etch（非布线层）""All Etch（布线层）""TOP（顶层）"、"BOTTOM（底层）"。勾选"Grid on（显示栅格）"

复选框，显示栅格，在 PCB 中显示对话框中设置的参数；否则不显示栅格。

布局时，栅格设为 100mil、50mil 或 25mi；布线时，栅格可设为 1mil。

 注意

在"Design Paramenter Editor（设计参数编辑）"对话框中打开"Display（显示）"选项卡，在 Grids（网格）选项组下单击 Setup Grid（网格设置）按钮，同样可以弹出"Define Grid（定义网格）"对话框。

单击"Setup（设置）"工具栏中的"Grid Toggle（栅格开关）"按钮■，可以显示或关闭栅格。

11.3.7 颜色设置

PCB 编辑器内显示的各个板层具有不同的颜色，以便于区分。用户可以根据个人习惯进行设置，并且可以决定该层是否在编辑器内显示出来。下面就来进行 PCB 板层颜色的设置。

（1）选择菜单栏中的"Display（显示）"→"Color/Visible（颜色可见性）"命令或单击"Setup（设置）"工具栏中的"Color（颜色）"按钮■，也可以按"Ctrl+F5"组合键，弹出如图 11-43 所示的"Color Dialog（颜色对话框）"。

在该对话框中有 5 个选项卡，选择不同选项卡，显示不同界面，进行相应设置。

（2）选择"Layer（层）"选项卡，在左侧列表中显示需要设置颜色的选项，右侧列表框中显示对应选项的子集选项。选择要设置的选项，在"Available Color（可用颜色）"颜色组中选择所选颜色；单击"Selected（选中的颜色）"选项中的颜色，弹出如图 11-44 所示的"选择颜色"对话框，在该对话框中选择任意颜色。

在"Available Pattern（可用图案）"选项组下有 16 种图案可供选择。

（3）单击"Net（网络）"选项卡，对话框显示为图 11-45 所示的界面，设置网络颜色与设置板颜色基本相同。在"Filter nets（过滤网络）"文本框中输入关键词。

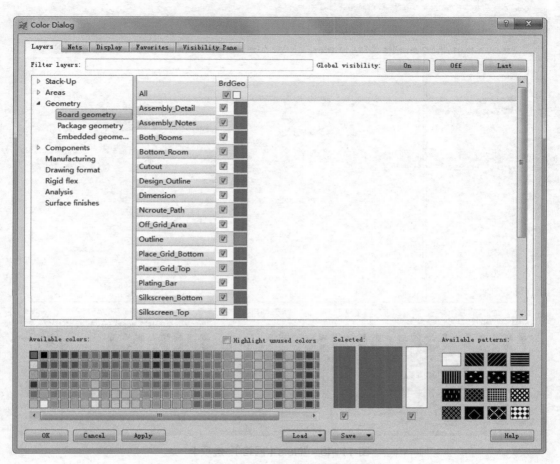

图 11-43　Color Dialog（颜色对话框）

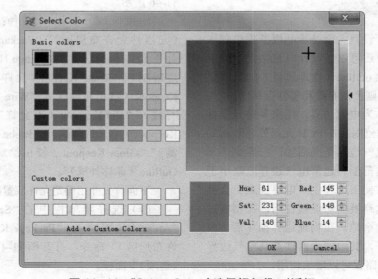

图 11-44　"Select Color（选择颜色）"对话框

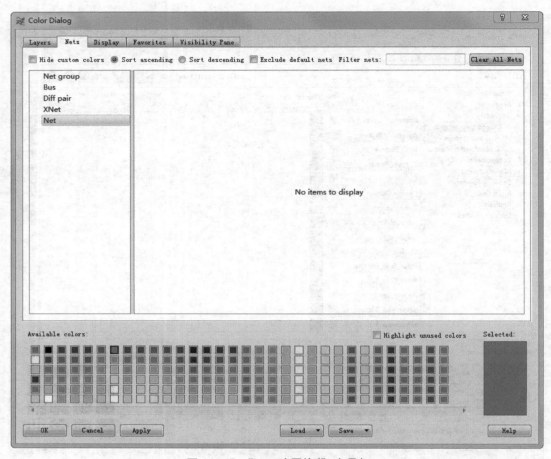

图 11-45 "Nets（网络）"选项卡

11.3.8 板约束区域

对边框线进行设置主要是给制板商提供制作板形的依据。用户还可以在设计时直接定义约束区域，约束区域比 outline（物理边界）的范围要小，如果大小相同则会使布线和零件有损伤。

约束区域也称为电气边界，用来界定元器件放置和布线的区域范围。在 PCB 元器件自动布局和自动布线时，电气边界是必需的，它界定了元器件放置和布线的范围。通常电气边界应略小于物理边界，在日常使用过程中，电路板难免会有磨损，为了保证电路板能够继续使用，在制板过程中需要留有一定余地，在物理边界损坏后，内侧的电气边界完好，其中的元器件及其电气边界关系保持完好，电路板可以继续使用。

各种约束区域定义主要通过"Setup（设置）"→"Areas（区域）"子菜单来完成，如图

11-46 所示。

约束区域共有以下 11 种："Package Keepin（元器件允许布局区）""Package Keepout（元器件不允许布局区）""Package Height（元器件高度限制）""Route Keepin（允许布线区）""Route Keepout（禁止布线区）""Wire Keepout（不允许有线）""Via Keepout（不允许有过孔）""Shape Keepout（不允许敷铜）""Probe Keepout（禁止探测）""Gloss Keepout（禁止涂绿油）""Photoplot Outline（菲林外框）"。

下面首先介绍确定允许放置区域的操作步骤。

（1）选择菜单栏中的"Setup（设置）"→"Areas（区域）"→"Package Keepin（元器件允许布局区）"命令，打开图 11-47 所示的"Option（选项）"面板。

在"Active Class and Subclass（有效的集和子集）"选项组下默认选择"Package Keepin""All"选项。

图 11-46　"Areas（区域）"子菜单

图 11-47　"Option（选项）"面板

在"Segment Type（线类型）"选项组下"Type（类型）"下拉列表中显示 4 个选项："Line（线）""Line 45（45°线）""Line Orthogonal（直角线）""Arc（弧线）"，这里选择的是"Line（线）"。

完成设置后，移动鼠标指针到电路板边框内部，单击鼠标左键确定起点，然后移动鼠标指针多次单击确定多个固定点设定区域尺寸，如图 11-48 所示，连接起始点和结束点，单击右键选择"Done（完成）"命令，完成允许布局区域的定义，如图 11-49 所示。

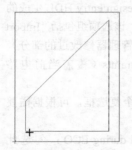

图 11-48　确定固定点

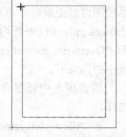

图 11-49　完成区域绘制

（2）位于电路板边缘的器件距电路板边缘一般不小于 2mm，因此允许布局元器件区域应与电路板物理边界间隔≥ 2mm。如果允许零件布线摆放区域形状和布线区域形状类似，可使用下面介绍的方法，简单、实用。

选择菜单栏中的"Edit（编辑）"→"Z-copy（复制）"命令，打开右侧"Option（选项）"面板，如图 11-50 所示。

（3）在"Copy to Class/Subclass（复制集和子集）"选项组下依次选择"Package Keepin""All"选项。

在"Shape Options（外形选项）"选项组下有两个选项：

- "Copy（复制）"选项：选择是否要复制外形的"Voids（孔）"和"Netname（网络名）"，这主要针对 Etch 层的 shape。
- Size（尺寸）：选择复制后的 shape 是"Contract（缩小）"还是"Expand（放大）"，在"Offset（偏移量）"中输入要缩小或扩大的数值。"Route keeping（允许布线区域）"，"Package keeping（允许布局区域）"在"outline（边框线）"内侧，因此，选择"Contract（缩小）"选项，在"Offset（偏移）"中输入要缩小的间距。

完成参数设置后，在工作区中的边框线上单击，自动添加有适当间距的允许布局区域线，如图 11-51 所示。

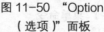

图 11-50　"Option（选项）"面板

图 11-51　添加允许布局区域线

 注意

执行 Z-Copy 命令时，如果 Outline 由"shape（形状）"命令中的子命令绘制，在"Find（查找）"选项板中勾选"Shape（形状）"复选框，否则无法完成操作；如果 Outline 由"Line（线）"组合而成，在"Find（查找）"选项板中勾选"Line（线）"选项，否则无法完成操作。

绘制其他类型的区域步骤相同，这里不再赘述。

11.4 在 PCB 文件中导入原理图网络表信息

网络表是原理图与 PCB 图之间的联系纽带，原理图的信息可以通过导入网络表的形式完成与 PCB 之间的同步。进行网络表的导入之前，必须确保在原理图中网络表文件的导出。网络表是电路原理图的精髓，是原理图和 PCB 连接的桥梁，没有网络报表，就没有电路板的自动布线。

下面介绍在 Allgero 中网络表的导入操作。

（1）启动 PCB Editor。

（2）新建电路板文件。

（3）选择菜单栏中的"File（文件）"→"Import（导入）"→"Logic（原理图）"命令，如图 11-52 所示，弹出如图 11-53 所示的"Import Logic（导入原理图）"对话框。

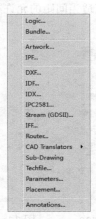

图 11-52 "Files（文件）"菜单命令

图 11-53 "Import Logic（导入原理图）"对话框

由于在 Capture 中原理图网络表的输出有两种，因此在 Allgero 中根据使用不同方法输出的网络表有两种导入方法。

打开"Cadence"选项卡，导入在 Capture 中输出网络表（netlist）时选择"PCB Editor"方式的网络表。

为了方便对电路板的布局，需要在原理图中的元器件添加必要属性，包含属性的原理图输出网络表时选择"PCB Editor"方式，输出的网络表元器件的相关属性，使用"Cadence"方式导入该网络表。

在"Import logic type（导入的原理图类型）"选项组下有 2 个绘图工具"Design entry HDL""Design entry CIS（Capture）"，根据原理图选择对应的工具选项，表示导入不同工具生成的原理图网络表；在"Place changed component（放置修改的元器件）"选项组下默认选择"Always（总是）"，表示无论元器件在电路图中是否被修改，该元器件都放置在原处；"HDL Constraint Manager Enabled Flow options（HDL 约束管理器更新选项）"选项只有在 Design entry HDL 生成的原理图进行更新时才可用，该选项组包括"Import changes only（仅更新约束管理器修改过的部分）"和"Overwrite current constraints（覆盖当前电路板中的约束）"。

该选项卡中还包含 4 个复选框，可根据需要选择。

- Allow etch removal during ECO：勾选此复选框，进行第二次以后的网络表输入时，Allegro 会删除多余的布线。

- Ignore FIXED property：勾选此复选框，在输入网络表的过程中对有固定属性的元素进行检查时，忽略此项产生的错误提示。

- Create user-defined properties：勾选此复选框，在输入网络表的过程中根据用户自定义属性在电路板内建立此属性的定义。

- Create PCB XML from input data：勾选此复选框，在输入网络表的过程中，产生 XML 格式的文件，单击"Design Compare

（比较设计）"按钮，用"PCB Design Compare"工具比较差异。

在"Import directory（导入路径）"文本框中，单击右侧按钮，在弹出的对话框中选择网络表路径目录（一般是原理图工程文件夹下的 allegro 下）。

单击"Import Cadence"按钮，导入网络表，出现进度对话框，如图 11-54 所示，当执行完毕后，若没有错误，在命令窗口中显示完成信息，如图 11-55 所示。若有错误，则产生记录文件"netrev.lst"，记录错误信息，如图 11-56 所示。

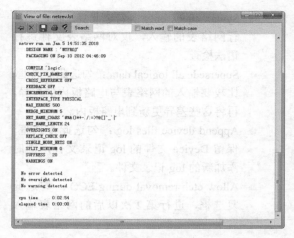

（a）正确信息

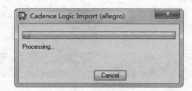

图 11-54　导入网络表的进度对话框

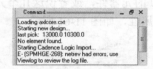

图 11-55　显示命令信息

图 11-56　显示警告信息

（b）显示警告信息

图 11-57　网络表的日志文件

单击"Viewlog"按钮，打开"netrev.lst"，查看错误信息。也可选择菜单栏中的"Files（文件）"→"Viewlog（查看日志）"命令，同样可以打开如图 11-57 所示的窗口，查看网络表的日志文件。

打开"Other"选项卡，弹出如图 11-58 所示的对话框，设置参数选项，导入在 Capture 里输出网络表（netlist）时选择"Other"方式的网络表。

对于在没有添加元器件属性的原理图的情况下，使用"Other"方式输出的网络表下也没有元器件属性，这就需要用到 Device 文件。Device 是一个文本文件，内容是描述零件以及管脚的一些网络属性。

在"Import netlist（导入网络表）"文本框中输入网络表文件名称。

根据所述设置以下选项。

图 11-58　"Other"选项卡

- Syntax check only：勾选此复选框，不进行网络表的输入，仅对网络表文件进行语法检查。
- Supersede all logical data：勾选此复选框，比较要输入的网络表与电路板内的差异，再将这些差异更新到电路板内。
- Append device files log：勾选此复选框，保留 Device 文件的 log 记录文件，同时添加新的 log 记录文件。
- Allow etch removal during ECO：勾选此复选框，进行第 2 次以后的网络表输入

时，Allegro 会删除多余的布线。

- Ignore FIXED property：勾选此复选框，在输入网络表的过程中对有固定属性的元素进行检查时，忽略此项产生的错误提示。

单击 Import Other 按钮，导入网络表，具体步骤同上，这里不再赘述。

完成网络表导入后，选择菜单栏中的"place（放置）"→"manually（手动放置）"命令，在弹出的对话框中查看有无元器件。

11.5 元器件布局属性

在电路板中对元器件添加不同属性，为元器件摆放和布局提供很大帮助。

11.5.1 添加 Room 属性

在不同功能的 Room 中放置同属性的元器件，将元器件分成多个部分，在摆放元器件时就可以按照 Room 属性来摆放，将不同功能的元器件放在一块，布局时方便拾取。简化布局步骤，减小布局难度。

添加 Room 属性有两种方法：一种是在原理图中，另一种是在 PCB 中设置，在原理图中添加 Room 属性的方法前面已经介绍，下面介绍如何在 PCB 中添加 Room 属性。

导入网络表后，在 allegro 页面中，选择菜单栏中的"Edit（编辑）"→"Properties（属性）"命令，在右侧的"Find（查找）"面板下方"FindBy Name（通过名称查找）"下拉列表中选择"comp or pin"，如图 11-59 所示。

单击"more（更多）"按钮，弹出"Findby Name or Property（通过名称或属性查找）"对话框，在该对话框中选择需要设置 Room 属性的元器件并单击此按钮将其添加到"selected objects（选中对象）"列表框，如图 11-60 所示。

单击 Apply 按钮，弹出"Edit Properties（编辑属性）"对话框，在左侧"Available Properties（可用属性）"下拉列表中选择"Room"并单击，在右侧显示"Room"并设置其 Value 值，在"Value

（值）"文本框中输入 CPU，表示选中的几个元器件都是 CPU 的元器件，或者说这几个元器件均添加了 Room 属性，如图 11-61 所示。

图 11-59 "Find（查找）"面板

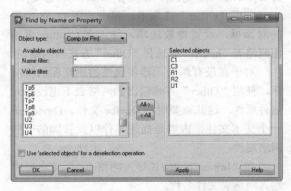

图 11-60 "Find by Name or Property
（通过名称或属性查找）"对话框

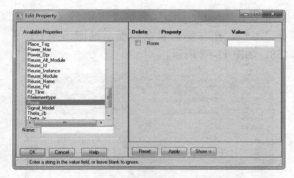

图 11-61 "Edit Properties(编辑属性)"对话框

完成添加后，单击 Apply 按钮，完成在 PCB 中 Room 属性的添加，弹出 "Show Properties（显示属性）" 对话框，在该对话框中显示元器件属性，如图 11-62 所示。

 注意

选择多个元器件添加 Room 属性后，默认添加 Signal_Model 属性。

Room 的添加主要在对布局后期细化时使用，将所有元器件均添加 Room 属性，并按照属性名称将元器件分类放置，激活 "move（移动）" 命令，在右下角输入名字来寻找元器件，即可放置。

若觉得元器件放完后电路板线路过于烦琐，选择菜单栏中的 "Display（显示）" → "Blank Rats（不显示飞线）" → "All（全部）" 命令，即可隐藏 Room 的外框线，使电路板变得清晰。

完成 Room 属性的添加后，需要在电路板中确定 Room 的位置，下面介绍其过程。

选择菜单栏中的 "Setup（设置）" → "Outlines（外框线）" → "Room Outlines（区域布局外框线）" 命令，将弹出 "Room Outline（Room 外框线）" 对话框，如图 11-63 所示。

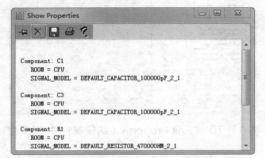

图 11-62 "Show Properties（显示属性）"对话框

图 11-63 "Room Outline（区域布局外框线）"对话框

对话框内选项参数设置如下。

（1）"Command Operations（命令操作）"区域。

共有 4 个选项：分别是 "Create（创建空间）" "Edit（编辑空间）" "Move（移动空间）" 和 "Delete（删除空间）。"

（2）"Room Name（空间名称）"区域。

为用户创建的新空间命名以及在下拉列表中选择用户要修改、移动或删除的空间。

（3）"Side of Board（板边）"区域。

设置空间的位置，有 3 个选项：Top（在顶层）、Bottom（在底层）、Both（都存在）。

（4）"ROOM_TYPE Properties（空间类型属性）"区域。

在此区域内进行 Room 类型属性的设置，分为两个选项。

● Room：空间。在下拉列表中显示如图 11-64 所示的选项。

● Design level：设计标准。在下拉列表中显示如图 11-65 所示的选项。

图 11-64 Room 类型　　图 11-65 Room 属性

（5）"Create/Edit Options（创建、编辑选项）"区域。

在此区域内进行 Room 形状的选择，有以下 3 个选项。

● Draw Rectangle：选择此项，绘制矩形，同时定义矩形的大小。

- Place Rectangle：选择此项，按照指定的尺寸绘制矩形，在文本框中输入矩形的宽度与高度。
- Draw Polygon：选择此项，绘制任意形状的图形。

在命令窗口内输入"x 0 0"，按 Enter 键，再键入"x 1950 1000"，并再按 Enter 键，此时显示添加的 Room，如图 11-66 所示。

图 11-66　添加 Room

在"Room Outline"对话框内继续设置下一个 Room 所在层，以及名称，在命令口内输入命令，确定位置，重复操作，添加好需要的 Room 后，在"Room Outline"对话框内单击 OK 按钮，退出对话框。

11.5.2　添加 Place_Tag 属性

在元器件自动布局前，必须为元器件添加 Place_Tag 属性。

（1）选择菜单栏中的"Edit（编辑）"→"Properties（属性）"命令，在右侧的"Find（查找）"面板下方"Find By Name（通过名称查找）"下拉列表中选择"comp or pin"，如图 11-67 所示。

图 11-67　"Find（查找）"面板

1）单击"More（更多）"按钮，弹出"Find by Name or Property（通过名称或属性查找）"对话框，在"Name filter（名称过滤）"文本框中输入"U*"，在左侧列表框中显示过滤结果 U1 ～ U8，如图 11-68 所示。

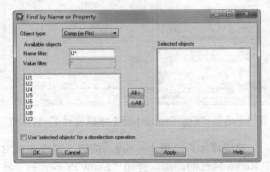

图 11-68　查找对象

2）单击 U1、U2、U4，将其加载到右侧"Selected objects（已选中的对象）"列表框中，如图 11-69 所示。

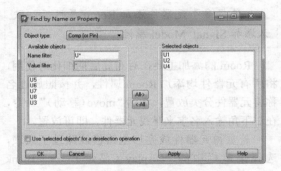

图 11-69　"Find by Name or Property（通过名称或属性查找）"对话框

3）单击 Apply 按钮，弹出"Edit Propertiy（编辑属性）"对话框和"Show Properties（显示属性）"对话框，如图 11-70、图 11-71 所示。

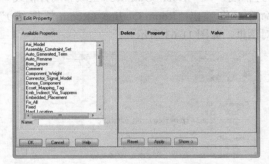

图 11-70　"Edit Propertiy（编辑属性）"对话框

（2）在"Show Properties（显示属性）"对话

框中可显示选中元器件是否添加属性。

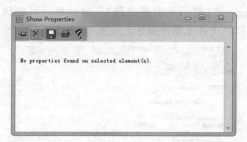

图 11-71 "Show Properties（显示属性）"对话框

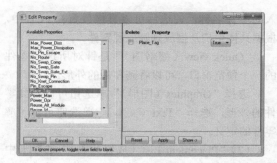

图 11-72 "Edit Propertiy（编辑属性）"对话框

在 "Edit Propertiy（编辑属性）" 对话框的 "Available Properties（可用属性）" 下拉列表中选择 "Place_Tag" 将其添加到右侧属性列表中，在右侧 "Place_Tag" 中的 "Value（值）" 下拉列表中选择 "TRUE"，表示选中的几个元器件均添加了 Place_Tag 属性，如图 11-72 所示。

完成添加后，单击 Apply 按钮，完成在 PCB 中 Place_Tag 属性的添加，在弹出 "Show Properties（显示属性）" 对话框中显示元器件添加的属性，如图 11-73 所示。

（3）在 "Edit Propertiy（编辑属性）" 对话框内单击 OK 按钮，退出对话框。

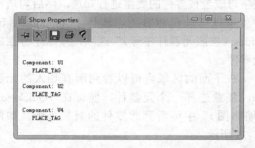

图 11-73 "Show Properties（显示属性）"对话框

返回 "Find by Name or Property（通过名称或属性查找）" 对话框。单击 OK 按钮，退出对话框。

11.6 摆放封装元器件

网络报表导入到 Allegro 后，所有元器件的封装加载到数据库中，首先需要对这些封装进行放置，即将封装元器件从数据库放置到 PCB 中，将所有封装元器件放置到 PCB 中后才可以对封装元器件进行布局操作。下面将介绍如何对封装元器件进行摆放。

11.6.1 元器件的手工摆放

元器件的摆放方式可分为手工摆放和快速摆放两种，本节主要介绍如何进行手工摆放。

1. 放置元器件封装

选择菜单栏中的 "Place（放置）" → "Manually（手动放置）" 命令，弹出 "Placement（放置）" 对话框，选择 "Advanced Settings（预先设置）" 选项卡，进行如图 11-74 所示的设置。

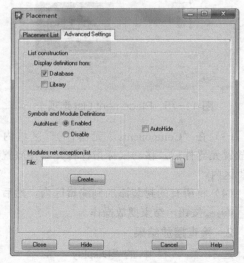

图 11-74 Advanced Settings 选项卡

（1）该选项卡是提供 "Netlist（网络表）" 带

入的零件名称,勾选后可以直接放置在 PCB 中,根据具体架构及摆放规则放置零件。

"Quick view（缩略图）"是针对所选的零件的一个预览窗口,可以看到零件的外形。

选择"Graphics（图形）"单选钮可以看到零件的外形,选择"Text（文本）"单选钮可以了解零件的定义。

（2）"Placement List（放置列表）"选项卡中的下拉列表可针对所有零件进行摆放前筛选,如按字母或者按零件的类型进行筛选,然后勾选零件就可以摆放在 PCB 上。选择"Components by refdes（按照元器件序号）"选项,按照序号摆放元器件。

在下面的区域内可以看到所有导入的元器件,任意选择一个元器件,便可在"Quickview（缩略图）"中可看到此零件的封装外形,如图 11-75 所示。

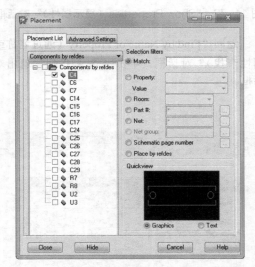

图 11-75　Placement List 选项卡

（3）在"Components（元器件）"区域内选择放置元器件后,移动鼠标指针将元器件放置在编辑区内。

（4）将所有的封装添加到编辑区内,然后单击 Close 按钮,结束摆放操作。

2. 检查摆放结果

选择菜单栏中的"Display（显示）"→"Element（元器件信息）"命令,打开"Find（查找）"面板,按下"All Off（全部关闭）"按钮,取消所有对象的选择,然后选中"Comps"选项,在编辑区内单击元器件封装,弹出"Show Element（显示元器件信息）"对话框,可在该对话框中查看元器件属性,如图 11-76 所示。

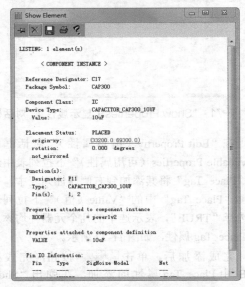

图 11-76　"Show Element"对话框

3. 高亮 GND 和 VCC 网络

当对元器件封装进行摆放时,电源和地网络没有飞线,因为在导入网络表时,电源和地网络将被自动加入"NO_Rat（不显示飞线）"属性,在摆放元器件时将不会显示飞线,因此需要通过高亮显示这些网络来确定摆放的位置。使用不同的颜色高亮这些网络,将知道在什么位置摆放连接这些网络的分离元器件封装。

具体操作步骤如下。

（1）选择菜单栏中的"Display（显示）"→"Highlight（高亮）"命令,打开"Options（选项）"面板内选择显示颜色,如图 11-77 所示。在"Find（查找）"窗口内选择"Nets（网络）"选项框,在"Find By Name（按名称查找）"栏中选择"Net（网络）"和"Name（名称）",并输入 VCC,如图 11-78 所示。

（2）按 Enter 键后,电源网络将高亮显示,如图 11-79 所示。

（3）在"Option（选项）"面板内选择另一种颜色,在"Find（查找）"面板内选择"Nets（网络）"选项框,在"Find By Name（按名称查找）"栏选择"Net（网络）"和"Name（名称）",并输入 GND,如图 11-80 所示。

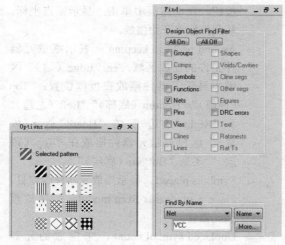

图 11-77　"Option
（选项）"面板

图 11-78　"Find
（查找）"面板（一）

图 11-79　高亮显示电源网络

11.6.2　元器件的快速摆放

自动摆放适合于元器件比较多的情况。Allegro 提供了强大的 PCB 自动摆放功能，设置好合理的摆放规则参数后，采用自动摆放将大大提高设计电路板的效率。

PCB 编辑器根据一套智能算法可以自动地将元器件分开，然后放置到规划好的摆放区域内并进行合理的摆放。这样可以节省时间，把零件一个个调出加快了摆放的速度。

📝 注意

选择菜单栏中的"Setup（设置）""Design Parameters（设计参数）"命令，在弹出 "Design Parameter Editor（设计参数编辑）" 对话框中选择 Display 选项卡，并且选中此选项卡中的不勾选"Filed pads（填充焊盘）"选项，如图 11-82 所示，然后单击 OK 按钮，完成设置。

图 11-82　不选择 Filed pads 选项

图 11-80　"Find（查找）"面板（二）

（4）按 Enter 键，接地网络将高亮显示，如图 11-81 所示。

图 11-81　高亮显示接地网络

（1）选择菜单栏中的"Place（放置）"→ "Quickplace(快速摆放)"命令，将弹出"Quickplace （快速摆放）"对话框，如图 11-83 所示。

（2）在"Placement Filter（摆放过滤器）"区域中有 8 种摆放方式。

- Place by property/value：按照元器件属性和元器件值摆放元器件。
- Place by room：摆放元器件到 Room 中，将具有相同 Room 属性的元器件放置到对应的 Room 中。
- Place by part number：按元器件名在板框

周围摆放元器件。

- Place by net name：按网络名摆放。

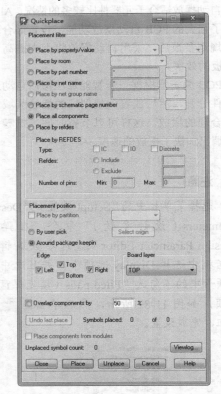

图 11-83 "Quickplace（快速摆放）"对话框

- Place by net group name：按网络组名摆放。
- Place by schematic page number：当有一个 Design Entry HDL 原理图时，可以按页摆放元器件。
- Place all components：摆放所有元器件。
- Place by refdes：按元器件序号摆放，可以按照元器件的"Type（分类）"选择勾选"IO（无源元器件）""IC（有源元器件）"和"Discrete（分离元器件）"来摆放，或者三者的任意组合；在"Number（序号数）"文本框中设置元器件序号的最大值与最小值。

（3）"Placement Position（摆放位置）"区域。

- Place by partition：当原理图是通过 Design Entry HDL 设计时，按照原理图分割摆放。
- By user pick：摆放元器件于用户单击的位置，单击"Select origin（选择原点）"

按钮，在电路板中单击，显示原点坐标，从此坐标点开始摆放。

- Around package keeping：表示摆放元器件允许的摆放区域。在"Edge（边）"区域中显示元器件摆放在板框位置："Top（顶部）""Bottom（底部）""Left（左边）"和"Right（右边）"。在"Board Layer（板层）"区域显示元器件摆放在"Top（顶层）"还是"Bottom（底层）"。
- Symbols placed：显示摆放元器件的数目。
- Place components from modules：摆放模块元器件。
- Unplaced symbol count：未摆放的元器件数。

单击 Place 按钮，对元器件进行摆放操作，显示摆放成功，对话框如图 11-84 所示，单击 Close 按钮，关闭对话框，电路板元器件摆放结果如图 11-85 所示。

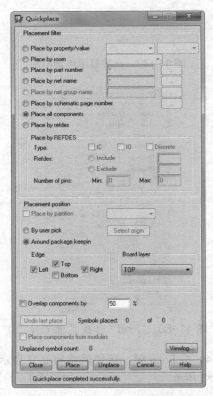

图 11-84 "Quickplace（快速摆放）"对话框

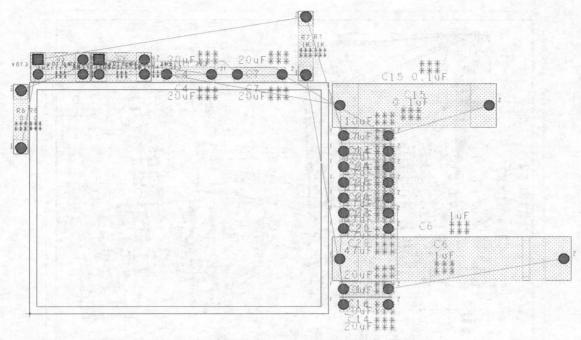

图 11-85　快速摆放结果

11.7　PCB 编辑环境显示

将网络表信息导入 PCB 中，再将元器件布置到电路中，为方便显示与后期布线，切换显示飞线，编辑对象显示，避免交叉。

11.7.1　飞线的显示

选择菜单栏中的"Display（显示）"→"Show Rats（显示飞线）"命令，弹出如图 11-86 所示的子菜单，该菜单中的命令主要与飞线的显示相关。

图 11-86　"Show Rats（显示飞线）"子菜单

（1）选择"All（全部）"命令或单击"View（视图）"工具栏中的"Rats all"按钮，显示电路板中的所有飞线，如图 11-87 所示。

（2）选择"Components（元器件）"命令，单击电路板中的元器件 U6，显示与该元器件相连的飞线，如图 11-88 所示。

（3）选择"Net（网络）"命令，单击图中的网络，显示与该网络相连的飞线，如图 11-89 所示。

（4）单击"View（视图）"工具栏中的"Unrats"按钮，取消显示元器件间的飞线，如图 11-90 所示。

11.7.2　对象的交换

当元器件摆放后，可以使用管脚交换、门交换功能来进一步减少信号长度并避免飞线的交叉。

在 Allegro 中可以进行管脚交换、门交换（功能交换）和元器件交换。

- 管脚交换：允许交换两个等价的管脚，如与非门的输入端或电阻排输入端。
- 功能交换：允许交换两个等价的门电路。
- 元器件交换：交换两个元器件的位置。

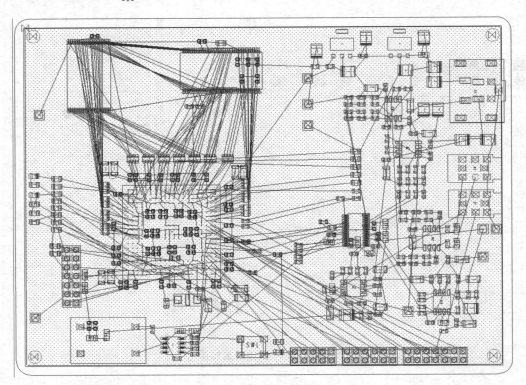

图 11-87　显示全部飞线

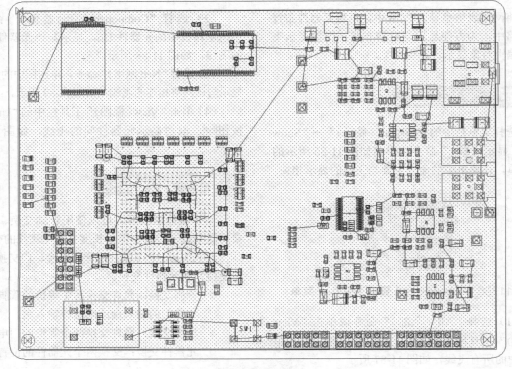

图 11-88　元器件间的飞线

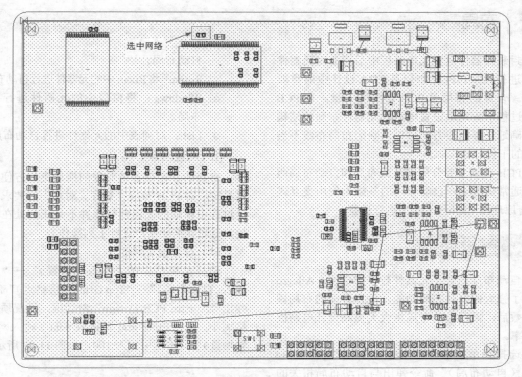

图 11-89 网络飞线

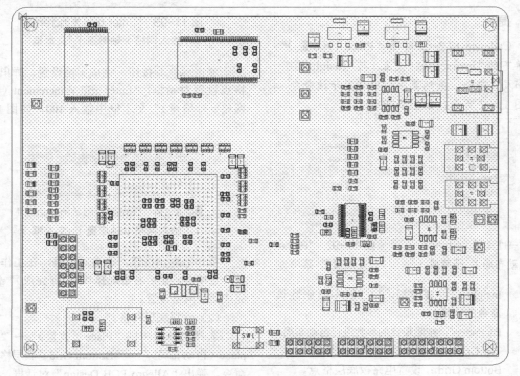

图 11-90 取消飞线显示

11.8 布局

封装元器件放置到电路板中后需要对元器件封装进行摆放。PCB 布局是 EDA 设计中的重要环节。合理的布局是 PCB 布线的关键。在 PCB 设计过程中正确地设置电路板元器件布局的结构及正确地选择布线方向可以消除因布局布线不当产生的干扰。

PCB 布局主要分成交互式布局和自动布局两种，通常情况下在自动布局的基础上使用交互式（结合原理图 Capture）布局进行调整。

11.8.1 自动布局

自动布局适合于元器件较多的情况。Allegro 提供了强大的自动布局功能，设置合理的布局规则参数后，采用自动布局将大大提高设计电路板的效率。

选择菜单栏中的"Place（放置）"→"Auto place（自动布局）"命令弹出与自动布局相关的子菜单命令，如图 11-91 所示。

提示

Cadence 17.2 已删除"Place（放置）"菜单下的"interactive"（交互）与"Insight"（可视布局）命令，虽然菜单栏中仍显示该命令，如图 11-92 所示，但已不可用。

图 11-91 "Auto place（自动布局）"子菜单   图 11-92 "Place（放置）"菜单

- Insight：可视布局，17.2 版本已删除该命令的应用。
- Parameters：按照设置的参数进行自动布局。
- Top Grid：设置电路板顶层格点。
- Bottom Grid：设置电路板底层格点。
- Design：对整个电路板中的元器件进行

自动布局。
- Room：将 Room 中的元器件进行自动布局。
- Windows：将窗口中的元器件进行自动布局。
- List：对列表中的元器件进行自动布局。

1. 设置格点

格点的存在使各种对象的摆放更加方便，更容易实现对 PCB 布局"整齐、对称"的要求。布局过程中移动的元器件往往并不是正好处在格点处，这时就需要用户进行下列操作。

（1）设置顶层网格。

选择菜单栏中的"Place（放置）"→"Auto place（自动布局）"→"Top Grid（顶层格点）"命令，弹出"Allegro PCB Design"对话框，设置顶层网格大小。在"Enter grid X increment（输入网格 x 轴增量）"文本框中输入 100，如图 11-93 所示。

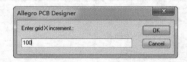

图 11-93 "Enter grid X increment（输入网格 x 轴增量）"文本框

单击 OK 按钮，完成 x 轴设置，弹出 y 轴格点设置对话框，"Enter grid Y increment（输入网格 y 轴增量）"文本框中输入 100，如图 11-94 所示。

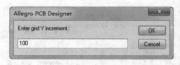

图 11-94 "Enter grid Y increment（输入网格 y 轴增量）"文本框

单击 OK 按钮，退出对话框，在工作区任意一点单击，然后右击选择"Done（完成）"命令，完成顶层网格设置。

（2）设置底层网格。

选择菜单栏中的"Place（放置）"→"Auto place（自动布局）"→"Bottom Grid（底层格点）"命令，弹出"Allegro PCB Design"对话框，设置底层网格大小。在"Enter grid X increment（输入

网格 x 轴增量)"文本框中输入 100，如图 11-93 所示。

单击 OK 按钮，完成 x 轴设置，弹出 y 轴格点设置对话框，在"Enter grid Y increment（输入网格 y 轴增量)"文本框中输入 100，如图 11-94 所示。

单击 OK 按钮，退出对话框，在工作区任意一点单击，然后右击选择"Done（完成)"命令，完成底层网格设置。

2. 参数设置自动布局

选择菜单栏中的"Place（放置)"→"Auto place（自动布局)"→"Parameters（参数设置)"命令，弹出"Automatic Placement（自动布局)"对话框，如图 11-95 所示，下面介绍各选项意义。

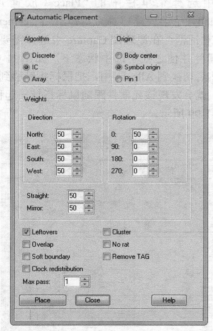

图 11-95　"Automatic Placement（自动布局)"对话框

（1）Algorithm（布局算法）选项组
- Discreate：离散元器件。
- IC：集成电路。
- Array：阵列。
（2）Origin（起点端）选项组。
- Body center：整体中心。
- Syrmbol origin：符号中心。
- Pin 1：管脚 1。

（3）Weights（重要）选项组。

1）Direction（布局方向）选项组
- North：与 PCB 边框线顶部的极限间距。
- East：与 PCB 边框线右侧的极限间距。
- South：与 PCB 边框线底部的极限间距。
- West：与 PCB 边框线左侧的极限间距。

2）Rotation（旋转角度）选项组：在进行元器件的布局时系统可以根据需要对元器件或元器件组进行旋转，默认有 4 个选项 0°、90°、180° 和 270°。其中，0 文本框中参数值默认为 50，即布局元器件角度为 0° 的最多个数为 50，其余选项均默认为 0。

3）Straight：输入相互连接的元器件数默认为 75。

4）Mirror：指定布局的元器件所在层。

（4）Leftovers：勾选此复选框，处理未摆放的元器件。

（5）Overlap：勾选此复选框，布局过程中元器件可以重叠。

（6）Soft boundary：勾选此复选框，元器件可以放置在电路板以外的空间。

（7）Clock redistribution：勾选此复选框，元器件布局过程中可重新分组。

（8）Cluster：勾选此复选框，将自动放置的元器件进行分组。

（9）No rat：勾选此复选框，自动放置元器件时不显示飞线。

（10）Remove TAG：勾选此复选框，属性在完成自动放置后删除。

（11）Max pass：最大通过数。

如无特殊要求，一般采用默认设置，单击 Place 按钮，元器件进行自动布局操作，在完成自动布局后在信息面板中显示信息，提示自动布局结束。

元器件在自动布局后不再是按照种类排列在一起。各种元器件将按照自动布局的类型选择，初步地分成若干组分布在 PCB 中。自动布局结果并不是完美的，还存在很多不合理的地方，因此还需要对自动布局进行调整。

11.8.2　交互式布局

PCB 布局直接影响到电路信号的质量，布局也是一个反复调整的过程。

上面介绍了如何在 Allegro 中进行自动布局，为节省时间，在元器件布局过程中可以与 OrCAD Capture 交互来完成。

在 OrCAD Capture 中打开原理图，选择菜单栏中的"Options（选项）"→"Preferences（属性）"命令，如图 11-96 所示。弹出"Preferences（属性）"对话框，如图 11-97 所示。

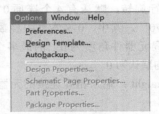

图 11-96　OrCAD Capture 交互菜单

打开"Miscellaneous（杂项）"选项卡，勾选"Enable Intertool Communication"复选框，单击 确定 按钮，关闭对话框。

图 11-97　"Preferences（属性）"对话框

同时打开 Allegro、Capture 界面，在 Allegro 界面中选择菜单栏中的"Place（放置）"→"Manually（手动放置）"命令，弹出"Placement（放置）"对话框，在原理图 Capture 中选择需要放置的元器件并使之处于选中状态下，如图 11-98 所示，然后切换到 Allegro 中，把鼠标指针移到工作区内，就会发现该元器件跟随鼠标指针一起移动，如图 11-99 所示。

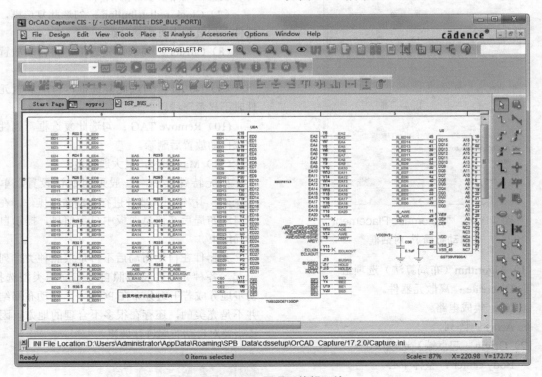

图 11-98　原理图编辑环境

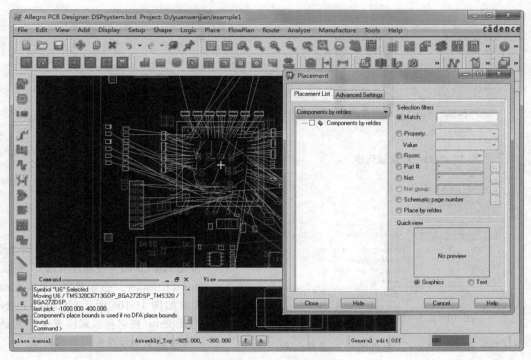

图 11-99　PCB 编辑环境

在需要放置的位置单击鼠标左键即可将该元器件放置在 PCB 中，Cadence 的这个交互功能非常实用，不仅应用于元器件布局，在布线仿真操作中也起到了很大作用，大大提高了工作效率。

在完成元器件的布局后，还要重新定义外板框以及禁止布线层与禁止摆放层。可以参考上面的板框定义方法来完成这些工作，这里不再赘述。

11.9　PCB 编辑器的编辑功能

PCB 编辑器的编辑功能包括对象的选取、取消选取、移动、删除、复制、粘贴、翻转以及对齐等，利用这些功能，可以很方便地对 PCB 图进行修改和调整。这里的对象有很多种，不但指元器件封装，还包括飞线、网络和边框线等，由于元器件封装方便操作，因此下面的讲解均以元器件封装为例，下面介绍对象的编辑功能。

11.9.1　对象的选取和取消选取

1．对象的选取

（1）用鼠标直接选取单个元器件。

对于单个元器件的情况，将鼠标指针移到要选取的元器件上单击即可。这时整个元器件高亮显示，表明该元器件已经被选取，在图 11-100

中左侧元器件为被选取元器件，右侧元器件未选取。

（2）用鼠标直接选取多个元器件。

对于多个元器件的情况，单击并拖动鼠标指针，拖出一个矩形框，将要选取的多个元器件包含在该矩形框中，释放鼠标左键后即可选取多个元器件，或者按住 Shift 键，用鼠标逐一单击要选取的元器件，也可选取多个元器件。如果选错可单击鼠标右键，在弹出的菜单中选择"Oops（返回）"命令撤销动作重新选择。对于框选的对象，框选时选中局部对象，也是选择该对象。

（3）右键快捷命令选取。

单击鼠标右键弹出如图 11-101 所示的快捷菜单，选择"Selection set（选择设置）"命令，显示下面的命令。

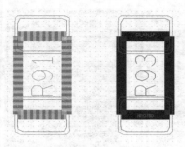

图 11-100　对象被选取

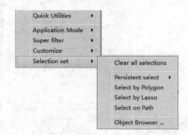

图 11-101　快捷菜单

- Clear all selections：全部清除。选择此命令，取消所有选中元器件。
- Select by Polygon：按多边形框选。选择此命令，单击鼠标，拖出一个多边形框，如图 11-102 所示，将要选取的多个元器件包含在该多边形框中，单击右键选择"Done（完成）"命令即可完成选取多个元器件。

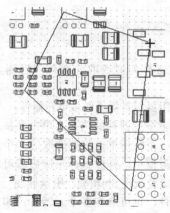

图 11-102　多边形框选对象

- Select by Lasso：按套索框选。选择此命令，单击鼠标，拖出一个任意图形框，将要选取的多个元器件包含在该框中，如图 11-103 所示，单击右键选择"Done（完成）"命令即可完成选取多个元器件。

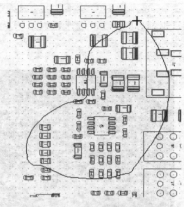

图 11-103　套索选择对象

- Select on Path：按路径框选。该命令与"Select by Lasso（按套索框选）"相似。
- Object Browser：搜索对象。选择此命令，弹出如图 11-104 所示的"Find by Name or Property（按名称或属性查找）"对话框，在该对话框中设置要搜索的对象。

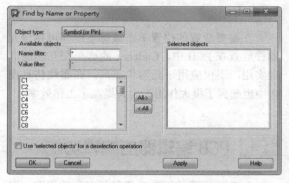

图 11-104　"Find by Name or Property
（按名称或属性查找）"对话框

2. 取消选取

（1）直接用鼠标单击 PCB 图纸上的空白区域，即可取消选取。

（2）单击鼠标右键弹出快捷菜单，选择"Selection set（选择设置）"→"Clear all selections（全部清除）"命令，取消所有选中的元器件。

11.9.2　对象的移动

1. 单个对象的移动

（1）选择菜单栏中的"Edit（编辑）"→"Move

（移动）"命令，单击"Edit（编辑）"工具栏中的"Move（移动）"按钮，按 Shift+F6 键或右击选择"Move（移动）"命令，如图 11-105 所示，激活移动命令。

图 11-105　菜单命令

（2）在"Find（查找）"面板内显示对象的不同类型，如图 11-106 所示，若无特殊要求，可不进行设置，如有特殊要求，单击"All Off（全部关闭）"按钮，取消所有对象类型的勾选，再勾选所需对象类型选项，则只移动该类型的对象，若只勾选"Text（文本）"，则在电路板中拖动元器件封装，无法移动，如图 11-107 所示。

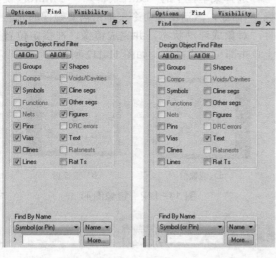

图 11-106　"Find　　　图 11-107　"Find
（查找）"面板 1　　　（查找）"面板 2

打开"Option（选项）"面板，在该面板中设置移动时对象旋转角度与旋转类型等参数，完成设置后，选中单个对象使之处于移动状态，在新

的位置单击，完成移动操作。

2. 多个对象的移动

（1）选择菜单栏中的"Edit（编辑）"→"Move（移动）"命令或单击右键选择"Move（移动）"命令，激活移动命令。

（2）在编辑区内单击鼠标左键，可直接框选需要移动的元器件，也可以单击右键弹出如图 11-108 所示的快捷菜单，选择"Select by Polygon（按多边形框选）"、"Select by Lasso（按套索框选）"或"Select on Path（按路径框选）"命令进行框选。

图 11-108　快捷菜单

选择目标后，移动鼠标指针，对象将会随鼠标指针一起移动，在新的位置单击鼠标左键放置元器件，然后单击鼠标右键，在弹出的菜单中选择"Done（完成）"命令，完成操作。

11.9.3　对象的删除

（1）选择菜单栏中的"Edit（编辑）"→"Delete（删除）"命令，单击"Edit（编辑）"工具栏中的"Delete（删除）"按钮或按 Ctrl+D 键，将十字形光标移到要删除的对象上，双击即可将其删除。

（2）此时，十字光标仍处于激活状态，可以继续双击删除其他对象。若不再需要删除对象，单击鼠标右键选择"Cancel（取消）"或按 F9 键，即可退出操作。

（3）在十字光标激活状态下，打开"Options（选项）"面板，如图 11-109 所示，可设置删除对象类型：Symboletch、Clines、Filled rects、Shapes 和 Vias。

（4）若需要一次性删除多个对象，用鼠标选取要删除的多个对象后，执行菜单命令"Edit（编辑）"→"Delete（移动）"命令或按 Ctrl+D 键，即可以将选取的多个对象删除。

图 11-109 "Options（选项）"面板

11.9.4 对象的复制

对象的复制是指将对象复制到剪贴板中，具体步骤如下。

（1）在 PCB 图上选取需要复制的对象。

（2）执行复制命令有 3 种方法。

1）执行菜单命令"Edit（编辑）"→"Copy（复制）"。

2）单击"Edit（编辑）"工具栏中的"Copy（复制）"按钮。

3）使用快捷键 Shift+F5。

（3）执行复制命令后，激活复制命令，在"Options（选项）"面板中显示复制对象的参数信息，如图 11-110 所示。

单击复制对象，显示浮动的对象，可在图 11-110 中"X""Y"文本框中输入 x、y 方向上的复制对象的个数、间距和方向；在"Angle（角度）"文本框中输入复制对象的旋转角度，在"Copy origin（复制原点）"中选择复制对象的基准原点，如图 11-111 所示。先粗略放置，在适当位置单击，显示

图 11-110 "Options 图 11-111 选择基准点
（选项）"面板

浮动的对象，原对象还在原处，放置复制后的对象，继续单击，完成放置后，单击鼠标右键选择"Done（完成）"命令或按 F6 键，完成复制操作。

> 📝 **注意**
>
> 结构图给出的尺寸都是以封装元器件中心定位的，但当想精确地放置某个元器件时，一般不选择以元器件的中心为参考点移动和定位元器件。因为，Cadence 元器件库的中心和结构图给出的器件的中心不一定是一致的，很容易搞错。通常都是以元器件的某个管脚来定位的，一般习惯选用第一管脚来定位，也可以选用其他管脚，但不能选择元器件的安装孔。

11.9.5 对象的镜像

摆放元器件的时候，如果需要将元器件放置在对面那一层，可以选中元器件后执行 Mirror（镜像）命令，该元器件就被放置到相反的那一层。对象的镜像就是把电路板中的对象以 y 轴为旋转轴向内旋转 180°。

选择菜单栏中的"Edit（编辑）"→"Mirror（镜像）"命令，激活镜像命令，单击需要镜像的元器件，对象成浮动状态，并完成镜像，在指定位置上单击即可完成操作，如图 11-112 所示。

（a）镜像前 （b）镜像后

图 11-112 镜像图形

11.9.6 对象的旋转

在 PCB 设计过程中，为了方便摆放，往往要对对象进行旋转操作，图 11-113 所示为旋转对象前后的效果。

旋转对象分两种方式：固定式和移动式，即旋转对象过程中对象是否移动。

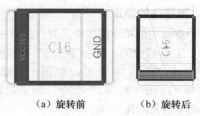

（a）旋转前　　　　（b）旋转后

图 11-113　旋转对象

1．固定式旋转

选择菜单栏中的"Edit（编辑）"→"Spin（旋转）"命令，单击需要旋转的对象，激活旋转状态，打开"Option（选项）"面板，如图 11-114 所示，在"Rotation（角度）"选项组下设置对象的"Type（旋转类型）""Angle（旋转角度）"和"Point（旋转基准点）"。

图 11-114　"Option（选项）"面板

完成设置后，直接选中对象，按设置对元器件进行旋转。

也可直接选中对象绕中心点在 *XY* 平面上可360°旋转，旋转到适当角度后，单击鼠标左键，结束操作，完成旋转。

2．移动式旋转

除了直接对对象进行旋转，在不同其他操作过程中也会遇到需要旋转对象的情况，下面简单介绍几种常见的旋转操作。

（1）导入网络表后，手动放置元器件，将浮动的元器件放置到 PCB 中时，单击鼠标右键，弹出如图 11-115 所示的快捷菜单，选择"Rotate（旋转）"命令，改变元器件的放置方向，选择一次该命令，对象顺时针旋转 90°。

（2）移动对象时，在激活移动状态下右击，弹出如图 11-116 所示的快捷菜单。选择"Rotate（旋转）"命令，改变元器件的放置方向，选择一次该命令，对象顺时针旋转 90°。

图 11-115　快捷菜单　　　图 11-116　快捷菜单

11.9.7　文字的调整

对文字进行调整时要把握三个原则：文字不可太靠近 Pin（管脚）及 Via（过孔），至少保持10mil（0.254mm）的距离；文字不可放置于元器件封装的下面；文字的方向应尽量保持一致，至多可以有两种方向。下面介绍字体的大小设置。

（1）选择菜单栏中的"Edit（编辑）"→"Change（更改）"命令，打开"Find（查找）"面板，选择"Text（文本）"选项，如图 11-117 所示。

（2）在控制面板中的"Options（选项）"页面中，"Class（集）"为"Ref Des"，"New subclass（新子集）"为"Assembly_Top"，勾选"Text block（文字大小）"复选框，选择 2 号字，如图 11-118 所示。

图 11-117　Find 设置　　图 11-118　Options 设置

（3）选择电路板中一个元器件，此元器件中所有文字都会高亮，单击鼠标右键，选择

"Done"，此元器件中的文字被更改为 2 号字体，如图 11-119 和图 11-120 所示。

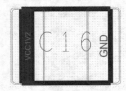

图 11-119　文字修改前　　图 11-120　文字修改后

11.9.8　元器件的锁定与解锁

在元器件布局过程中，如果某一元器件的位置暂时固定了，可以将其锁住，防止不小心移动以提高效率。

1. 过滤元器件

选择菜单栏中的"Edit（编辑）"→"Change（更改）"命令，打开"Find（查找）"面板，单击"All Off（全部关闭）"按钮，取消所有对象类型的勾选，勾选"Symbol（符号）"复选框，如图 11-121 所示。

图 11-121　"Find（查找）"面板

2. 元器件的锁定

选中要固定的单个或多个元器件，单击"Edit（编辑）"工具栏中的"Fix（锁定）"按钮或选择右键命令"Fix（固定）"，如图 11-122 所示，右击选择"Done（完成）"命令，结束操作，即可固定选中的元器件。

也可先单击"Fix（固定）"按钮，激活固定命令，再选择要固定的元器件。

3. 元器件的解锁

如果要对已经锁定的元器件解锁，可以选择"Edit（编辑）"工具栏中的"Unfix（解锁）"按钮或右击选择"Unfix（解锁）"命令，完成操作后，右击选择"Done（完成）"命令，解除元器件的锁定，可移动该元器件。

对多个元器件进行锁定后，进行解锁时，若逐个单击元器件过程过于烦琐，可在单击"Unfix（解锁）"按钮后在 PCB 工作区右击，选择"Unfix All（全部解锁）"命令来解锁所有的元器件，如图 11-123 所示。

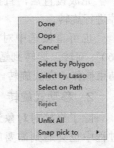

图 11-122　快捷菜单　　　　图 11-123　快捷菜单

11.10　回编

把 PCB 上的信息反馈到原理图中，这个过程一般称为回编（Backannotation），通过此操作，以保证实物 PCB 与原理图同步。为了保持 PCB 与原理图的统一，将在 PCB 中对零件的 swap（交换）、rename（重命名序号）等更改的内容，必须回编到原理图中。

（1）选择菜单栏中的"File（文件）"→"Export（导出）"→"Logic（原理图）"命令，弹出"Export

Logic（导出原理图）"对话框，打开"Cadence"
选项卡，在"Logic type（原理图类型）"中选择
"Design entry CIS"，表示要传回的软件为 Capture，
在"Export to directory（输出文件路径）"栏中选择
要导出的路径"…/allegro"，如图 11-124 所示。

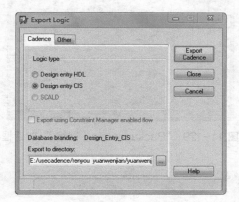

图 11-124　Cadence 选项卡

（2）打开"Other"选项卡，在"Comparison
design（对照设计）"栏显示要导出的电路板文件，
如图 11-125 所示。

（3）打开"Cadence"选项卡，单击 Export Cadence 按
钮，弹出执行进度窗口，如图 11-126 所示。

（4）若导出成功，则显示如图 11-127 所示的
进度窗口。

（5）单击 Close 按钮，关闭"Export Logic
（导出原理图）"对话框。

（6）打开 Design Entry CIS，打开图 11-128
所示路径中的文件。

图 11-125　Other 选项卡

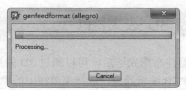

图 11-126　进度窗口（一）

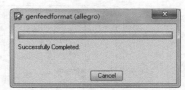

图 11-127　进度窗口（二）

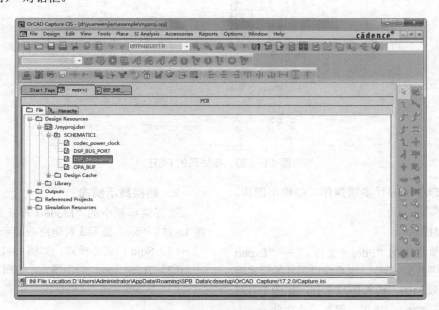

图 11-128　打开路径文件

（7）在项目管理器界面中，选择菜单栏中的"Tools（工具）"→"Backannotate（回编）"命令，弹出如图 11-129 所示的对话框。

（8）单击 确定 按钮，弹出进程对话框，更新结束后，完成 PCB 与原理图的统一更新。

图 11-129　"Backannotate（回编）"对话框

11.11　3D 效果图

元器件布局完毕后，可以通过 3D 效果图直观地查看效果，以检查布局是否合理。

在 PCB 编辑器内，选择菜单栏中的"View（视图）"→"3D Viewer（3D 显示）"命令，则系统生成该 PCB 的 3D 效果图，如图 11-130 所示。自动打开"Allegro 3D Viewer（3D 显示器）"窗口，如图 11-131 所示。

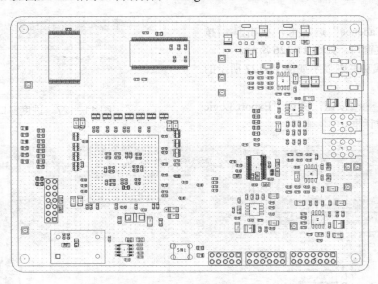

图 11-130　布局后的 PCB

在该窗口中可进行多项操作，如输出图片、设置显示模式等。

1．输出图片

选择菜单栏中的"Files（文件）"→"Export Image（输出图片）"命令，则系统以图片的形式输出该 PCB 的效果图，输入图片名称，如图 11-132 所示，单击 保存(S) 按钮，保存图片文件。

2．切换显示模式

选择菜单栏中的"Mode（模式）"命令，如图 11-133 所示，显示 3 种电路板显示模式。

（1）Sold：实心模式，如图 11-134 所示。

（2）Transparent：透明模式，如图 11-135 所示。

（3）Wireframe：线框模式，如图 11-136 所示。

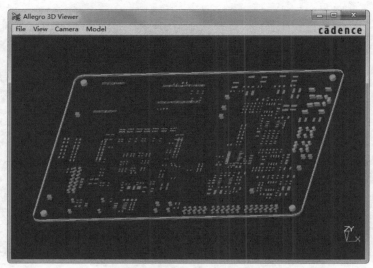

图 11-131　PCB 3D 效果图

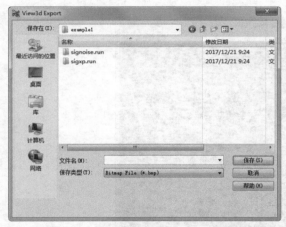

图 11-132　输入 PCB 3D 效果图的图片名称

图 11-133　"Mode（模式）"子菜单

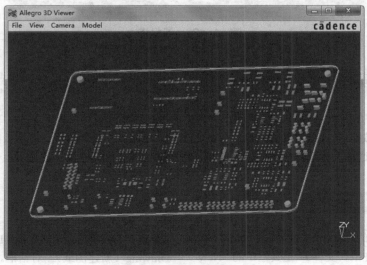

图 11-134　实心模式

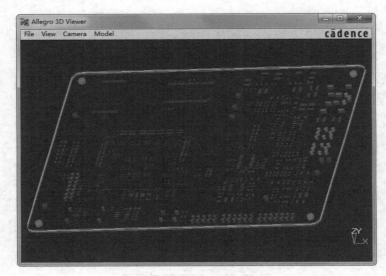

图 11-135　透明模式

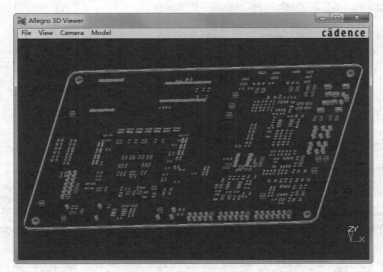

图 11-136　线框模式

11.12 操作实例

本节以实例来介绍 PCB 设计。以前面章节讲述的原理图设计及网络表为基础，完成电路板外形尺寸规划，实现元器件的布局。本例主要学习电路板的设计过程。多层板的设计和双层板的设计过程大体上是一样的，只是在工作层的管理和内部电源层的使用上有些不同。

扫码看视频

11.12.1　创建电路板

选择菜单栏中的"File（文件）"→"New（新建）"命令或单击"Files（文件）"工具栏中的"New （新建）"按钮，弹出如图 11-137 所示的"New Drawing（新建图纸）"对话框。

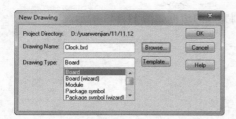

图 11-137 "New Drawing（新建图纸）"对话框

在"Drawing Name（图纸名称）"文本框中输入图纸名称"Clock"；在"Drawing Type（图纸类型）"下拉列表中选择图纸类型"Board"。

按 OK 按钮关闭对话框，进入设置电路板的工作环境。

11.12.2　导入原理图网络表信息

选择菜单栏中的"File（文件）"→"Import（导入）"→"Logic（原理图）"命令，弹出如图 11-138 所示的"Import Logic（导入原理图）"对话框。打开"Cadence"选项卡，导入在 Capture 里输出网络表。

图 11-138　"Import Logic（导入原理图）"对话框

在"Import logic type（导入的原理图类型）"选项组下勾选"Design entry CIS（Capture）"选项；在"Place changed component（放置修改的元器件）"选项组下默认选择"Always（总是）"。

在"Import directory（导入路径）"文本框中，单击鼠标右键，在弹出的对话框中选择网表路径目录，单击 Import Cadence 按钮，导入网络表，出现进度对话框，如图 11-139 所示。

图 11-139　导入网络表的进度对话框

当执行完毕后，若没有错误，在命令窗口中显示完成信息：

- Starting Cadence Logic Import。
- netrev completed successfully，use Viewlog to review the log file。
- Opening existing design。
- netrev completed successfully，use Viewlog to review the log file。

选择菜单栏中的"Files（文件）"→"Viewlog（查看日志）"命令，同样可以打开如图 11-140 所示的窗口，查看网络表的日志文件。

图 11-140　网络表的日志文件

选择菜单栏中的"Place（放置）"→"Manually（手动放置）"命令，弹出"Placement（放置）"对话框，在"Placement List（放置列表）"选项卡中的下拉列表选择"Components by refdes（按照元器件序号）"选项，按照序号显示元器件。如图 11-141 所示。

在列表下显示所有元器件，表示元器件封装导入成功，单击 Close 按钮，关闭对话框。

11.12.3　图纸参数设置

在绘制边框前，先要根据板的外形尺寸确定

PCB 的工作区域的大小。

选择菜单栏中的"Setup（设置）"→"Design Parameter Editor（设计参数编辑）"命令，弹出"Design Parameter Editor（设计参数编辑）"对话框，打开"Design（设计）"选项卡，在"Extents（图纸范围）"选项（见图 11-142）中设置 Left X、Lower Y、Width 和 Height 相应的值，确定图纸边框大小。

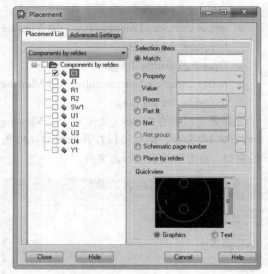

图 11-141 Placement List 选项卡

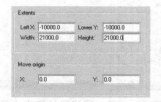

图 11-142 "Extents（图纸范围）"选项

11.12.4 电路板的物理边界

选择菜单栏中的"Add（添加）"→"Line（线）"命令或单击"Add（添加）"工具栏中的"Add Line（添加线）"按钮 ，依次在输入窗口输入字符："x 0 0""ix 5000""iy 3000""ix -5000""iy -3000"。

绘制一个封闭的边框，完成边框闭合后，右击，选择快捷命令"Done（完成）"结束命令。

绘制完成的边框如图 11-143 所示。

图 11-143 绘制边框

11.12.5 放置定位孔

选择菜单栏中的"Place（放置）"→"Manually（手工放置）"命令或单击"Place（放置）"工具栏中的"Place Manual（手工放置）"按钮 ，弹出"Placement（放置）"对话框，如图 11-144 所示。打开"Placement List（放置列表）"选项卡，在下拉列表中选择"Mechanical symbols（机械符号）"选项，显示加载的库中的元器件，勾选"MTG125"，在信息窗口中一次输入定位孔坐标值，放置四个定位孔，放置过程中分别在命令窗口中输入坐标（x 255 255）、（x 255 2745）、（x 4745 255）、（x 4745 2745），结果如图 11-145 所示。

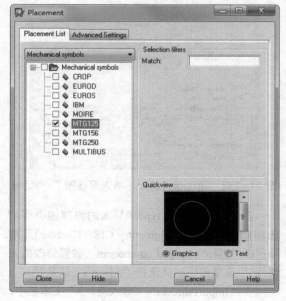

图 11-144 选择符号

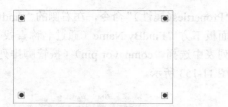

图 11-145　放置定位孔

11.12.6　放置工作格点

选择菜单栏中的"Setup（设置）"→"Grid（网格）"命令，弹出如图 11-146 所示的"Define Grid（定义网格）"对话框，在该对话框中主要设置显示层的偏移量和间距。将"Non-Etch（非布线层）""All Etch（布线层）"栅格设为 10mil（0.254mm），偏移量设为 5 mil（0.127mm），如图 11-146 所示。

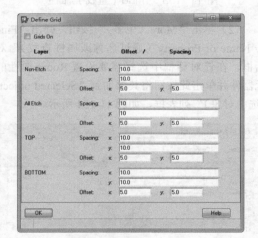

图 11-146　"Define Grid（定义网格）"对话框

11.12.7　电路板的电气边界

（1）允许摆放区域。

选择菜单栏中的"Edit（编辑）"→"Z-copy（复制）"命令，打开右侧"Option（选项）"面板，如图 11-147 所示。

在"Copy to Class/Subclass（复制集和子集）"选项组下依次选择"Package keepin（允许布局区域）""All"选项。在"Size（尺寸）"选项组下选择"Contract（缩小）"；在"Offset（偏移量）"中输入要缩小的数值 50。

图 11-147　"Option（选项）"面板

完成参数设置后，在工作区中的边框线上单击，自动添加有适当间距的允许布局区域线，如图 11-148 所示。

图 11-148　添加允许布局区域线

（2）允许布线边界。

选择菜单栏中的"Edit（编辑）"→"Z-copy（复制）"命令，打开右侧"Option（选项）"面板，如图 11-149 所示。

图 11-149　"Option（选项）"面板

在"Copy to Class/Subclass（复制集和子集）"选项组下依次选择"Route keepin（允许布线区域）"、"All"选项。在"Size（尺寸）"选项组下选择"Contract（缩小）"。在"Offset（偏移量）"中输入要缩小的数值 25。

完成参数设置后，在工作区中的边框线上单

击，自动添加有适当间距的允许布局区域线，如图 11-150 所示。

图 11-150　添加允许布局区域线

（3）禁止布线区域。

选择菜单栏中的"Edit（编辑）"→"Z-copy（复制）"命令，打开右侧"Option（选项）"面板，如图 11-151 所示。

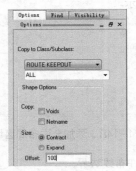

图 11-151　"Option（选项）"面板

在"Copy to Class/Subclass（复制集和子集）"选项组下依次选择"Route keepout（禁止布线区域）""All"选项。在"Size（尺寸）"选项组下选择"Contract（缩小）"。在"Offset（偏移量）"中输入要缩小的数值 100。

完成参数设置后，在工作区中的边框线上单击，自动添加有适当间距的允许布局区域线，如图 11-152 所示。

图 11-152　添加允许布局区域线

11.12.8　编辑元器件属性

（1）选择菜单栏中的"Edit（编辑）"→

"Properties（属性）"命令，在右侧的"Find（查找）"面板下方"FindBy Name（通过名称查找）"下拉列表中选择"comp（or pin）（按管脚排列）"，如图 11-153 所示。

图 11-153　"Find（查找）"面板

（2）单击"More（更多）"按钮，弹出"Find by Name or Property（通过名称或属性查找）"对话框，在该对话框中选择需要设置 Room 属性的元器件并单击此按钮将其添加到"Selected objects（选中对象）"列表框，如图 11-154 所示。

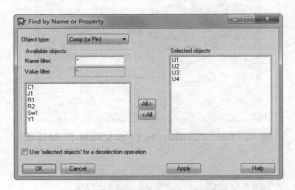

图 11-154　"Find by Name or Property
（通过名称或属性查找）"对话框

（3）单击 Apply 按钮，弹出"Edit Propertiy（编辑属性）"对话框，在左侧"Avaiable Property（可用属性）"下拉列表中选择"Room"并单击，在右侧显示"Room"并设置其 Value 值，在"Value（值）"文本框中输入 ROOM1，表示选中的几个元器件都添加了 Room 属性，如图 11-155 所示。

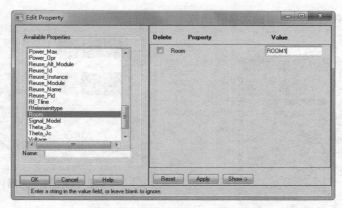

图 11-155　"Edit Property"对话框

（4）完成添加后，单击 Apply 按钮，完成在
PCB 中 Room 属性的添加，弹出"Show Properties
（显示属性）"对话框，在该对话框中显示元器件
属性，如图 11-156 所示。

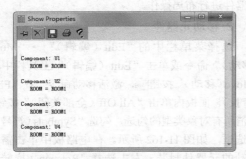

图 11-156　"Show Properties
（显示属性）"对话框

用同样的方法为元器件 C1、R1 和 R2 添加
ROOM2 属性，为元器件 SW1、Y1 和 J1 添加 ROOM3
属性。

完成 Room 属性的添加后，需要在电路板中
确定 Room 的位置。

（5）选择菜单栏中的"Setup（设置）"→
"Outlines（外框线）"→"Room Outlines（区域布
局外框线）"命令，将弹出"Room Outline（Room
外框线）"对话框，如图 11-157 所示。

（6）在"Room Name（空间名称）"区域显
示创建的名称 ROOM1，在工作区拖动出适当大
小的矩形，完成 Room1 添加。在"Room Outline"
对话框内继续设置下一个 Room2，重复操作，添
加好需要的 Room 后，单击 OK 按钮，退出对
话框。完成添加的 Room 如图 11-158 所示。

图 11-157　"Room Outline
（区域布局外框线）"对话框

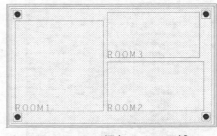

图 11-158　添加 Room 区域

11.12.9　摆放元器件

（1）选择菜单栏中的"Place（放置）"→
"Quickplace（快速摆放）"命令，将弹出"Quickplace
（快速摆放）"对话框，选择"Place by room（按
ROOM 属性摆放）"，如图 11-159 所示。

（2）单击 Place 按钮，对元器件进行摆放操
作，显示摆放成功，对话框如图 11-160 所示。单

击 Close 按钮，关闭对话框，电路板元器件摆放
结果如图 11-161 所示。

图 11-159 "Quickplace（快速摆放）"对话框 1

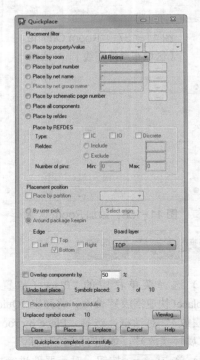

图 11-160 "Quickplace（快速摆放）"对话框 2

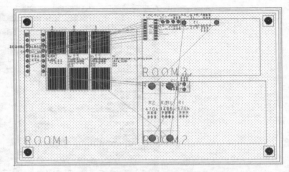

图 11-161 元器件摆放结果

11.12.10 元器件布局

1. 取消飞线显示

单击"View（视图）"工具栏中的"Unrats
All"按钮，取消显示元器件间的飞线，方便对
元器件进行布局操作。

2. 移动元器件

选择菜单栏中的"Edit（编辑）"→"Move
（移动）"命令或单击"Edit（编辑）"工具栏中的
"Move（移动）"按钮，激活移动命令。在"Find
（查找）"面板内单击"All Off（全部关闭）"按钮，
取消所有对象类型的勾选，勾选"Symbols（符号）"
复选框，如图 11-162 所示。在电路板中单击需要
移动的元器件封装，右击选择"Rotation（旋转）"
命令，旋转需要的对象，结果如图 11-163 所示。

图 11-162 "Find（查找）"面板

3. 移动文本

选择菜单栏中的"Edit（编辑）"→"Move
（移动）"命令或单击"Edit（编辑）"工具栏中的

"Move（移动）"按钮，激活移动命令。在"Find（查找）"面板内单击"All Off（全部关闭）"按钮，取消所有对象类型的勾选，勾选"Text（文本）"复选框，如图 11-164 所示，在电路板中单击需要移动的元器件名称等文本参数，右击选择"Rotation（旋转）"命令，旋转需要的文本，结果如图 11-165 所示。

11.12.11　3D 效果图

（1）选择菜单栏中的"View（视图）"→"3D View（3D 显示）"命令，则系统生成该 PCB 的 3D 效果图，自动打开"Allegro 3D Viewer（3D 显示器）"窗口，如图 11-166 所示。

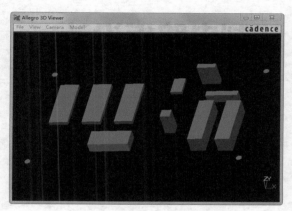

图 11-166　PCB 3D 效果图

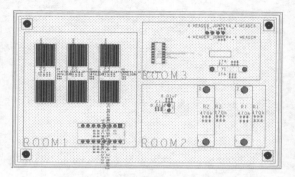

图 11-163　元器件布局

（2）选择菜单栏中的"Files（文件）"→"Export Image（输出图片）"命令，则系统以图片的形式输出该 PCB 板的效果图，输入图片名称 CLOCK，如图 11-167 所示，单击 保存(S) 按钮，保存图片文件。

图 11-164　"Find（查找）"面板

图 11-167　PCB 3D 效果图

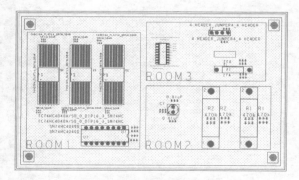

图 11-165　布局后的 PCB

Chapter **12**

第 12 章
印制电路板设计

内容指南

由于要满足功能上的需要，电路板设计往往有很多的规则要求，如要考虑到实际中的散热和干扰等问题，因此相对于原理图的设计来说，对 PCB 图的设计则需要设计者更细心和耐心。

本章主要介绍 PCB 的编辑过程，与原理图设计类似，PCB 设计过程中元器件布局只是基础，还有后期覆铜、布线等操作。

☞**知识重点**

  📖 PCB 设计规则

  📖 覆铜

  📖 布线

12.1 PCB 设计规则

对于 PCB 的设计，Allegro 提供完善的设计规范设定，这些设计规则涉及 PCB 设计过程中导线的放置、导线的布线方法、元器件放置、布线规则、元器件移动和信号完整性等方面。Allegro 系统将根据这些规则约束自动摆放和自动布线过程。在很大程度上，布线能否成功和布线质量的高低取决于设计规则的是否合理，依赖于用户是否有设计经验。

具体的电路需要采用不同的设计规则，若用户设计的是双面板，很多规则可以采用系统默认值，系统默认值就是对双面板进行设置的。

选 择 菜 单 栏 中 的 "Setup（设置）" → "Constraints（约束）" 命令，系统将弹出如图 12-1 所示的子菜单，显示各种设计规范命令。

图 12-1 "Constraints（约束）" 子菜单

选 择 菜 单 栏 中 的 "Setup（设置）" → "Constraints（约束）" → "Model（模型）" 命令，弹出如图 12-2 所示的 "Analysis Model（分析模型）" 对话框，选择需要进行不同规则设置的对象。

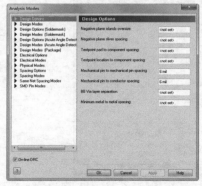

图 12-2 "Analysis Model（分析模型）" 对话框

 注意

对象是约束所要设置的目标，是具有优先级的，顶层指定的约束会被底层的对象继承，底层对象指定的同样约束优先级高于从顶层继承下来的约束，一般尽量在顶层指定约束。最顶层的对象是系统（system），最底层的对象是管脚对（pin-pair）。

对象的层次关系依次为："系统（system）→ 设计（Designe）→ 总线（bus）→ 网络类（net class）→ 总线（bus）→ 差分对（differential pair）→ 扩展网络 / 网络（Xnet）→ 相对或匹配群组（Match group）→ 管脚对（Pin pair）"。

（1）系统（system）：系统是最高等级的对象，除了包括设计（比如单板）之外，还包括连接器这些设计的扩展网络、互连电缆和连接器。

（2）设计（Designe）：设计代表一个单板或者系统中的一块单板，在多板结构中，每块板都是系统的一个单独的设计。

（3）网络类集合（net class）：网络类集合可以是总线、网络、扩展网络、差分对及群组匹配的集合。

（4）总线（bus）：总线是管脚对、网络或者扩展网络的集合。在总线上获取的约束被所有总线的成员继承。在与原理图相关联时，约束管理器不能创建总线，而且总线是设计层次的，并不属于系统层次。

（5）差分对（differential pair）：用户可以对具有差分性质的两对网络建立差分对。

（6）扩展网络 / 网络（Xnet）：网络就是从一个管脚到其他管脚的电子连接。如果网络的中间串接了被动的、分立的器件（如电阻、电容或电感），那么跨接在这些器件的两个网络可以看成一个扩展网络。

（7）相对或匹配群组（Match group）：匹配群组也是网络、扩展网络和管脚对的集合，但集合内的每个成员都要匹配或者相对于匹配于组内的一个明确目标，且只能在 "relative propagation delay" 工作表定义匹配群组，共涉及了目标、相对值和偏差三个参数。

如果相对值没有定义，匹配群组内的所有成员将是绝对的，并允许一定的偏差。如果定义了相对值，那么组内的所有成员将相对于明确的目标网络。

目标：组内其他管脚对都要参考的管脚对就是目标，目标可以是默认的也可以是明确指定的管脚对，其他的管脚对都要与这个目标比较。

相对值：每个成员与目标的相对差值，如果没有指定差值，那么所有成员就需要匹配，如果此值不为0，群组就是一个相对匹配的群组。

偏差：允许匹配的偏差值。

（8）管脚对（Pin pair）：管脚对代表一对逻辑连接的管脚，一般是驱动和接收。Pin pair 可能不是直接连接的，但是肯定存在于同一个网络或者扩展网络中。

在 PCB 设计中，设计规则主要包括时序规则、布线规则、间距规则、信号完整性规则以及物理规则等设置。

12.1.1　设置电气规则

选择菜单栏中的"Setup（设置）"→"Constraints（约束）"→"Model（模型）"命令，弹出"Analysis Modes（分析模型）"对话框，选择需要设置电气规则的对象，如图 12-3 所示。然后单击 OK 按钮，完成设置。

图 12-3　"Analysis Modes（分析模型）"对话框

选择菜单栏中的"Setup（设置）"→"Constraints（约束）"→"Electrical（电气规则）"命令，将弹出如图 12-4 所示的对话框。

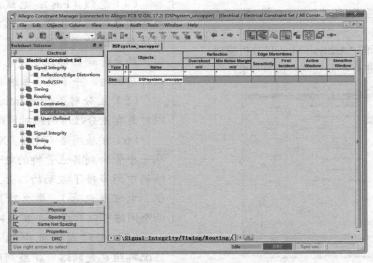

图 12-4　"Allegro Constraint Manager"对话框（一）

在"Electrical（电气规则）"列表图内有"Electrical Constraint Set（电气约束设置）"和"Net（网络）"两个顶层对象类型。

在"Electrical Constraint Set（电气约束设置）"列表中定义通用的设计约束可以创建通用的对象（Object）分组，然后再将这些约束集指定给相应的对象。该列表中有"Signal Integrity（信号分析规则）""Timing（时序规则）""Routing（布线规则）"和"All Constraints（全部约束规则）"4 个选项组，每个选项组下面按照设计规则分为几个选项。如果是在某个选项组中定义一个约束集，那么只能设计此选项组中的约束，想要设置此约束集中其他约束只能选择其他选项组设置或者查看，也可以在"All Constraints（全部约束规则）"选项组中设置或者查看所有约束。

在"Net（网络）"列表中创建针对指定网络对象分组，也可以创建基于相关属性的 ECSet。该列表中有 3 个选项组"Signal Integrity（信号分析规则）""Timing（时序规则）"和"Routing（布线规则）"。下面分别介绍各选项的意义。

1. "Signal Integrity（信号分析规则）"选项组

包括 Electrical Properties、Reflection、Edge Distortions、Estimated Xtalk、Simulated Xtalk 和 SSN 共 6 个选项用于设置电气属性。不同选项可以进行不同属性的设置，具体内容如下。

（1）Electrical Properties 选项。

选择 Electrical Properties 选项，右侧规则设置窗口如图 12-5 所示，可设置的特性如下。

- Frequency：网络的频率。
- Period：网络的周期，如果在 Frequency（频率）项中输入了具体的数值，在周期栏中会自动算出频率，相应地当输入具体周期的数值时，频率也会自动出现。

- Duty Cycle：占空比。
- Jitter：时钟抖动值。
- Cycle to Measure：仿真时测量数据的周期。

（2）Reflection 选项。

选择 Reflection 选项后，右侧规则设置窗口如图 12-6 所示，可设置的特性如下。

- Overshoot：在 Max 列中输入过冲约束。在"High Actual"选项中出现的为网络的实际高、低电压，在"Margin"选项中显示的为最差情况的实际值和"max"的差值。
- Noise Margin：在"min"选项中出现的最小裕量约束。参考点为接收端的高、低阈值。

（3）Edge Distortions 选项。

选择 Edge Distortions 选项后，右侧规则设置窗口如图 12-7 所示，可设置的特性如下。

- Edge sensitivity：标记网络或者扩展接收端是否对单调性敏感。
- First incident switch：标记第一个波形到来时，是否需要转换。

（4）Estimated Xtalk 选项。

选择 Estimated Xtalk 项后，右侧规则设置窗口如图 12-8 所示，可设置的特性如下。

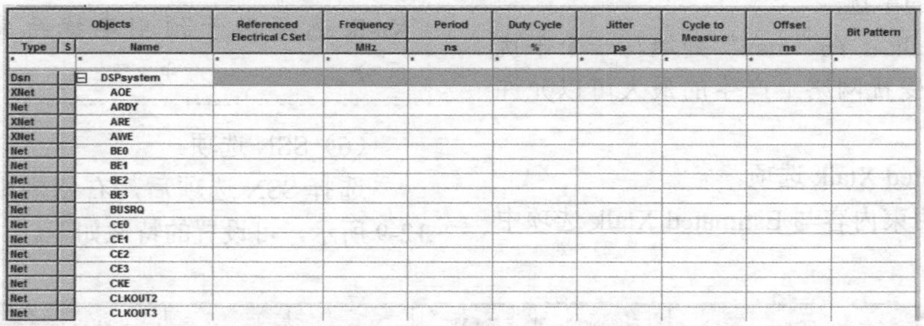

图 12-5　Electrical Properties 选项

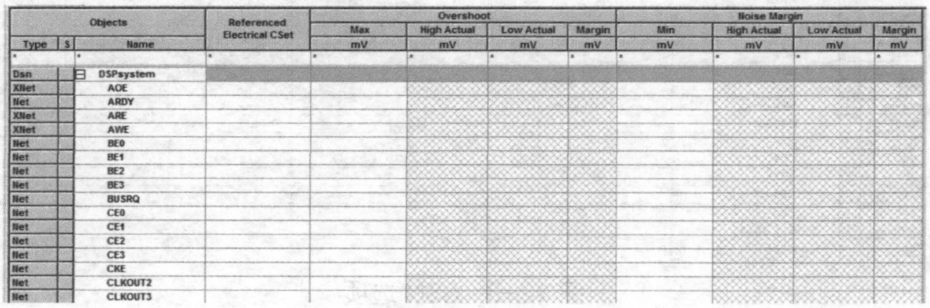

图 12-6　Reflection 选项

Objects		Referenced Electrical C Set	Edge Sensitivity				First Incident Switch			
Type	S	Name		Sensitive Edge	Rise Actual	Fall Actual	Margin	Switch	Rise Actual	Fall Actual	Margin
Dsn	⊟	DSPsystem									
XNet		AOE									
Net		ARDY									
XNet		ARE									
XNet		AWE									
Net		BE0									
Net		BE1									
Net		BE2									
Net		BE3									
Net		BUSRQ									
Net		CE0									
Net		CE1									
Net		CE2									
Net		CE3									
Net		CKE									
Net		CLKOUT2									
Net		CLKOUT3									

图 12-7　Edge Distortions 选项

Objects		Referenced Electrical C Set	Active Window	Sensitive Window	Ignore Nets	Xtalk			Peak Xtalk		
Type	S	Name				Max mV	Actual mV	Margin mV	Max mV	Actual mV	Margin mV
Dsn	⊟	DSPsystem									
XNet		AOE									
Net		ARDY									
XNet		ARE									
XNet		AWE									
Net		BE0									
Net		BE1									
Net		BE2									
Net		BE3									
Net		BUSRQ									
Net		CE0									
Net		CE1									
Net		CE2									
Net		CE3									
Net		CKE									
Net		CLKOUT2									
Net		CLKOUT3									

图 12-8　Estimated Xtalk 选项

- Active Window：网络正处于转换或者产生噪声的窗口。
- Sensitive Window：网络处于稳态和易受干扰的状态窗口。
- Ignore Nets：计算串扰时可以忽略的网络。
- Xtalk：在"max"列填写受扰网络上最大允许的串扰。
- Peak Xtalk：在"max"列填写一个干扰网络对受扰网络上产生的最大可以允许串扰。

（5）Simulated Xtalk 选项。
该选项的约束内容与 Estimated Xtalk 选项中的约束内容相同。

 注意

Estimated Xtalk 与 Simulated Xtalk 虽然约束内容相同，但设置对象不同。Simulated Xtalk 选项用于查看仿真的串扰结果；Estimated Xtalk 选项用于预测串扰结果。读者注意区分。

（6）SSN 选项。
选择 SSN 选项后，右侧规则设置窗口如图 12-9 所示，可设置的特性如下。

Objects		Referenced Electrical C Set	Max SSN	Power Bus Name	Ground Bus Name	Actual	Margin
Type	S	Name	mV			mV	mV
Dsn	⊟	DSPsystem					
XNet		AOE					
Net		ARDY					
XNet		ARE					
XNet		AWE					
Net		BE0					
Net		BE1					
Net		BE2					
Net		BE3					
Net		BUSRQ					
Net		CE0					
Net		CE1					
Net		CE2					
Net		CE3					
Net		CKE					
Net		CLKOUT2					
Net		CLKOUT3					

图 12-9　SSN 选项

- Max SSN：最大同时转换噪声，单位 MV。
- Power bus name：电源总线名。
- Ground bus name：地总线名。
- Actual：实际噪声。
- Margin：裕量，如果为负值，则将会有冲突发生。

2. "Timing（时序规则）"选项组

包含 Switch/Settle Delays 和 Setup/Hold 两个选项，如图 12-10 所示，其功能分别如下。

（1）Switch/Settle Delays 选项。

主要用于设置第一个转换延迟和最大的建立延迟，通过仿真对实际值和约束值进行比较，得出裕量值。

（2）Setup/Hold 工作表。

用于填写时钟的网络名称、周期、时钟延迟和时钟偏移等数值，比较这些数值，检查创建的系统是否符合元器件要求建立的保持事件。

3. "Routing（走线规则）"选项组

包含 Wiring、Impedance、Min/Max Propagation Delay、Total Etch Length、Differential Pair 和 Relative Propagation Delay 共 6 个选项，如图 12-11 所示，具体功能如下。

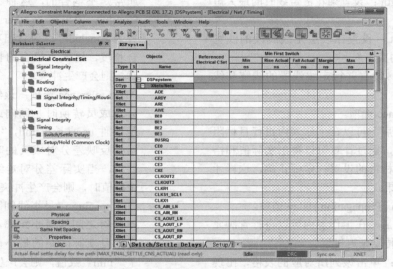

图 12-10 "Allegro Constraint Manager"对话框（二）

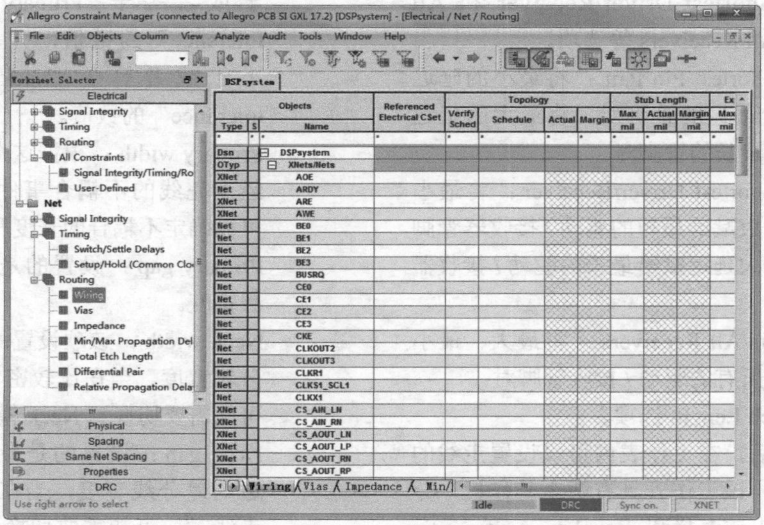

图 12-11 "Allegro Constraint Manager"对话框（三）

（1）Wiring 选项。

选择该选项进行规则约束的设置，具体设置内容如下。

- Topology：在 Verify Schedule 列设置是否进行 DRC 检查，有三种选择 Yes、No 和 Clear。设置最大同时转换噪声，转换单位为 MV，格式为"高"或"低"，单击"schedule"栏中所对应的表格，在下拉列表中可以选择预置的几个拓扑结构，包括菊花链（daisy-chairn）、星形（star）等拓扑结构。

- Stub length：设置菊花链走线时的最大短桩长度。

- Via count：设置在表层走线线段的线宽和线距约束。

- Parallel：设置并行走线线段的线宽和线距约束。

（2）Impedance 选项。

选择该选项后，可以在工作表内进行目标阻抗和偏差的设置，通过计算可以得出实际值和裕量。注意叠层和材料的设置一定要正确，这样才能得出正确的结果。

（3）Min/Max Propagation Delay 选项。

选择该选项后，在工作表内可以进行管脚允许的最大和最小传输延迟设置。

- Pin Pair：单击该列所对应的表格，出现的下拉列表中有 Longest/Shortest Pin Pair、Longest/Shortest Driver/Receiver 和 All Drivers/ All Receivers 等选项。

- Longest/Shortest Pin Pair：将最小的延迟约束赋给最短的管脚对，将最大的延迟约束赋给最长的管脚对。

- Longest/Shortest Driver/Receiver：将最小的延迟约束赋给最短的驱动／接收器管脚对，将最大延迟赋给最长的驱动／接收器管脚对。

- All Drivers/All Receivers：将最大、最小约束赋给所有的驱动／接收管脚对。

（4）Total Etch Length 选项。

选择该选项后，在工作表内可以设置走线的最大和最小长度，该工作表具有两个工作栏，分别是 unrouted net length 栏和 routed manhattan ratio 栏。前一个工作栏用来设置估计的走线长度，后

一个工作栏可以显示实际的曼哈顿比例。

（5）Differential Pair 选项。

选择该选项后，在工作表内可以指定差分对约束，差分对约束的含义及如何操作会产生冲突的介绍如下。

- Uncoupled length：该选项栏用来限制差分对的一对网络之间的不匹配长度，如果在"gather control"一项中被设置为"ignore"，则在实际不耦合长度上不包括两个驱动和接收之间的耦合带之外。也可以理解为差分对刚从芯片出来的走线通常是不耦合的，这种不耦合具有一定的长度。如果将"gather control"选项设置为"include"，包含出芯片的这段不耦合长度，这段不耦合的长度超过最大值时，则会产生冲突。

- Phase tolerance 选项：该约束用来确保差分对成员转换时是同向或同步的，单位是事件 ns 或长度 mil，"Actual"数值是用来反映差分对成员的时候或者长度的差值，当实际差分对走线的长度超出这个数值时，则会产生冲突。

- Line spacing：最小线间距约束。指的是差分对之间的最小距离，"Actual"数值指的是实际间距的最小值，如果该值小于"min"数值，则会产生冲突。

- Coupling：设置的最小间距一定要小于或者等于"Primary gap"与"（一）tolerance"的数值，并且该值也一定要小于或者等于"Neck gap"与"（一）tolerance"的数值。

- Primary width：根据这个约束能够确定已经走完线的不耦合事件，使用这些事件可以确定不耦合的长度和相位偏差。

- Primary gap：设置的是差分对成员的理想宽度。

- Neck width：该项设置的是最小允许的差分对宽度。当在比较密集的区域走线时，可能需要切换到 Neck 模式。

- Neck gap：设置的是最小可允许的边到边的差分线宽度，当在比较密集的区域走线时，可能需要切换到"Neck"模式，最小的可以允许的间距包括"Neck gap"

与"（一）tolerance"的值，当差分对的间距值低于 Ecset 所指定的差分对网络的"min neck width"选项时，"Neck gap"可以覆盖任何"primary gap"的数值。

（6）Relative Propagation Delay 选项。

选择该选项后，在工作表内可以进行对匹配的传输延迟的设置。

12.1.2　设置间距规则

因为电路板上的导线不是完全绝缘的，会经常受到工作环境的影响产生不利于电路板正常工作的因素，因此为了避免此种现象需要规定导线之间的距离。同理，即使非导线元器件之间如果正常工作，不相互影响也需要有一定的安全距离。间距规则的具体设置如下。

（1）选择菜单栏中的"Setup（设置）"→

"Constraints（约束）"→"Model（模型）"命令，弹出如图 12-12 所示的"Analysis Modes（分析模型）"对话框，选择"Spacing Modes（间距模式）"选项卡，选择需要设置间距规则的对象，如图 12-13 所示。然后单击　OK　按钮，完成设置。

图 12-12　Spacing Modes 选项卡

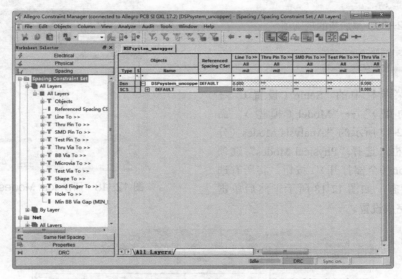

图 12-13　"Allegro Constraint Manager"对话框（四）

（2）选择菜单栏中的"Setup（设置）"→"Constraints（约束）"→"Spacing（间距）"命令，将弹出如图 12-13 所示的对话框。

（3）在左侧列表图中选择需要设定规则的对象，在右边的工作表中设置具体项目之间的间距值。

（4）增加新的设计规则。选择设计名称后单击鼠标右键，在弹出的菜单中选择"Create（生成）"→"Spacing CSet"命令，如图 12-14 所示。

弹出"Create Spacing CSet"对话框。在"Create Spacing CSet"对话框的"Spacing CSet"文本框

中输入规则名称，如图 12-15 所示。

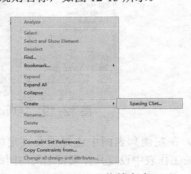

图 12-14　菜单命令

图 12-15 "Create Spacing CSet" 对话框

（5）输入新的设计规则后单击 OK 按钮，在表格区域内将增加新的设计规则项，如图 12-16 所示。

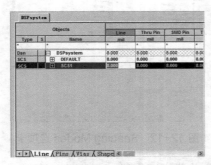

图 12-16 添加新的规则项

12.1.3 设置物理规则

（1）选择菜单栏中的"Setup（设置）"→"Constraints（约束）"→"Model（模型）"命令，弹出如图 12-17 所示的"Analysis Modes（分析模型）"对话框，选择"Physical Modes"选项卡，单击"All on（全部打开）"按钮，将所有选项设置为 On 状态，如图 12-18 所示。然后单击 OK 按钮，完成设置。

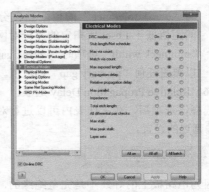

图 12-17 "Analysis Model（分析模型）"对话框

（2）选择菜单栏中的"Setup（设置）"→"Constraints（约束）"→"Physical（物理规则）"命令，将弹出如图 12-19 所示的 Allegro Constraint Manager 对话框。

图 12-18 Physical Modes 选项卡

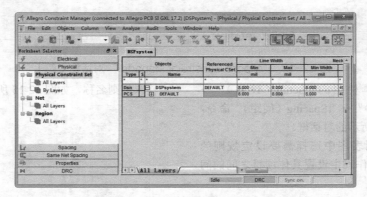

图 12-19 "Allegro Constraint Manager" 对话框（五）

（3）在左侧列表图中选择需要设定的目标，在右边的工作表中设置具体项目之间的间距值。

（4）增加新的设计规则。选择设计名称后单击鼠标右键，在弹出的菜单中执行"Create"→"Physical" CSet 命令，弹出"Create Physical CSet"对话框。在"Create Physical CSet"对话框的

"Physical CSet"文本框中输入 PCS1，如图 12-20
所示。

图 12-20 "Create Physical CSet"对话框

（5）输入新的设计规则后单击 OK 按钮，
在表格区内将增加新的规则项，如图 12-21 所示。

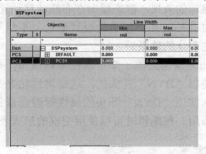

图 12-21 添加新的规则项

12.1.4 设置其他设计规则

（1）选择菜单栏中的"Setup"→"Constraints
（约束）"→"Constraints Manager（约束管理器）"
命令，将弹出"Allegro Constraint Manager（约束
管理器）"对话框，如图 12-22 所示。

约束管理器是 Cadence 系统提供的专用进
行设计规则相关设置的系统。在该对话框左侧可
以看到窗口有 6 个层次，即 Electrical、Physical、
Spacing、Same Net Spacing、Properties 以及 DRC。

约束管理器主要分为菜单栏、工具栏、工作
表选择区、工作状态报告栏 4 部分。

（2）在工作表中选择一个对象，然后右击会
弹出快捷菜单，如图 12-23 所示，在菜单中任意
选择相应的目录进行操作。

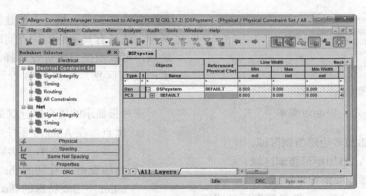

图 12-22 "Allegro Constraint Manager（约束管理器）"对话框（六）

约束管理器的约束对象分为管脚对、总线和
匹配群组 3 个部分，这 3 个部分相互之间有优先级
存在，即底层的对象会集成顶层对象指定的约束，
为底层对象指定的约束会优先于上层继承的约束。
对象的层次关系优先级别为系统、设计、总线、
差分对、扩展网络、相对或匹配群组、管脚对。

（3）选择菜单栏中的"Tools（工具）"→
"Option（选项）"命令，弹出"Options（选项）"
对话框，如图 12-24 所示。

（4）单击 OK 按钮，关闭"Options"对
话框。

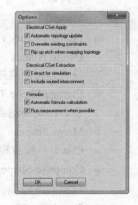

图 12-23 快捷菜单　　图 12-24 "Options
　　　　　　　　　　　　（选项）"对话框

12.2 覆铜

覆铜由一系列的导线组成,可以完成电路板内不规则区域的填充。在绘制 PCB 图时,根据需要可以随意指定任意的形状,将铜皮指定到所连接的网络上。大多数情况是和 GND 网络相连。单面电路板覆铜可以提高电路的抗干扰能力,经过覆铜处理后制作的印制电路板会显得十分美观。同时,通过大电流的导电通路也可以采用覆铜的方法来加大过电流的能力。通常覆铜的电路板安全间距应在一般导线安全间距的两倍以上。

选择菜单栏中的"**Shape(外形)**"命令,弹出如图 12-25 所示的与覆铜相关的子菜单。下面将分别介绍各命令。

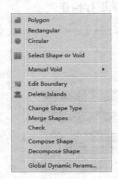

图 12-25 Shape 菜单

- Polygon:添加多边形覆铜区域。
- Rectangular:添加矩形覆铜区域。
- Circular:添加圆形覆铜区域。
- Select Shape or Void:选择覆铜区域或避让区域。
- Manual Void:手动避让。
- Edit Boundary:编辑覆铜区域外形。
- Delete Islands:删除孤岛,即删除孤立、没有连接网络覆铜区域。
- Change Shape Type:改变覆铜区域的形态,即切换动态和静态覆铜区域。
- Marge Shapes:合并相同网络的覆铜区域。
- Check:检查覆铜区域,即检查底片。
- Compose Shape:组成覆铜区域,将用线绘制的多边形合并成覆铜区域。
- Decompose Shape:解散覆铜区域,将组成覆铜区域的边框分成一段段线。

- Global Dynamic Params:动态覆铜的参数设置。

12.2.1 覆铜分类

覆铜包括动态覆铜和静态覆铜。动态覆铜是指在布线或移动元器件、添加过孔的过程中产生自动避让的效果;静态覆铜在布线或移动元器件、添加过孔的时候必须手动设置避让,不然不会自动产生避让的效果。

动态覆铜提供了 7 个属性可以使用,每个属性都是以"**DYN**"开头的,这些属性粘贴在管脚上,这些以"**DYN**"开头的属性对静态覆铜不起任何作用。在编辑时可以使用空框的形式表示。

12.2.2 覆铜区域

创建覆铜的区域分为创建为正片和负片。这两种方法都有其独特的优点同时也存在着相应的缺点,可以根据情况进行选择。正负片对于实际生产没有区别,任何 PCB 设计都有正、负片的区别。

正片指显示的填充部分就是覆铜区域。

- 优点:在 Allegro 系统中以所建即所得方式显示,即在看到实际的正的覆铜区域的填充时,看到的 the anti-pad 和 thermal relief 不需要特殊的 flash 符号。
- 缺点:如果不生成 rasterized 输出,需要将向量数据填充到多边形,因此需要划分更大的覆铜区域。同时需要在创建 artwork 之前不存在 Shape 填充问题。改变文件的放置并重新布线之后必须重新生成 Shape。

负片指填充部分外的空白部分是覆铜区域,与正片正好相反。

- 优点:使用 vector Gerber 格式时,artwork 文件要求将这一覆铜区域分割得更小,因为没有填充这一多边形的必须数据。这种覆铜区域的类型更加灵活,可以在设计进程的早期创建,并提供动态的元器件放置和布线。

● 缺点：必须为所有的热风焊盘建立 flash
符号。

12.2.3　覆铜参数设置

选择菜单栏中的"Shape（外形）"→"Global
Dynamic Params（动态覆铜参数设置）"命令，弹
出"Global Dynamic Shape Parameters（动态覆铜
区域参数）"对话框，进行动态覆铜的参数设置，
在此对话框内包含了"Shape fill（填充覆铜区
域）""Void controls（避让控制）""Clearances（清
除）"和"Thermal relief connects（隔热路径连接）"
选项卡。

1. Shape fill 选项卡

该选项卡用于设置动态铜皮的填充方式，如
图 12-26 所示。

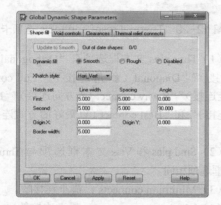

图 12-26　"Shape fill（填充方式）"选项卡

（1）Dynamic fill：动态填充，有 3 种填充方式。
● Smooth：自动填充、挖空，对所有的动
态铜皮进行 DRC 检查，并产生具有光绘
质量的输出外形。
● Rough：产生自动挖空的效果，可以观
察铜皮的连接情况，而没有对铜皮的边
缘及导热连接进行光滑，不进行具有光
绘质量的输出效果，在需要的时候通过
Drawing Options 对话框中的 Update to
Smooth 生成最后的铜皮。
● Disabled：不进行自动填充和挖空操作，
运行 DRC 时，特别时在做大规模的改动
或 netin、gloss、testprep、add/replace bias
等动作时提高速度。

（2）Xhatch style：选择铜皮的填充。
单击该下拉列表，有 6 个选项。
● Vertical：仅有垂直线。
● Horizontal：仅有水平线。
● Diag_Pos：仅有斜 45°线。
● Diag_Neg：仅有斜 -45°线。
● Diag_Both：有斜 45°和 -45°线。
● Hori_Vert：有水平线和垂直线。
（3）Hatch Set：用于 Allegro 填充铜皮的平
行线设置。
根据所选择的"Xhatch style（铜皮的填充）"
的不同可以进行不同的设置。
● Line width：填充连接线的线宽，必须小
于或等于"Border width（铜皮边界线）"
指定的线宽。
● Spacing：填充连接线的中心到中心的
距离。
● Angle：交叉填充线之间的夹角。
● Origin X，Origin Y：设置填充线的坐标
原点。
● Border width：铜皮边界的线，必须大于
或者等于 Line width（填充连接线线宽）。
（4）Void Controls 选项卡：用于设置避让控
制，如图 12-27 所示。

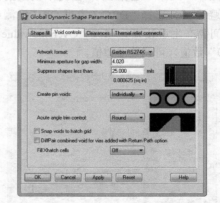

图 12-27　"Void controls（避让控制）"选项卡

（5）Artwork format：用于设置采用的底片
格式。
根据选择格式的不同显示不同的设置内
容，有 6 种格式，包括 Gerber4x00、Gerber6x00、
Gerber RS274X、Barco DPF、MDA 和 Non-Gerber。
● 选择 Gerber4x00 或 Gerber6x00，下面显

示 Minimum aperture for artwork fill，设置最先的镜头直径，仅适合于覆实铜的模式（Solid fill）。在进行光绘输出时，如果避让与铜皮的边界距离小于最小光圈限制，则该避让还会被填充，Allegro 将在 Manufacture/shape problem 中标记一个圆圈。

● 选择 Gerber RS274X、Barco DPF、MDA 和 Non-Gerber 中的一种，下面显示 Minimum aperture for gap width，设定两个避让之间或避让与铜皮边界之间的最小间距。

（6）Suppress shapes less than：在自动避让时，当覆铜区域小于该值时自动删除。

（7）Create pin voids：以行（排）或单个的形式避让多个焊盘。若选择 In-line 则将这些焊盘作为一个整体进行避让，若选择 Individually 则以分离的方式产生避让。

（8）Snap voids to hatch grid：产生的避让捕获到栅格上，仅针对网络状覆铜。

2. Clearances 选项卡

该选项卡用于设置清除方式，如图 12-28 所示。

（1）Thru pins 文本框内有两种选项："Thermal/Anti（使用焊盘的 thermal 和 antipad 定义的间隔值清除）""DRC（遵循 DRC 检测中设置的间隔产生避让）"。选择"DRC（遵循 DRC 检测中设置的间隔产生避让）"，修改"Oversize value（超大值）"数值，可调整间隙值。

图 12-28　Clearances 选项卡

（2）Smd pins 和 Vias 文本框选项与 Thru pins 文本框选项相同。

（3）Oversize Value：根据大小设定避让，在默认清除值基础上添加这个值。

3. Thermal relief connects 选项卡

该选项卡用于设置隔热路径的连接关系，如图 12-29 所示。

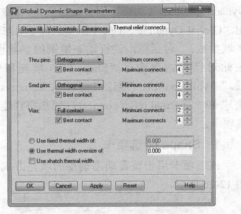

图 12-29　Thermal relief connects 选项卡

（1）Thru pins 文本框选项有"Orthogonal（直角连接）""Diagonal（斜角连接）""Full contact（完全连接）""8 way connect（8 方向连接）""None（不连接）"和"Best contact（以最好的方式连接）"6 个。

（2）Smd pins 和 Vias 文本框选项与 Thru pins 文本框选项相同。

（3）Minimum connects：最小连接数。

（4）Maximum connects：最大连接数。

12.2.4　为平面层绘制覆铜区域

本节主要介绍平面层的显示，为电源层和地层建立覆铜区域。

1. 显示平面层

显示平面层的具体操作方法如下。

（1）启动 Allegro PCB Editor，打开 PCB 文件，设置布线格点为 5。

（2）打开"Visibility（可视）"面板，参数设置如图 12-30 所示。

（3）选择菜单栏中的"Display（显示）"→"Color/Visibility（颜色设置）"命令，弹出"Color Dialog（颜色）"对话框，如图 12-31 所示。

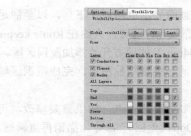

图 12-30　Visibility 窗口

选择 Stack-Up，设置 GND 的"Pin""Via" "Etch"为蓝色，设置 VCC 的"Pin""Via""Etch" 为红色，如图 12-32 所示。

选择"Areas（区域）"中的"Route Keepout" 选项，如图 12-33 所示，将 GND 层设为蓝色、VCC 层设为红色，如图 12-34 所示，单击 OK 按钮，确认设置。

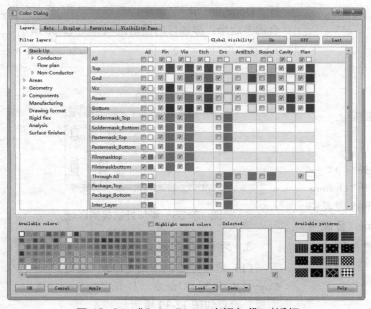

图 12-31　"Color Dialog（颜色）"对话框

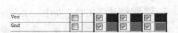

图 12-32　"Stack-Up"设置

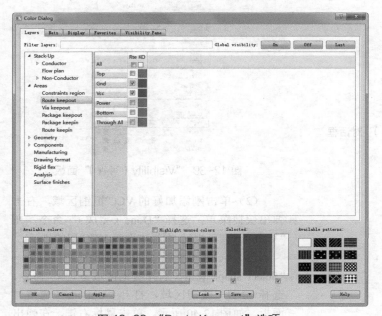

图 12-33　"Route Keepout"选项

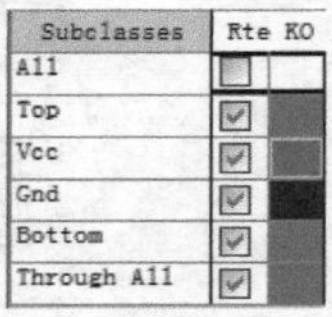

图 12-34　设置颜色

（4）选择菜单栏中的"Display（显示）"→"Dehighlight（取消高亮）"命令，打开"Options（选项）"面板，如图 12-35 所示，单击"Nets（网络）"按钮，将取消 VCC 和 GND 网络的高亮应用于选中的整个电路板中的网络，以便于看到焊盘。

图 12-35　"Options（选项）"面板

2．为 VCC 层建立覆铜区域

（1）选择菜单栏中的"Shape（外形）"→"Polygon（添加多边形覆铜）"命令，打开"Options（选项）"面板，在"Type（类型）"下拉列表中选择 Static solid，单击"Assign net name（分配网络名称）"栏右侧▣按钮，弹出"Select a net（选择网络）"对话框，如图 12-36 所示，选择 VCC，设置网络为 VCC，如图 12-37 所示。

图 12-36　"Select a net（选择网络）"对话框

图 12-37　Options 窗口

（2）调整画面显示电路板左下角，以至能足够区分板框和布线允许边界，大约在 Route keepin 内 10mil（0.254mm）的地方开始添加覆铜区域。

（3）使用鼠标中键缩放图形，完成覆铜区域的添加。

（4）确保多边形的顶点，如果需要修改，可以右击选择"Oops（返回）"命令，撤销再重新画。为了保证起点和终点一致，当接近终点时右击选择"Done（完成）"命令，系统自动形成一个闭合的多边形，添加好的覆铜区域如图 12-38 所示。

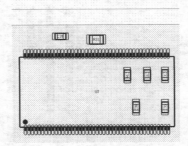

图 12-38　添加好的覆铜区域

3．为 GND 层建立覆铜区域

（1）选择菜单栏中的"Eidt（编辑）"→"Z-Copy（Z- 复制）"命令，打开"Options（选型）"面板，设置如图 12-39 所示。

图 12-39　"Visibility（可视）"面板

（2）单击刚添加好的 VCC 覆铜区域，右击弹出快捷菜单，选择"Done（完成）"命令，在"Visibility（可视）"面板中取消 VCC 层的显示。

（3）选择菜单栏中的"Shape（外形）"→"Select Shape Void（选择覆铜区域避让）"命令，选择 GND—覆铜区域，打开"Options（选型）"面板，如图 12-40 所示。单击鼠标右键，在弹出的快捷菜单中选择"Assign Net(分配网络)"命令，在"Options（选项）"面板内单击▦按钮，在弹出的"Select a net（选择网络）"对话框内选择 Gnd，如图 12-41 所示，设置选择网络为 GND。

图 12-40　Options（选项）"面板

图 12-41　选择 GND 网络

（4）单击　OK　按钮，退出对话框。

（5）在工作区单击鼠标右键，在弹出的快捷菜单中选择"Done（完成）"命令。

（6）选择菜单栏中的"Setup（设置）"→"Design Parameters（设计参数）"命令，在"Display（显示）"选项卡内进行如图 12-42 所示设置，将显示热风焊盘，如图 12-43 所示。

（7）在"Visibility（可视）"面板中关闭 VCC 和 GND 层的显示，打开 TOP 和 BOTTOM 层的显示。

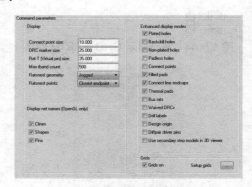

图 12-42　"Display（显示）"选项卡

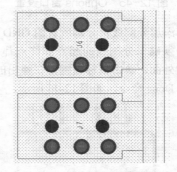

图 12-43　显示热风焊盘

12.3　分割平面

分割平面是指在一个电路板上将有实铜的正片或负片分割成两个或更多的区域，并连接不同的电压网络。如果电路板需要分割平面时，分割必须在布线前完成。

12.3.1　使用 Anti Etch 方法分割平面

在正片层，Etch 是指 Allegro 中的走线和覆铜区域，综合指铜皮；在负片层，Anti Etch 是指 Allegro 中的走线和覆铜区域，有 Anti Etch 线的区域是没有覆铜的，没有 Anti Etch 线的区域是覆

铜的。Anti Etch 用于负片的分割，把负片分割成两个或多个区域，方便自动覆铜。

（1）将所有的 GND_EARTH 网络高亮显示出来，如图 12-44 所示。

（2）选择菜单栏中的"Add（添加）"→"Line（线）"命令，在"Options（选项）"面板中设置"Active Class and Subclass（可用的集和子集）"选项，分别为"Anti Etch"和"All"，在"Line width（线宽）"文本框中输入 15.00，如图 12-45 所示。

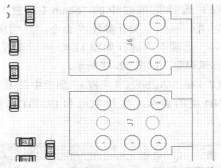

图 12-44 高亮显示 GND_EARTH 网络

图 12-45 Options 窗口设置

（3）添加分割线。分割所有的 GND_EARTH 管脚，必须确保分割线的起点和终点都在 Route Keepin 的外面，单击鼠标右键，在弹出的快捷菜单中选择 Done 命令，如图 12-46 所示。

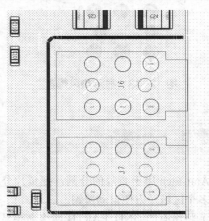

图 12-46 添加分割线

（4）选择菜单栏中的"Edit（编辑）"→"Split Plane（分割平面层）"→"Create（生成）"命令，在弹出的"Create Split Plane（生成分割平面）"对话框中进行如图 12-47 所示的设置。

（5）设置完成后单击 Create 按钮，屏幕

切换到要分割出的 Gnd 区域，并弹出"Select a net"对话框，在此对话框内进行如图 12-48 所示的设置。

图 12-47 "Create Split Plane"对话框

图 12-48 "Select a net"对话框

（6）单击 OK 按钮后，平面切换到 Gnd 区域，并弹出"Select a net"对话框，在此对话框内选择 Gnd 网络，单击 OK 按钮，完成分割。

（7）选择菜单栏中的"Display（显示）"→"Dehighlight（取消高亮）"命令，在"Options（选项）"面板中单击"Nets（网络）"按钮，所有的 GND 管脚不再高亮，单击鼠标右键，选择"Done（完成）"完成。

（8）打开"Visibility（可视）"面板，关闭 TOP 和 BOTTOM 层的显示，打开 GND 层的显示。

（9）选择菜单栏中的"Display（显示）"→"Color/Visibility（颜色设置）"命令，在弹出的"Color Dialog（颜色）"对话框内选择 Stack Up 栏，关闭所有的 Anti Etch 层面的显示，如图 12-49 所示，完成设置后，单击 OK 按钮，关闭对话框。

（10）使用"Zoom By Points（放大矩形范围）"命令，清楚地显示隔离带的区域，如图 12-50 所示。

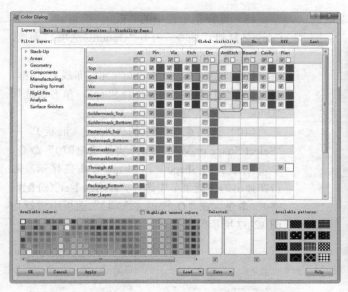

图 12-49　"Color Dialog（颜色）"对话框

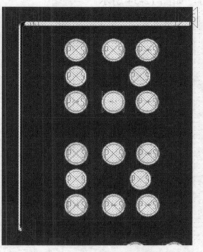

图 12-50　显示隔离带的区域

12.3.2　使用添加多边形的方法进行分割平面

平面分割除了通过上述方法完成外还可以使用添加多边形的方法完成。打开"DSPsystem_uncopper.brd"文件，具体的操作步骤如下。

1. 建立动态 Shape

（1）打开"Visibility（可视）"面板，关闭 TOP 和 BOTTOM 层的显示，打开 GND 的显示，顶层和底层的 SMD 焊盘不显示。

（2）选择菜单栏中的"Shape（形状）"→"Global Dynamic Parameters（全局动态参数）"命令，弹出"Global Dynamic Shape Parameters（全局动态参数）"对话框，打开"Shape fill（填充样式）"选项卡，设置 Shape 的填充方式，在"Dynamic fill（动态填充）"栏内选择"Rough（粗糙）"，其他选项选择默认设置，如图 12-51 所示。

图 12-51　Shape fill 选项卡

（3）在"Void controls（避让控制）"选项卡内设置避让控制，设置"Artwork format（负片格式）"为 Gerber RS274X，其他取默认值，如图 12-52 所示。

（4）在"Clearances（清除）"选项卡内进行清除方式的设置，在"Shape/rect（外形 / 矩形）"文本框内输入"Oversize value（超大值）"值为 20，如图 12-53 所示，其他采用默认值。

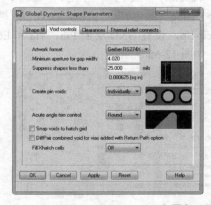

图 12-52　Void controls 选项卡

（5）在"Thermal relief connects（隔热路径连

接）"选项卡内设置隔热路径连接方式，采取默认值即可，如图 12-54 所示。

图 12-53　Clearances 选项卡

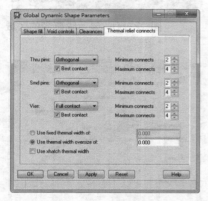

图 12-54　Thermal relief connects 选项卡

（6）单击 OK 按钮，关闭对话框。

（7）选择菜单栏中的"Display（显示）"→"Color/Visibility（颜色可见性）"命令，弹出"Color Dialog（颜色）"对话框，在 Group 栏内选择 Stack-Up，设置 GND 层的 Pin、Via 和 Etch 为绿色，如图 12-55 所示。

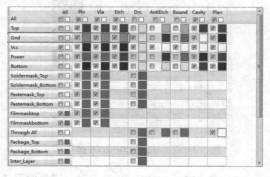

图 12-55　设置颜色

（8）选择菜单栏中的"Edit（编辑）"→"Z-Copy（Z复制）"命令，打开"Options（选项）"面板，进行如图 12-56 所示的设置。

（9）单击"Route Keepin（允许布线）"边框，在允许布线区域内出现 GND Shape，单右击选择"Done（完成）"完成。

（10）选择菜单栏中的"Shape（形状）"→"Select Shape or Void（选择实体或空隙）"命令，单击刚添加的 Shape，该 Shape 会高亮显示，右击在弹出的快捷菜单中选择"Assign Net（分配网络）"命令，在"Options（选项）"面板中进行如图 12-57 所示的设置。

图 12-56　Options 窗口（一）　图 12-57　Options 窗口（二）

（11）单击鼠标右键，在弹出菜单中选择"Done（完成）"命令结束操作。

（12）调整视图，浏览视图左下角挖空焊盘的"Rough（粗糙）"模式，如图 12-58 所示。

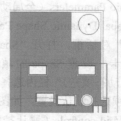

图 12-58　显示 Rough 模式

2. 编辑动态 Shape

选择菜单栏中的"Shape（形状）"→"Select Shape or Void（选择实体或空隙）"命令，单击刚建立的 Shape，这个 Shape 会高亮，当鼠标指针位于边界时可以拖动鼠标指针修改边界，如图 12-59 所示。

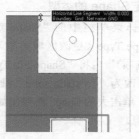

图 12-59 编辑 Shape

右击弹出如图 12-60 所示的快捷菜单，选择上面的命令编辑动态 Shape。

（1）"Parameters（参数）"：选择该命令，"Dynamic Shape Parameters（动态覆铜区域参数）"对话框，进行动态覆铜的参数设置，在此对话框内包含了 "Shape fill（填充覆铜区域）" "Void controls（避让控制）" "Clearances（清除）" 和 "Thermal relief connects（隔热路径连接）" 选项卡，该对话框在前面已讲解，这里不再赘述。

（2）"Raise Priority（提高优先级）"：选择该命令，提高选中 Shape 的优先级。

3. 分割建立的 GND 平面层

（1）打开 "Find（查找）" 面板，设置如图 12-61 所示的参数，高亮显示 Gnd。

图 12-60 快捷菜单

图 12-61 "Find（查找）" 面板

（2）选择菜单栏中的 "Shape（形状）" → "Polygon（多边形）" 命令，在 "Options（选项）" 面板中设置参数，如图 12-62 所示。

（3）绘制多边形，框选住 Gnd 网络管脚，绘

制范围不能超过 Route Keepin，绘制好后单击鼠标右键，在弹出的快捷菜单中选择 "Done（完成）" 命令，完成多边形绘制，如图 12-63 所示。

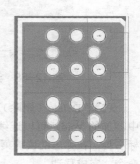

图 12-62 "Options （选项）" 面板

图 12-63 建立分割平面

4. 添加和编辑避让区域

避让区域的添加与编辑主要显示在如图 12-64 所示的 "Shape（形状）" → "Manual Void（手动挖空）" 子菜单中，在下面介绍的命令中手动添加挖空避让区域，并进行简单的编辑操作。

（1）"Polygon（多边形）"：选择该命令，在电路板中添加挖空的多边形 Shape 边界，如图 12-65 所示。

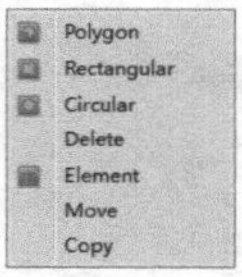

图 12-64 "Shape （形状）" 对话框

图 12-65 多边形区域

（2）"Rectangular（矩形）"：选择该命令，在电路板中添加挖空的矩形 Shape 边界，如图 12-66 所示。

（3）"Circular（圆形）"：选择该命令，在电路板中添加挖空的圆形 Shape 边界，如图 12-67 所示。

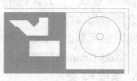

图 12-66 矩形区域

图 12-67 圆形区域

（4）"Element（元器件）"：选择该命令，在电路板中为选中的元器件添加挖空 Shape 边界，如图 12-68 所示。

图 12-68　元器件区域

（5）"Delete（删除）"：选择该命令，删除选中添加的 Void，可以连续进行删除操作，单击鼠标右键，在弹出的快捷菜单中选择"Done（完成）"命令，完成移动。

（6）"Move（移动）"：选择该命令，选中添加的 Void 移动到合适的位置，单击放置 Void，单击鼠标右键，在弹出的快捷菜单中选择"Done（完成）"命令，完成移动。

（7）"Copy（复制）"：选择该命令，选择移动后的 Void，移动鼠标指针到适当的位置单击鼠标左键放置 Void，单击鼠标右键，在弹出的快捷菜单中选择"Done（完成）"命令，完成复制操作，如图 12-69 所示。

图 12-69　复制 Void

5. 改变 Shape 的类型

（1）选择菜单栏中的"Shape（形状）"→"Change Shape Type（更改区域类型）"命令，在"Options（选项）"内将"Shape Fill Type（平面填充类型）"值改为"To static solid（静态）"，如图 12-70 所示，单击大的 Shape 将弹出如图 12-71 所示的提示信息。

图 12-70　Options（选项）面板设置

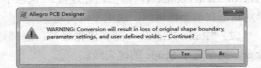

图 12-71　提示信息

（2）在提示信息窗口内单击 Yes 按钮，右击在弹出的快捷菜单中选择"Done（完成）"命令，将完成 Shape 类型的更改。

12.4　布线

在 PCB 设计中，布线是完成电路设计的重要步骤，可以说前面的准备工作都是为它而做的。PCB 布线有单面布线、双面布线及多层布线。

布线的方式有 2 种，即自动布线和交互式布线。选择菜单栏中的"Route（布线）"命令，弹出如图 12-72 所示的与布线相关的子菜单，同时在如图 12-73 所示的"Route（布线）"工具栏中显示对应按钮命令。下面介绍常用命令。

- Connect：手动布线。也可单击"Route（布线）"工具栏中的"Add Connect（添加手动布线）"按钮 ，或按 F3 键。
- Slide：添加倒角。也可单击"Route（布

线）"工具栏中的"Slide（添加倒角）"按钮 ，或按 Shift+F3 键。

图 12-72　"Route　　　图 12-73　"Route
（布线）"子菜单　　　（布线）"工具栏

- Delay Tune：蛇形线。也可单击"Route（布线）"工具栏中的"Delay Tune（蛇形线）"按钮。

- Auto-interactive Delay Tune：自动交互蛇形线。

- Phase Tune：相位调。

- Custom Smooth：光滑边角。也可单击"Route（布线）"工具栏中的"Custom Smooth（光滑边角）"按钮。

- Create Fanout：生成扇出。也可单击"Route（布线）"工具栏中的"Create Fanout（生成扇出）"按钮。

- Copy Fanout：复制扇出。

- Via Structure：孔结构。

- Convert Fanout：转换扇出。选择此选项后弹出子菜单包含"Mark（标记）"和"Unmark（不标记）"两个命令。

- PCB Router：布线。选择此选项后，打开如图 12-74 所示的子菜单，显示布线命令。

- Fanout By Pick：选择扇出。

- Route Net（s）By Pick：选择布线网络。

- Miter By Pick：选择斜线连接。

- UnMiter By Pick：选择非斜线连接。

- Elongation By Pick：选择延长线布线。

- Router Check：布线检查。

- Optimize Rat Ts：优化飞线。

- Route Automatic：自动布线，也可单击"Route（布线）"工具栏中的"Auto_Route（自动布线）"按钮。

- Route Custom：普通布线。

- Route Editor：布线编辑器。

- Resize/Respace：调整大小。

- Gloss：优化。选择此选项后，打开如图 12-75 所示的子菜单，显示优化命令。

图 12-74　子菜单

图 12-75　子菜单

- Unsupported Prototypes：不支持原型。

除菜单命令外还有"Route（布线）"工具栏中的"Vertex（顶点）"按钮、"Spread Between Voids（在孔间展开）"按钮，均可在布线过程中使用。

12.4.1　设置栅格

在执行布线命令时，如果格点可见，布线时所有布线会自动跟踪格点，方便布线的操作。

选择菜单栏中的"Setup（设置）"→"Grids（格点）"命令，将弹出"Define Grid（定义格点）"对话框，定义所有布线层的间距值，参数设置如下。

- 勾选"Grids On（打开栅格）"复选框。

- "All Etch"和"TOP"层中的"Spacing x、y"栏设置为 5。

- "Non-Etch"的"Spacing x、y"栏设置为 25。

> **注意**
>
> 所有布线层的间距和"All Etch"相同。

（1）设置结果如图 12-76 所示，单击 OK 按钮，关闭对话框。

> **注意**
>
> 完成参数值输入后，按"Tab"键，不按"Enter"键。

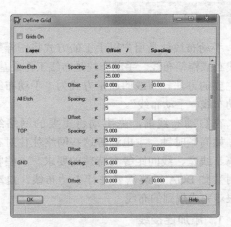

图 12-76　"Define Grid"对话框（一）

（2）设置可变格点。可变格点即大格点之间有小的格点，如图 12-77 中所示在 2 个大格点之间添加 2 个小的格点。

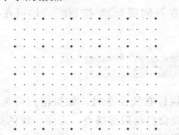

图 12-77　显示可变格点

将 "All Etch" 层中的 "Spacing x、y" 栏设置为 8、9 和 8，即从 1 个大格点到相邻的大格点，从左到右、从上到下的距离分别设置为 8、9 和 8，"TOP" 层自动显示为 8、9 和 8，如图 12-78 所示。

图 12-78　"Define Grid" 对话框（二）

12.4.2　手动布线

手动布线就是用户以手工的方式将图样里的飞线布成铜箔布线。手动布线是布线工作最基本、最主要的方法。布线的通常方式为 "手动布线→自动布线→手动布线"。

在自动布线前，先手动将重要的网络线布好，如高频时钟、主电源等这些网络往往对布线距离、线宽、线间距等有特殊的要求。一些特殊的封装如 BGA 封装需要进行手动布线，自动布线很难完成规则的布线。

1. 添加连接线

连接线是 PCB 中的基本组成元素，缺少连接线将无法使电路板正常工作。添加连接线的具体操作如下。

（1）选择菜单栏中的 "Display（显示）" → "Blank Rats（清除飞线）" → "All（全部）" 命令，如图 12-79 所示，关闭所有的飞线显示，如图 12-80 所示。

图 12-79　显示菜单命令

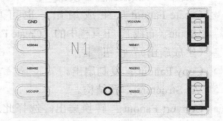

图 12-80　关闭飞线

（2）在菜单栏中执行 "Display（显示）" → "Show Rats（显示飞线）" → "Net（网络）" 命令，在 PCB 图中选择要添加连接线的元器件管脚，此时飞线将显示出来，如图 12-81 所示。

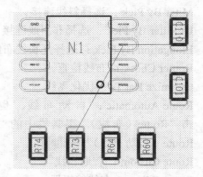

图 12-81　显示需要连接的飞线

（3）选择菜单栏中的 "Route（布线）" → "Connect（手动布线）" 命令或单击 "Route（布线）" 工具栏中的 "Add Connect（添加手动布线）" 按钮 ，也可按 F3 键，在 "Options（选项）" 面板中修改相应的值进行布线属性的修改，如图 12-82 所示。

在 "Options（选项）" 面板中可以对以下内容进行修改。

- Act 表示当前层。
- Alt 中显示将要切换到的层。
- Via 中显示选择的过孔。

图 12-82　Options 窗口

- Net 中显示网络，开始时为"Null Net"空网络，只有布线开始时显示布线所在的网络。
- Line lock 中显示布线形式和布线时线的拐角。其中布线形式分为 Line（直线）和 Arc（弧线）两种方式；布线时的拐角选项分 Off（无拐角）、45（45°拐角）以及 90（90°拐角）三种。
- Miter 中显示管脚的设置，如其值为 1x width 和 Min 时表示斜边长度至少为一倍的线宽。但当在 Line Lock 中选择了 Off 此项就不会显示。
- Line width 中显示线宽。
- Bubble 中显示的为推挤布线的方式。其中 Off 为关闭推挤方式；Hug only 为新添加的布线去"拥抱"，即存在的布线改变；Shove preferred 方式使存在的布线被推挤。
- Shove vias 中显示推挤过孔的方式。其中 Off 为关闭推挤方式；Minimal 为最小幅度地去推挤 Via；Full 为完整地推挤 Via。Gridless 选项表示选择布线是否可以在格点上面。

Clip dangling clines：剪辑悬挂的布线。

Smooth 中显示自动调整布线的方式。其中 Off 为关闭自动调整布线方式；Minimal 为最小幅度地自动调整布线；Full 为完整地自动调整布线。

Snap to connect point 选项表示布线是否从 Pin、Via 的中心原点引出。

Replace etch 选项表示布线是否允许改变存在的 Trace，即不用删除命令。在布线时若两点间存在布线，那么再次添加布线时旧的布线将被自动删除。

（4）在"Options（选项）"面板中设置好布线属性后，单击显示飞线的一个节点，向目标节点移动鼠标指针绘制连接，如图 12-83 所示。在绘制的过程中可以在单击鼠标右键弹出的快捷菜单中执行"Oops（取消）"命令，进行前一操作的取消，对绘制路线进行修改。

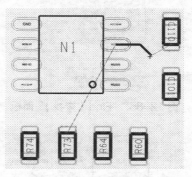

图 12-83　绘制连接

（5）绘制鼠标指针到达目标接点后单击鼠标左键完成两点间的布线，再单击鼠标右键，在弹出的菜单中选择"Done（完成）"命令，将完成布线操作，如图 12-84 所示。

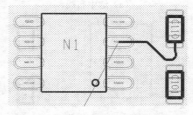

图 12-84　完成布线的添加

2. 布线的删除

在手工调整布线过程中，除了需要添加布线外还经常要删除一些不合理的导线。对不需要的布线进行删除的具体操作步骤如下。

（1）选择菜单栏中的"Edit（编辑）"→"Delete（删除）"命令，在"Find（查找）"面板中单击 All Off 按钮，然后再选择 Clines 选项，如图 12-85 所示。如果不先在 Find 窗口内单击 All Off 按钮，直接进行删除操作时，容易将其他项目同时删除。

（2）在编辑区内单击需要删除的布线，高亮显示布线，确定无误后在此单击鼠标左键，将布线删除，同时显示出该布线的飞线。可以进行连续性的删除操作，完成删除操作后，单击鼠标右键，在弹出的菜单中选择"Done（完成）"命令删除结果，如图 12-86 所示。

图 12-85 "Find（查找）"面板

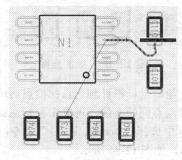

（a）选中布线

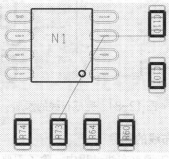

（b）删除结果

图 12-86 删除布线

3. 过孔的添加

在进行多层 PCB 设计时，经常需要进行添加过孔完成 PCB 布线以及板间的连接。根据结构的不同可以将过孔分为通孔、埋孔和盲孔 3 大类。通孔时指贯穿整个线路板的孔；埋孔是指位于多层 PCB 内层的连接孔，在板子的表面无法观察到埋孔的存在，多用于多层板中各层线路的电气连接；盲孔是指位于多层 PCB 的顶层的底层表面的孔，一般用于多层板中的表层线路和内层线路的电气连接。

添加过孔的方法非常简单，下面介绍如何进行过孔的添加。

选择菜单栏中的"Route（布线）"→"Connect（连接）"命令，在进行布线绘制的过程中，如果遇到需要添加过孔的地方可以双击鼠标左键完成过孔的添加，此时在"Options（选项）"面板中 Act 和 Alt 中的内容将会改变，对比情况如图 12-87（a）、（b）所示。

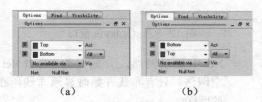

（a） （b）

图 12-87 "Options（选项）"面板对比

如图 12-88 所示，在需要添加过孔的地方单击鼠标右键，在弹出的快捷菜单中选择"Add Via（添加过孔）"命令，在该处添加预设的过孔，继续绘制连接，如图 12-88 所示。

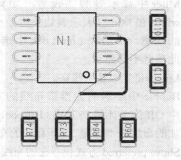

（a）添加前

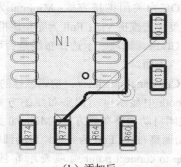

（b）添加后

图 12-88 添加过孔图

完成布线的绘制后可以单击鼠标右键，在弹出的菜单中选择 Done 命令添加布线操作。

4. 使用 Bubble（推挤）选项布线

（1）选择菜单栏中的"Display（显示）"→"Blank Rats（空白飞线）"→"All（全部）"命令，关闭所有飞线。

（2）选择菜单栏中的"Display（显示）"→"Show Rats（显示飞线）"→"Net（网络）"命令，在编辑区域内单击 N1 的管脚 4，显示与该管脚连接的网络的飞线，如图 12-89 所示。

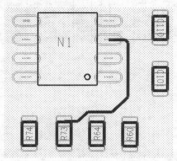

图 12-89　显示网络飞线

（3）选择菜单栏中的"Route（布线）"→"Connect（连线）"命令或单击"Route（布线）"工具栏中的"Add Connect（添加连线）"按钮，在"Options（选项）"窗口内的"Bubble"文本框内选择"Shove preferred"选项，"Shove vias"文本框内选择 Full 选项，"Smooth"文本框内选择 Full 选项，如图 12-90 所示。

图 12-90　Options 窗口

（4）单击 N1 的管脚 4，确定当前层是 Top 层，开始移动鼠标指针，可以看到原先的布线被推挤。

12.4.3　扇出

在 PCB 设计中扇出是指从 SMC 的管脚拉一小段线后再打过孔。在扇出阶段要使自动布线工具可以对元器件管脚进行连接。

选择菜单栏中的"Route（布线）"→"PCB Router（PCB 布线）"→"Fanout By Pick（选择式扇出）"命令，如果使用默认设置，直接单击元器件即可；如果要修改设置，单击鼠标右键，在弹出的菜单中选择 Setup 命令，将弹出"SPECCTRA Automatic Router Parameters"对话框，如图 12-91 所示。

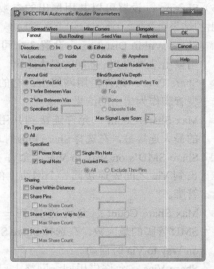

图 12-91　"SPECCTRA AutomaticRouter Parameters"对话框

（1）在此对话框中"Fanout（扇出）"选项卡内可以设置扇出的方向、过孔的位置、最大信号线的长度、圆弧形导线、管脚类型、扇出格点等，具体设置部分如下。

1）Direction：扇出的方向，包括"Out（向外）""In（向内）"和"Either（任意方向）"。

2）Via Location：过孔放置的位置，包括"Outside（在扇出元器件之外）""Inside（在扇出元器件之内）""Anywhere（任意放置）"。

- Maximum Fanout Length：最大扇出长度，即扇出 Via 中心到扇出 Pin 中心长度。
- Enable Radial Wires：允许在圆弧线上进行扇出。

3）Fanout Grid：指定自动布线器计算扇出 Via 之间的间隔，以保证相邻 Via 之间还可以布若干条线。

- Current Via Grid：按照 SPECCTRA Automatic Router 对话框中 Router Setup 页的设置：
- 1 Wire Between Vias 表示相邻 Via 之间可以存在 1 条线。
- 2 Wire Between Vias 表示相邻 Via 之间可以存在 2 条线。
- Specified Grid 表示按照指定统一的 X、Y 扇出 Via 坐标。

4）Pin Types：指出需要扇出的 Pin 类型。

5）Sharing：设置可以共用扇出的参数，共用扇出的结果。

- Share Within Distance：设置 2 个可以共用扇出结果的 Pin 之间的最大距离。
- Share Pins：允许借用网络上已有的过孔型管脚作为扇出的结果。
- Max Share Count：允许连接到共用管脚的最大连接数，在选择 Share Pins 时启动。
- Share SMD's on Way to Via：允许在扇出到 Via 之间先连接同一个网络上的 SM 管脚。
- Max Share Count：允许连接到一起的 SMD 管脚的最大数，在选择 Share SMD's on Way to Via 时启动。
- Share Vias：允许借用同一网络上已有的 Via 作为扇出结果。
- Max Share Count：允许连接到借用扇出 Via 的最大连接数，在选择 Share Vias 时启用。

6）Blind/Buried Via Depth：盲孔的深度。其中 Fanout Blind/Buried Vias To 表示扇出盲孔到指定位置；Top 表示顶层；Bottom 表示底层；Opposite Side 表示相对面；Max Signal Layer Span 表示最大信号层间距。

完成设置后，单击 OK 扇出的对象 U3，将弹出进度对话框，如图 12-92 所示。

图 12-92　进度对话框

（2）单击鼠标右键，在弹出的菜单中选择"Results（结果）"命令，可以查看扇出运行记录，如图 12-93 所示。

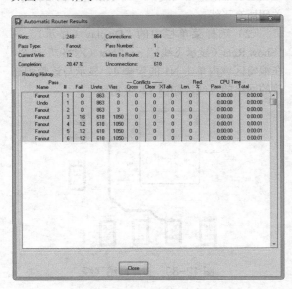

图 12-93　扇出运行记录

（3）单击 Close 按钮，关闭"Automatic Router Results"对话框，单击鼠标右键，在弹出的菜单中选择"Done（完成）"命令，完成扇出操作，扇出元器件 U3 如图 12-94 所示。

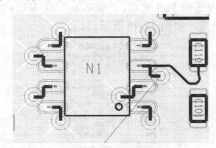

图 12-94　扇出元器件

12.4.4　群组布线

群组布线是指一次进行多条路径布线，可以使用一个窗口选择连接线、过孔、管脚或飞线进行群组布线，群组布线只能在一个层内进行，不允许布线过程中使用过孔。

具体操作方法如下。

（1）选择菜单栏中的"Display（显示）"→"Show Rats（显示飞线）"→"Net（网络）"命令，

显示选中网络的所有飞线。

（2）选择菜单栏中的"Route（布线）"→"Connect（添加布线）"命令或单击"Route（布线）"工具栏中的"Add Connect（添加手动布线）"按钮，打开"Options（选项）"面板进行如图 12-95 所示设置。

图 12-95　"Options（选项）"面板

（3）框选住 N1 左侧的多个管脚，向外拉线，如图 12-96 所示。

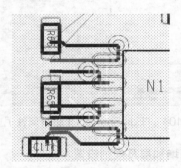

图 12-96　多条路径布线

（4）单击鼠标右键，在弹出的菜单中选择"Route Spacing（布线空间）"命令，将弹出"Route Spacing"对话框，如图 12-97 所示，在此对话框内选择"User-defined"选项，设置 Space 为 6，单击 OK 按钮，关闭对话框。

图 12-97　"Route Spacing"对话框（一）

（5）向目标管脚拉线，到达合适的位置用鼠标单击，如图 12-98 所示。

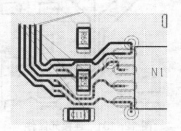

图 12-98　手工布线

然后单击鼠标右键选择弹出的菜单命令"Route Spacing（布线空间）"，在弹出的对话框内选择"Minimum DRC 选项"，如图 12-99 所示。

图 12-99　"Route Spacing"对话框（二）

（6）单击"OK（确定）"按钮，向目标管脚拉线，到达适当位置后单击鼠标左键，然后单击鼠标右键，从弹出的快捷菜单中选择菜单命令"Single Trace Mode（单线模式）"，依次单线绘制，如图 12-100 所示。

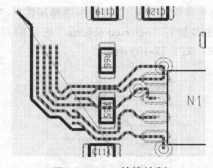

图 12-100　单线绘制

（7）单击鼠标右键，在弹出的快捷菜单中选择"Change Control Trace（更改控制线）"命令，单击最左边的线，沿着飞线的指示一根一根的布线，连接到 SMD 的焊盘上，对于当前的布线夹角可以先忽略，以后再进行优化调整，如图 12-101 所示。

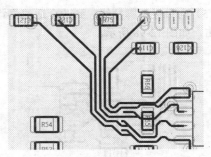

图 12-101　连接元器件

12.4.5　设置自动布线的规则

Cadence 在 PCB 编辑器内为用户提供了多种设计法则，覆盖了元器件的电气特性、走线宽度、走线拓扑布局、表贴焊盘、阻焊层、电源层、测试点、电路板制作、元器件布局、信号完整性等设计过程中的各个方面。在进行自动布线之前，用户首先应对自动布线规则进行详细设置。

1. 浏览前面设计过程中定义的规则

（1）选择菜单栏中的"Edit（编辑）"→"Properties（属性）"命令，在"Find（查找）"面板中设置"Find By Name（按名称查找）"的内容为"Property"和"Name"，如图 12-102 所示。单击 More... 按钮，弹出"Find by Name or Property（按名称或属性查找）"对话框，在"Available objects（有效的对象）"列表中选择属性，将选择的内容添加到"Selected objects（选择的对象）"列表中，如图 12-103 所示。

图 12-102　"Find（查找）"面板

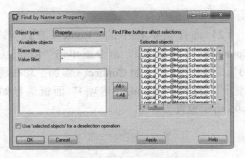

图 12-103　"Find by Name or Property（按名称或属性查找）"对话框（一）

（2）单击 Apply 按钮，弹出"Edit Property（编辑属性）"对话框，对所列出的相关属性进行编辑，对参数值进行设置，如图 12-104 所示，同时会弹出"Show Properties（显示属性）"对话框，窗口中列出了所应用的相关属性，如图 12-105 所示。

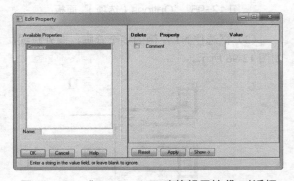

图 12-104　"Edit Property（编辑属性）"对话框

2. 增加层及规则设置

层叠结构是一个非常重要的问题，不可忽视，一般选择层叠结构需考虑以下原则：元器件面下面（第二层）为地平面，提供器件屏蔽层以及为顶层布线提供参考平面；所有信号层尽可能与地平面相邻；尽量避免两信号层直接相邻；主电源尽可能与其对应地相邻；兼顾层压结构对称。对于母板的层排布，现有母板很难控制平行长距离布线，对于板级工作频率在 50MHz 以上的（50MHz 以下的情况可参照，适当放宽），建议排布原则：元器件面、焊接面为完整的地平面（屏蔽）；无相邻平行布线层；所有信号层尽可能与地平面相邻；关键信号与地层相邻，不跨分割区。

（1）选择菜单栏中的"Setup（设置）"→"Cross-Section（层叠管理）"命令，将弹出"Cross Section Editor（层叠设计）"对话框，如图 12-106 所示。

（2）在对话框列表内单击鼠标右键，在弹出的菜单中选择"Add Layer Above（在上面增加层）"命令，添加两个布线内层，并修改属性，如图 12-107 所示。

（3）选择菜单栏中的"Display（显示）"→"Color（颜色）"→"Visibility（可见性）"命令，

将弹出"Color Dialog（颜色）"对话框，在这里可以对各电气层的"Pin""Via""Etch"以及"Drc"等的颜色进行设置，如图 12-108 所示。完成设置后单击"OK（确定）"按钮，关闭对话框。

（4）选择菜单栏中的"Setup（设置）"→"Constraints（约束）"→"Spacing Net Overrides（忽略网络间隔）"命令，在"Find（查找）"面板中的"Find By Name（按名称查找）"中选择"Net（网络）"选项，单击"More（更多）"按钮进入如图 12-109 所示对话框。

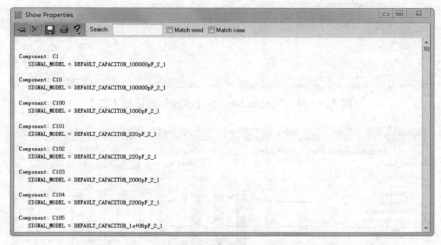

图 12-105　"Show Properties"（显示属性）对话框

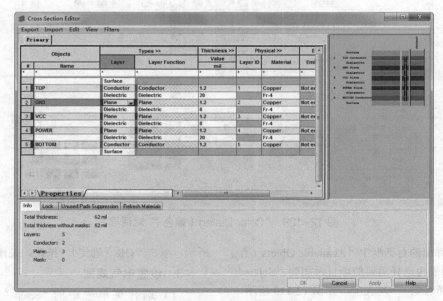

图 12-106　"Cross Section Editor（层叠管理器）"对话框（一）

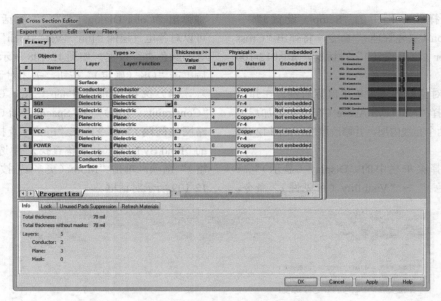

图 12-107　"Cross Section Editor" 对话框（二）

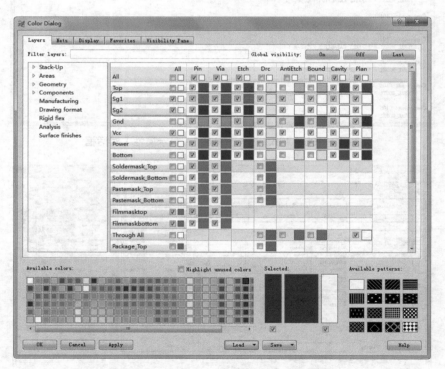

图 12-108　"Color Dialog（颜色）"对话框

（5）在弹出的对话框中"Available Objets（有效对象）"列表内选择需要的项目添加到"Seleted objects（选择对象）"列表中，如图 12-110 所示，单击 Apply 按钮，弹出"Edit Property（编辑属性）"对话框，进行相应的属性设置，如图 12-111 所示，单击"OK（确定）"按钮，关闭对话框。

3. 设置电气规则

（1）选择菜单栏中的"Setup（设置）"→"Constraints（约束）"→"Constraint Manager（约束管理器）"命令，将弹出"Constrains System Master

（约束管理器）"对话框。

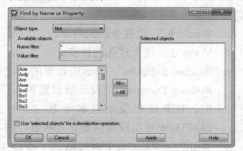

图 12-109 "Find by Name or Property" 对话框（二）

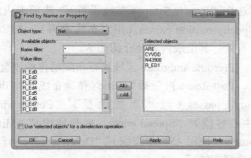

图 12-110 "Find by Name or Property" 对话框（三）

图 12-111 "Edit Property（编辑属性）" 对话框

（2）在目录树视图内单击"Electrical Constraint Set（电气约束设置）"节点，将显示可进行的电气设置的选择，如图 12-112 所示。选择不同的节点将进行不同的电气设置。

（3）完成设置后，关闭对话框。

（4）选择菜单栏中的"Setup（设置）"→"Constraints（约束）"→"Modes（模式）"命令，将弹出"Analysis Modes（分析模式）"对话框，如图 12-113 所示，在"Modes（模式）"选项卡中将所有的选项置于选中 On 状态。

完成设置后，关闭选项卡。

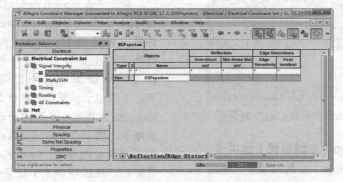

图 12-112 "Electrical Constraint Set（电气约束设置）"节点

12.4.6 自动布线

自动布线的布通率依赖于良好的摆放，布线规则可以预先设定，包括布线的弯曲次数、导通孔的数目、走进的数目等。一般首先进行探索式布线，把短线连通，然后再进行迷宫式布线，先把要布的连线进行全局的布线路径优化，系统可以根据需要断开已布的线。并试着重新布线，以改进总体效果。在自动布线之前，输入端与输出端的边线应避免相邻平行，以免产生反射干扰，可以对比较严格的线进行交互式预布线。两相邻层的布线要互相垂直，平行容易产生寄生耦合，

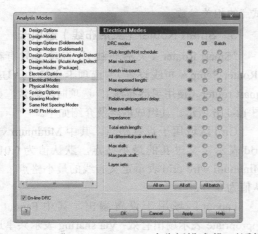

图 12-113 "Analysis Modes（分析模式）"对话框

必要时应加地线隔离。

在 PCB 布线过程中，手动将主要线路、特殊网络布线完成后，通过 Allegro 提供的自动布线功能完成剩余网络的布线。

选择菜单栏中的"Route（布线）"→"PCB Router（布线编辑器）"→"Route Automatic（自动布线）"命令，将弹出"Automatic Router（自动布线）"对话框，如图 12-114 所示。"Automatic Router（自动布线）"对话框共由"Router Setup（布线设置）""Routing Passes（布线通路）""Smart Router（灵活布线）"和"Selections（选集）"4 个选项卡组成。

图 12-114 "Automatic Router" 对话框

1. Router Setup（布线设置）选项卡

打开"Router Setup（布线设置）"选项卡，如图 12-114 所示。

（1）Strategy（策略）：显示 3 种布线模式。

- "Specify routing passes（指定布线通路）"：选择此项，可激活"Routing Passes（布线通路）"选项卡，设置布线工具具体的使用方法。
- Use smart router（使用灵活布线）：选择此项，表示可通过 Smart Router 来设置灵活布线工具的具体使用方法。
- Do file（Do 文件）：选择此项，表示可通过 Do 文件来进行布线。

（2）Options（选项）：下面有 4 个选项设置。其中 Limit via creation 为限制使用过孔；Enable diagonal routing 表示允许使用斜线布线；Limit

wraparounds 表示限制绕线；Turbo Stagger 表示最优斜线布线。

- Wire grid：设置布线的格点。
- Via grid：设置过孔的格点。
- Routing Subclass：表示所设置的布线层；Routing Direction：表示所设置的布线方向。TOP 层布线是以水平方向进行的；BOTTOM 层布线是以垂直方向进行的。

2. Routing Passes（布线通路）选项卡

"Routing Passes（布线通路）"选项卡只有在选中"Router Setup（布线设置）"选项卡内的"Specify routing passes（指定布线通路）"选项时才有效，其组成内容及介绍如下。

Preroute and route 区域进行布线动作的设置。

Post Route 内包括"Critic（精确布线）""Filter routing passes（过滤布线途径）""Center wires（中心导线）""Spread wires（展开导线）""Miter corners（使用 45° 角布线）""Delete conflicts（删除冲突布线）"。

单击 Preroute and route 区域内的 Params... 按钮，将会弹出"SPECCTRA Automatic Router Parameters"对话框，如图 12-115 所示。其中包括 Spread Wires 选项卡，主要用于设置导线与导线、导线与管脚之间所添加的额外空间；Miter Corners 选项卡，主要用于设置拐角在什么情况下转变成斜角；Elongate 选项卡，主要用于设置绕线布线；Fanout 选项卡，用于设置扇出参数；Bus Routing 选项卡，用于设置总线布线；Seed Vias 选项卡，用于添加贯穿孔，通过增加 1 个贯穿孔把单独的连线切分为 2 个更小的连接；Testpoint 选项卡用于设置测试点的相关参数。

3. Smart Router（灵活布线）选项卡

"Smart Router（灵活布线）"选项卡只有在"Router Setup（布线设置）"选项卡中选中"Use smart router（使用灵活布线）"选项时才有效，如图 12-116 所示。其组成内容及介绍如下。

Gird 区域用于设置格点。其中 Minimum via grid 表示定义过孔的最小格点，默认值为 0.01；Minimum wire grid 表示定义布线的最小格点，默认值为 0.01。

Fanout 区域用于设置扇出。其中 Fanout if appropriate 表示扇出有效；Via sharing 表示共享过

孔；Pin sharing 表示共享管脚。

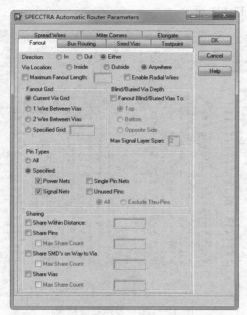

图 12-115　"SPECCTRA Automatic Router Parameters"对话框

图 12-116　Smart Router 选项卡

Generate Testpoints 区域用于设置测试点。其中 Off 表示测试点将不会发生；Top 表示测试点将在顶层产生；Bottom 表示测试点将在底层产生；Both 表示在两个层面产生测试点。

Milter after route：在布线后布线。

4．Selections（选集）选项卡

在该选项卡内进行布线网络及元器件的选择，如图 12-117 所示，组成内容如下。

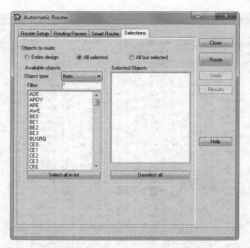

图 12-117　Selections 选项卡

Objects to route：设置布线的项目。其中 Entire design 选项选中时将会对整个 PCB 进行布线；All selected 选项选中后将对在 Available objects 中选中的网络或元器件进行布线；All but selected 选项选中后正好与 All selected 相反，将对在 Available objects 中没有选中的网络或元器件进行布线。

可通过 Object type 来选择在下面列表中显示的是 PCB 的网络标识还是元器件标识，当选择 Nets 时表示显示网络标识；而选择 Components 时表示显示元器件标识。

完成参数设置后，单击 Route 按钮，开始进行自动布线，将出现一个自动布线进度显示框，如图 12-118 所示。单击进度框中 Details>> 按钮，可清楚地显示布线详细进度信息，如图 12-119 所示，单击"Summary（细节）"将隐藏详细的进度信息，返回最初的进度对话框中。

图 12-118　显示进度

（1）布线完成后，布线进度的对话框将会自动关闭，重新返回"Automatic Route"对话框，如果对自动布线的结果不满意可用它来撤销此次布线，在对话框中单击 Undo 按钮即可，然后重新设置各个参数，重新进行布线。

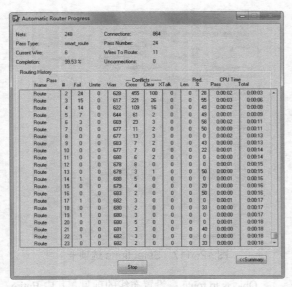

图 12-119　详细进度表

（2）单击 Results 按钮，显示布线结果，如图 12-120 所示，单击 Close 按钮，关闭结果显示对话框。

（3）布线满意后，单击鼠标右键，在弹出的菜单中选择"Done（完成）"命令，完成布线，如图 12-121 所示。

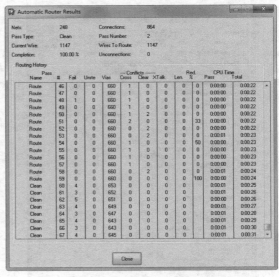

图 12-120　显示布线结果

（4）根据需要，可扇出自动完成的布线，可手动布线进行修改，将布线效果调整到最佳状态。

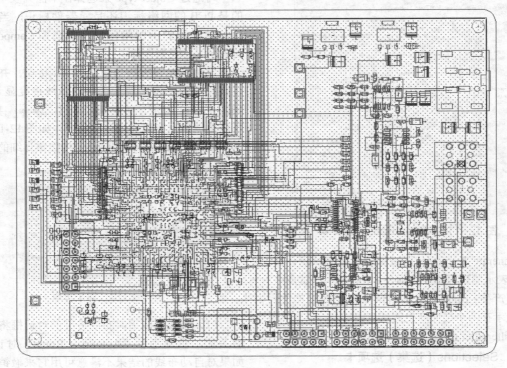

图 12-121　完成布线

12.4.7　PCB Router 布线器

PCB Router 是 Allegro 提供的一个外部自动布线软件，功能十分强大，Allegro 通过 PCB Router 软件可以完成自动布线功能。可以动态显示布线的全过程，包括视图布线的条数、重布线的条数、未连接线的条数、布线时的冲突数、完成百分率等。

1. 启动方式

该图形界面有直接启动和间接启动两种启动方式。

（1）直接启动。

单击 Windows 任务栏中的开始按钮，选择"开始"→"所有程序"→"Cadence Release 16.7.2-2016"→"Allegro Products"→"PCB Router"，进入如图 12-122 所示的布线编辑器界面。

（2）间接启动。

1）启动 Allegro PCB Route。

2）选择菜单栏中的"Route（布线）"→"PCB Router（PCB 布线）"→"Route Editor（布线编辑器）"命令，进入 CCT 界面，如图 12-123 所示。

2. 自动布线

选择菜单栏中的"Autoroute（自动布线）"→"Route（布线）"命令，弹出"AutoRoute（自动布线）"对话框，如图 12-124 所示。

（1）在该对话框中选择"Basic（基本）"选项时，激活"AutoRoute（自动布线）"对话框左边的窗口。

其中 Passes 表示设置开始通道数，如果 Passes 设置为 25；Start Pass 表示设置开始通道数，如果 Passes 设置为 25，这个值一般设置为 16；Remove Mode 表示创建一个非布线路径。当布线率很低时，Basic 选项会自动生效。

（2）在该对话框中选择"Smart（灵活）"选项时，激活"AutoRoute（自动布线）"对话框右边的窗口，如图 12-125 所示。

其中 Minimum Via Grid 表示设置最小的贯穿口的格点；Minimum Wire Grid 表示设置最小的导线的格点；Fanout if Appropriate 表示避开 SMT 焊盘到贯穿孔的布线；Generate Testpoints 选项表示是否产生测试点；Miter After Route 表示改变布线拐角从 90°到 45°。

（3）在"AutoRoute（自动布线）"对话框内选择"Smart（灵活）"选项，设置完毕后单击 Apply 按钮，CCT 开始布线。布线完成后，单击 OK 按钮，关闭"AutoRoute（自动布线）"对话框，系统会重新检查布线。如图 12-126 所示。

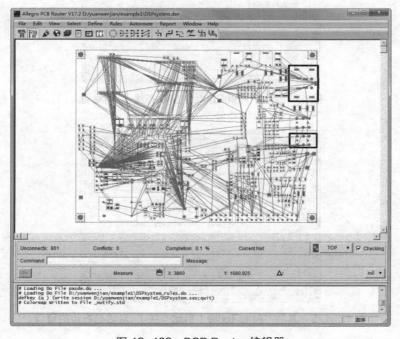

图 12-122　PCB Router 编辑器

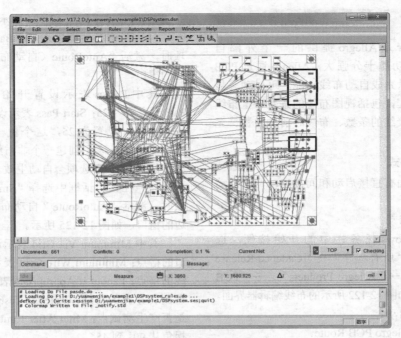

图 12-123　CCT 布线器界面

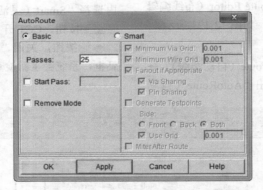

图 12-124　"AutoRoute（自动布线）"对话框

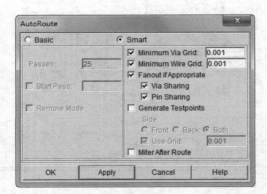

图 12-125　激活"AutoRoute（自动布线）"对话框右边的窗口

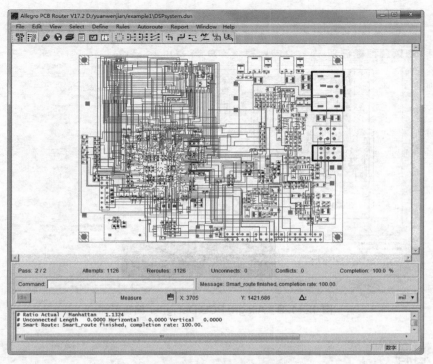

图 12-126 CCT 布线界面

3. 报告布线结果

（1）选择菜单栏中的"Report（报告）"→

"Route Status（布线状态）"命令，可以看到整个布线的状态信息，如图 12-127 所示。

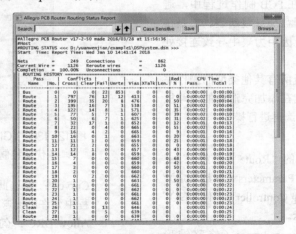

图 12-127 布线状态报告

（2）关闭状态报告，选择菜单栏中的"File（文件）"→"Quit（退出）"命令，退出 CCT，将弹出如图 12-128 所示的对话框。

（3）在"Save And Quit"对话框中单击 Browse... 按钮修改保存的路径，单击 Save And Quit 按钮，退出 CCT 界面，系统将自动返回 Allegro PCB Designer

编辑界面，如图 12-129 所示。

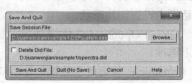

图 12-128 "Save And Quit"对话框

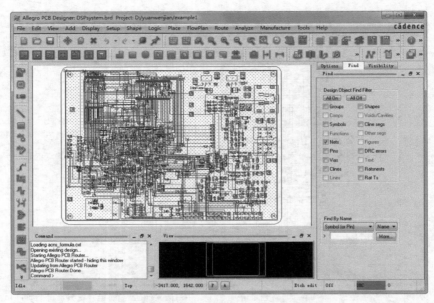

图 12-129　Allegro PCB Designer 编辑界面

12.5　补泪滴

在导线和焊盘或者孔的连接处，通常需要补泪滴，以去除连接处的直角，加大连接面。这样做有两个好处，一是在 PCB 制作过程中，避免以钻孔定位偏差导致焊盘与导线断裂。二是在安装和使用中，可以避免因用力集中导致连接处断裂。

添加泪滴是在电路板所有其他类型的操作完成后进行的，若不能直接在添加完泪滴的电路板上进行编辑，必须删除泪滴再进行操作。

1. 自动添加

（1）选择菜单栏中的"Route（布线）"→"Gloss（优化设计）"→"Parameters（参数设定）"命令，系统弹出"Glossing Controller（优化控制）"对话框，如图 12-130 所示。

只勾选"Filed and tapered trace（修整锥形线）"，并单击▢按钮，弹出如图 12-131 所示的"Filed and tapered trace（修整锥形线）"对话框，在该对话框中设置泪滴形状。

在"Global Options（总体选项）"选项组中设置以下选项。

- Dynamic：勾选此复选框，使用动态添加泪滴。

图 12-130　"Glossing Controller（优化控制）"对话框

- Curved：勾选此复选框，在添加泪滴过程中允许出现弯曲情况。
- Allow DRC：勾选此复选框，允许对添加的泪滴进行 DRC 检查。
- Unused nets：勾选此复选框，在未使用的网络上添加泪滴。

在"Objects（目标）"选项组下选择添加的泪滴形状。

- Circular pads：圆形泪滴，在文本框中输入最大值，默认值为 100。
- Square pads：方形泪滴，在文本框中输入最大值，默认值为 100。

图 12-131　"Filed and Tapered Trace
（修整锥形线）"对话框

- Rectangular pads：长方形泪滴，在文本框中输入最大值，默认值为 100。
- Oblong pads：椭圆形泪滴，在文本框中输入最大值，默认值为 100。
- Octagon pads：八边形泪滴，在文本框中输入最大值，默认值为 100。

单击 OK 按钮，采取默认设置，关闭对话框。

（2）返回"Filed and tapered trace（修整锥形线）"对话框，单击 Gloss 按钮即可完成设置对象的泪滴添加操作。

补泪滴前后焊盘与导线连接的变化如图 12-132 所示。

2．手动添加

用户还可以对某个元器件的所有焊盘和过孔，或者某个特定网络的焊盘和过孔进行添加泪滴操作。

选择菜单栏中的"Route（布线）"→"Gloss（优化设计）"命令，弹出子菜单命令，上半部分关于手动添加泪滴的命令如图 12-133 所示。

- Add Teardrops：添加泪滴。
- Delete Teardrops：删除泪滴。

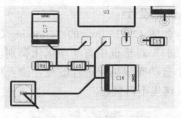

（a）添加前

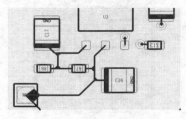

（b）添加后

图 12-132　补泪滴前后的焊盘导线

图 12-133　手动添加泪滴菜单命令

- Add Tapered Trace：添加锥形线。
- Delete Tapered Trace：删除锥形线。

选中上述命令后，单击网络，则在该网络上添加泪滴，如图 12-134 所示。

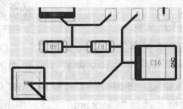

（a）添加前

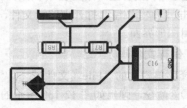

（b）添加后

图 12-134　添加泪滴

3. 优化设计

（1）如图 12-135 所示的"Glossing Controller（优化控制）"对话框中有 9 项优化类别，主要用于对整个自动布线结果进行改进，读者可一一进行优化，这里不再赘述。

图 12-135 "Glossing Controller（优化控制）"对话框

（2）选择菜单栏中的"Route（布线）"→"Gloss（优化设计）"命令，弹出子菜单命令，下半部分关于优化设置的命令如图 12-136 所示，对自定义布线结果进行局部优化。

图 12-136 子菜单命令

- Design：优化设计。
- Room：优化指定区域。
- Window：优化激活内容。
- List：优化列表内容。

12.6 操作实例

本节以实例来介绍 PCB 的布线设计。在前面章节讲述的电路板实现元器件的布局，本章以此为基础。本例主要学习电路板的覆铜、布线设计过程。

12.6.1 时钟电路

1. 打开文件

扫码看视频

选择菜单栏中的"File（文件）"→"Open（打开）"命令或单击"Files（文件）"工具栏中的"Open（打开）"按钮，弹出如图 12-137 所示的"Open（打开）"对话框，选择"Clock.brd"文件，单击 按钮，可以预览电路板的参数，如图 12-138 所示。

单击 打开(0) 按钮，打开电路板文件，进入电路板编辑图形界面。

2. 保存文件

选择菜单栏中的"File（文件）"→"Save As（另存为）"命令，弹出如图 12-139 所示的"Save_As（另存为）"对话框，更改图纸文件的名称为"Clock_copper"，单击 保存(S) 按钮，完成文件保存。

图 12-137 "Open（打开）"对话框

3. 设置覆铜参数

选择菜单栏中的"Shape（外形）"→"Global Dynamic Params（动态覆铜参数设置）"命令，弹出"Global Dynamic Shape Parameters（动态覆铜区域参数）"对话框，进行动态覆铜的参数设置。

打开"Shape fill（填充方式）"选项卡，如图 12-140 所示。选择"Rough（粗糙）"选项。其余参数选择默认设置。单击 OK 按钮，关闭对话框。

图 12-138　预览电路板框架

图 12-139　"Save As（另存为）"对话框

4. 层叠管理

选择菜单栏中的"Setup（设置）"→"Cross-Section（层叠管理）"命令，将弹出"Cross Section Editor（层叠设计）"对话框，在列表内右击，在弹出的快捷菜单中选择"Add Layer Pair Above（增加层）"命令，添加两个布线内层，并修改属性，如图 12-141 所示。

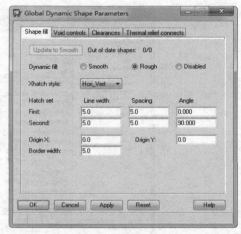

图 12-140　"Shape fill（填充方式）"选项卡

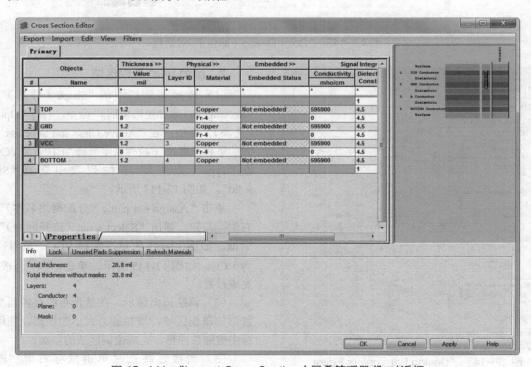

图 12-141　"Layout Cross Section（层叠管理器）"对话框

5. 设置颜色

选择菜单栏中的"Display（显示）"→"Color/Visible（颜色可见性）"命令，将弹出"Color Dialog（颜色）"对话框，选择 Stack-Up，将 VCC 电气层的"Pin""Via""Etch"以及"Drc"颜色设置为蓝色，将 GND 电气层的"Pin""Via""Etch"以及"Drc"颜色设置为黄色，如图 12-142 所示。

完成设置后单击 OK 按钮，关闭对话框。

6. 设置设计参数

选择菜单栏中的"Setup（设置）"→"Design Parameters（设计参数）"命令，弹出"Design Parameters Editor（设计参数编辑器）"对话框，打开"Display（显示）"选项卡，进行参数设置，如图 12-143 所示。

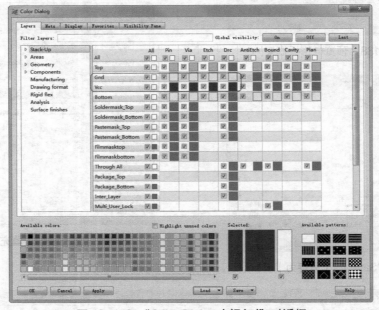

图 12-142 "Color Dialog（颜色）"对话框

图 12-143 "Design Parameters Editor
（设计参数编辑器）"对话框

7. 添加 VCC 覆铜区域

（1）选择菜单栏中的"Shape（外形）"→"Rectangular（添加矩形覆铜）"命令，打开"Options（选项）"面板，在"Active Class and Subclass（有效的集和子集）"下拉列表中选择"ETCH""VCC"；在"Type（类型）"下拉列表中选择"Static solid"，如图 12-144 所示。

单击"Assign net name（分配网络名称）"栏右侧 按钮，弹出"Select a net（选择网络）"对话框，如图 12-145 所示，选择 VCC，设置网络为 VCC，如图 12-145 所示。单击 OK 按钮，完成设置。

（2）调整画面显示，在禁止布线层内适当位置添加覆铜区域，添加适当大小的矩形，使用鼠标中键缩放图形，完成覆铜区域的添加。

（3）当接近终点时单击鼠标右键，选择"Done（完成）"命令，系统自动形成一个闭合的矩形，添加好的覆铜区域如图 12-146 所示。

图 12-144　"Options（选项）"面板

图 12-145　"Select a net（选择网络）"对话框

图 12-146　添加好的覆铜区域

8. 添加 GND 覆铜区域

（1）选择菜单栏中的"Eidt（编辑）"→"Z-Copy（Z- 复制）"命令，打开"Options（选型）"面板，设置复制层为"ETCH""GND"，"Size（尺寸）"设置为"Contact（缩小）"，"Offset（偏移）"

间隔设置为 20，如图 12-147 所示。

图 12-147　"Options（选型）"面板

（2）单击最内侧的 VCC 覆铜区域边界，添加 GND 覆铜区域，单击鼠标右键弹出快捷菜单，选择"Done（完成）"命令，如图 12-148 所示。

图 12-148　添加 GND 覆铜区域

（3）选择菜单栏中的"Shape（外形）"→"Select Shape Void（选择覆铜区域避让）"命令，选择 GND 覆铜区域，单击鼠标右键，在弹出的快捷菜单中选择"Assign Net（分配网络）"命令，在"Options（选项）"面板内单击▣按钮，在弹出的"Select a net（选择网络）"对话框内选择 Gnd，如图 12-149 所示，设置选择网络为 GND。单击　OK　按钮，退出对话框。

（4）在工作区单击鼠标右键，在弹出的快捷菜单中选择"Done（完成）"命令。

9. 更改动态 Shape

选择菜单栏中的"Shape（形状）"→"Change Shape Type（更改区域类型）"命令，在"Options（选项）"内将"Shape Fill Type（平面填充类型）"值改为"To dynamic copper（动态）"，如图 12-150 所示，单击 GND 中的 Shape 将弹出如图 12-151 所示的提示信息。

（1）在提示信息窗口内单击"Yes"按钮，单击鼠标右键，在弹出的快捷菜单中选择"Done（完成）"命令，将完成 Shape 类型的更改。

图 12-149 "Options（选项）"面板　　图 12-150 Options（选项）面板设置

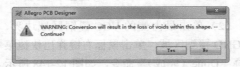

图 12-151　提示信息

（2）调整视图，浏览视图左下角挖空焊盘的 Rough（粗糙）模式，如图 12-152 所示。

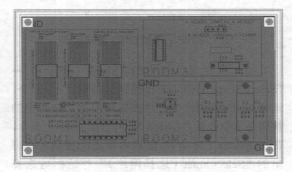

图 12-152　显示覆铜区域

12.6.2　电磁兼容电路

扫码看视频

1. 打开文件

选择菜单栏中的"File（文件）"→"Open（打开）"命令或单击"Files（文件）"工具栏中的"Open（打开）"按钮，弹出"Open（打开）"对话框，选择"emc_tutor.brd"文件，单击 打开(O) 按钮，打开电路板文件，进入电路板编辑图形界面。

2. 保存文件

选择菜单栏中的"File（文件）"→"Save As（另存为）"命令，弹出"Save_As（另存为）"对话框，

更改图纸文件的名称为"emc_tutor_routed"，单击 保存(S) 按钮，完成文件保存，如图 12-153 所示。

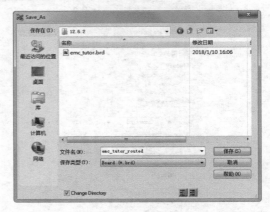

图 12-153　"Save_As（另存为）"对话框

3. 层叠管理

选择菜单栏中的"Setup（设置）"→"Cross-Section（层叠管理）"命令，将弹出"Cross Section Editor（层叠设计）"对话框，在列表内单击鼠标右键，在弹出的快捷菜单中选择"Add Layer Above（在上面增加层）"命令，如图 12-154 所示，添加两个布线内层，并修改名称为"SIG"、"Type（类型）"为"CONDUCTOR"，如图 12-155 所示。

4. 自动布线

（1）选择菜单栏中的"Setup（设置）"→"Grids（格点）"命令，将弹出"Define Grid（定义格点）"对话框，选择默认设置，单击 OK 按钮，关闭对话框，如图 12-156 所示。

（2）选择菜单栏中的"Route（布线）"→"PCB Router（布线编辑器）"→"Route Automatic（自动布线）"命令，将弹出"Automatic Router（自动布线）"对话框，如图 12-157 所示。

（3）默认参数设置，单击 Route 按钮，开始进行自动布线，将出现一个自动布线进度显示框，如图 12-158 所示。

（4）布线完成后，布线进度的对话框将会自动关闭，重新返回"Automatic Route（自动布线）"对话框，单击 Close 按钮，关闭对话框。完成布线结果如图 12-159 所示。

5. 补泪滴

（1）选择菜单栏中的"Route（布线）"→

"Gloss(优化设计)"→"Parameters(参数设定)"命令，系统弹出"Glossing Controller(优化控制)"对话框，勾选"Filed and tapered trace（修整锥形线）"，其余选项选择默认设置，如图 12-160 所示。

（2）单击 Gloss 按钮，为对象添加泪滴，补泪滴后焊盘与导线连接的变化如图 12-161 所示。

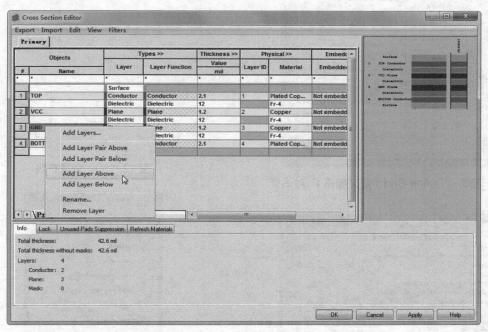

图 12-154　添加层

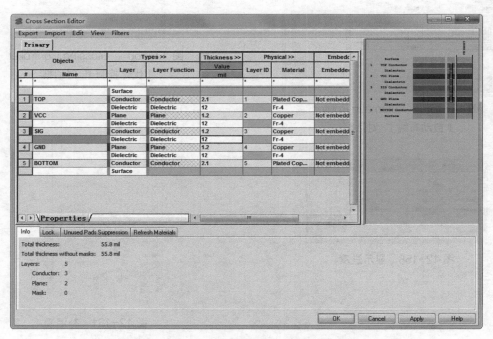

图 12-155　"Cross Section Editor（层叠管理器）"对话框

图 12-156 "Define Grid（定义栅格）"对话框

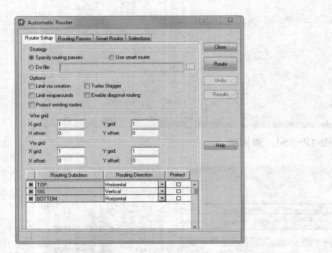

图 12-157 "Automatic Router
（自动布线）"对话框

图 12-158 显示进度

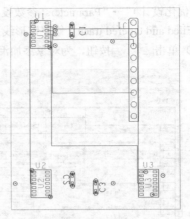

图 12-159 完成布线

图 12-160 "Glossing Controller
（优化控制）"对话框

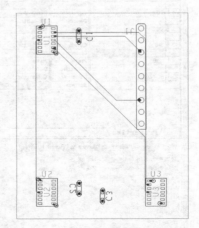

图 12-161 补泪滴

13 Chapter

第 13 章
电路板的后期处理

内容指南

本章将介绍不同类型文件的生成和输出的操作方法，包括报表文件、PCB 文件和 PCB 制造文件等。用户通过本章内容的学习，将会对 Cadence 形成更加系统的认识，还可以进行各种文件的整理和汇总。制造商要参照用户所设计的 PCB 图来进行电路板的生产。由于要满足功能上的需要，电路板设计往往有很多的规则要求，如要考虑到实际中的散热和干扰等问题等，因此相对于原理图的设计来说，对 PCB 图的设计则需要设计者更细心和耐心。

在完成 PCB 的布局、覆铜的工作后要做一些后处理的工作，包括可装配性检查、测试点生成等，为了保证后面的仿真工作顺利进行，这些工作是必须要做的。

☞知识重点

  📖 电路板的报表输出
  📖 标准尺寸

13.1 电路板的报表输出

PCB 绘制完毕，可以利用 Allegro 提供丰富的报表功能，生成一系列的报表文件。这些报表文件有着不同的功能和用途，为 PCB 设计的后期制作、元器件采购、文件交流等提供了方便。在生成各种报表之前，首先确保要生成报表的文件已经被打开并置为当前文件。

13.1.1 生成元器件报告

当所有元器件摆放好以后，会产生元器件报告，检查网络表导入的元器件是否有误，可以通过下面所述操作完成。

（1）选择菜单栏中的"Tools（工具）"→"Reports（报告）"命令，弹出"Reports（报告）"对话框，如图 13-1 所示。

（2）在"Reports（报告）"对话框中的"Available Reports（可用报告）"区域内双击Component Report 选项，将其添加到"Selected Reports（选择的报告）"中，如图 13-2 所示。

图 13-1 "Reports"对话框（一）

图 13-2 "Reports"对话框（二）

（3）单击"Generate Reports（生成报告）"按钮，弹出"Component Report（元器件报告）"对话框，显示所有摆放的元器件，如图 13-3 所示。

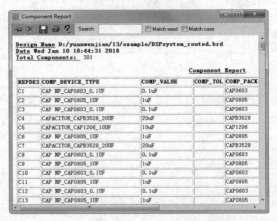

图 13-3 "Component Report（元器件报告）"窗口

13.1.2 生成元器件清单报表

（1）选择菜单栏中的"Tools（工具）"→"Reports（报告）"命令，弹出如图 13-4 所示的"Reports（报告）"对话框。

图 13-4 "Reports"对话框

（2）在"Available Reports（可用报告）"栏中选择"Bill of Material Report"选项，用鼠标双击此项，使其出现在"Selected Reports（选择的报告）"栏中，如图 13-4 所示。

（3）在"Reports（报告）"对话框中单击"Generate

Reports（生成报告）”，生成电路图元器件清单，如图 13-5 所示。

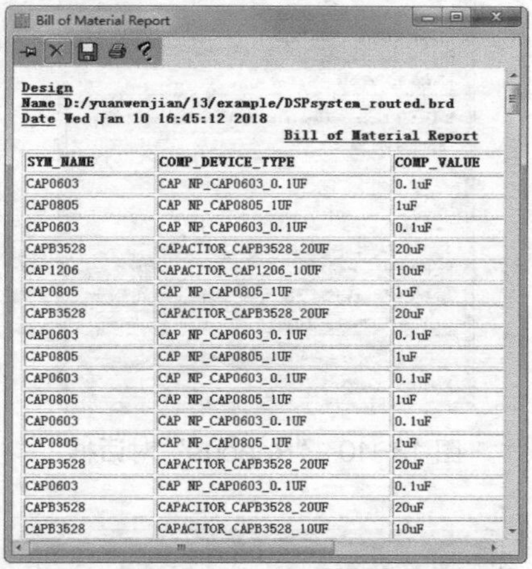
Bill of Material Report

Design
Name D:/yuanwenjian/13/example/DSPsystem_routed.brd
Date Wed Jan 10 16:45:12 2018
Bill of Material Report

SYM_NAME	COMP_DEVICE_TYPE	COMP_VALUE
CAP0603	CAP NP_CAP0603_0.1UF	0.1uF
CAP0805	CAP NP_CAP0805_1UF	1uF
CAP0603	CAP NP_CAP0603_0.1UF	0.1uF
CAPB3528	CAPACITOR_CAPB3528_20UF	20uF
CAP1206	CAPACITOR_CAP1206_10UF	10uF
CAP0805	CAP NP_CAP0805_1UF	1uF
CAPB3528	CAPACITOR_CAPB3528_20UF	20uF
CAP0603	CAP NP_CAP0603_0.1UF	0.1uF
CAP0805	CAP NP_CAP0805_1UF	1uF
CAP0603	CAP NP_CAP0603_0.1UF	0.1uF
CAP0805	CAP NP_CAP0805_1UF	1uF
CAP0603	CAP NP_CAP0603_0.1UF	0.1uF
CAP0805	CAP NP_CAP0805_1UF	1uF
CAPB3528	CAPACITOR_CAPB3528_20UF	20uF
CAP0603	CAP NP_CAP0603_0.1UF	0.1uF
CAPB3528	CAPACITOR_CAPB3528_20UF	20uF
CAPB3528	CAPACITOR_CAPB3528_10UF	10uF

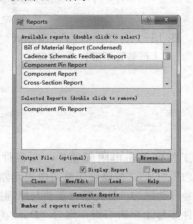

图 13-5　元器件清单

（4）关闭元器件清单，单击 Close 按钮，退出“Reports（报告）”对话框。

13.1.3　生成元器件管脚信息报告

（1）选择菜单栏中的“Tools（工具）”→“Reports（报告）”命令，弹出“Reports（报告）”对话框，如图 13-6 所示。

图 13-6　“Reports（报告）”对话框

（2）在“Reports(报告)”对话框中的“Available reports（可用报告）”区域内双击 Component Report 选项，将其添加到“Selected Reports（选择的报告）”中。

（3）单击“Generate Reports（生成报告）”按钮，弹出“Component Pin Report（元器件报告）”对话框，显示所有摆放的元器件，如图 13-7 所示。

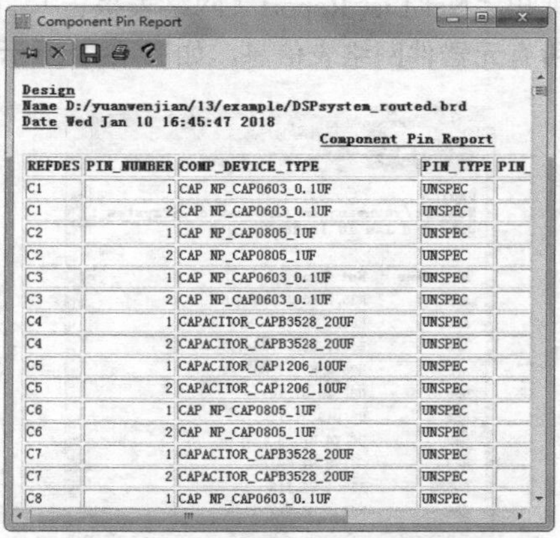
Component Pin Report

Design
Name D:/yuanwenjian/13/example/DSPsystem_routed.brd
Date Wed Jan 10 16:45:47 2018
Component Pin Report

REFDES	PIN_NUMBER	COMP_DEVICE_TYPE	PIN_TYPE	PIN_
C1	1	CAP NP_CAP0603_0.1UF	UNSPEC	
C1	2	CAP NP_CAP0603_0.1UF	UNSPEC	
C2	1	CAP NP_CAP0805_1UF	UNSPEC	
C2	2	CAP NP_CAP0805_1UF	UNSPEC	
C3	1	CAP NP_CAP0603_0.1UF	UNSPEC	
C3	2	CAP NP_CAP0603_0.1UF	UNSPEC	
C4	1	CAPACITOR_CAPB3528_20UF	UNSPEC	
C4	2	CAPACITOR_CAPB3528_20UF	UNSPEC	
C5	1	CAPACITOR_CAP1206_10UF	UNSPEC	
C5	2	CAPACITOR_CAP1206_10UF	UNSPEC	
C6	1	CAP NP_CAP0805_1UF	UNSPEC	
C6	2	CAP NP_CAP0805_1UF	UNSPEC	
C7	1	CAPACITOR_CAPB3528_20UF	UNSPEC	
C7	2	CAPACITOR_CAPB3528_20UF	UNSPEC	
C8	1	CAP NP_CAP0603_0.1UF	UNSPEC	

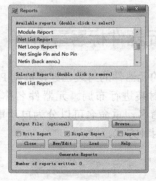

图 13-7　“Component Pin Report（元器件报告）”对话框

13.1.4　生成网络表报告

前面介绍的 PCB 设计，采用的是从原理图生成网络表的方式，这也是大多数 PCB 设计的方法。但是，有些时候，设计者直接调入元器件封装绘制 PCB 图，没有采用网络表，或者在 PCB 图绘制过程中，连接关系有所调整，这时 PCB 的真正网络逻辑和原理图的网络表会有所差异。那么，可以从 PCB 图中生成一份网络表文件。

（1）选择菜单栏中的“Tools（工具）”→“Reports（报告）”命令，弹出“Reports（报告）”对话框，如图 13-8 所示。

图 13-8　“Reports”对话框

（2）在“Reports（报告）”对话框中的“Available reports（可用报告）”区域内双击 Net List Report选项，将其添加到“Selected Reports(选择的报告)”中。

（3）单击"Generate Reports（生成报告）"按钮，弹出"Net List Report（网络表报告）"窗口，显示所有元器件网络表信息，如图 13-9 所示。

图 13-9　"Net List Report（网络表报告）"窗口

13.1.5　生成符号管脚报告

（1）选择菜单栏中的"Tools（工具）"→"Reports（报告）"命令，弹出"Reports（报告）"对话框，如图 13-10 所示。

（2）在"Reports（报告）"对话框中的"Available reports（可用报告）"区域内双击"Component Report"选项，将其添加到"Selected Reports（选择的报告）"中。

（3）单击"Generate Reports（生成报告）"按钮，弹出"Symbol Pin Report（符号管脚报告）"窗口，显示所有摆放的元器件，如图 13-11 所示。

图 13-10　"Reports"对话框

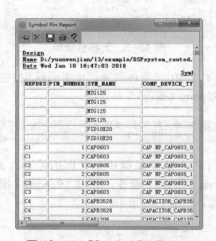

图 13-11　"Symbol Pin Report（符号管脚报告）"窗口

13.2　元器件标号重命名

导入的元器件的封装已经摆放到 PCB 上，需要对这些封装进行布局。元器件名称可以更改，也就是重命名，重命名可以分为自动重命名和手动重命名两种方式。

13.2.1　分配元器件序号

选择菜单栏中的"Logic（原理图）"→"Assign Refdes（分配元器件序号）"命令，打开"Options（选项）"面板，在"Refdes（元器件序号）"文本框内输入"C1"，如图 13-12 所示。

在工作区单击电阻元器件，元器件序号由"C*"变成"C1"。按照顺序单击电阻元器件，元器件序号自动增加，且元器件需要与原理图对应。在元器件序号上单击右键，选择"Done（完成）"命令，完成操作，如图 13-13 所示。

图 13-12　"Options　图 13-13　分配元器件序号
（选项）"面板

13.2.2　自动重命名元器件标号

在电路原理图比较复杂，有很多元器件的情况下，如果用手工方式逐个编辑元器件的分配标识，不仅效率低，而且容易出现标识遗漏、跳号等现象。此时，可以使用系统所提供的自动重命名功能来轻松地完成对元器件标号的编辑。

（1）选择菜单栏中的"Logic（原理图）"→"Auto Rename Refdes（自动重命名元器件标号）"命令弹出如图 13-14 所示的子菜单，选择"Rename（重命名）"命令，弹出如图 13-15 所示的"Rename RefDes（重命名元器件标号）"对话框。

图 13-14　"Auto Rename RefDes" 子菜单

图 13-15　"Rename RefDes（重命名元器件序号）"对话框

选择"Use default grid（使用默认栅格）"或"User defined grid（使用定义栅格）"选项，勾选"Rename all components（重命名所有元器件）"复选框，表示重命名所有的元器件。

（2）单击"More（更多）"按钮，弹出"Rename Ref Des Set Up"对话框，在此对话框中可以进行相关的设置，如图 13-15 所示。

1）Layer Options（层选项）。

- Layer：选择要重复的层。
- Top：在顶层重命名。
- Bottom：在底层重命名。
- Both：两个层都重命名，选择此项，激活"Starting Layer（开始的层）"选项，选择命名层。
- Component Origin：在重命名时设置元器件的参考点，有三个参考点位置，包括

"Pin1（管脚 1）""Body Center（元器件中心点）""Symbol Origin（元器件原点）"。

2）Direction for Top Layer（设置顶层方向）。

- First Direction：设置第一个方向。
- Ordering：重命名的顺序。

3）Direction for Bottom Layer（设置底层方向）。

4）Reference Designator Format（引用标识符版本）。

- RefDes Prefix：元器件序号。
- Top Layer Identifier：顶层定义。
- Skip Character（s）：单击字符。
- Renaming Method：重命名方法。

5）Sequential Renaming（连续重命名）。

6）Grid Based Renaming（重命名栅格）。

（3）单击"Close（关闭）"按钮，关闭"Rename Ref Des Set Up"对话框。

（4）单击"Rename Ref Des"对话框中"Rename（重命名）"按钮，对元器件序号进行重命名，如图 13-16 所示。

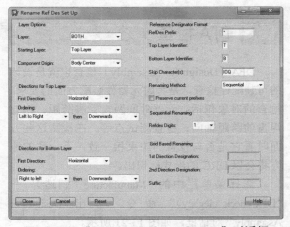

图 13-16　"Rename Ref Des Set Up"对话框

（5）单击"Close（关闭）"按钮，退出"Rename Ref Des"对话框，在电路板中重命名元器件序号，如图 13-17 所示。

（a）重命名前　　　　（b）重命名后

图 13-17　重命名序号

13.2.3 手动重命名元器件标号

如果是对电路中的部分元器件进行重命名，自动重命名元器件标号将不再适用，需要使用手动重命名方法。自动重命名元器件标号虽然命名的速度较快，但是操作起来相对复杂，手动重命名操作更加方便、快捷。

（1）选择菜单栏中的"Edit（编辑）"→"Text（文本）"，单击此命令，然后在工作区域选择需要重命名的元器件标号，如图 13-18 所示，选择 R2，此时 R2 高亮显示，同时在元器件标号下方显示下划线，在命令窗口中显示元器件标号 R2。

图 13-18　选择元器件

（2）在命令窗口将 R2 修改为 R3，如图 13-19 所示，按 Enter 键，单击鼠标右键，选择"Done（完成）"命令，完成手动重命名，如图 13-20 所示。

图 13-19　修改命令窗口

图 13-20　重命名

13.3 DFA 检查

DFA（Design for Assembly）检查也就是设计的可装配性检查，是考虑元器件装配方面的要求。检查的对象包括：元器件间距、管脚跨距、检查焊盘的跨距轴向、检查测试点等。在检测这些方面时看它是否与设置的约束相一致，不一致的地方将会以 DRC 的形式标识出。

选择菜单栏中的"Manufacture（制造）"→"DFx check（legacy）"命令，弹出"Design For Assembly"对话框，如图 13-21 所示。

其中，在"Constraint File Name（约束文件名称）"栏中选择进行 DFA 检查的规则文件，在"Mapping Files（变量文件）"栏中设置预先约定的环境变量文件，在"Max Message Count（最大信息量）"栏中输入检查报告中一次最多显示的信息数。

- Explore Violations... ：单击此按钮，在命令窗口显示所有 DFA 检查违规信息，还可以输出 dfa.mkr 文件，并可以观察设计中违背 DFA 约束产生的冲突。在弹出的对话框中选择每一条错误信息，Allegro 将在设计窗口中将对应的内容高亮显示。

图 13-21　"Design For Assembly（装配设计）"对话框

- Report... ：单击此按钮，以对话框的形式显示所有 DFA 检查违规信息，输出 dfa.msg 文件，通过该文件可以详细分析冲突的原因。
- Constraint Setup... ：单击此按钮，弹出如图 13-22 所示对话框，对约束进行选择设置。下面介绍该对话框中需要进行约束的规则。

（1）在 Audits（检查）选项组下显示需要检查的规则，可装配性检查的第一步是约束设计的定义，在下面选项中选择约束集名，单击右键选择"Copy（复制）"项，生成约束子集。不同的约束子集的优先级不一样。

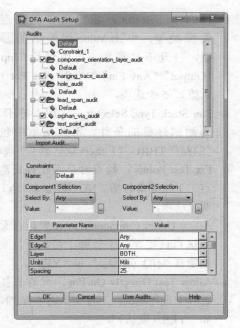

图 13-22 "DFA Audit Setup（DFA 检查设置）"对话框

- Component_clearance_audit：元器件清除检查。
- Component_orientation_layer_audit：元器件检查，包括元器件摆放的方向是否适合于进行焊接和元器件安装的层是否是允许的层两个方面。选中该项，"Constraints"区域显示如图 13-23 所示。

图 13-23 "Constraints（约束）"区域

- hanging_trace_audit：管脚跨距检查。
- hole_audit：孔检查。选中该项，"Constraints"区域显示如图 13-24 所示。
- lead_span_audit：检查焊盘的跨距轴向，具体是指盘的跨距、轴向检查。选中该项，"Constraints"区域显示如图 13-25 所示。
- orphan_via_audit：没有网络属性的过孔检查。检查是否满足没有 Cline 连接和

没有网络属性的 2 个过孔。选中该项，"Constraints"区域显示如图 13-26 所示。

图 13-24 "Constraints（约束）"区域

图 13-25 "Constraints（约束）"区域

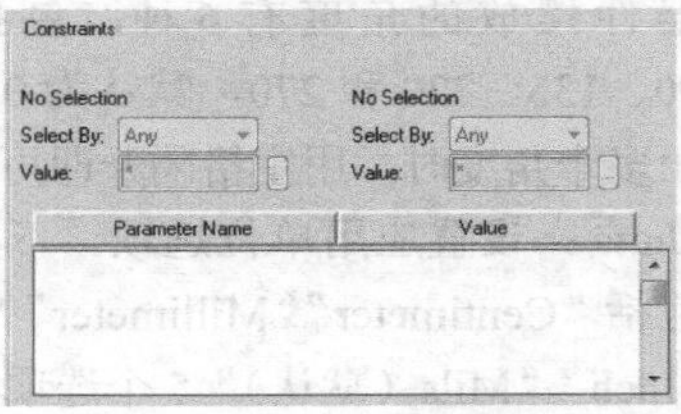

图 13-26 "Constraints（约束）"区域

- test_point_audit：测试点检查。选中该项，"Constraints"区域显示如图 13-27 所示。

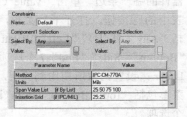

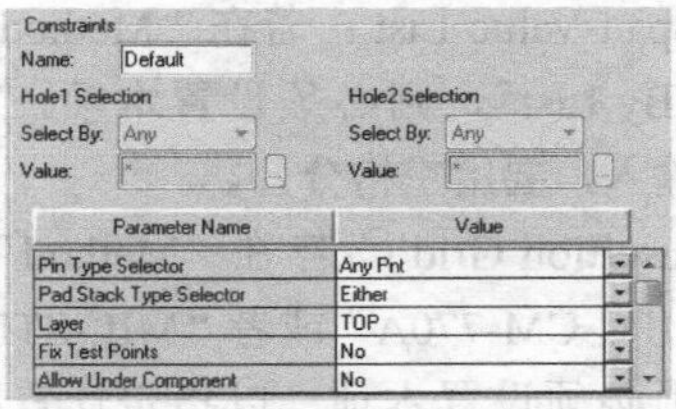

图 13-27 "Constraints"区域

（2）在"Constraints"区域一共有 7 个参数可供选择设置，用户可根据实际需要对其进行设置。

- Name：输入设计规则名称。
- Select：选择元器件选择标准。
- Any：任意设置元器件的间距规则。
- Symbol：按照符号类型类设置元器件的间距规则。
- Dev Type：按照器件类型设置元器件的

间距规则。

- RefDes：按照元器件序号设置元器件的间距规则。
- Property：按照元器件定义的属性设置元器件间的间距规则。
- Value：设置输入选项的参数值。

（3）元器件参数列表

以表格的形式设置检查的对象。

- Edge1 和 Edge2：设置间隔检查时采用元器件的哪一条边。单击"Value（值）"列表中的按钮，打开下拉菜单，其中包括"Any（默认）""Left""Right""Top""Bottom""Side""End" 7 个选项。
- Layer：设置约束所应用到的层，其下拉菜单包括"Top""Bottom""Both（默认）"3个选项。
- Orientation：指定元器件摆放的角度。元器件摆放的角度有 6 种，包括 0、45、90、135、220 和 270，默认为 0，需要指出多个角度时，用空格隔开即可。
- Units：设置应用单位选项。下拉菜单中包括"Centimeter""Millimeter""Microns""Inch""Mils（默认）" 5 个选项。
- Spacing：设置最小间隔大小。
- Subclass：指定进行检查时按照"Assembly"还是按照"Place_Bound（默认）"来决定间隔。
- Span Value List：若在"Method"中选择"By List"，则必须设置本项。对于多个输入，要用空格分开。
- Insertion Grid：若在"Method"中选择"IPC-CM-770A"或者"MIL-STD-275C"，则必须设置本项，以指定计算跨距的方法。输入数据的格式为 grid：increment，如果有多个输入则用空格进行分开。

- Pin Type Selector：指定用作测试点的管脚类型。单击 Value 列表中的按钮，打开下拉菜单，其中包括"Input""Output""Any Pin""Via""Any Pnt（默认值）" 5 个选项。
- Pan Stack Type Selector：指定符合作为测试焊盘的条件。下拉菜单中包括"STM""THRU""Either（默认）"3 个选项。
- Fix Test Points：检查时是否在修正测试点。下拉菜单包括"NO（默认）""YES"两个选项。
- Allow Under Component：设置是否允许测试点直接存在于管脚上面，下拉菜单选项有"NO（默认）"和"YES"。
- Allow Test Directly On Pin：允许直接在管脚上进行测试，下拉菜单选项有"NO"和"YES（默认）"。
- Test Pad：指定作为测试点的焊盘。
- Test Via：指定哪种 Via 可以作为测试点。
- Test Grid X、Test Grid Y：指定字符的栅格大小。
- Min Spacing：指定作为测试点时的最小尺寸。
- Min Pad Size：指定作为测试点时的最小尺寸。
- Min Displacement：自动生成测试点时，测试点距离管脚或者过孔的最小距离。
- Max Displacement：自动生成测试点时，测试点距离管脚或者过孔的最大距离。

完成设置后，单击 Run Audit 按钮，开始对选定的项目根据设置的规则进行检查。在运行 DFx 检查后，Allegro 在设计所在的目录下生成的 3 个文件，分别为 dfa.msg、dfa.log 和 dfa.mkr。dfa.log 文件保存有 DFA 检查过程中的细节，dfa.msg 文件保存有每一个冲突的细节。

13.4 测试点的生成

电路板加工好后需要加工厂进行裸板测试，检查测试所有的连接元器件管脚间连接是否完好，是否有短路和断路的情况，如果这些都没有问题，电路板就需要装配，在装配之后还要进行在线测

试。这些测试的最终目的是测试电路板的功能。

选择菜单栏中的"Manufacture（制造）"→"Testprep（测试点）"命令，在弹出的子菜单中进行测试点操作，如图 13-28 所示。

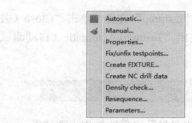

图 13-28　"Testprep
（测试点）"子菜单

13.4.1　自动加入测试点

自动加入测试点的操作步骤如下。

（1）选择菜单栏中的"Display（显示）"→
"Color/Visibility（颜色可见性）"命令，弹出"Color
Dialog（颜色）"对话框，如图 13-29 所示，在左
边的文件选项中选择 Manufacturing，在右边的
Manufacturing 颜色设置区域内选取 Probe_Top 和
Probe_Bottom，并设置颜色。

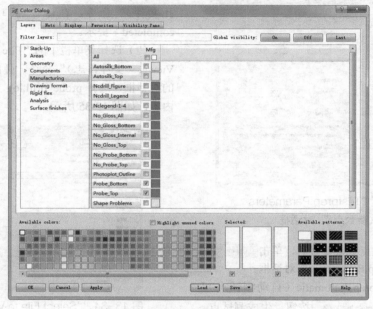

图 13-29　"Color Dialog"对话框

（2）单击 OK 按钮，退出"Color Dialog
（颜色）"对话框。

（3）选择菜单栏中的"Setup（设置）"→
"Design Parameters（设计参数）"，弹出"Design
Parameter Editor（设计参数编辑器）"对话框，在
"Display（显示）"选项卡中取消勾选"Filled pads
（填充焊盘）"和"Connect line endcaps"选项，如
图 13-30 所示。

（4）单击 OK 按钮，退出对话框。

（5）选择菜单栏中的"Manufacture（制造）"→
"Testprep（测试点）"→"Automatic（自动）"命令，
弹出"Testprep Automatic（自动测试点）"对话框，
如图 13-31 所示。

单击 Parameters... 按钮，弹出"Testprep
Parameters（测试参数点）"对话框，如图 13-32
所示。

图 13-30　"Design Parameter Editor"对话框

图 13-31 "Testprep Automatic
（自动测试点）"对话框

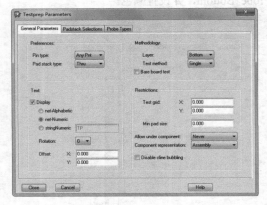

图 13-32 "Testprep Parameters
（测试参数点）"对话框

（6）完成测试点参数设置后，单击 Cancel 按钮，退出"Testprep Parameters"对话框。

（7）在"Testprep Automatic（自动测试点）"对话框中单击 Generate testpoints 按钮，生成测试点，在命令窗口显示添加测试点的执行过程。

（8）单击"Testprep Automatic（自动测试点）"对话框中 View log 按钮，弹出"testprep"文件，显示所有测试探针的网络名和坐标，同时也显示未成功生成的测试探针的网络列表，如图 13-33 所示。

图 13-33 网络列表

（9）关闭"testprep"文件，单击"Close（关闭）"按钮，关闭"Testprep Automatic（自动测试点）"对话框。

13.4.2 建立测试夹具钻孔文件

建立测试夹具钻孔文件的操作步骤如下。

（1）选择菜单栏中的"Manufacture（制造）"→"Testprep"→"Create NC drill data（生成 NC 钻孔文件）"命令，在命令窗口中出现"Testprep completed"提示。

（2）选择菜单栏中的"File（文件）"→"File Viewer（文件日志）"命令，弹出如图 13-34 所示的对话框，选择 probe_drill.log 文件，查看此文件内容，如图 13-35 所示。

图 13-34 "Select File to View"对话框

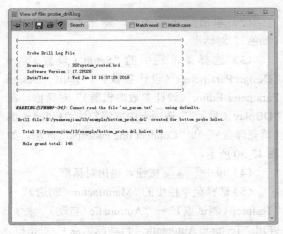

图 13-35 查看文件

13.4.3 修改测试点

修改测试点包括手动加入测试点、手动删除

测试点、交换测试点和建立测试夹具等内容。

1. 手动加入测试点

（1）选择菜单栏中的"Setup（设置）"→"Design Parameters（设计参数）"命令，弹出"Design Parameter Editor（设计参数编辑器）"对话框，如图 13-36 所示，打开"Display（显示）"选项卡，并对其进行设置。

图 13-36　"Design Parameter Editor（设计参数编辑器）"对话框

（2）单击 OK 按钮，退出"Design Parameter Editor"对话框。

（3）选择菜单栏中的"Manufacture（制造）"→"Testprep（测试点）"→"Manual（手工）"命令，在"Options（选项）"面板中选择"Add"，如图 13-37 所示。

图 13-37　"Options（选项）"面板

（4）单击面板中的 Parameters... 按钮，弹出"Testprep

Parameters（测试电参数）"对话框。

（5）单击 Close 按钮，退出"Testprep Parameters（测试点参数）"对话框。

（6）单击过孔建立新的测试点，单击下一个过孔，最后单击鼠标右键，选择 Done 完成，如图 13-38 所示。

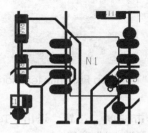

图 13-38　建立新测试点

2. 手动删除测试点

选择菜单栏中的"Manufacture（制造）"→"Testprep（测试点）"→"Manual（手工）"命令，打开"Options（选项）"面板，选择"Swap"，如图 13-39 所示。

（1）在"Options（选项）"面板上单击 Parameters... 按钮，弹出"Testprep Parameters（测试点参数）"对话框。

（2）完成参数设置后，单击 Close 按钮，退出"Testprep Parameters（测试点参数）"对话框。

（3）单击图中的 1 个测试点，与其相连的网络管脚会高亮，如图 13-40 所示。

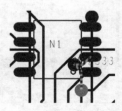

图 13-39　"Options（选项）"设置　　图 13-40　新测试点高亮显示

（4）单击高亮的 1 个管脚，会发现测试点的位置发生了改变，单击鼠标右键，选择 Done 完成。

3. 建立测试夹具

（1）选择菜单栏中的"Manufacture（制造）"→"Testprep（测试点）"→"Fix/Unfix testpiont（固

定 / 不固定测试点）"命令，弹出"Testprep Fix/Unfix testpionts（固定 / 不固定测试点）"对话框，如图 13-41 所示。选择 Fixed 选项，与此同时，在命令窗口显示"Testpoints are fixed（固定测试点）"。

图 13-41 "Testprep Fix/Unfix testpionts" 对话框

（2）单击 OK 按钮，退出"Testpoints are fixed（固定测试点）"窗口。

（3）选择菜单栏中的"Manufacture（制造）"→"Testprep（测试点）"→"Create Fixture（建立测试夹具）"命令，弹出"Testprep Create Fixture（测试点建立测试夹具）"对话框，如图 13-42 所示。

（4）单击 Create fixture 按钮，在命令窗口中显示"Creating testpoint Fixture subclasses…"，如

图 13-43 所示。

图 13-42 "Testprep Create Fixture" 对话框

图 13-43 命令窗口

（5）选择菜单栏中的"Display（显示）"→"Color/Visibility（颜色可视性）"，弹出"Color Dialog（颜色）"对话框，如图 13-44 所示，查看新添加的子集，对颜色进行设置。

（6）单击 OK 按钮，退出"Color Dialog（颜色）"对话框。

（7）打开"Visibility（可视）"面板，关闭所有子集的显示，如图 13-45 所示。

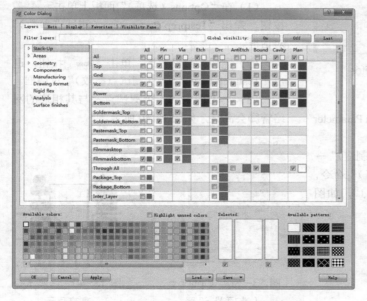

图 13-44 "Color Dialog（颜色）"对话框

图 13-45 Visibility（可视）面板

13.5 标注尺寸

标注尺寸就是将设计中的各个环节标注出来，它可以使生产过程中的相关因素能够更好地

控制，包括大范围的标注标准集和对设备中的细节进行标注。

13.5.1　尺寸样式

在进行尺寸标注前，先要设置尺寸标注的样式。利用"Dimension Parameters（尺寸标注参数）"对话框可方便直观地定制尺寸标注样式，包括"General（通用）""Text（文本）""Lines（线型）""Balloons（延伸线）"和"Tolerancing（公差）"5个选项卡。

（1）选择菜单栏中的"Manufacture（制造）"→"Dimension Environment（尺寸标注环境）"命令，右击选择"Parameters（参数）"命令，弹出如图13-46所示的对话框，在"General（通用）"选项卡下，Standard conformance 栏中显示标注标准的类型，共有 ANSI、ISO、BSI、JIS、AFNOR、DIN6项。

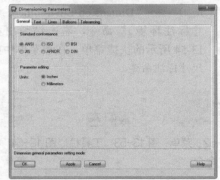

图 13-46　"General（通用）"选项卡

（2）打开"Text（文本）"选项卡，如图13-47所示，该对话框设置在进行尺寸标注时字符显示的格式。

图 13-47　"Text（文本）"选项卡

（3）打开"Lines（线型）"选项卡，如图13-48所示，该对话框显示标注线的形式，包括终端箭头的大小和形状等。

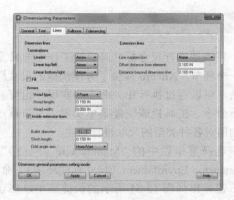

图 13-48　"Lines（线型）"选项卡

（4）打开"Balloons（延伸线）"选项卡，如图13-49所示，该对话框用于设置标注时延伸线的位置。

图 13-49　"Balloons（延伸线）"选项卡

（5）打开"Tolerancing（公差）"选项卡，如图13-50所示，该对话框用于设置在进行标注时对需要注释或者显示细节的内容用一个箭头进行指示。

图 13-50　"Tolerancing（公差）"选项卡

13.5.2 标注尺寸

正确地进行尺寸标注是设计工作中非常重要的一个环节，Allegro 提供了方便快捷的尺寸标注方法，可以通过执行相关命令来实现，也可利用菜单命令、工具栏或快捷菜单实现。本节重点介绍如何对各种类型的尺寸进行标注。

选择菜单栏中的"Manufacture（制造）"→"Dimension Environment（尺寸标注环境）"命令，右击键弹出如图 13-51 所示的快捷菜单，在该菜单中显示尺寸标注命令。

图 13-51　快捷菜单

下面将从上到下分别介绍这 8 个尺寸标注命令。

- Linear Dim：对线型对象或两点之间的距离进行标注。
- Datum Dim：适用于对一个参考点直接输入标注数据的情况。Datum Dim 可以是任意形状，标注数据放置在最后。因此 Datum Dim 适于进行高密度情况下的标注。
- Angular Dim：计算两线之间的角度并标注。
- Leader Lines：用于引出注解或直接标注。
- Diametral Leader：标注圆弧或圆的直径。
- Radial Leader：标注圆弧或圆的半径。
- Balloon Leader：进行延伸线标注。

- Chamfer Leader：对 45° 倒角进行标注。

13.5.3 编辑尺寸标注

Allegro 允许对已经创建好的尺寸标注进行编辑修改，包括修改线型、倒角和圆角。

1. 执行方式

- 菜单栏：选择"Manufacture"→"Drafting"命令，弹出的菜单命令如图 13-52 所示，包含 3 个编辑尺寸标注命令。
- 工具栏：单击"Dimension（尺寸标注）"工具栏中的两个编辑尺寸标注命令，如图 13-53 所示。
- 快捷命令：选择菜单栏"Manufacture（制造）"→"Dimension Environment（尺寸标注环境）"命令，右击键弹出如图 13-54 所示的快捷菜单，在该菜单中显示尺寸标注命令。

图 13-52　菜单　图 13-53　工具栏　图 13-54　快捷
　命令　　　　　　　　　　　　　　　　菜单

2. 选项说明

下面介绍各编辑标注命令的意义。

- LineFont：尺寸标注线型。选择线型时在控制面板的"Options"页面中设置倒角角度和大小。
- Dimension Edit：尺寸标注编辑。
- Chamfer：进行倒角。倒角时在控制面板的"Options"页面中设置倒角角度和大小。
- Fillet：进行圆弧倒角。倒角时在控制面板的"Options"页面中设置倒角圆弧的直径。
- Move text：移动尺寸标注中的标注文本。
- Mirror text：镜像尺寸标注中的标注文本。
- Change text：修改尺寸标注中的标注文本。
- Edit Leader：编辑尺寸标注中的引线。

13.6 丝印层调整

在设计的最后为了方便装配和测试，需要对丝印层进行调整，这其中包括添加说明、指示性的文字以及调整所有器件 RefDes 摆放方向。丝印层调整通常分为自动调整和手动调整两大步。

具体操作步骤如下。

（1）选择菜单栏中的"Manufacture（制造）"→"Silkscreen（丝印层）"命令，弹出图 13-55 所示的对话框。

（2）在图 13-56 所示的对话框中可以对丝印层进行自动调整设置，单击按钮 Silkscreen ，在命令窗口中出现提示错误信息："Autosilk finished…（Failurse：*）"，说明有失败处。

单击 Close 按钮，退出"Auto Silkscreen"对话框。

（3）完成自动丝印层调整后，进行手动丝印层调整，不管是哪种丝印层调整，在调整时要注意：设计中绝对禁止字符接触任何形式的焊接点、有接触性的电性能连接点以及定位点反光：设计中一般要求字符高度大于等于 40mil（1.016mm），字符线宽大于等于 6mil（0.1524mm）。

图 13-55 "Auto Silkscreen"对话框

图 13-56 调整设置

13.7 制造数据的输出

制造数据的输出有个前提：要设置底片参数，设定 Aperture（光圈）档案。在设置完成后系统产生底片文件，将数据输出。

（1）选择菜单栏中的"Manufacture（制造）"→"Artwork（插图）"命令，弹出如图 13-57 所示的对话框，打开"Film Control（底片控制）"选项卡，设置底片控制文件。

- Film name：显示底片名称。
- Rotation：底片旋转的角度。
- Offset：底片的偏移量，显示 X、Y 方向上的参数。
- Underfined line width：在底片上绘制线段或文字。
- Shape bounding box：默认值为 100，当"Plot mode（绘图格式）"选择"Negative（负片绘图）"时，在 Shape 的边缘外侧绘制 100mil（2.54mm）的黑色区域。

图 13-57 "Film Control（底片控制）"选项卡

- Plot mode：选择绘图格式，包括"Positive

（正片）""Negative（负片）"两种格式。

- Film mirrored：勾选此复选框，左右翻转底片。

- Full contact thermal-reliefs：勾选此复选框，绘制 thermal-reliefs，使其导通。

- Suppress unconnected pads：勾选此复选框，绘制未连线的焊盘，只有当层面是内信号层时，此项才被激活。

- Draw missing pad aperture：勾选此复选框，当焊盘栈没有相应的 Flash D-Code 时，填充较小宽度的 Line D-Code。

- Use aperture rotation：勾选此复选框，使用光圈旋转定义。

- Suppress shape fill：勾选此复选框，使用分割线作为 Shape 的外形。

- Vector based pad behavior：勾选此复选框，指定光栅底片使用基于向量的决策来确定哪种焊盘为 Flash。

- Draw holes only：勾选此复选框，在底片上只绘制孔。

（2）打开"General Parameters（通用参数）"选项卡，设置加工文件参数，如图 13-58 所示。

- Device type：设置光绘机模型，包括5 种模型，有"Gerber 6x00""Gerber 4x00""Gerber RS274X""Barco DPF""MDA"。

- Output units：输出文件单位，选择"Inches（英制）""Milimeters（公制）"两种。若选择 Barco DPF，则除之前的两种单位外，还包括"Mils（米制）"。

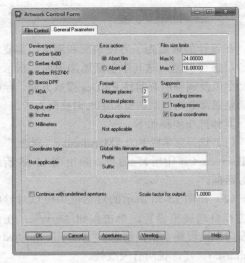

图 13-58 "Artwork Control Form"对话框

- Coordinate type：坐标类型。选择"Gerber 6x00""Gerber 4x00"才可用。

- Error action：在处理加工文件过程中发生错误的处理方法。

- Format：输出坐标的整数部分和小数部分。

- Output options：输出选项，选择"Gerber 6x00""Gerber 4x00"才可用。

- Global film filename affixes：底片文件设置。

- Film size limits：底片尺寸。

- Suppress：控制简化坐标设置。

（3）设置完成后，单击 OK 按钮，这样就完成了底片参数的设置。

单击 Viewlog... 按钮，可以打开一个"View of file：photoplot"文本框。

13.8 钻孔数据

钻孔数据主要包括颜色与可视性设置、钻孔文件参数设置及钻孔图的生成。

（1）选择菜单栏中的"Display（显示）"→"Color/Visibility（颜色可见性）"，弹出"Color Dialog（颜色）"对话框，如图 13-59 所示，设置如下参数。

- 在"Board Geometry"下勾选"Outline"和"Dimension"。

- 选择"Stack-Up → Non-Conductor"，在"Pin"和"Via"下面勾选"*_Top"和"*_Bottom"，选择"Drawing Format"，勾选 All 选项，打开下面的所有项，设置上面打开选项的颜色，完成设置后，单击 OK 按钮，退出对话框。

（2）选择菜单栏中的"View（视图）"→"Zoom World（缩放整个范围）"，可以显示整个图纸，如图 13-60 所示。

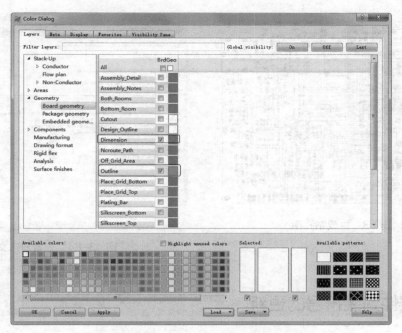

图 13-59　"Color Dialog（颜色）"对话框

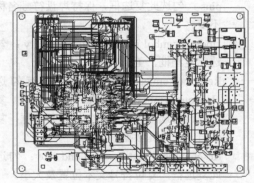

图 13-60　显示整个图纸

（3）选择菜单栏中的"Manufacture（制造）"→
"NC（NC）"→"Drill Legend（钻孔说明）"，弹
出如图 13-61 所示的对话框。

（4）一般情况下，"Dill Legend（钻孔说明）"
对话框中的参数采用默认值，不用修改，单击
　OK　 按钮，可以产生钻孔图形及其统计表格，
然后单击鼠标左键，统计表格就可以放置在鼠标
单击的位置上，如图 13-62 所示。

（5）在完成这一步后，同时也生成了钻孔图，
如图 13-63 所示，保存文件。

（6）选择菜单栏中的"File（文件）"→
"Viewlog（查看日志）"命令，可以查看 nclegend.
log 文件，如图 13-64 所示。

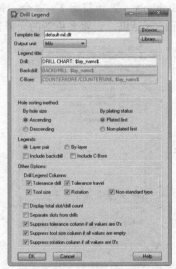

图 13-61　"Drill Legend"对话框

DRILL CHART TOP to BOTTOM			
ALL UNITS ARE IN MILS			
FIGURE	SIZE	PLATED	QTY
·	12.988	PLATED	389
	30.98	PLATED	4
·	35.433	PLATED	9
◎	35.98	PLATED	60
·	39.02	PLATED	1
·	39.02	PLATED	3
·	51.181	PLATED	12
·	59.055	NON-PLATED	4
·	66.929	NON-PLATED	2
×	125.0	NON-PLATED	4
0	98.425x39.37	PLATED	1
⊖	98.425x39.37	PLATED	8

图 13-62　放置统计表格

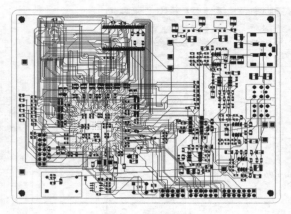

图 13-63　生成钻孔图

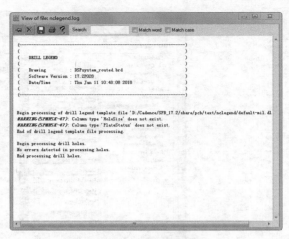

图 13-64　查看日志文件

13.9 元器件封装符号的更新

（1）选择菜单栏中的"**Place（放置）**"→
"**Update Symbols（更新符号）**"命令，弹出如图
13-65 所示的对话框，设置要更新的元器件符号。

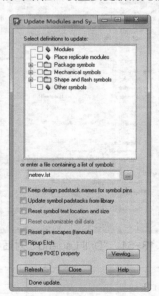

图 13-65　"Update Symbols" 对话框

- **Selected definition to update**：选择要更新
  的定义，在该选项组下选择元器件符号。
- **or enter a file containing a list of symbol**：
  单击□按钮，在弹出的对话框中选择包含
  符号列表的文件。

- **Keep design padstack names for symbol
  pins**：勾选此复选框，保持焊盘符号名称
  不变。
- **Update symbol padstacks from library**：勾
  选此复选框，更新库中的焊盘符号。
- **Reset customizable drill data**：只有勾选
  "Update symbol padstacks for library" 复
  选框该复选框才有效；勾选此复选框，复
  位自定义钻孔数据。
- **Reset symbol text location and size**：勾选
  此复选框，复位符号文本位置及大小。
- **Reset pin escapes（fanouts）**：勾选此复选
  框，复位避开及扇出的管脚。
- **Ripup Etch**：勾选此复选框，剥离蚀刻。
- **Ignore FIXED property**：勾选此复选框，
  忽略固定属性。

（2）单击 Refresh 按钮，弹出如图 13-66 所
示的进度窗口，当进度窗口中的进度条满，进度
窗口消失。

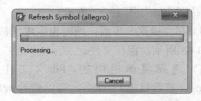

图 13-66　进度信息框

（3）单击 Viewlog... 按钮，查看更新信息，如图 13-67 所示，关闭 "View of file: refresh" 窗口。

（4）单击 Close 按钮，退出 "Update Symbols" 对话框。

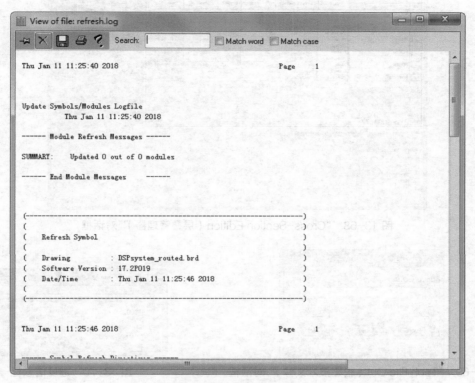

图 13-67　查看信息

13.10　技术文件

技术文件可以被 PCB Editor 电路板设计文件中的 ASCII 文件读取，反过来，技术文件也可以从 PCB Editor 电路板设计文件中提取出来，而其还能被存储在库中。

13.10.1　输出技术文件

（1）选择菜单栏中的 "Setup（设置）" → "Cross-section（层叠设计）" 命令，弹出如图 13-68 所示的对话框，显示层面信息。单击 OK 按钮，退出 "Cross-Section Edition（层叠管理器）" 对话框。

（2）选择菜单栏中的 "File（文件）" → "Export（输出）" → "Techfile（技术文件）" 命令，弹出如图 13-69 所示的对话框。

（3）在 "Output tech file（输出技术文件）" 下面的文本框中输入 "plac"，单击文本框后面的按钮 ... 选择输出路径，单击 Export 按钮，弹出如图 13-70 所示的进度信息框。

（4）单击 Viewlog... 按钮，弹出 "View of file：techfile" 窗口，如图 13-71 所示，关闭 "View of file：techfile" 窗口。

（5）单击 Close 按钮，退出 "Tech file Out（输出技术文件）" 对话框。

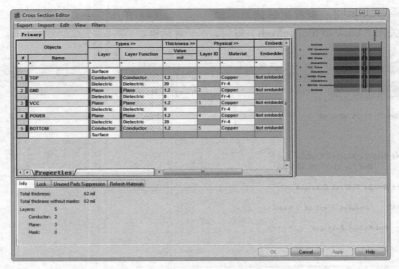

图 13-68　"Cross-Section Edition（层叠管理器）" 对话框

图 13-69　"Tech File Out（输出技术文件）" 对话框

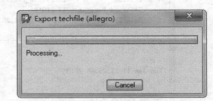

图 13-70　进度信息框

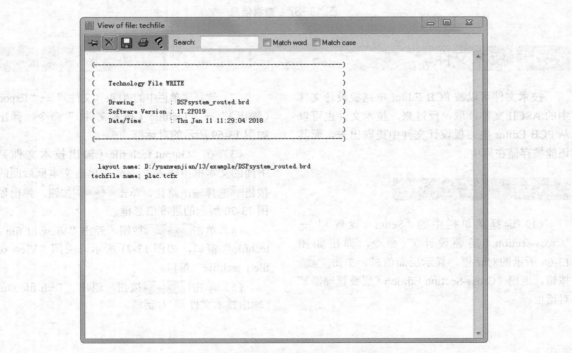

图 13-71　"View of file：techfile" 窗口

（6）选择菜单栏中的"File（文件）"→"File Viewer（文件日志）"命令，弹出"Select File to View"对话框，如图 13-72 所示。

（7）选择上一步导出的文件，文件类型选择"All Files（*.*）"，打开技术文件查看其内容，弹出如图 13-73 所示的窗口。

图 13-72　"Select File to View"对话框

图 13-73　"View of file"窗口

13.10.2　查看技术文件

（1）选择菜单栏中的"File（文件）"→"Import（输入）"→"Tech file In（技术文件）"命令，弹出如图 13-74 所示的对话框。

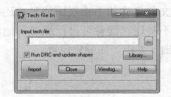

图 13-74　"Tech file In"对话框

（2）单击 ... 按钮或 Library... 按钮，选择技术

文件 plac.tcfx，如图 13-75 所示。

（3）单击 按钮，导入文件。单击 Viewlog... 按钮，查看导入的技术文件，如图 13-76 所示。

图 13-75　"Select Techfile to Load"对话框

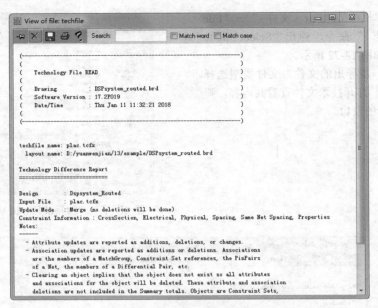

图 13-76　查看导入的技术文件

（4）单击 Close 按钮，退出"Tech file In"窗口。

13.10.3　导入技术文件

（1）打开 Allegro PCB Design。

（2）选择菜单栏中的"File（文件）"→"New（新建）"命令，弹出如图 13-77 所示的对话框，在"Drawing Name（图纸名称）"文本框中输入"new"，在"Drawing Type"中选择"Board"，单击 OK 按钮，生成一个空电路板。

图 13-77　"New Drawing"对话框

（3）选择菜单中的"Setup（设置）"→"Cross-section（层叠设计）"命令，弹出如图 13-78 所示

的"Cross Section Editor（层叠管理器）"对话框，单击 OK 按钮，退出对话框。

（4）选择菜单栏中的"File（文件）"→"Import（输出）"→"Techfile（技术文件）"命令，弹出如图 13-79 所示的对话框，单击 按钮或 Library... 按钮，选择技术文件 plac.tcfx。

单击 Import 按钮，弹出"Importing techfile"对话框，如图 13-80 所示。

（5）单击 Close 按钮，退出"Tech file In"窗口。

（6）选择菜单中的"Setup（设置）"→"Cross-section（层叠设计）"命令，弹出如图 13-81 所示的"Cross Section Editor（层叠管理器）"对话框，显示导入的信息，对比导入前的层面信息，该对话框中显示的层面信息与输入技术文件的电路板文件相同。单击 OK 按钮，退出对话框。

技术文件包含的不止层面信息，还有其他信息，这里不赘述，读者可自行练习其他信息是否包含在导出文件中，如颜色设置。

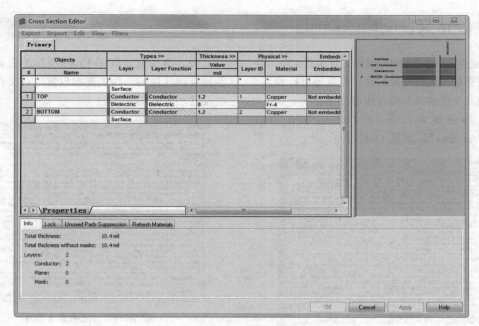

图 13-78 "Cross Section Edition（层叠管理器）"对话框

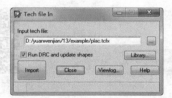

图 13-79 "Tech file In"对话框

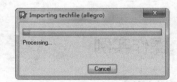

图 13-80 "Importing techfile"对话框

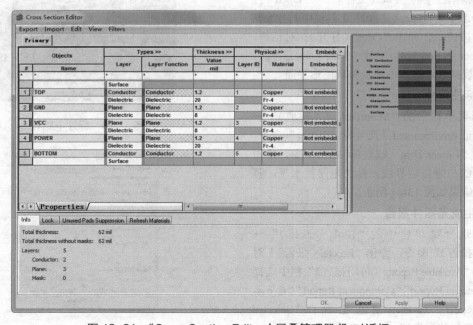

图 13-81 "Cross Section Editor（层叠管理器）"对话框

13.11 env 文件的修改操作

env 文件是一个全局环境文件，使用此文件，可以对系统变量、配置变量和显示变量等进行设置。

修改此文件的具体操作步骤如下。

（1）用记事本打开"X:\Cadence\SPB_17.2\share\pcb\text\env"，如图 13-82 所示。

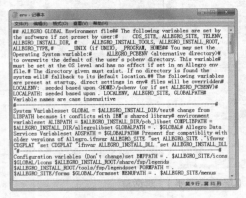

图 13-82　记事本（一）

（2）滚动窗口到图 13-83 所示的位置，可以看到操作软件的一些快捷键设置，对文件进行修改设置，保存文件即可。

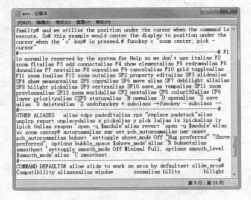

图 13-83　记事本（二）

13.12 操作实例

扫码看视频

1. 打开文件

选择菜单栏中的"File（文件）"→"Open（打开）"命令或单击"Files（文件）"工具栏中的"Open（打开）"按钮 ，弹出"Open（打开）"对话框，选择"Clock_copper.brd"文件，单击 打开(0) 按钮，打开电路板文件，进入电路板编辑图形界面。

2. 标注尺寸

选择菜单栏中的"Manufacture（制造）"→"Dimension Environment（尺寸标注环境）"命令，右击选择"Linear Dim（线性标注）"命令，单击水平边界线与竖直边界线，标注电路板水平、竖直尺寸，结果如图 13-84 所示。

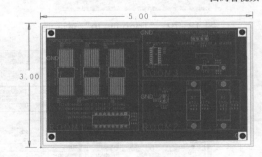

图 13-84　标注电路板

3. 生成元器件报告

（1）选择菜单栏中的"Tools（工具）"→"Reports（报告）"命令，弹出"Reports（报告）"对话框，在"Available Reports（可用报告）"栏中选择"Bill of Material Report""Component Report""Cross-Section Report"选项，使其出现在"Selected Reports（选择的报告）"栏中，如图 13-85 所示。

图 13-85　"Reports（报告）"对话框

（2）单击“Generate Reports”按钮，生成电路图元器件清单及元器件报告、材料报表，如图 13-86 ～图 13-88 所示。

（3）依次关闭元器件清单、报告及材料报表，单击 Close 按钮，退出对话框。

Cross-Section Report

Search: Match word Match case

Design Name D:/yuanwenjian/13/13.12/Clock_copper.brd
Date Thu Jan 11 14:20:52 2018

Design Cross Section

Subclass Name	Type	Material	Thickness (MIL)	Tol +	Tol −	Conductivity (mho/cm)	Dielectric Constant	Loss Tangent	Negative Artwork	Shield	Width (MIL)
	SURFACE	AIR				0	1	0			
TOP	PLANE	COPPER	1.200000	0	0	595900	4.5	0		Yes	
	DIELECTRIC	FR-4	8.000000	0	0	0	4.5	0.035			
GND	PLANE	COPPER	1.200000	0	0	595900	4.5	0.035		Yes	
	DIELECTRIC	FR-4	8.000000	0	0	0	4.5	0.035			
VCC	PLANE	COPPER	1.200000	0	0	595900	4.5	0.035		Yes	
	DIELECTRIC	FR-4	8.000000	0	0	0	4.5	0.035			
BOTTOM	PLANE	COPPER	1.200000	0	0	595900	4.5	0		Yes	
	DIELECTRIC	FR-4	8.000000	0	0	0	4.5	0.035			
	SURFACE	AIR				0	1	0			

Total Thickness: 36.8 MIL

图 13-86　元器件清单

Component Report

Search: Match word Match case

Design Name D:/yuanwenjian/13/13.12/Clock_copper.brd
Date Thu Jan 11 14:20:52 2018
Total Components: 10

Component Report

REFDES	COMP_DEVICE_TYPE	COMP_VALUE	COMP_TOL	COMP_PACKAGE	SYM_X	SYM_Y	SYM_ROTATE	SYM_MIRROR
C1	CAP NP_CAP196_0.01UF	0.01uF		CAP196	2900.0	1100.0	0.000	NO
J1	4 HEADER_JUMPER4_4 HEADER	4 HEADER		JUMPER4	3600.0	2600.0	0.000	NO
R1	R2_RES1000_470K	470k		RES1000	4300.0	500.0	0.000	NO
R2	R2_RES1000_470K	470k		RES1000	3600.0	500.0	0.000	NO
SW1	SW DIP-8_SOIC16_SW DIP-8	SW DIP-8		SOIC16	2700.0	2200.0	0.000	NO
U1	TC74HC4040A/SO_0_DIP16_3_SN74HC	SN74HC4040D		DIP16_3	2000.0	800.0	270.000	NO
U2	74ACT04_FLAT14_SN74LS04N	SN74LS04N		FLAT14	1800.0	1800.0	0.000	NO
U3	74ACT04_FLAT14_SN74LS04N	SN74LS04N		FLAT14	1200.0	1800.0	0.000	NO
U4	74ACT04_FLAT14_SN74LS04N	SN74LS04N		FLAT14	600.0	1800.0	0.000	NO
Y1	ZTA_CY10_ZTA	ZTA		CY10	3700.0	1900.0	0.000	NO

图 13-87　元器件报告

Bill of Material Report

Search: Match word Match case

Design Name D:/yuanwenjian/13/13.12/Clock_copper.brd
Date Thu Jan 11 14:20:52 2018

Bill of Material Report

SYM_NAME	COMP_DEVICE_TYPE	COMP_VALUE	COMP_TOL	COMP_CLASS	REFDES
CAP196	CAP NP_CAP196_0.01UF	0.01uF		IC	C1
JUMPER4	4 HEADER_JUMPER4_4 HEADER	4 HEADER		IC	J1
RES1000	R2_RES1000_470K	470k		IC	R1
RES1000	R2_RES1000_470K	470k		IC	R2
SOIC16	SW DIP-8_SOIC16_SW DIP-8	SW DIP-8		IC	SW1
DIP16_3	TC74HC4040A/SO_0_DIP16_3_SN74HC	SN74HC4040D		IC	U1
FLAT14	74ACT04_FLAT14_SN74LS04N	SN74LS04N		IC	U2
FLAT14	74ACT04_FLAT14_SN74LS04N	SN74LS04N		IC	U3
FLAT14	74ACT04_FLAT14_SN74LS04N	SN74LS04N		IC	U4
CY10	ZTA_CY10_ZTA	ZTA		IC	Y1

图 13-88　材料报表

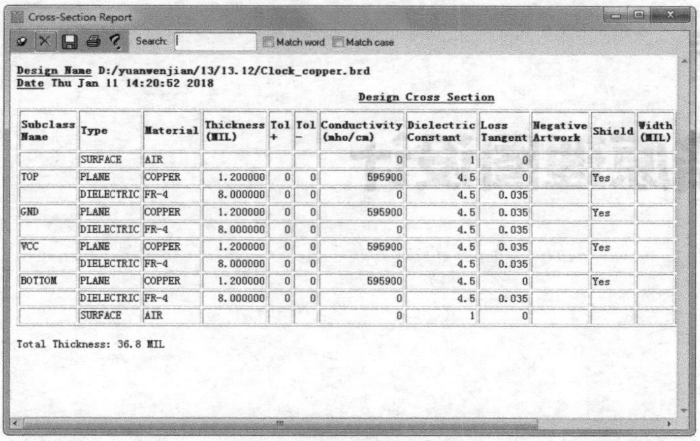

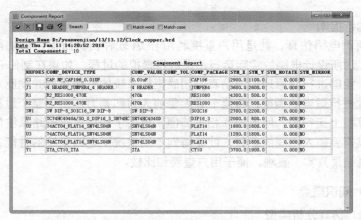

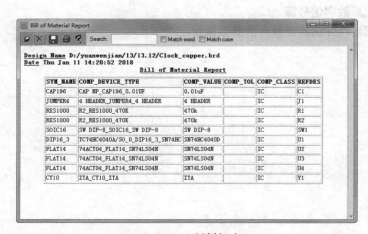

第 14 章
仿真电路原理图设计

内容指南

所谓电路仿真，就是用户直接利用 EDA 软件自身所提供的功能和环境，对所设计电路的实际运行情况进行模拟的过程。如果在制作 PCB 之前，能够进行对原理图的仿真，明确把握系统的性能指标并据此对各项参数进行适当的调整，将能节省大量的人力和物力。由于整个过程是在计算机上运行的，所以操作相当简便，免去了构建实际电路系统的不便，只需要输入不同的参数，就能得到不同情况下电路系统的性能，而且仿真结果真实、直观，便于用户查看和比较。

☞知识重点

- 📖 仿真分析类型
- 📖 独立激励信号源
- 📖 数字信号源
- 📖 特殊仿真元器件的参数设置

14.1 电路仿真的基本概念

在具有仿真功能的 EDA 软件出现之前，设计者为了对自己所设计的电路进行验证，一般是使用面包板来搭建实际的电路系统，之后对一些关键的电路节点进行逐点测试，通过观察示波器上的测试波形来判断相应的电路部分是否达到了设计要求。如果没有达到，则需要对元器件进行更换，有时甚至要调整电路结构，重建电路系统，然后再进行测试，直到达到设计要求为止。整个过程冗长、烦琐，工作量非常大。

使用软件进行电路仿真，则是把上述过程全部搬到了计算机中。同样要搭建电路系统（绘制电路仿真原理图）、测试电路节点（执行仿真命令），而且也同样需要查看相应节点（中间节点和输出节点）处的电压或电流波形，依此作出判断并进行调整。只不过，这一切都将在软件仿真环境中进行，过程轻松，操作方便，只需要借助一些仿真工具和仿真操作即可快速完成。

14.2 电路仿真的基本方法

仿真电路 PSpice 分析过程及电路仿真的具体操作步骤如下。

1. 编辑仿真原理图

绘制仿真原理图时，图中所使用的元器件都必须具有 Simulation 属性。如果某个元器件不具有仿真属性，则在仿真时将出现错误信息。对仿真元器件的属性进行修改，需要增加一些具体的参数设置，例如三极管的放大倍数、变压器的原边和副边的匝数比等。

2. 设置仿真激励源

所谓仿真激励源就是输入信号，使电路可以开始工作。仿真常用激励源有直流源、脉冲信号源及正弦信号源等。

3. 放置节点网络标号

这些网络标号放置在需要测试的电路位置上。

4. 设置仿真方式及参数

不同的仿真方式需要设置不同的参数，显示的仿真结果也不同。用户要根据具体电路的仿真要求设置合理的仿真方式。

5. 执行仿真命令

将以上设置完成后，启动仿真命令。若电路仿真原理图中没有错误，系统将给出仿真结果，并将结果保存在结果文件中；若仿真原理图中有错误，系统自动中断仿真，显示电路仿真原理图中的错误信息。

6. 分析仿真结果

用户可以在结果文件中查看、分析仿真的波形和数据。若对仿真结果不满意，可以修改电路仿真原理图中的参数，再次进行仿真，直到满意为止。

下面介绍仿真原理图的绘制。

14.2.1 仿真原理图文件

选择菜单栏中的"File（文件）"→"New（新建）"命令或单击"Capture"工具栏中的"Create Document（新建文件）"按钮，弹出如图 14-1 所示的"New Project（新建工程）"对话框。

图 14-1 "New Project（新建工程）"对话框

在"Create a New Project Using（创建一个新的工程文件）"选项组中选择"PSpice Analog or Mixed A/D（进行数 / 模混合仿真）"选项，由

Capture 直接调用 PSpice 的按钮，进行仿真原理图设计。在"Name（名称）"栏输入工程文件名称，一般全部由小写字母及数字组成，不加其他符号，如 schematic1。单击"Location（路径）"右侧的 Browse... 按钮，选择文件路径。

完成设置后，单击 OK 按钮，弹出"Create PSpice Project（创建仿真工程文件）"对话框，如图 14-2 所示，显示"Create based upon an existing project（基于已有的设计创建工程文件）"与"Create a blank project（创建空白工程文件）"选项，默认选择第一项。

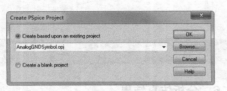

图 14-2　"Create PSpice Project（创建仿真工程文件）"对话框

单击 OK 按钮，弹出"Cadence Product Choice（产品选择）"对话框，如图 14-3 所示，显示多种已存在的设计，选择"PSpice A/D"选项，进入仿真原理图编辑环境，如图 14-4 所示。

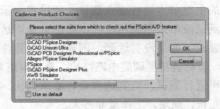

图 14-3　"Cadence Product Choice（产品选择）"对话框

原理图的具体绘制方法已经在"Capture"中详细讲解，这里不再赘述。图 14-5 为绘制完成的仿真电路。

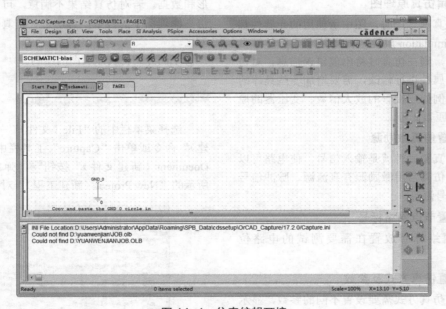

图 14-4　仿真编辑环境

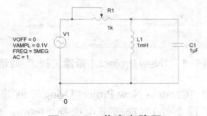

图 14-5　仿真电路图

14.2.2　仿真原理图电路

与普通原理图相比，仿真原理图有以下几点要求。

（1）调用的器件必须有 PSpice 模型，软件本身提供的模型库文件存储路径为"X:\Capture\Library\pspice"，所有器件都提供 PSpice 模型，可以直接调用。

（2）使用自行创建的器件，必须保证"*.olb" "*.lib"两个文件同时存在，而且器件属性中必须包含 PSpice Template 属性。

（3）原理图中至少必须有一条网络名称为 0，即接地。

（4）必须有激励源，原理图中的端口符号并不具有电源特性，所有的激励源都存储在 Source 和 SourceTM 库中。

（5）电源两端不允许短路，不允许仅由电源和电感组成回路，也不允许仅由电源和电容组成的割集。在简单回路中可电容并联一个大电阻，电感串联一个小电阻。

（6）最好不要使用负值电阻、电容和电感，因为它们容易引起不收敛。

在仿真原理图编辑环境中，除一般的电路图绘制工具栏外，图 14-6 所示的"Pspice（仿真）"工具栏与"Pspice（仿真）"菜单栏应用最广泛。

图 14-6　"Pspice（仿真）"菜单栏与工具栏

选择菜单栏中的"Pspice（仿真）"→"Run（运行）"命令或单击"PSpice（仿真）"工具栏中的"Run Pspice"按钮 ，进行仿真分析，在弹出的窗口中显示和处理波形。

14.2.3　建立仿真描述文件

完成仿真原理图绘制后，需要进行仿真参数设置，在设置仿真参数之前，必须先建立一个仿真参数描述文件，下面介绍如何创建描述性文件。

选择菜单栏中的"PSpice（仿真）"→"New simulation profile（新建仿真配置文件）"命令或单击"PSpice（仿真）"工具栏中的"New simulation profile"按钮 ，弹出如图 14-7 所示的"New Simulation（新建仿真）"对话框。

在"Name（名称）"栏输入名称，在"Inherit From（继承形式）"下拉列表中调用之前的 profile

文件参数设置。单击 按钮，设置工程文件路径。

图 14-7　"New Simulation"对话框

单击 Create 按钮，弹出如图 14-8 所示的对话框，同时在工程文件夹下自动生成与 profile 同名的文件夹，将后续仿真结果均保存在该文件夹下，方便管理。

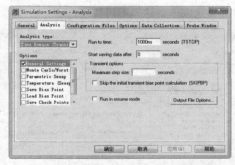

图 14-8　"Simulation Setting（仿真设置）"对话框

在该对话框中，有 6 个选型卡。下面介绍各选项卡中的选项参数意义。

（1）打开"General（通用）"选项卡，如图 14-9 所示，显示仿真文件名称及输入输出文件路径。其中输入文件路径不可修改，输出路径可修改。

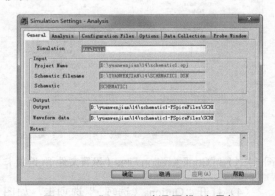

图 14-9　"General（通用）"选项卡

打开"Analysis（分析）"选项卡，在"Analysis type（分析类型）"选项组中，设置基本模拟分析类型，有以下 4 种选择。

- "Time Domain/Transient)(时域/瞬态分析)"。
- "DC Sweep（直流分析）"。
- "AC Sweep/Noise（交流/噪声分析）"。
- "Bias point（基本偏置点分析）"。

在"Options（选项）"选项组中设置配合模拟分析选项，选择在每种基本分析类型上要附加进行的分析，每个基本模拟分析类型对应不同的配合模拟类型，搭配使用，可进行不同的仿真分析。其中"General Setting（默认设置）"是最基本的必选项，默认已勾选。

（2）打开"Analysis（分析）"选项卡，如图14-10所示，显示仿真设置类型，在下面的章节详细讲述该选项卡，这里不再赘述。

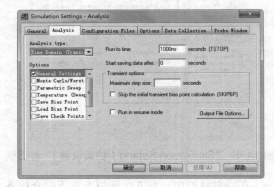

图 14-10 "Analysis（分析）"选项卡

（3）打开"Configuration Files（设置文件）"选项卡，如图14-11所示，显示设置文件详细信息。

图 14-11 "Configuration Files（设置文件）"选项卡

（4）打开"Options（选项）"选项卡，如图14-12所示，在该选项卡中进行参数设置，可以克服电路模拟中可能出现的不收敛问题，同时兼顾电路分析的精度和耗用的时间，并能控制模拟结果输出的内容和格式。

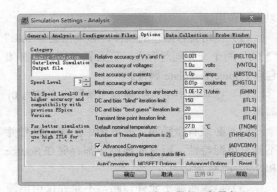

图 14-12 "Option（选项）"选项卡

1）在"Category（种类）"选项组下选择"Analog Simulation 任选项"，显示如下基本参数设置选项。

- RELTOL：设置计算电压和电流时的相对精度。
- VNTOL：设置计算电压时的精度。
- ABSTOL：设置计算电流时的精度。
- CHGTOL：设置计算电荷时的精度。
- GMIN：电路模拟分析中施加于每个支路的最小电导。
- ITLI：在 DC 分析和偏置点计算时以随机方式进行迭代次数上限。
- ITL2：在 DC 分析和偏置点计算时根据以往情况选择初值进行的迭代次数上限。
- ITL4：瞬态分析中任一点的迭代次数上限，注意，在 SPICE 程序中有 ITL3 任选项，PSpice 软件中则未采用 ITL3。
- TNOM：确定电路模拟分析时采用的温度默认值。
- Use GMIN stepping to improve convergence：勾选此复选框，在出现不收敛的情况时，按一定方式改变 GMIN 参数值，以解决不收敛的问题。

单击"MOSFET Options（MOSFET 选项）"按钮，弹出如图14-13所示的任选项参数设置框，设置与 MOS 器件参数设置有关的任选项，其中包括 4 项与 MOS 器件有关的任选项。

- DEFAK：设置模拟分析中 MOS 晶体管的漏区面积 AD 内定值。
- DEFAS：设置模拟分析中 MOS 晶体管的源区面积 AS 内定值。
- DEFL：设置模拟分析中 MOS 晶体管的沟道长度 L 内定值。

图 14-13　"MOSFET Options
（MOSFET 选项）"对话框

● DEFW：设置模拟分析中 MOS 晶体管的沟道宽度 W 内定值。

单击"Advanced Options（高级选项）"按钮，弹出如图 14-14 所示的任选项参数设置框。

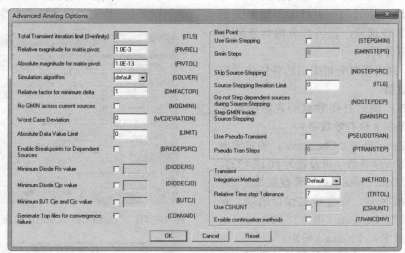

图 14-14　"Advanced Options（高级选项）"设置框

下面简单介绍常用的高级选项设置。

● ITL5：设置瞬态分析中所有点的迭代总次数上限，若将 ITL5 设置为 0（即内定值）表示总次数上限为无穷大。

● PIVREL：在电路模拟分析中需要用主元素消去法求解矩阵议程。求解议程过程中，允许的主元素与其所在列最大元素比值的最小值由本任选项确定。

● PIVTOL：确定主元素消去法求解矩阵议程时允许的主元素最小值。

2）在"Category（种类）"选项组下选择"Output File（输出文件）"，控制输出文件的任选项，如图 14-15 所示。所需任选项是系统的内定设置，下面介绍各选项含义。

　　● ACCT：该任选项名称是 Account 的缩写。若选中该项，则在输出关于电路模拟分析结果的信息后面还将输出关于电路结构分类统计、模拟分析的计算量以及耗用的计算机时间等统计结果。

　　● EXPAND：列出用实际的电路结构代替子电路调用以后新增的元器件以及子电路内部的偏置点信息。

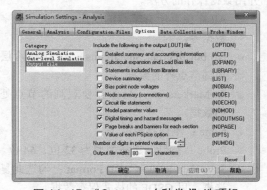

图 14-15　"Category（种类）"选项组

● LIBRARY：列出库文件中在电路模拟过程被调用的那部分内容。

● LIST：列出电路中元器件统计清单。

● NOBIAS：不在输出文件中列出节点电压信息。

● NODE：以节点统计表的形式表示电路内部连接关系。

● NOECHO：不在输出文件中列出描述电路元器件拓扑连接关系以及与分析要求有关的信息。

● NOMOD：不在输出文件中列出模型参

数值及其在不同温度下的更新结果。

- NOPAGE：不在输出文件中保存模拟分析过程产生出错的信息。
- NOPAGE：在打印输出文件时代表模拟分析结果的各部分内容（如偏置解信息、DC、AC 和 TRAN 等不同类型的分析结果等）均自动另起一页打印。如果选中 NOPAGE 任选项，则各部分内容连续打印，不再分页。
- OPTS：列出模拟分析采用的各任选项的实际设置值。
- NUMDG：确定打印数据列表时的数字倍数（最多 8 位有效数字）。
- Output file width（）Characters：确定输出打印时每行字符数（可设置为 80 或 132）。

（5）打开"Data Collection（数据采集）"选项卡，如图 14-16 所示，设置数据保存选项，有 "Voltages（电压）""Currents（电流）""Power（电源）""Digital（数字）""Noise（噪声）"。

在该对话框中采集上述几种信号的数据，下面介绍数据保存的方法。

- All：保存所有节点的电压、电流和数字数据等。
- All but Internal Subcircuits：保存除阶层内部节点外的数据。
- At Markers on：只保存要观测的节点处的数据。
- None：不保存数据。
- Probe：探针，选择类型为 32 位、64 位。
- Save data in the CSDF Format：勾选此复选框，以 CSDF 的格式保存数据。

（6）打开"Probe Window（波形窗口）"选项卡，如图 14-17 所示，设置波形显示方式。

- Display Probe window when profile is：勾选此复选框，当 .DAT 文件打开时才显示

波形。

- Display Probe window：勾选此复选框，分析的过程中显示波形。
  - during simulation：分析的过程中显示波形。
  - after simulation has completion：分析完成后才显示波形。

图 14-16 "Data Collection（数据采集）"选项卡

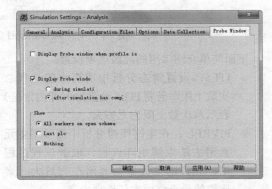

图 14-17 "Probe Window（波形窗口）"选项卡

- Show：显示选项组。
  - All markers on open schemate：显示所有在原理图中标注位置的波形。
  - Last plot：显示上一次观测点的波形。
  - Nothing：不显示波形。

14.3 仿真分析类型

在电路仿真中，选择合适的仿真方式并对相应的参数进行合理的设置，是仿真能够正确运行并获得良好仿真效果的关键保证。

仿真分析的类型有以下 9 种，每种分析类型的定义如下。

- 直流分析：当电路中某一参数（称为自变

量）在一定范围内变化时，对自变量的每一个取值，计算电路的直流偏置特性（称为输出变量）。

- 交流分析：作用是计算电路的交流小信号频率响应特性。
- 噪声分析：计算电路中各个器件对选定的输出点产生的噪声等效到选定的输入源（独立的电压或电流源）上，即计算输入源上的等效输入噪声。
- 瞬态分析：在给定输入激励信号的作用下，计算电路输出端的瞬态响应。
- 基本工作点分析：计算电路的直流偏置状态。
- 蒙托卡诺统计分析：为了模拟实际生产中因元器件值具有一定分散性所引起的电路特性分散性，PSpice 提供了蒙托卡诺分析功能。进行蒙托卡诺分析时，首先根据实际情况确定元器件值分布规律，然后多次"重复"进行指定的电路特性分析，每次分析时采用的元器件值是从元器件值分布中随机抽样，这样每次分析时采用的元器件值不会完全相同，而是代表了实际变化情况。完成了多次电路特性分析后，对各次分析结果进行综合统计分析，就可以得到电路特性的分散变化规律。与其他领域一样，这种随机抽样、统计分析的方法一般统称为蒙托卡诺分析（取名于赌城 Monte Carlo），简称为 MC 分析。由于 MC 分析和最坏情况分析都具有统计特性，因此又称为统计分析。
- 最坏情况分析：蒙托卡诺统计分析中产生的极限情况即为最坏情况。
- 参数扫描分析：在指定参数值的变化情况下，分析相对应的电路特性。
- 温度分析：分析在特定温度下电路的特性。

对电路的不同要求，可以通过各种不同类型仿真的相互结合来实现。

14.3.1　直流扫描分析（DC Sweep）

直流扫描分析就是直流转移特性，当输入在一定范围内变化时，输出一个曲线轨迹。通过执行一系列静态工作点分析，修改选定的源信号电压，从而得到一个直流传输曲线。用户也可以同时指定两个工作源。直流分析也是交流分析时确定小信号线型模型参数和瞬态分析确定初始值所需的分析，模拟计算后，可利用探针功能绘制出 V_o-V_i 曲线，或任意输出变量相对任一元器件参数的传输特性曲线。

选择菜单栏中的"PSpice（仿真）"→"Edit Simulation profile（编辑仿真配置文件）"命令或单击"PSpice（仿真）"工具栏中的"Edit simulation profile"按钮，弹出"Simulation Setting"对话框，打开"Analysis（分析）"选项卡，如图 14-18 所示。

图 14-18　"Analysis（分析）"选项卡

在"Analysis type（分析类型）"选项组中选择"DC Sweep（直流分析）"，在"Options（选项）"选项组中默认勾选"Primary Sweep（首要扫描）"。下面介绍其余选项，按照不同要求选择不同选项。

（1）Sweep variable（直流扫描自变量类型）。
- Voltage source：电压源。
- Current source：电流源。
- Name：在该文本框中输入电压源或电流源的元器件序号，如"V1""I2"。
- Global parameter：全局参数变量。
- Model parameter：以模型参数为自变量。
- Temperature：以温度为自变量。
- Parameter：使用 Global parameter 或 Model parameter 时的参数名称。

（2）Sweep type（扫描方式）。
- Linear：参数以线性变化。
- Logarithmic：参数以对数变化。
- Value list：只分析列表中的值。

- Start：参数线性变化或以对数变化时分析的起始值。
- End：参数线性变化或以对数变化时分析的终止值。
- Increment、Points/Decade、Points/Octave：参数线性变化时的增量，以对数变化时倍频的采样点。

14.3.2 交流分析

交流信号分析是在一定的频率范围内计算电路的频率响应。如果电路中包含非线性器件，在计算频率响应之前就应得到此元器件的交流小信号参数。在进行交流小信号分析之前，必须保证电路中至少有一个交流电源，即在激励源中的AC属性域中设置一个大于零的值。

在"Simulation Settings（仿真设置）"对话框中打开"Analysis（分析）"选项卡，在"Analysis type（分析类型）"选项组中选择"AC Sweep/Noise（直流扫描/噪声分析）"，在"Options（选项）"选项组中选中 General Settings，在右面显示交流分析仿真参数设置，如图 14-19 所示。

图 14-19 "Analysis（分析）"选项卡

AC Sweep Type（直流扫描方式）：
- Linear：参数以线性变化。
- Logarithmic：参数以对数变化。
- Start Frequency：起始频率值，在 PSpice 中不区分大小写。由于 M 表示豪，兆（M）采用 meg 表示。
- End Frequency：终止频率值。
- Points/Decade：以对数变化时倍频的采样点。

对于直流扫描，必须具有 AC 激励源。产生 AC 激励源的方法有以下两种：调用 VAC 或 IAC 激励源；在已有的激励源（如 VSIN）属性中加入属性"AC"，并输入它的幅值。

14.3.3 噪声分析（Noise Analysis）

电阻和半导体器件等都能产生噪声，噪声电平取决于频率，电阻和半导体器件产生噪声的类型不同（注意：在噪声分析中，电容、电感和受控源视为无噪声元器件）。噪声分析是利用噪声谱密度测量电阻和半导体器件的噪声影响，通常由 V2/Hz 表征测量噪声值。

噪声分析与交流分析是一起使用的，对交流分析的每一个频率，电路中每一个噪声源（电阻或晶体管）的噪声电平都被计算出来。

在"Simulation Settings（仿真设置）"对话框中打开"Analysis（分析）"选项卡，在"Analysis type（分析类型）"选项组中选择"AC Sweep/Noise（直流扫描/噪声分析）"，在"Options（选项）"选项组中选中 General Settings，勾选"Noise Analysis（噪声分析）"选项组下"Enabled（使能）"复选框，激活噪声分析，在右下方显示噪声分析仿真参数设置，如图 14-20 所示。

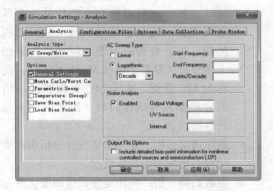

图 14-20 "Analysis（分析）"选项卡

1. Noise Analysis（噪声分析）

- Enabled：在 AC Sweep 的同时是否进行 Noise Analysis。
  - Output：选定的输出节点。
  - I/V：选定的等效输入噪声源的位置，选定的等效输入噪声源必须是独立的电压源或电流源。

Interval：输出结果的点频间隔。

2. Output Files Options：输出文件选项

分析的结果只存入 OUT 输出文件，查看结果只能采用文本的形式进行观测。

14.3.4 瞬态分析［Time Domain （Transient）］

瞬态分析在时域中描述瞬态输出变量的值。目的是在给定输入激励信号作用下，计算电路输出段的瞬态响应。

在"Simulation Settings（仿真设置）"对话框中打开"Analysis（分析）"选项卡，在"Analysis type（分析类型）"选项组中选择"Time Domain （Transient）"（瞬态分析参数），观察不同时刻的不同输出波形，相当于示波器的功能；在"Options（选项）"选项组中选中 General Settings，在右面显示瞬态特性分析仿真参数设置，如图 14-21 所示。

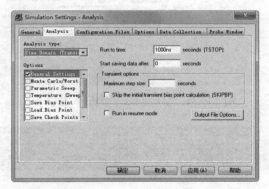

图 14-21 "Analysis（分析）"选项卡

- Run to time：瞬态分析终止的时间。
- Start saving data after：开始保存分析数据的时刻。
- Transient options：瞬态选项。
- Maximum step size：允许的最大时间计算间隔。
- Skip the initial transient bias point calculation：勾选此复选框，进行基本工作点运算。
- Run in resume mode：勾选此复选框，重新运行。

14.3.5 傅里叶分析［Time Domain （Transient）］

傅里叶分析是基于瞬态分析中最后一个周期的数据进行谐波分析，计算出直流分量、基波和第 2 ～第 9 次谐波分量以及非线性谐波是真系数，傅里叶分析分析与瞬态分析是一起使用的。

在"Simulation Setting（仿真设置）"对话框中打开"Analysis（分析）"选项卡，在"Analysis type（分析类型）"选项组中选择"Time Domain （Transient）"，在"Options（选项）"选项组中选中 General Settings，在右面显示瞬态特性分析仿真参数设置，如图 14-22 所示。

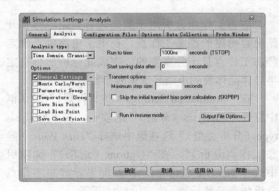

图 14-22 "Analysis（分析）"选项卡

单击 Output File Options... 按钮：勾选此复选框，弹出如图 14-23 所示的对话框，控制输出文件内容。

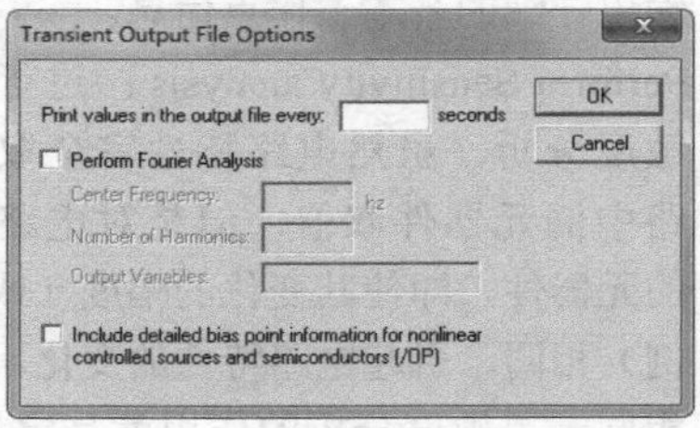

图 14-23 "Transient Output File Options"对话框

Print values in the output file every：在 OUT 文件里存储的数据的时间间隔。

Perform Fourier Analysis：勾选此复选框，进行傅里叶分析。

- Center Frequency：用于指定傅里叶分析中采用的基波频率，其倒数即为基波周期。在傅里叶分析中，并非对指定输出变量的全部瞬态分析结果均进行分析。实际采用的只是瞬态分析结束前由上述基波周期确定的时间范围的瞬态分析输出信号。

- Number of Harmonics：确定傅里叶分析时谐波次数。PSpice 的内定值是计算直流分量和从基波一直到 9 次谐波。
- Output Variables：用于确定需对其进行傅里叶分析的输出变量名。

为了进行傅里叶分析，瞬态分析结束时间不能小于傅里叶分析确定的基波周期。

14.3.6　静态工作点分析（Bias Point）

静态工作点分析用于测定带有短路电感和开路电容电路的静态工作点。在电子电路中，确定静态工作点是十分重要的，完成此分析后可决定半导体晶体管的小信号线信号参数值。

在"Simulation Settings（仿真设置）"对话框中打开"Analysis（分析）"选项卡，在"Analysis type（分析类型）"选项组中选择"Bias Point（静态工作点分析）"，在"Options（选项）"选项组中选择 General Settings，在右面显示静态工作点分析仿真参数设置，如图 14-24 所示。

- Include detailed bias point information for nonlinear controlled source and semiconductors（OP）：勾选此复选框，输出详细的基本工作点信息。
- Perform Sensitivity analysis：进行直流灵敏度分析。虽然电路特性完全取决于电路中的元器件取值，但是对电路中不同的元器件，即使其变化的幅度（或变化比例）相同，引起电路特性的变化不会完全相同。灵敏度分析的作用就是定量分析、比较电路特性对每个电路元器件参数的灵敏程度。PSpice 中直流灵敏度分析的作用是分析指定的节点电压对电路中电阻、独立电压源和独立电流源、电压控制开关和电流控制开关、二极管、双极晶体管共 5 类元器件参数的灵敏度，并将计算结果自动存入 .OUT 输出文件中。本项分析不涉及 PROBE 数据文件。需要注意的是对一般规模的电路，灵敏度分析

产生的 .OUT 输出文件中包含的数据量将很大。

- Calculate small-signal DC gain：计算直流传输特性。进行直流传输特性分析时，PSpice 程序首先计算电路直流工作点并在工作点处对电路元器件进行线性化处理，然后计算出线性化电路的小信号增益，输入电阻和输出电阻，并将结果自动存入 .OUT 文件中。本项分析又简称为 TF 分析。如果电路中含有逻辑单元，每个逻辑器件保持直流工作点计算时的状态，但对模－数接口电路部分，其模拟一侧的电路也进行线性化等效。本项分析中不涉及 PROBE 数据文件。

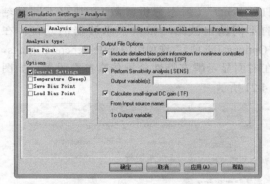

图 14-24　"Analysis（分析）"选项卡

14.3.7　蒙托卡罗分析（Monte Carlo Analysis）

蒙托卡罗分析是一种统计模拟方法，它是对选择的分析类型（包括直流分析、交流分析、瞬态分析）多次运行后的统计分析。

在"Simulation Settings（仿真设置）"对话框中打开"Analysis（分析）"选项卡，在"Analysis type（分析类型）"选项组中选择"Time Domain（Transient）（瞬态特性分析）"，在"Options（选项）"选项组中选择"Monte Carlo/Worst-Case（蒙托卡诺统计分析）"，在右面选择"Monte Carlo（蒙托卡诺分析）"，进行蒙托卡诺分析，如图 14-25 所示。

Output variable（选择分析的输出节点）

- Monte Carlo options：蒙托卡诺分析的参数选项。

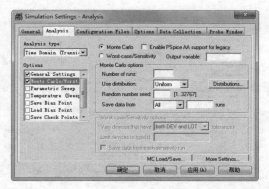

图 14-25　"Analysis（分析）"选项卡

- Number of：分析采样的次数。
- Use：使用的器件偏差分布情况（正态分布、均匀分布或自定义）。
- Random number：蒙托卡诺分析的随机种子值。
- Save data：保存数据的方式。

More setting：单击此按钮，弹出如图 14-26 所示的对话框。

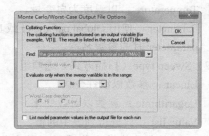

图 14-26　"Monte Carlo/Worst-Case
Output File Options"对话框

在"Find（查找）"下拉列表中显示如下选项。

- Y Max：求出每个波形与额定运行值的最大差值。
- Max：求出每个波形的最大值。
- Min：求出每个波形的最小值。
- Rise_edge：找出第一次超出域值的波形。
- Fall_edge：找出第一次低于域值的波形。
- Threshold：设置域值。
- Evaluate only when the sweep variable is in：定义参数允许的变化范围。
- List model parameter values in the output file：是否在输出文件里列出模型参数的值。

14.3.8　最坏情况分析

最坏情况分析也是一种统计分析，是指电路中的元器件参数在其容差域边界点上选取某种组合时所引起的电路性能的最大偏差分析。最坏情况分析就是在给定元器件参数容差的情况下，估算出电路性能随标称值时的最大偏差。

在"Simulation Setting（仿真设置）"对话框中打开"Analysis（分析）"选项卡，在"Analysis type（分析类型）"选项组中选择"Time Domain (Transient)（瞬态特性分析）"，在"Options（选项）"选项组中选择"Monte Carlo/Worst-Case（蒙托卡诺统计分析）"，在右面选择"Worst-Case/Sensitive（最坏情况分析）"单选钮，进行最坏情况分析仿真参数设置，如图 14-27 所示。

图 14-27　"Analysis（分析）"选项卡

Worst-Case/Sensitivity options（最坏情况分析的参数选项）：

- Vary devices that have：分析的偏差对象。
- Limit devices to typer（s）：起作用的偏差器件对象。
- Save data from each sensitivity run：勾选此复选框，将每次灵敏度分析的结果保存入 .OUT 输出文件。

More setting：单击此按钮，弹出如图 14-28 所示的对话框。

在"Find（查找）"下拉列表中显示如下选项。

- Y Max：求出每个波形与额定运行值的最大差值。
- Max：求出每个波形的最大值。
- Min：求出每个波形的最小值。

○ Rise_edge：找出第一次超出域值的波形。

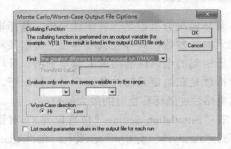

图 14-28 "Monte Carlo/Worst—Case output File Options" 对话框

○ Fall_edge：找出第一次低于域值的波形。
○ Threshold：设置域值。
○ Evaluate only when the sweep variable is in the range：定义参数允许的变化范围。
○ Worst-Case direction：设定最坏情况分析的趋向，包括 Hi、Low 两个选项。
○ List model parameter values in the output file for each run：是否在输出文件里列出模型参数的值。

14.3.9 参数分析（Parameter Sweep）

参数分析是针对电路中的某一参数在一定范围内做调整，利用仿真分析得到清晰直观的波形结果，利用曲线迅速确定该参数的最佳值。参数扫描可以与直流、交流或瞬态分析等分析类型配合使用，对电路所执行的分析进行参数扫描，对于研究电路参数变化对电路特性的影响提供了很大的方便。在分析功能上与蒙特卡罗分析和温度分析类似，它是按扫描变量对电路的所有分析参数扫描的，分析结果产生一个数据列表或一组曲线图。同时用户还可以设置第二个参数扫描分析，但参数扫描分析所收集的数据不包括子电路中的器件。

在"Simulation Setting（仿真设置）"对话框中打开"Analysis（分析）"选项卡，在"Analysis type（分析类型）"选项组中选择"Time Domain（Transient）（瞬态特性分析）"，在"Options（选项）"选项组中选择"Parametric Sweep（参数扫描）"，在右面显示参数分析仿真参数设置，如图 14-29 所示。

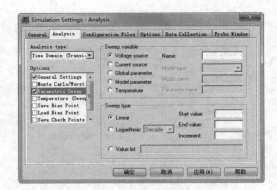

图 14-29 "Analysis（分析）"选项卡

（1）Sweep variable（参数扫描自变量类型）选项组。

○ Voltage source：电压源。
○ Current source：电流源。
○ Name：在该文本框中输入电压源或电流源的元器件序号，如"V1""I2"。
○ Global parameter：全局参数变量。
○ Model parameter：以模型参数为自变量。
○ Temperature：以温度为自变量。
○ Parameter：使用 Global parameter 或 Model parameter 时的参数名称。

（2）Sweep type（扫描方式）选项组。

○ Linear：参数以线性变化。
○ Logarithmic：参数以对数变化。
○ Value list：只分析列表中的值。
○ Start：参数线性变化或以对数变化时分析的起始值。
○ End：参数线性变化或以对数变化时分析的终止值。
○ Increment、Points/Decade、Points/Octave：参数线性变化时的增量，以对数变化时倍频的采样点。

14.3.10 温度分析（Temperature Sweep）

温度扫描是指在一定温度范围内进行电路参数计算，用以确定电路的温度漂移等性能指标。

在"Simulation Setting（仿真设置）"对话框中打开"Analysis（分析）"选项卡，在"Analysis type（分析类型）"选项组中选择"Time Domain

（Transient）"，在"Options（选项）"选项组中选择"Temperature（Sweep）（温度扫描）"，在右面显示温度扫描分析仿真参数设置，如图 14-30 所示。

- ● Run the simulation at temperature：在指定的温度下分析。
- ● Repeat the simulation for each of the temperatures：在指定的一系列温度下进行分析。

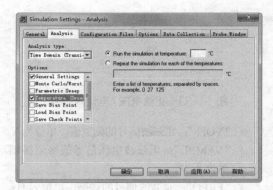

图 14-30　"Analysis（分析）"选项卡

14.4　独立激励信号源

PSpice 提供了多种独立仿真信号源，在库文件中的存储路径为"X:\Library\pspice\source.lib"，供用户选择。包括电压源与电流源，均被默认为理想的激励源，即电压源的内阻为零，而电流源的内阻为无穷大。

仿真激励源就是仿真时输入到仿真电路中的测试信号，观察这些测试信号通过仿真电路后的输出波形，用户可以判断仿真电路中的参数设置是否合理。

PSpice 软件为瞬态分析提供了 5 种激励信号波形供用户选用。下面介绍这 5 种信号的波形特点和描述该信号波形时涉及的参数。其中电平参数针对的是独立电压源。

14.4.1　直流激励信号源

直流电压源"VSRC"与直流电流源"ISRC"分别用来为仿真电路提供一个不变的电压信号或不变的电流信号，符号形式如图 14-31 所示。

图 14-31　直流电压 / 电流源符号

这两种电源通常在仿真电路上电时，或者需要为仿真电路输入一个阶跃激励信号时使用，以便用户观测电路中某一节点的瞬态响应波形。

需要设置的仿真参数是相同的，双击新添加

的仿真直流信号源的参数值，在出现的对话框中设置其属性参数，如图 14-32 所示。

- ● "DC"：直流电源值。
- ● "AC"：交流电压值。
- ● "TRAN"：信号源类型。通用信号源可以用于表示各种信号源，若表示脉冲信号，则该参数表示为 TRAN=pulse（起始电压值、脉冲电压值、延迟时间、上升时间、下降时间、脉宽、周期）；若表示正弦波，则该参数表示为 TRAN=sin（起始时间、峰值振幅、频率）。

图 14-32　设置仿真参数

14.4.2　正弦激励信号源

正弦信号源包括正弦电压源"VSIN"与正弦电流源"ISIN"，用来为仿真电路提供正弦激励信号，符号形式如图 14-33 所示，需要设置的仿真参数有 7 个，下面介绍各选项的含义。

图 14-33　正弦电压 / 电流源符号

- "VOFF"：正弦波信号的偏置值，单位为 V。
- "VAMPL"：正弦波电压信号的峰值振幅，单位为 V。
- "FREQ"：正弦波信号的频率，单位为 Hz。
- "AC"：正弦波信号的交流分析电压，单位为 V。
- "IOFF"：正弦波信号的相位，单位为°，通常设置为 0。
- "IAMPL"：正弦波电流信号的阻尼信号，单位为 1/s，通常设置为 0。
- "FREQ"：正弦波电压 / 电流信号的延时时间，单位为 s，通常设置为 0。

14.4.3　脉冲激励信号源

脉冲源包括脉冲电压激励源"VPULSE"与脉冲电流激励源"IPULSE"，可以为仿真电路提供周期性的连续脉冲激励，其中脉冲电压激励源"VPULSE"在电路的瞬态特性分析中用得比较多。两种激励源的符号形式如图 14-34 所示，相应要设置的仿真参数也是相同的。

图 14-34　脉冲电压 / 电流源符号

各项参数的具体含义如下。

- "V1"：脉冲电压信号的起始电压。
- "V2"：脉冲电压信号的脉冲电压。
- "TD"：脉冲电压 / 电流信号的延迟时间，通常设置为 0。
- "TR"：脉冲电压电流信号的上升时间。
- "TF"：脉冲电压电流信号的下降时间。
- "PW"：脉冲电压电流信号的脉冲宽度。
- "PER"：脉冲电压电流信号的脉冲周期。
- "I1"：脉冲电流信号的起始电压。

- "I2"：脉冲电流信号的脉冲电压。

14.4.4　分段线性激励信号源

分段线性激励信号源所提供的激励信号是由若干条相连的直线组成的，是一种不规则的信号激励源，包括分段线性电压源"VPWL"与分段线性电流源"IPWL"两种，符号形式如图 14-35 所示。这两种分段线性激励源的仿真参数设置是相同的。

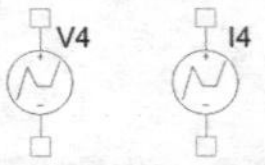

图 14-35　分段电压 / 电流源符号

14.4.5　指数激励信号源

指数激励源包括指数电压激励源"VEXP"与指数电流激励源"IEXP"，用来为仿真电路提供带有指数上升沿或下降沿的脉冲激励信号，通常用于高频电路的仿真分析，符号形式如图 14-36 所示。两者所产生的波形是一样的，相应的仿真参数设置也相同。

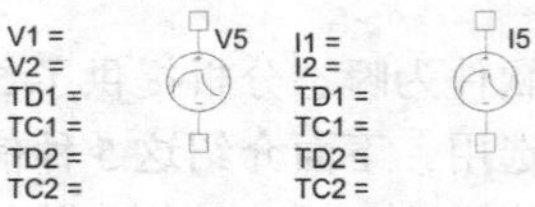

V1 = V5　I1 = I5
V2 =　　　I2 =
TD1 =　　TD1 =
TC1 =　　TC1 =
TD2 =　　TD2 =
TC2 =　　TC2 =

图 14-36　指数电压 / 电流源符号

各项参数的具体含义如下。

- "V1"：指数电压信号的起始电压。
- "V2"：指数电压信号的脉冲电压。
- "TD"：指数电压 / 电流信号的上升 / 下降延迟时间。
- "TC"：指数电压电流信号的上升 / 下降时间常数。
- "I1"：指数电流信号的起始电压。
- "I2"：指数电流信号的脉冲电压。

14.4.6　调频激励信号源

调频激励信号源用来为仿真电路提供一个单频调频的激励波形，包括单频调频电压源"VSFFM"与单频调频电流源"ISFFM"两种，符号形式如

图 14-37 所示，相应地需要设置仿真参数。

图 14-37　单频调频电压 / 电流源符号

各项参数的具体含义如下。

- "VOFF"：分段线性电压信号的偏置电压。
- "VAMPL"：分段线性电压信号的峰值振幅。
- "FC"：分段线性电压 / 电流信号的载频。
- "MOD"：分段线性电压 / 电流信号的调制因子。

- "FM"：分段线性电压 / 电流信号的调制频率。
- "IOFF"：分段线性电流信号的偏置电压。
- "IAMPL"：分段线性电流信号的峰值振幅。

根据以上的参数设置，输出的调频信号表达式为：

$$V_{SFFM}(t) = V_{off} + V_{ampl}\sin(2\pi f_c t + mod \times \sin 2\pi f_m t)$$

这里介绍了几种常用的仿真激励源及仿真参数的设置。此外，在 Cadence 中还有线性受控源、非线性受控源等，在此不再一一赘述，用户可以参照上面所讲述的内容，练习使用其他的仿真激励源并进行有关仿真参数的设置。

14.5　数字信号源

PSpice 提供了多种仿真信号源，在库文件中的存储路径为 X:\Library\pspice，供用户选择。使用时，均被默认为理想的激励源，即电压源的内阻为零，而电流源的内阻为无穷大。

仿真激励源就是仿真时输入到仿真电路中的测试信号，观察这些测试信号通过仿真电路后的输出波形，用户可以判断仿真电路中的参数设置是否合理。

PSpice 软件为瞬态分析提供了 5 种激励信号波形供用户选用。下面介绍这 5 种信号的波形特点和描述该信号波形时涉及的参数。其中电平参数针对的是独立电压源。

数字电路分析在绘制原理图、设置分析时间等方面，比模拟电路的分析简单些。数字电路分析的一个重要问题就是如何依据分析的需要，正确设置好数字信号的波形。

PSpice 提供了多种仿真信号源，在库文件中的存储路径为 "X:\Library\pspice\sourcstm.lib"，独立电流源，只需将字母 V 改为 I，其单位由伏特变为安培。

14.5.1　时钟型信号源

时钟信号是数字电路模拟中使用最频繁的信号，也是波形最简单的信号，在库文件中的存储路径为 "X:\Library\pspice\source.lib"，时钟信号 "DigClock" 符号形式如图 14-38 所示，需要设置

的仿真参数有 5 个，下面介绍各选项的含义。

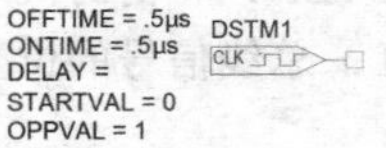

图 14-38　时钟信号

- "OFFTIME"：每个时钟周期低电平状态持续时间，默认值为 0.5μs。
- "ONTIME"：每个时钟周期高电平状态持续时间，默认值为 0.5μs。
- "DELAY"：时钟信号延迟时间，默认值为 0。
- "STARTVAL"：时钟信号初始值，默认值为 0。
- "OPPVAL"：时钟信号高电平状态，默认值为 1。

14.5.2　基本型信号源

基本型信号源主要是设置总线信号，总线信号包含多位信号，波形参数设置过程比时钟信号复杂，在库文件中的存储路径为 "X:\Library\pspice\source.lib"，基本型信号源包括 STIM1、STIM4、STIM8、STIM164 种，符号形式如图 14-39 所示。

双击信号源符号，弹出 "Property Editor（属性编辑）" 对话框，下面介绍该对话框中特有的参

数意义，如图 14-40 所示。

图 14-39　基本型信号源符号

图 14-40　基本型信号源参数设置

- COMMAND1 ~ 16：对应的波形描述语句。
- FPRMAT：指定总线信号采用的进位制，1 表示二进制，2 表示八进制，4 表示十六进制或混合制，第一位用二进制，后三位用八进制。
- TIMEESTEP：相对时间对。
- WIDTH：总线信号的位数。

14.5.3　文件型激励信号源

文件型激励信号源指信号以 STL 为扩展名的波形文件来描述，在库文件中的存储路径为"X:\ Library\pspice\source.lib"，有 FilesSim1、FilesSim2、FilesSim4、FilesSim8、FilesSim16、FilesSim32 这 6 种不同功能的文件信号仿真源，符号形式如图 14-41 所示，数字表示信号位数。

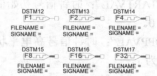

图 14-41　文件型激励信号源符号

双击信号源符号，弹出"Property Editor（属性编辑）"对话框，下面介绍该对话框中特有的参数意义，如图 14-42 所示。

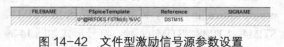

图 14-42　文件型激励信号源参数设置

- FILENAME：波形描述文件名，指定调用哪一个波形描述文件。

- SIGNAME：信号名，指定从波形描述文件中读取哪几个信号名对应的波形描述数据。

波形描述文件由两个部分组成。

1. 文件头（Header）

波形描述文件的开始部分称为文件头，包括时间值倍乘因子定义和信号名列表两部分。其一般格式如下。

- TIMESCALE ＝ < 时间倍乘因子值 >。
- < 信号名 1>，…，< 信号名 n>。
- OCT（<bit2 信号名 >…<bit0 信号名 >）。
- HEX（<bit3 信号名 >…<bit0 信号名 >）。

（1）时间倍乘因子值：这是任选项参数。若有此项，在文件头中必须单独列为一行。波形描述部分的时间值等于设置值乘"时间倍乘因子值"。本参数内定值为 1。

（2）一般信号名列表：在文件头的信号名列表区中，用二进制数描述的信号只需列出信号名，不同信号名之间应该用空格或逗号等分隔符隔开。文件头中最多允许指定 255 个信号名，可以分成几行表示。每行字符数不得超过 300 个。不同行的行首不要加续行标注符。

（3）OCT 和 HEX 信号名组：PSpice 可以用一个 8 进制数表示 3 个信号的逻辑电平值，用一个 16 进制数表示 4 个信号的逻辑电平值。在前一种情况下，相应的 3 个信号名合为一组，用关键词 OCT 作为该分组标志名。在后一种情况下，相应的 4 个信号名合为一组，用关键词 HEX 作为其标志名。显然，在 OCT 右侧括号中必须有 3 个信号名，在 HEX 右侧括号内必须有 4 个信号名。需要强调的是，在文件头中，OCT 和 HEX 分组信号以及一般信号的顺序应与文件中波形描述部分逻辑电平设置值的顺序相对应。对高、低电平值，一般信号对应的是二进制数，而一个 OCT 分组和 HEX 分组分别对应于一个八进制数和十六进制数。

2. 波形描述

在文件头后面即为波形描述。这两部分之间至少用一个空行隔开。波形描述部分由若干行组成。

时间值逻辑电平值其中时间值与逻辑电平值之间应该用空格分开。

（1）时间值：时间单位为 s。时间值可以用绝对模式（如 45ns，1.2e-8 等），或相对模式

（如 +5ns，+1e-9 等）表示。如果在文件头中有 TIMESCALE 设置值，则每个时间值还应用该设置值相乘。

（2）逻辑电平值：波形描述部分逻辑电平值可采用的字符及其含义见表 14-1。

表 14-1　逻辑电平设置值

	2 进制	OCT（8 进制）	HEX（16 进制）
高低电平（High/Low）	0，1	0-7	0-F
不确定（Unknown）	X	X	X
高阻（Hi-impedance）	Z	Z	Z
上升（Rising）	R	R	
下降（Falling）	F	F	

表 14-1 中，在设置逻辑电平时，对 OCT 和 HEX，同一个分组中的几个信号高低电平分别用一个八进制和十六进制数表示，但程序运行时会自动将其转换为等价的二进制数，并按从最高位（msb）到最低位（lsb）的顺序依次将每位二进制数分别赋给分组括号中的每一个信号。如果逻辑电平设置为 X、Z、R 或 F，则分组内的每一个信号均取该设置值。由于 F 是十六进制数中的一个数，因此对 HEX 分组，不允许设置"下降"逻辑状态。

14.5.4　图形编辑型激励信号源

图形编辑型数字信号源的突出特点是指在 "Simulus Editor" 图形编辑器窗口下，形象直观地用人机对话方式编辑波形图，该信号源在库文件中的存储路径为 "X:\Library\pspice\ sourcstm. lib"，如图 14-43 所示。

图 14-43　正弦电压 / 电流源符号

14.6　特殊仿真元器件的参数设置

在仿真过程中，有时还会用到一些专用于仿真的特殊元器件，它们在库文件中的存储路径为 "X:\Library\pspice\Special.lib"，这里做个简单的介绍。

14.6.1　IC 符号

（1）IC 是 Initial Condition 的缩写，节点电压初值 "IC" 主要用于为电路中的某一节点提供电压初始值，包括 IC1 和 IC2 两个符号，如图 14-44 所示，与电容中 "Initial Voltage（初始电压）" 作用类似。IC1 为单引出端符号，IC2 是双引出端的符号，设置方法很简单，只要把该元器件放在需要设置电压初值的节点上，通过设置该元器件的仿真参数即可为相应的节点提供电压初值。

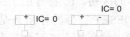

图 14-44　IC 符号

（2）在电路图中放置 IC 符号的方法与放置元器件图形符号的方法相同。双击该符号，在弹出的参数设置框中将该 VALUE 属性设置为电压初始值，如图 14-45 所示。

在交流小信号 AC 分析和瞬态 TRAN 分析求解整个过程中，采用 IC 符号的节点，其偏置一直保持在由 IC 符号指定的数值上。

在 PSpice 运行过程中，实际上是在连有 IC 符号的节点处附加一个内阻为 0.0002Ω 的电压源，电压源值即为 IC 符号的设置值，在直流特性扫描分析过程中 IC 符号设置值不起作用。

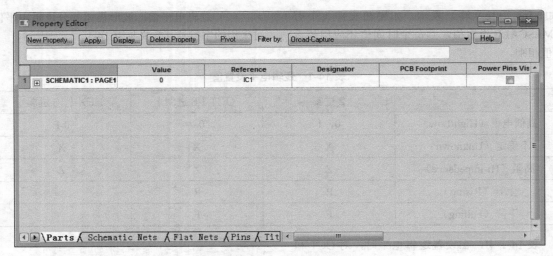

图 14-45　设置参数值

14.6.2　NODESET 符号

在对双稳态或单稳态电路进行瞬态特性分析时，节点电压 "NODESET" 用来设定某个节点的电压预收敛值。包括 NODESET1 和 NODESET2 两个符号，如图 14-46 所示。

图 14-46　NODESET 符号

其使用方法与 IC 符号类似，但这两类符号的作用有根本的区别。IC 符号用于指定节点处的直流值。NODESET 符号的作用只是在迭代求解直流值时，指定单个节点或两个节点之间的初始条件值，即在求解直流值进行初始迭代时，这些节点处的初始条件取为 NODESET 符号的设置值，以帮助收敛，是求节点电压收敛值的一个辅助手段。

在使用该符号过程中需要注意以下几点。

（1）NODESET 符号设置值将作为 AC 交流小信号分析和 TRAN 瞬态分析求解直流偏置解迭代过程的初始条件。对 DC 扫描分析，只是在扫描过程的第一步求解直流解时，以 NODESET 设置值作为迭代求解的初始条件。从 DC 直流分析的第二步扫描开始，进行迭代求解时 NODESET

的设置值将不再起作用。

（2）由于 NODESET 符号只用于设置直流迭代求解时的初始条件，而 IC 符号设置的是节点处的直流偏置解，因此当某一节点同时连有这两类符号时，以 IC 符号的设置值为准，NODESET 对该节点的设置不起作用。

（3）若在电路的某一节点处，同时放置了 ".IC" 元器件与 "NODESET" 元器件，则仿真时 ".IC" 元器件的设置优先级将高于 "NODESET" 元器件。

14.6.3　电容、电感初始值的设置

电容和电感元器件有一项名为 IC 的属性设置，用于设置电容和电感元器件两端的初始值，在所有的直流偏置求解计算过程中应用广泛。但是在 TRAN 瞬态分析中，若勾选 "Skip initial transient solution（使用初始条件）" 复选框，则瞬态分析前将不求解直流偏置工作点，有 IC 属性的元器件将以其 IC 属性设置值作为初始电压或电流，其他元器件的初始电压或电流值取为 0。

对电容，IC 属性的设置相当于在求解时与电容并联一个串联电阻为 0.002Ω 的电压源。对电感，IC 属性的设置相当于与电感串联一个恒流源，而与恒流源并联一个 1GΩ 的电阻。

14.7 仿真元器件的参数设置

一般来说，进行电路仿真主要是为了确定电路中某些参数设置得是否合理，例如电容、电阻值的大小是否会直接影响波形的上升、下降周期；变压器的匝数比是否会影响输出功率等。首先，在仿真电路原理图的过程中，应确定包含设置参数的元器件模型。

在 PSpice 中，为了方便用户修改元器件模型，提供了一个模型编辑器（PSpice Model Editor），通过该编辑器，用户也可以新建元器件模型。

第 15 章
仿真电路板设计

内容指南

仿真分析主要包括布线前 / 布线后 SI 分析工具和系统级 SI 工具等。使用布线前 SI 分析工具可以根据设计对信号完整性与时序的要求在布线前帮助设计者选择元器件、调整元器件布局、规划系统时钟网络和确定关键线网的端接策略。SI 分析与仿真工具不仅可以对一块 PCB 的信号流进行分析，而且可以对同一系统内其他组成部分如背板、连接器、电缆及其接口进行分析，这就是系统级 SI 分析工具。

☞**知识重点**

📖 IBIS 模型的转化

📖 提取网络拓扑结构

📖 PCB 前仿真

15.1　电路板仿真概述

Cadence 公司的 PCB SI 和 SigXplor 设计工具为 PCB 的仿真提供了强有力的手段，在系统方案设计与决策时，通过仿真往往能解决很多悬而未决的棘手问题，增加了对系统设计方案的可预见性，配合后端的 PCB 设计与后仿真，从根本上解决高速信号的分析与处理问题。

针对系统级评价的 SI 分析工具可以对多板、连接器、电缆等系统组成元器件进行分析，并可通过设计建议来帮助设计者消除潜在的 SI 问题，它们一般都包括 IBIS 模型接口、二维传输线与串扰仿真、电路仿真、SI 分析结果的图形显示等功能。这类工具可以在设计包含的多种领域如电气、EMC、热性能及机械性能等方面综合考虑这些因素对 SI 的影响及这些因素之间的相互影响，从而进行真正的系统级分析与验证。

对已经设计完成的系统的 PCB 进行后仿真发现信号完整性问题，即使找到了问题所在，解决这些 SI 问题往往要从头再来，这样一来，既增加了设计成本，也发挥不了 EDA 设计工具对设计的指导作用。

运用 PCB SI 和 SigXplor 设计工具进行系统级前仿真可以验证设计方案的可实现性，根据设计对 SI 与时序的要求来选择关键元器件、优化系统时钟网络及系统各部分的延迟、选择合理的拓扑结构、调整 PCB 的元器件布局、确定重要网络的端接方案。PCB SI 和 SigXplor 设计工具不仅可以对一块 PCB 的信号流进行分析，而且可以通过设置 Design Link 对同一系统内其他组成部分如背板、接线器、Interconnect 线缆及其各个功能模块或插板进行综合分析，完成系统级的 SI 分析。

15.2　电路板仿真步骤

下面详细讲述电路板仿真过程。

1.　仿真准备阶段

仿真前的准备工作主要包括以下几点。

- 原理图设计。
- PCB 封装设计。
- PCB 外边框（Outline）设计，PCB 禁止布线区划分（Keepouts）。
- 元器件预布局（Placement）：将其中的关键元器件进行合理的预布局，主要涉及相对距离、抗干扰、散热、高频电路与低频电路、数字电路与模拟电路等方面。
- PCB 布线分区（Rooms）：主要用来区分高频电路与低频电路、数字电路与模拟电路以及相对独立的电路，元器件的布局以及电源和地线的处理将直接影响到电路性能和电磁兼容性能。

2.　IBIS 模型的转化和加载

Cadence 中的信号完整性仿真是建立在器件 IBIS 模型的基础上的，但又不是直接应用 IBIS 模型，CADENCE 的软件自带一个将 IBIS 模型转换为自己可用的 DML（Device Model Library）模型

的功能模块。

3.　提取网络拓扑结构

在对被仿真网络提取拓扑之前需要对该板的数据库进行设置，整个操作步骤都在一个界面"PDN Analysis（公用数据网络分析）"中进行，之后就可进行拓扑的提取。

4.　PCB 前仿真

前仿真是指在布局和布线之前的仿真，目的是为布局和布线做准备，PCB 的前仿真包括以下几个方面。

- 信号完整性（SI）仿真。
- 时序（TIMING）仿真。
- 电磁兼容性（EMI）仿真。

5.　PCB 布局布线

模板设计、确定 PCB 尺寸、形状、层数及层结构、元器件放置、输入网络表、设计 PCB 布线规则、PCB 交互布局、PCB 走线、PCB 光绘文件生成、钻孔数据文件。

6.　给拓扑添加约束

在对网络拓扑结构进行仿真时，需要根据仿

真结果不断修改拓扑结构以及预布局上元器件的相对位置。为了得到一个最优的拓扑结果，就需要在拓扑中加入约束，并将有约束的拓扑赋给板中有同样布局布线要求的网络，用以指导与约束随后的 PCB 布线。

7. PCB 后仿真

后仿真的目的是验证、检验仿真结果，是更加精确的仿真。后仿真过程和前仿真过程相似，只是在提取拓扑时，前仿真使用的是理想传输线模型，没有考虑实际情况中的各种损耗，但后仿真使用的是实际的布线参数，因此仿真的结果更为精确一些。如果在后仿真中发现问题，需要对部分关键器件及线网进行重新布局和布线直至修改到最佳情况。PCB 的后仿真包括以下几个方面。

- 信号完整性（SI）后仿真。
- 电源完整性（PI）后仿真。
- 电磁兼容性（EMI）后仿真。

15.3 IBIS 模型的转化

IBIS 模型是用于描述 I/O 缓冲信息特性的模型，一个输出输入端口的行为描述可以分解为一系列的简单的功能模块，由这些简单的功能模块就可以建立起完整的 IBIS 模型，包括封装所带来的寄生参数、硅片本身的寄生电容、电源或地的嵌压保护电路、门限和使能逻辑、上拉和下拉电路等。

由于 Allegro SI 不能直接打开 IBIS 模型，需要把 IBIS 模型转换成 Allegro 专用的 DML 模型，IBIS 与 DML 均为文本文档，只是在描述的方式上有所区别。

对 IBIS 模型的加载与转换需要在信号完整性分析设计平台 Model Integrity 界面中进行，下面介绍该界面的两种进入方式。

（1）在 Allegro 界面，选择菜单栏中的"Tools（工具）" → "Model Integrity（信号完整性分析）"命令。

（2）选择"开始" → "所有程序" → "Cadence Release 17.2-2016" → "Product Utilities" → "PCB Editor Utilities" → "Model Integrity"。

15.3.1 Model Integrity 界面简介

信号完整性分析设计平台 Model Integrity 与标准的 Windows 软件的风格一致，包括菜单栏、工具栏、快捷菜单等，如图 15-1 所示。Model Integrity 能够进行模型建立、处理和校验，在使用仿真模型之前必须先验证仿真模型。模型校验包括语法检查、单调性检查、模型检查以及数据合理性检查。

从图 15-1 中可知，Model Integrity 图形界面有以下 7 个部分。

（1）标题栏：显示当前打开软件的名称 Model Integrity 及文件的名称。

（2）菜单栏：采用标准的 Windows 下拉式菜单，包括"Files（文件）""Edit（编辑）""Search（搜索）""View（视图）""Tools（工具）"和"Windows（窗口）"。

（3）工具栏：与菜单栏中的常用命令相对应，将菜单栏中的重要命令放置到同名的工具栏中，将它们图标化以方便用户操作使用。

（4）项目管理器："Project Workspace（项目管理器）"窗口中有两个选项卡，包括"Physical View（结构视图）""Object View（目标视图）"，如图 15-2、图 15-3 所示。双击该窗口可以根据需要独立显示、固定显示和关闭，显示工程项目的层次结构。

（5）工作区域：用于绘制、编辑的区域。

（6）输出窗口：在"Output Windows（输出窗口）"中包括"Parse Messages（解析信息）""Log Files（日志文件）""Find in Files（文件查找结果）"，如图 15-4 所示，实时显示文件运行阶段消息、操作信息等。

在 Model Integrity 界面中，打开 ibs 文件时软件自动进行检查，在"Parse Messages（解析信息）"显示检查信息，检查是否存在语法错误或其他错误，这步是必需的。

（7）状态栏：在进行各种操作时状态栏都会实时显示一些相关的信息，所以在设计过程中应及时查看状态栏。

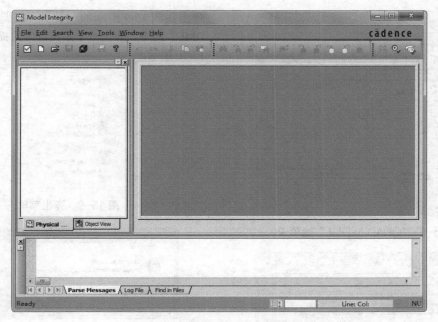

图 15-1　Model Integrity 图形界面

图 15-2　"Physical View（结构视图）"

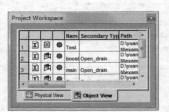

图 15-3　"Object View（目标视图）"

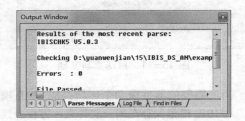

图 15-4　"Output Windows（输出窗口）"

15.3.2　IBIS to DML 转换器

下面在"Model Integrity"界面中介绍通过
IBIS to DML 转换器来实现将 IBIS 文件转化为
DML 文件，具体操作步骤如下。

（1）打开需要转换的".ibs"文件，选择菜单
栏中的"Tools（工具）"→"Translation Options（转
换器选项）"命令，弹出"Translation Options（转

换器选项）"对话框，如图 15-5 所示，该对话框
中有 4 个选项卡，如图 15-5 ～图 15-8 所示。

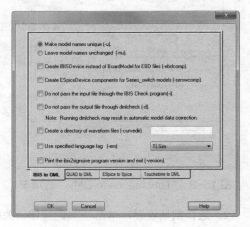

图 15-5　"Translation Options
（转换器选项）"对话框

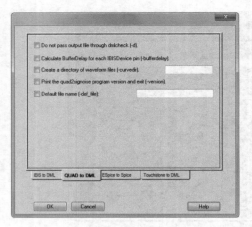

图 15-6 "QUAD to DML" 选项卡

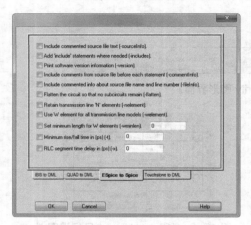

图 15-7 "ESpice to Spice" 选项卡

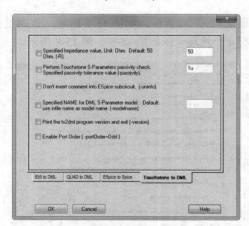

图 15-8 "Touchstone to DML" 选项卡

（2）选择默认设置，单击 OK 按钮，关闭对话框。

（3）在左侧项目管理器 "Physical View（结构视图）" 栏中选择目标文件，单击鼠标右键，

弹出如图 15-9 所示的快捷菜单，选择 "IBIS to DML" 命令，弹出一个系统询问的提示框，如图 15-10 所示。

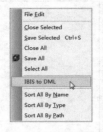

图 15-9 弹出菜单

图 15-10 提示对话框

（4）单击 是(Y) 按钮，系统自动重写文档，文档类型转换为 ".dml"，如图 15-11 所示。

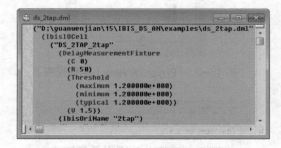

图 15-11 自动重写文档

当所需要的器件模型全部转换成 DML 模型后，和 IBIS 模型保存在同一文件夹，方便后续操作，不会造成模型库混乱。当需要修改或者更新时，更改模型名称，确保 IBIS 模型和 DML 模型的名称一一对应。

15.3.3 解析的 IBIS 文件结果

Model Integrity 可以分析 IBIS 模型、Cadence DML 模型的语法错误，浏览解析的 IBIS 文件结果，具体操作步骤如下。

（1）启动 Model Integrity。

（2）选择菜单栏中的"File（文件）"→"Open（打开）"命令，打开"X:yuanwenjian\15\example \IBIS_DS_AN\examples\ds_2tap.ibs"文件，如图 15-12 所示。

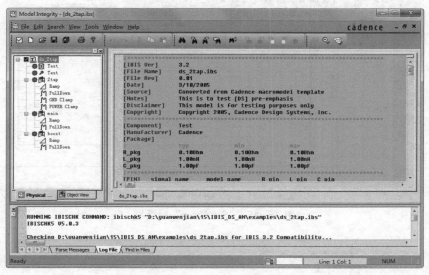

图 15-12 打开文件

（3）打开"Physical View（结构视图）"栏中文件前面的加号，会显示所有模型，如图 15-13 所示。

图 15-13 显示模型

IBIS 模型的数据校验包括 Pullup 和 Pulldown 特性、上升和下降速度、上拉和下拉特性、Ramp rate 特性的校验。

（4）在图 15-13 所示的图中选择"2tap"，右击弹出快捷菜单栏，然后选择"View Curve"→"Pull down"→"Max"，如图 15-14 所示。

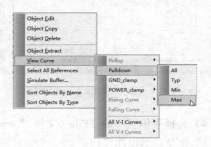

图 15-14 选择 Max

单击"Max"，弹出"SigWave"的窗口，如图 15-15 所示。

（5）在"SigWave"窗口出现时，在当前目录下，会产生波形文件，文件的扩展名是 jrl。

（6）选择菜单栏中的"File（文件）"→"Exit（退出）"命令，就可以退出此窗口。

15.3.4 在 Model Integrity 中仿真 IOCell 模型

（1）在"Physical View（结构视图）"栏中选择"2tap"文件，单击鼠标右键，选择如图 15-16 所示的"Simulate Buffer（仿真缓冲器）"命令，弹出询问对话框，如图 15-17 所示。

（2）单击 是(Y) 按钮，弹出"Buffer Model Simulation"窗口，该对话框中包含"Input""Output"两个选项卡，如图 15-18、图 15-19 所示。在"Physical View"栏中，自动加载 dml 格式文件。

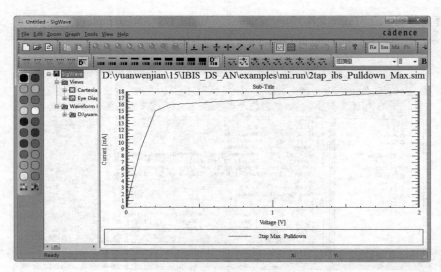

图 15-15 "SigWave"对话框

图 15-16 选择"Simulate Buffer（仿真缓冲器）"命令

图 15-17 询问对话框

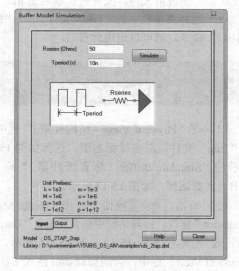

图 15-18 "Input"选项卡

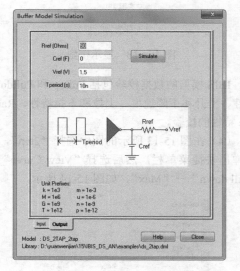

图 15-19 "Output"选项卡

（3）打开"Input"选项卡，单击 Simulate 按钮，进行仿真运行，并在"SigWave"窗口中产生波形，如图 15-20 所示。

（4）选择菜单栏中的"File（文件）"→"Exit（退出）"命令，退出此窗口。

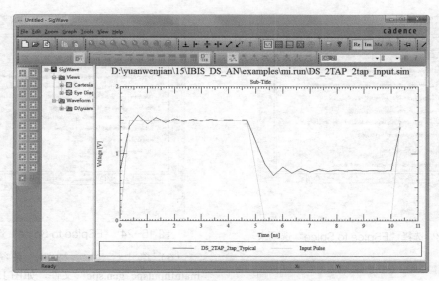

图 15-20 "SigWave"窗口波形

15.3.5 ESpice to Spice 转换器

使用 ESpice to Spice 转换器可以将 Cadence ESpice 文件转换为标准的 Spice 文件。

（1）选择菜单栏中的"File（文件）"→"Open（打开）"命令，在"X:\…\doc\IBIS_ DS_AN\ examples"目录下打开"mainInput"文件，如图 15-21 所示。

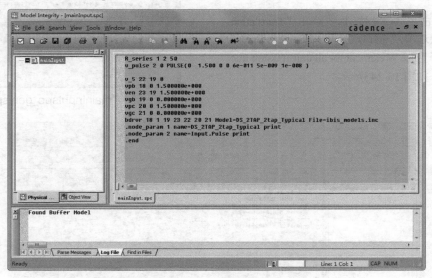

图 15-21 打开文件

（2）在"Physical View"栏中选择"main Input.spc"文件，在工具栏中选择"Tools（工具）"→"Translation Options（转换选项）"命令，弹出如图 15-22 所示的对话框，打开"ESpice to Spice"选项卡。

（3）单击 ⬛ OK ⬛ 按钮，退出对话框。

（4）选择"mainInput.spc"文件，右击在弹出的快捷菜单中选择"Translate Selected（转换选中对象）"命令，弹出另一个菜单，选择"Generic Spice"，弹出询问提示对话框，如图 15-23 所示。

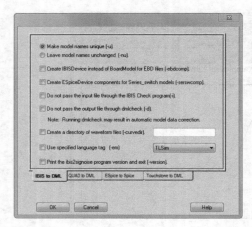

图 15-22 选择"ESpice to Spice"选项卡

图 15-23 提示对话框

（5）单击 是(Y) 按钮，弹出"Translation Options（转换选项）"窗口，打开"ESpice to Spice"选项卡，选择"Use W element for all transmission line models"项，如图 15-24 所示。

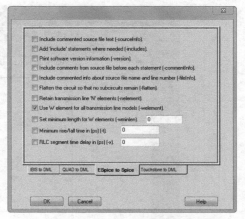

图 15-24 "ESpice to Spice"选项卡

（6）单击 OK 按钮，系统自动生成"mainInputspc_gen.spc"文件，如图 15-25 所示。

（7）在"Physical View"栏中会看到有一个名为"mainInputspc_gen"的文件，选择此文件，右击从弹出的快捷菜单中选择"Translate Selected（转换选中对象）"选择"Generic Spice"，重写"mainInputspc_gen"文件，如图 15-26 所示。

图 15-25 "mainInputspc_gen.spc"文件

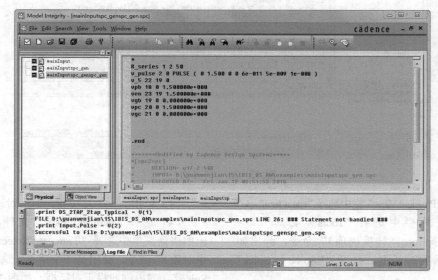

图 15-26 重写"mainOutInputspc_gen"文件

（8）选择"mainInput.spc"文件，选择菜单栏中的"File（文件）"→"Save as（另存为）"命令，在保存文件时弹出保存路径对话框，将该文件名修改为"mainInputspc_ genspc_gen_welement"，保存此文件。

（9）在"Physical View（结构视图）"栏中选择"mainInput"文件，右击选择"Close Selected（关闭选中对象）"命令，关闭此文件。

（10）选择菜单栏中的"Window（窗口）"→

"Tile Horizontally"（横向显示）或"Tile Vertically"（垂直显示）命令。

（11）单击"Tile Horizontally（横向显示）"，当前页面 2 个文件横向显示，易于比较，如图 15-27 所示。也可以将两个文件纵向显示。

（12）选择菜单栏中的"File（文件）"→"Close All（全部关闭）"命令，关闭所有文件。

（13）选择菜单栏中的"File（文件）"→"Exit（退出）"命令，退出"Model Integrity"窗口。

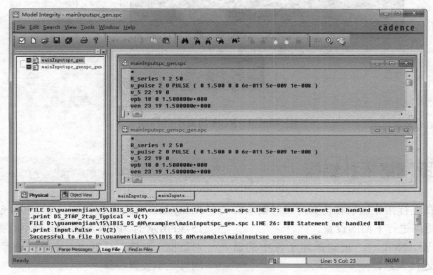

图 15-27　横向显示页面

15.4　PCB 仿真图形界面

启动 PCB SI，弹出"17.2 Allegro PCB SI XL Product Choices（产品选择）"对话框，如图 15-28 所示，一般选择 Allegro PCB SI XL，单击"OK（确定）"按钮，弹出如图 15-29 所示的仿真分析界面 Allegro PCB SI XL，该界面与 PCB 编辑器界面类似，这里不再赘述。

图 15-28　"17.2 Allegro PCB SI XL Product Choices（产品选择）"对话框

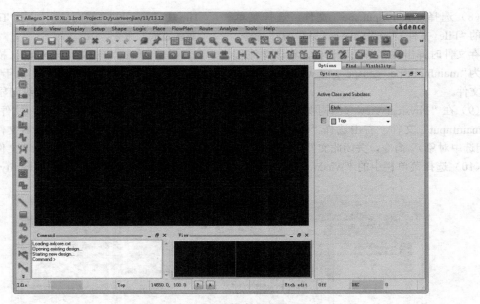

图 15-29　PCB 仿真图形界面

15.5　提取网络拓扑结构

PCB SI 在进行拓扑抽取和仿真前，对要求仿真的 PCB 数据库进行下面的设置。

- 网络表（Netlist）：正确描述了板中的器件和连接关系。
- 叠层信息（stackup data）：为了抽取较精确的传输线模型必须提供的参数。
- 电压设置（DC）：为了确定在拓扑结构中终端电压值。
- 元器件属性设置（Device CLASS）：要求仿真的器件 IC、IO 或 DISCRETE 属性正确，如集成电路为 IC 属性，接插件为 IO 属性，电阻为 DISCRETE 属性等。
- SI 仿真模型分配：对于要求仿真网络所涉及器件的仿真模型正确分配。
- PINUSE 属性：器件的 PINUSE 属性包括 BI、GROUND、IN、NC、OCA、OCL、OUT、POWER、TRI、UNSPEC，必须对该属性正确设置。

电路板的仿真设置包括叠层设置、直流 DC 电压值的设置、元器件设置、SI 模型分配以及 SI 检查 5 部分内容。

选择菜单栏中的"Analysis（分析）"→"PDN

Analysis（公用数据网络分析）"命令，弹出如图 15-30 所示的"PDN Analysis（公用数据网络分析）"对话框，在该对话框中对电路板进行数据库设置，同时显示设置步骤。

15.5.1　设置叠层

通过设置 PCB 叠层的每层厚度和走线层线宽，使得各层特征阻抗符合设计要求，以保证仿真的准确性。要对叠层进行设置，首先要确定电路板的层面，包括每层的材料、类型、名称、厚度、线宽和阻抗信息，而且 PCB 的物理和电气特性也要确定。

在"PDN Analysis（公用数据网络分析）"对话框中介绍了修改电路板叠层的必要步骤，单击 Cross-Section... 按钮，弹出"Layout Cross Section（层叠管理器）"对话框，如图 15-31 所示。

前面章节详细讲述了叠层设置，这里不再赘述。

完成参数设置后，单击 OK 按钮，将会回到图 15-31 所示的对话框界面。

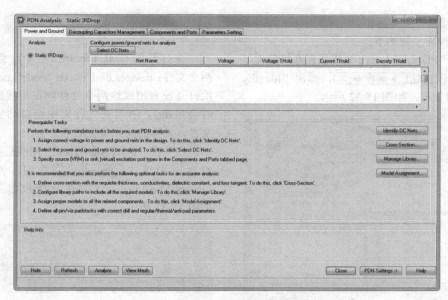

图 15-30　"PDN Analysis（公用数据网络分析）"对话框

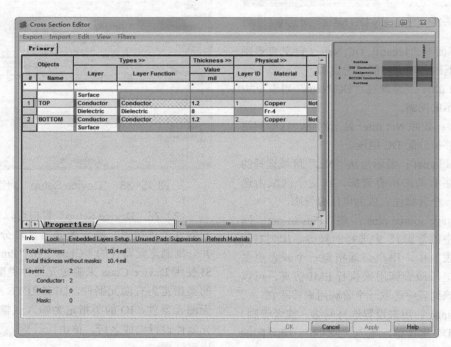

图 15-31　"Layout Cross Section（层叠管理器）"对话框

 注意

PCB 叠层参数设置在前仿真中，由于没有布线信息，可以不设置，但在后仿真时，由于要对实际布线结果进行仿真，因此必须对板叠层参数进行设置。

15.5.2　直流电压值的设置

在仿真时，PCB SI 需要知道仿真过程中终端负载使用的电压值，信号模型能够包含电压公差相关的数据，在这些公差水平下仿真能够被执行，但是仿真器无法知道终端负载的电压值，因此，有必要提供这些直流电压值。

具体的操作步骤如下。

（1）在"PDN Analysis（公用数据网络分析）"对话框中单击按钮 Identify DC Nets... ，弹出"Identify DC Nets"对话框，如图 15-32 所示。

图 15-32　"Identify DC Nets"对话框

（2）下面对"Identify DC Nets（定义直流网络）"对话框的各项进行简单的说明。

- Net filter：过滤在"DC Nets"列表框中显示的网络。
- Net：按照 Net filter 显示网络，这些网络能够被分配 DC 电压。
- Pins in net：显示与从"Net"区域选择的网络有关的所有管脚，在这个区域内选取一个管脚使它成为电压源管脚。
- Voltage source pins：将"Pins in net（网络中的管脚）"中选择的管脚添加到右侧列表栏中，用户必须指定一个或者更多的电压源管脚用来执行 EMI 仿真。可以从该列表中选取一个管脚用来移除它。
- Voltage：用来设置选择网络（或者管脚）的 DC 电压值，输入"NONE"将分配的电压移除。

（3）完成参数设置后，单击 OK 按钮，关闭对话框，返回图 15-32 所示的窗口界面。

注意

定义电源网络对前后仿真来说都不是必需的。

15.5.3　DML 模型库的加载

在打开的 DML Libraries 栏中，会自动生成两个文件：devices.dml 和 cds_models.ndx（若第一次打开没有出现这两个文件则在后续的仿真波形时会报错），并且在文件夹中会自动生成一系列文件，具体的操作步骤如下。

（1）在"PDN Analysis（公用数据网络分析）"对话框中单击 Manage Library 按钮，弹出"DML Library Management（DML 库管理器）"对话框，如图 15-33 所示。

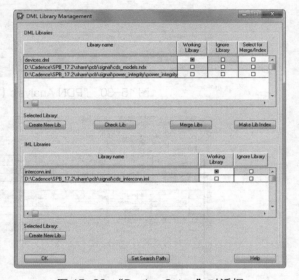

图 15-33　"Device Setup"对话框

（2）在"Device Setup"窗口可以设置哪一个元器件是连接器、哪一个元器件是分立元器件，并分别确定元器件的"Class"和"Pinuse"，PCB SI 使用 Device Class 来确定元器件类型。其中 IC 的类指定为有源元器件，DISCRETE 的类指定为无源元器件，IO 的类指定为输入或输出元器件，元器件设置完成之后，单击 OK 按钮，退出对话框。

15.5.4　模型分配

模型库被调入后，要对板中的器件进行模型分配，操作步骤如下。

（1）在"PDN Analysis（公用数据网络分析）"对话框中单击 Model Assignment... 按钮，或选择菜单栏中的"Analysis（分析）"→"Model Assignment（模

型分配）"命令，弹出"Signal Model Assignment"
对话框，此对话框包括 4 项：Devices、Bond Wires、
RefDes Pins 和 Connectors，如图 15-35 所示。

（2）在"Devices（设备）"选项卡中，可以
手动或自动地为元器件分配元器件模型，可以访
问、查找元器件模型，如图 15-34 所示。

图 15-34　"Signal Model Assignment"对话框

1）自动分配模型。单击 Auto Setup
按钮，进行器件模型的自动分配，若器件的名称
和模型的名称完全一致，则该模型自动分配给这
个元器件。

2）手动分配模型。选择某一元器件，在
"Display Filter（显示过滤）"选项组下输入需要过
滤元器件的关键词，在"Model Assignment（分配
模型）"选项组下"Model（模型）"栏中显示对
应的模型名称，该模型自动分配给这个元器件。

3）查找模型。选择某一元器件，激活
Find Model... 按钮，单击该按钮，弹出"SI
Model Browser（搜索仿真模型）"对话框，如图
15-35 所示，在该对话框中有 6 种仿真模型，根
据不同要求在对应类型的选项卡下选择过滤条件，
选择要添加的模型后，单击 Add -> 按钮，为选
择的器件添加该模型。

4）生成阻容元器件模型。阻容模型的赋予

主要是针对仿真应用到的阻容，而没有用到的阻
容可不必赋予模型。选择器件后，单击"Create
Model（生成模型）"按钮进入创建模型的界面，
如图 15-36 所示，显示设备属性信息。

图 15-35　"SI Model Browser
（搜索仿真模型）"对话框

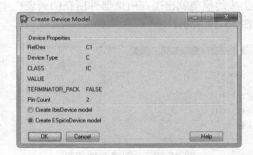

图 15-36　"Create Model（生成模型）"对话框

对于定义了 value 值的无源器件（包括电阻、
电容、电感），系统会自动生成在仿真中使用的
ESpice 模型。

对于没有自动生成模型的无源器件，选择
"Create ESpice Device Model"，如图 15-37 所示。

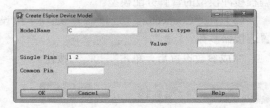

图 15-37　"Create ESpice Model"对话框

- Model Name：模型的名称，最好保持和 DevType Value 一致。
- Circuit type：器件类型，可以选择电阻、电容、电感。
- Value：被动元器件的值，输入的参数要和电路板上的实际值一致。

- Single Pins：信号管脚，2 管脚器件直接输入"1 2"。
- Common Pin：公共管脚，一般可空置。

对于其他没有模型的元器件则选择"Create IBIS Model"，如图 15-38 所示。

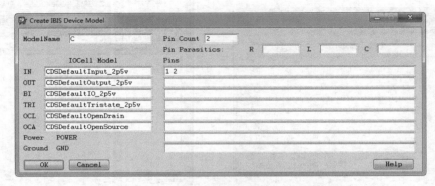

图 15-38 "Create IBIS Model"对话框

单击 OK 按钮，弹出不同类型的创建模型对话框，按提示输入参数值及各管脚的功能，同时可以存盘生成"*.dat"文件以备后用，此时新生成的模型就出现在所选器件所在的列表栏中，如图 15-39 所示。

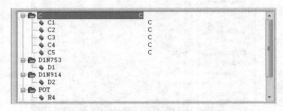

图 15-39 创建新的模型

（3）在"Bond Wires（组合线）"选项卡中定位能够为 Bondwires 连接分配 Trace 模型，同时能够通过"model browser"窗口修改 Trace 模型。

（4）在"RefDes Pins（管脚序号）"选项卡中为指定管脚分配 IOcell 模型，也能够为选择的可编程缓冲模型的管脚分配模型。

（5）在"Connectors（连接器）"选项卡中设置连接器参数。

完成参数设置后，单击 OK 按钮。

15.5.5　网络拓扑结构属性设置

仿真之前要对拓扑结构的各个 IO 模型进行

检查，防止出现 IO 模型和实际不对应的情况。

选择菜单栏中的"Analyze（分析）"→"Preferences（属性）"命令，弹出"Analysis Preferences（分析属性）"对话框，如图 15-40 所示。

图 15-40 "Analysis Preferences（分析属性）"对话框

在该对话框中有 7 个选项卡，下面简单介绍常用的选项。

（1）打开"DevicesModels"选项卡，显示设备模型设置参数。

1）"Use Defaults For Missing Components Models"：勾选此复选框，若没有元器件分配信号模型，PCB SI 使用在窗口中列出的默认 IOCell 模型，可以分配希望作为默认的任何 IOCells，但是PCB SI 必须知道库的位置。

2）Buffer Delays 的下拉菜单有 3 个选项。

- From Library：指定仿真器获得库中模型的缓冲器延迟，这是默认选项。
- On the Fly：指定仿真器测量缓冲延迟，并在以后的计算中使用这些延迟。
- No Buffer Delay：指定仿真器获得库中模型的缓冲器没有延迟。

（2）打开"Interconnect Models"选项卡，如图 15-41 所示，可以对互联参数进行设置。

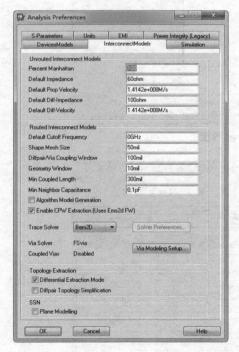

图 15-41　"Interconnect Models"选项卡

1）在"Unrouted Interconnect Models"下面有 5 个参数设置。

- Percent Manhattan：将 manhattan 距离函数作为 Trace 的长度，默认值是 100%。

- Default Impedance：建立互连模型默认导线阻抗值，默认范围为 50 Ω ～ 70 Ω。
- Default Prop Velocity：信号在导线上传输的速度为光速 C。
- Default Diff-Impedance：未布线传输线的默认差分阻抗，默认值是 100 Ω。
- Default Diff-Velocity：未布线传输线的默认差分速率，默认值是 1.4142e+008M/s。

2）在"Routed Interconnect Models"选项组下参数设置如下。

- Default Cutoff Frequency：截止频率，默认值为 0GHz。
- Shape Mesh Size：外边框网格的尺寸。

完成参数设置后，单击 OK 按钮，关闭对话框。

15.5.6　提取网络拓扑结构

拓扑结构的提取可以在 Allegro 的主界面进行，也可以在 SigXplorer 的主界面进行。

（1）在 Allegro 的主界面进行网络拓扑结构提取的方法之一

选择菜单栏中的"Analysis（分析）"→"Probe（探针）"命令，弹出如图 15-42 所示的"Signal Analysis（信号分析）"对话框，单击 View Topology 按钮就会将该网络的拓扑结构提取到 SigXplorer 界面中，所有网络的前仿真是在这个界面中进行，如图 15-43 所示。

（2）在 Allegro 的主界面进行网络拓扑结构提取的方法之二

1）在 Allegro PCB SI GXI 界面，选择菜单栏中的"Setup（设置）"→"Constraints（约束）"→"Electrical（电气）"命令，弹出"Allegro Constraint Manager"窗口。

2）在该界面中，选择"Electrical"→"Net"→"Routing"→"Wiring"选项，在右侧表格区域弹出网络列表，滚动表格到 Dsn 行，单击右侧"Name（名称）"栏中选项前面的"+"号，显示所有的网络，如图 15-44 所示。

3）选择菜单栏中的"File（文件）"→"Import（导入）"→"Electrical ECSets（电气）"，弹出的对话框如图 15-45 所示，在当前目录下列出所有拓扑文件。

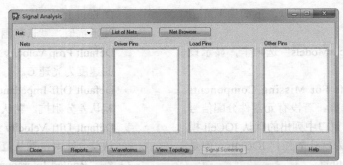

图 15-42 "Signal Analysis（信号分析）"对话框

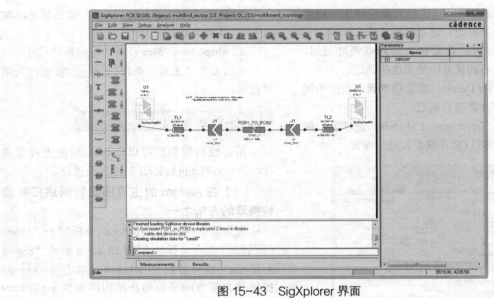

图 15-43 SigXplorer 界面

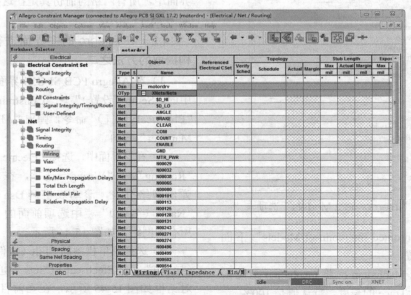

图 15-44 "Allegro Constraint Manager"窗口

图 15-45 "Import an electrical ECSets
file (.top)"对话框

4）选择约束文件，单击"Objects"页 Dsn
行前的"+"，查看管脚信息。

5）在表格中选择该网络，单击鼠标右键，弹
出快捷菜单，如图 15-46 所示，选择"SigXplorer"
命令，该网络的拓扑显示在此窗口上，如图 15-43
所示。

图 15-46 快捷菜单

**（3）在 SigXplorer 的主界面进行网络拓扑
结构提取的方法**

进入该界面的两种方式如下。

1）在 Allegro 界面，选择菜单栏中的"Tools
（工具）"→"Topology Editor（拓扑编辑器）"命令。

2）选择"开始"→"所有程序"→"Cadence
Release 17.2-2016"→"Allegro Products"→"SigXplorer"。

执行上述两种方法，进入 SigXplorer 图形界
面。选择菜单栏中的"Analyze（分析）"→"Model
Browser（模型查找）"命令，如图 15-47 所示，
加载库文件与模型查找。

图 15-47 添加模型窗口

单击 Add → 按钮，执行放置传输线、放置
驱动和接收器件、放置元器件等操作，最后连接
结构体完成仿真拓扑图。

15.6 SigXplorer 图形编辑界面

SigXplorer 界面有菜单栏、工具栏、工作区、
信息窗口以及控制面板，如图 15-48 所示。

1. 控制面板

打开"Parameters（参数）"控制面板，显示
整个参数的总标题 CIRCUIT，单击"CIRCUIT"
前面的"+"号，如图 15-49 所示。

● tlineDelayMod：选择是用时间（默认单

位：ns）还是用长度（默认单位：mm）表
示传输线的延时（传输线的默认传输速度
是 140mm/ns）。

● userRevision 表示目前的拓扑版本，第一次
一般是 1.0，以后修改拓扑时可以将此处的
版本提高，这样以后在 Constraint Manage
里不用重新赋拓扑，只要升级拓扑即可。

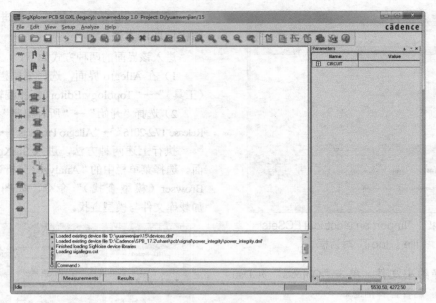

图 15-48　SigXplorer 主界面

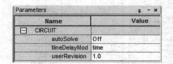

图 15-49　选择 "Parameters" 栏

（1）单击 "DESING" 前面的 "+" 号，列出组成这个电路拓扑的所有元器件，如图 15-50 所示。

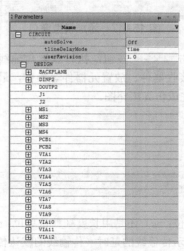

图 15-50　显示拓扑元器件

（2）单击电路元器件前面 "+" 号，每个传输线的约束表如图 15-51 所示。

> **注意**
>
> 白色区域是可以编辑的，灰色区域是无法编辑的。

2. 信息窗口

在工作区下面的信息窗口中有 "Command（命令）" "Measurements（测量）" "Results（结果）" 3 个选项。

（1）"Command（命令）" 窗口。在该窗口中显示各命令操作。

（2）"Measurements（测量）" 窗口。在该窗口中显示 4 种仿真类型，每个仿真类型前面显示 "+" 号，如图 15-52 所示。

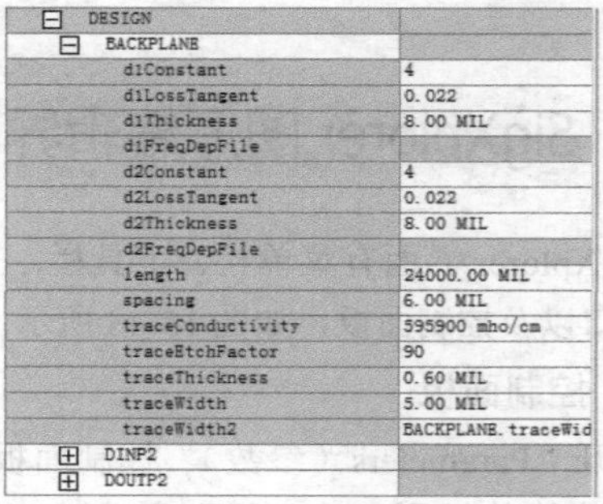

DESIGN	
BACKPLANE	
d1Constant	4
d1LossTangent	0.022
d1Thickness	8.00 MIL
d1FreqDepFile	
d2Constant	4
d2LossTangent	0.022
d2Thickness	8.00 MIL
d2FreqDepFile	
length	24000.00 MIL
spacing	6.00 MIL
traceConductivity	595900 mho/cm
traceEtchFactor	90
traceThickness	0.60 MIL
traceWidth	5.00 MIL
traceWidth2	BACKPLANE.traceWid
DINP2	
DOUTP2	

图 15-51　约束表

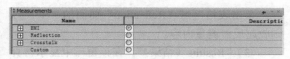

图 15-52　选择仿真类型

- EMI：电磁兼容性仿真。
- Reflection：反射仿真，反射是指信号在传输线上的回波现象。在高速的 PCB 中导线必须等效为传输线，信号功率没有全部传输到负载处，有一部分被反射回来。按照传输线理论，如果源端与负载端具有相同的阻抗，反射就不会发生了。如果二者阻抗不匹配就会引起反射，负载会将一部分电压反射回源端。根据负载阻抗和源阻抗的关系大小不同，反射电压可能为正，也可能为负。如果反射信号很强，叠加在源信号上，很可能改变逻辑状态，导致接收数据错误。如果在时钟信号上可能引起时钟沿不单调，进而引起误触发。一般布线的几何形状、不正确的线端接、经过连接器的传输及电源平面的不连续等因素均会导致此类反射。另外常有一个输出多个接收，这时不同的布线策略产生的反射对每个接收端的影响也不相同，所以布线策略也是影响反射的一个不可忽视的因素。

- Crosstalk：串扰仿真，串扰是相邻两条信号线之间的不必要的耦合，信号线之间的互感和互容引起线上的噪声。因此也就把它分为感性串扰和容性串扰，分别引发耦合电流和耦合电压。当信号的边沿速率低于 lns 时，串扰问题就应该考虑。如果信号线上有交变的信号电流通过时，会产生交变的磁场，处于磁场中的相邻的信号线会感应出信号电压。一般 PCB 板层的参数、信号线间距、驱动端和接收端的电气特性及信号线的端接方式对串扰都有一定的影响。在 Cadence 的信号仿真工具中可以同时对 6 条耦合信号线进行串扰后仿真，可以设置的扫描参数有 PCB 的介电常数、介质厚度、沉铜厚度、信号线长度和宽度、信号线间距。仿真时还必须指定一个受侵害的信号线，也就是考察另外的信号线对本条线路的干扰情况，基本设置为常高或是常低，这样就可以测得其他信号线对本条信号线的感应电压的总和，从而可以得到满足要求的最小间距和最大平行长度。
- Custom：自定义仿真。

单击 "Reflection（反射）" 前面的 "+" 号，可以查看被报告的反射测量的不同类型，同时 "+" 号显示为 "-" 号，如图 15-53 所示。

PeakEmission		Description
⊞ EMI	◉	
⊟ Reflection	◯	
BufferDelayFall	☐	Buffer Delay for Falling edge
BufferDelayRise	☐	Buffer Delay for Rising edge
EyeHeight	☐	Eye Diagram Height
EyeJitter	☐	Eye Diagram Peak-Peak Jitter
EyeWidth	☐	Eye Diagram Width
FirstIncidentFall	☐	First Incident Switching check of Falling edge
FirstIncidentRise	☐	First Incident Switching check of Rising edge
Glitch	☑	Glitch tolerance check of Rising and Falling waveform
GlitchFall	☑	Glitch tolerance on the falling waveform
GlitchRise	☑	Glitch tolerance on the rising waveform
Monotonic	☑	Monotonic switching check of Rising and Falling edges
MonotonicFall	☐	Monotonic switching check of Falling edge
MonotonicRise	☐	Monotonic switching check of Rising edge
NoiseMargin	☑	MIN(NoiseMarginHigh, NoiseMarginLow)
NoiseMarginHigh	☐	Minimum voltage in High state - Vihmin
NoiseMarginLow	☐	Vilmax - maximum voltage in Low state
OvershootHigh	☑	Maximum voltage in High state
OvershootLow	☑	Minimum voltage in Low state
PropDelay	☑	Calculated transmission line propagation delay
SettleDelay	☑	MAX(SettleDelayRise, SettleDelayFall)
SettleDelayFall	☐	Last time below Vilmax - driver Fall BufferDelay
SettleDelayRise	☐	Last time above Vihmin - driver Rise BufferDelay
SwitchDelay	☑	MIN(SwitchDelayRise, SwitchDelayFall)
SwitchDelayFall	☐	First time falling to Vihmin - driver Fall BufferDelay
SwitchDelayRise	☐	First time rising to Vilmax - driver Rise BufferDelay
⊞ Crosstalk	◯	
⊞ Custom	◯	

图 15-53　查看显示类型

在"Reflection"选项组下选择表格中某一单元，右击在弹出的快捷菜单中选择"All on（全选）"，勾选"Reflection"选项组下所有默认的仿真测量，如图 15-54 所示。

单击表格区域"Reflection"前面的"−"号，则收起反射测量内容。

（3）"Results（结果）"。在该窗口中显示仿真结果。

‡ Measurements		
PoverSession	○	**Description**
⊞ EMI	○	
⊟ Reflection	○	
BufferDelayFall	☑	Buffer Delay for Falling edge
BufferDelayRise	☑	Buffer Delay for Rising edge
EyeHeight	☑	Eye Diagram Height
EyeJitter	☑	Eye Diagram Peak-Peak Jitter
EyeWidth	☑	Eye Diagram Width
FirstIncidentFall	☑	First Incident Switching check of Falling edge
FirstIncidentRise	☑	First Incident Switching check of Rising edge
Glitch	☑	Glitch tolerance check of Rising and Falling waveform
GlitchFall	☑	Glitch tolerance on the falling waveform
GlitchRise	☑	Glitch tolerance on the rising waveform
Monotonic	☑	Monotonic switching check of Rising and Falling edges
MonotonicFall	☑	Monotonic switching check of Falling edge
MonotonicRise	☑	Monotonic switching check of Rising edge
NoiseMargin	☑	MIN(NoiseMarginHigh, NoiseMarginLow)
NoiseMarginHigh	☑	Minimum voltage in High state - Vihmin
NoiseMarginLow	☑	Vilmax - maximum voltage in Low state
OvershootHigh	☑	Maximum voltage in High state
OvershootLow	☑	Minimum voltage in Low state
PropDelay	☑	Calculated transmission line propagation delay
SettleDelay	☑	MAX(SettleDelayRise, SettleDelayFall)
SettleDelayFall	☑	Last time below Vilmax - driver Fall BufferDelay
SettleDelayRise	☑	Last time above Vihmin - driver Rise BufferDelay
SwitchDelay	☑	MIN(SwitchDelayRise, SwitchDelayFall)
SwitchDelayFall	☑	First time falling to Vihmin - driver Fall BufferDelay
SwitchDelayRise	☑	First time rising to Vilmax - driver Rise BufferDelay
⊞ Crosstalk	○	
⊞ Custom	○	

图 15-54　勾选所有仿真测量

15.7 PCB 前仿真

前仿真是指在布局和布线之前的仿真，为布局和布线做准备，主要在 SigXplorer 中进行。

15.7.1 设置仿真参数

（1）选择菜单栏中的"Analyze（分析）"→"Preferences（属性）"命令，弹出"Analysis Preferences（分析属性）"对话框，如图 15-55 所示。

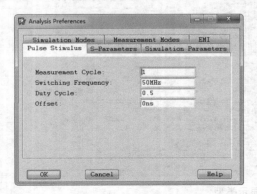

图 15-55　"Analysis Preferences"对话框

该对话框中有 6 个选项卡：Pulse Stimulus、Simulation Parameters、Simulation Modes、Measurement Modes、S-Parameters 和 EMI，下面对其中的选项进行简单的说明。

（2）Pulse Stimulus。
- Measurement Cycle：测量周期，设置为 1。
- Switching Frequency：开关频率，与仿真信号有关，需要改动。
- Duty Cycle：占空比，默认 0.5，一般不做修改。
- Offset：脉冲偏移量，默认 0ns，一般不做修改。

（3）Simulation Parameters。
- Fixed Duration：仿真持续时间长度，根据开关频率计算得出结果。
- Waveform Resolution：波形分辨率，默认 Default，不作修改。
- Cutoff Frequency：截止频率，默认为 0GHz，不作修改。

- Buffer Delays：选择 On-the –fly。
（4）Simulation Modes。
- FTS Mode（s）：仿真模式，一般选择典型模式。
- Driver Excitation：驱动器激励，一般选择 Active_Driver。
（5）Measurement Modes。
- Measurement Delays：测量延迟，一般选择默认设置 Input Thresholds，表示采用输入门限值。
- Receiver Selection：选择接收器，一般选择 All。
- Custom Simulation：自定义仿真，有反射、串扰和 EMI 可供选择。
（6）EMI 栏设置。

- EMI Regulation：默认设置。
- Design Margin：设计容限，根据设计要求设置。
- Analysis Distance：仿真距离，一般设置 3m。
（7）S-Parameters。
- Transient Simulation Method：瞬态仿真方法。
- DC Extrapolation Method：直流外推方法。
- Fast Convolution Tolerance：快速卷积公差。
单击 OK 按钮，退出对话框。

15.7.2 设置激励源

在各个元器件的参数设定后，接着进行激励源设置。单击作为驱动源的模型上面、位号下面的 CUSTOM，弹出如图 15-56 所示的窗口。

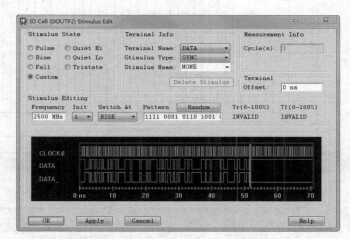

图 15-56 "To Cell Stimulus Edit" 对话框

在该对话框中有以下 7 种激励信号。
- Pulse：脉冲方波，即时钟源性质的波形。
- Rise：表示一个上升沿。
- Fall：表示一个下降沿。
- Quite Hi：稳定高电平。
- Quite Lo：稳定低电平。
- Tristate：三态，对非驱动源，都选择三态。
- Custom：自定义，这是最常用的波形，在这种形式下，首先在 Frequence 中输入信号的频率，在 Pattern 中输入波形的形状。

在图 15-57 中显示其余 6 种激励信号的波形显示。

单击 OK 按钮，退出对话框。

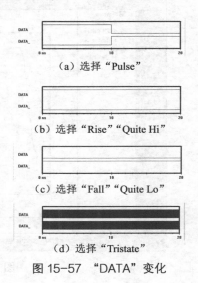

（a）选择 "Pulse"

（b）选择 "Rise" "Quite Hi"

（c）选择 "Fall" "Quite Lo"

（d）选择 "Tristate"

图 15-57 "DATA" 变化

15.7.3 执行仿真

选择菜单栏中的"Analyze（分析）"→"Simulate（仿真）"命令，或单击"Misc（杂项）"工具栏中的"Signal Simulate（信号仿真）"按钮 ，弹出 SigWave 编辑器，显示不同类型仿真的波形。

（1）在"Measurements（测量）"信息窗口中选择 EMI，进行电磁兼容性仿真，波形如图 15-58 所示。

（2）在"Measurements（测量）"信息窗口中选择 Reflection，进行反射仿真，波形如图 15-59 所示。

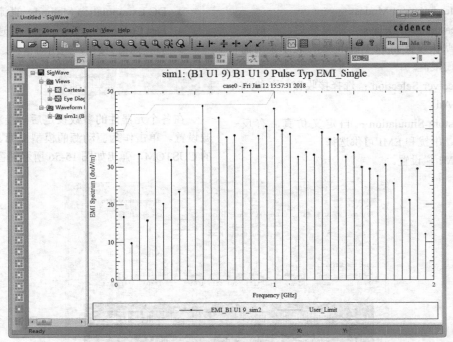

图 15-58　电磁兼容性仿真波形

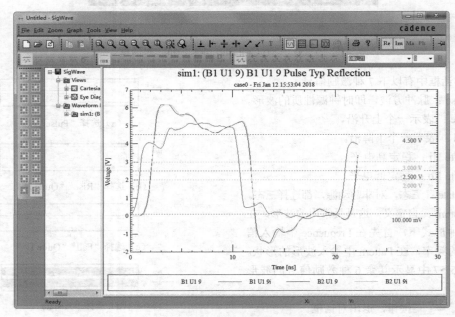

图 15-59　反射仿真波形

（3）在"Measurements（测量）"信息窗口中选择 Crosstalk，激励源设置为"Quiet Hi（稳定高电平）"或"Quiet Lo（稳定低电平）"，进行串扰仿真，波形如图 15-60 所示。

1）从"SigXplorer PCB SI GXL"窗口下面的表格中选择"Results"，可以查看仿真的报告数据；从"Command"栏中可以查看仿真的相关信息。

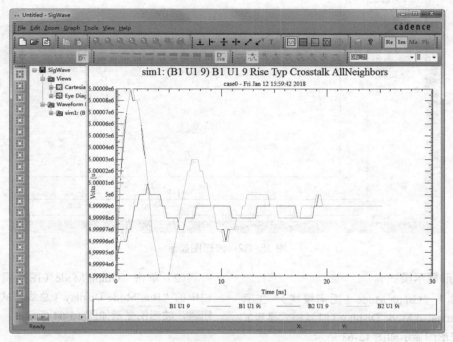

图 15-60　串扰仿真波形

2）选择菜单栏中的"File（文件）"→"Export（输出）"→"Spreadsheet（数据表）"命令，弹出如图 15-61 所示的对话框，在"文件名"文本框中输入文件名，单击 保存(S) 按钮，保存仿真波形文件。

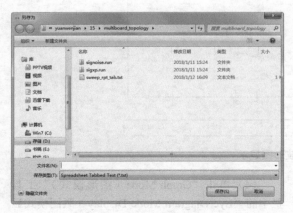

图 15-61　"另存为"对话框

15.7.4　分析仿真结果

选择"开始"→"所有程序"→"Cadence Release 17.2-2016"→"Allegro Products"→"SigWave"命令可直接进入 SigXplorer 图形界面，在该界面进行仿真波形显示与设置。

1. 波形单独显示

（1）单击左侧列表中的"Sig Wave"前面的"+"号，显示 2 个目录：View 和 Waveform Library，单击"Waveform Library"前面的"+"号，浏览其内容。

（2）分别单击"sim1"下文件前"+"，然后双击有波形符号标志文件前的波形符号，波形图发生了变化，如图 15-62 所示。

（3）再双击有红色标志的波形符号，在波形显示窗口中两种波形同时显示，双击另一个波形文件前的波形符号，显示一个波形。

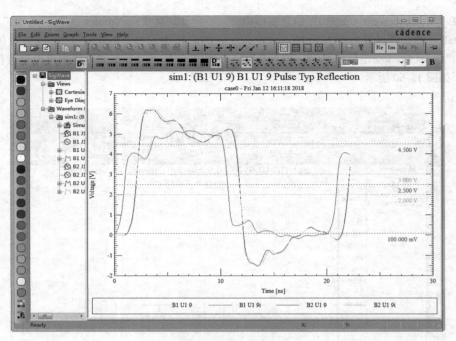

图 15-62　波形图显示

2. 波形显示模式

（1）单击"Graph Mode（图形模式）"工具栏中的"Cartesian Mode Display（时域模式显示）"按钮▣，波形图显示如图 15-63 所示。

（2）单击"Graph Mode（图形模式）"工具栏中的"Bus Mode Display（总线模式显示）"按钮▣，波形图显示如图 15-64 所示。

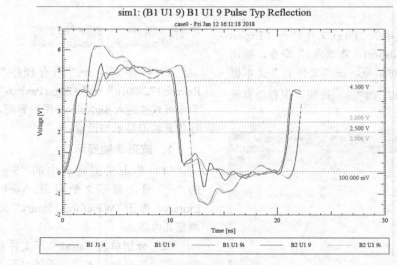

图 15-63　波形图显示

（3）单击"Graph Mode（图形模式）"工具栏中的"FFT Mode Display（频域模式显示）"按钮▣，波形图显示如图 15-65 所示。

（4）单击"Graph Mode（图形模式）"工具栏中的"Eye Diagram Mode Display（眼图模式显示）"按钮▣，波形图显示如图 15-66 所示。

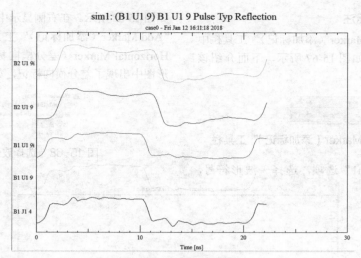

图 15-64　波形图显示

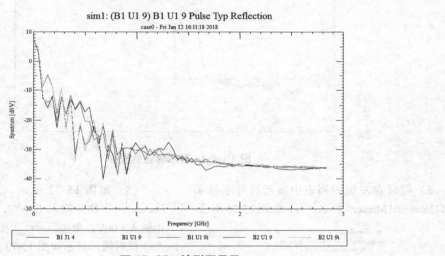

图 15-65　波形图显示

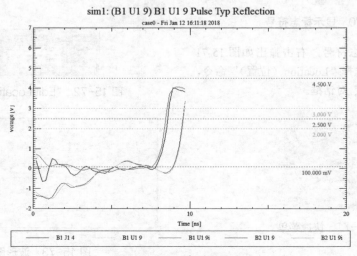

图 15-66　波形图显示

3. 添加参数标注

（1）在"Add Marker（添加标记）"工具栏中有 7 个选项按钮，如图 15-67 所示，下面介绍该工具按钮的使用。

图 15-67　"Add Marker（添加标记）"工具栏

（2）单击"Sim1"选项，选择一波形符号，如图 15-68 所示。在右侧显示中选择该波形，单击"Add Marker（添加标记）"工具栏中"Differential Horizontal Marker（差分横向标记）"按钮，波形图中出现了差分横向标记，如图 15-69 所示。

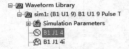

图 15-68　选择波形符号

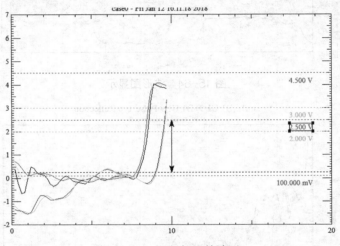

图 15-69　显示标记的波形

（3）同时在左侧的列表中波形符号下显示"Diff Horizontal Marker"标志符号，如图 15-70 所示。

图 15-70　显示标志符号

（4）选择该标志符号，右击弹出如图 15-71 所示的快捷菜单，选择"Location（位置）"命令，弹出"Edit Location"对话框。

图 15-71　快捷菜单

（5）如图 15-72 所示，在该对话框中"Y Secondary"栏中输入 1.500V，在"Y Primary"栏中输入 1.00V，单击 OK 按钮，退出此对话框。此时波形显示如图 15-73 所示。

用类似的方法可以测量其余参数，这里不再赘述。

图 15-72　"Edit Location"对话框

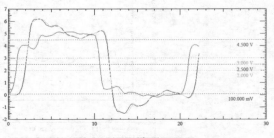

图 15-73　波形图显示

15.8　给拓扑加约束

在 SigXplorer 中对网络拓扑结构进行仿真时，需要根据仿真结果不断修改拓扑结构以及预布局上元器件的相对位置。为了得到一个最优的拓扑结果，就需要在拓扑中加入约束，并将有约束的拓扑赋予板中有同样布局布线要求的网络，用以指导与约束随后的 PCB 布线。

约束主要包括运行参数扫描、为拓扑添加约束和分析拓扑约束。

15.8.1　扫描运行参数

1. 设置扫描参数

（1）单击右侧"Parameters（参数）"面板中的 MS1 文本，单击 MS1 前面的"+"号，展开表格，如图 15-74 所示。

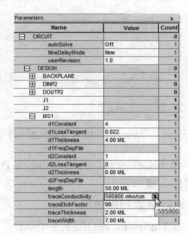

图 15-74　展开表格

（2）选中包含"mho"的表格区域，在该区域的末端有一个向下的箭头▼显示，单击这个箭头，弹出"Set Parameter：traceConductivity"对话框，如图 15-75 所示。

- 选择"Linear Range"前面的单选按钮，在"Start Value"中输入 120，在"Stop Value"中输入 130，在"Count"中输入 3。
- 选择"Set Parameter：impedance"窗口中的"Expression"项，在后面文本框中输入 TL3.impedance。

单击 OK 按钮，退出对话框。

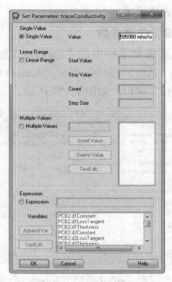

图 15-75　"Set Parameter: traceConduct"对话框

2. 指定测定项目

（1）在信息窗口中选择"Measurements（测量）"，单击"Reflection"前面的"+"号浏览能被报告的不同类型的反射测量。

（2）在"Reflection（反射）"选项下的表格单元中右击，从弹出的快捷菜单中"All Off（全不选）"。

（3）选择"OvershootHigh""OvershootLow""SettleDelayfall""SettleDelayRise""Switch DelayFall""SwitchDelay Rise"，如图 15-76 所示。

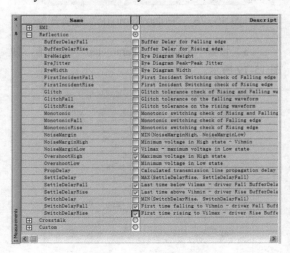

图 15-76　选择测量项目

（4）单击信息窗口"Measurements（测量）"表格的"Reflection"前面的"-"号，关闭该选项组下的表格选项。

3. 设置仿真参数

（1）选择菜单栏中的"Analyze（分析）"→"Preference（属性）"命令，弹出"Analysis Preferences（属性分析）"窗口，如图15-77所示。

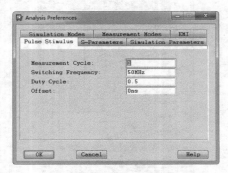

图 15-77 "Analysis Preference" 窗口

（2）设置"Pulse Stimulus"选项卡，如图15-78所示。

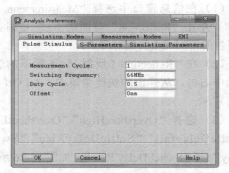

图 15-78 "Pulse Stimulus" 选项卡

（3）设置"Simulation Parameters"选项卡，如图15-79所示。

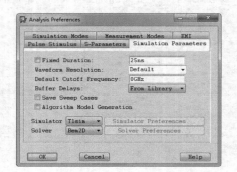

图 15-79 "Simulation Parameters" 选项卡

（4）设置"Simulation Modes"选项卡，如图15-80所示。

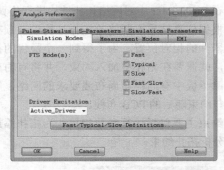

图 15-80 "Simulation Modes" 选项卡

（5）设置"Measurement Modes"选项卡，如图15-81所示。

图 15-81 "Measurement Modes" 选项卡

（6）单击 OK 按钮，关闭"Analysis Preference（分析属性）"窗口。

4. 执行参数扫描仿真

（1）在 SigXplorer 窗口的菜单中选择"Analyze（分析）"→"Simulate（仿真）"命令，开始扫描仿真。

（2）在仿真结束后将不会产生波形。

5. 检查仿真结果是否满足设计要求

（1）查看设计表格中的数据，与仿真后的约束参数值进行比较，确保这些仿真结果满足设计要求。

（2）保存拓扑图，退出 SigXplorer 窗口。

15.8.2 添加、编辑拓扑约束

选择菜单栏中的"Set（设置）"→"Constraints（约束）"命令，弹出如图15-82所示的"Set

Topology Constraints（设置拓扑约束）"对话框，该对话框有 10 个选项卡，选择不同的选项卡可以设置不同的约束规则。

显示为空白。

图 15-84　添加约束规则

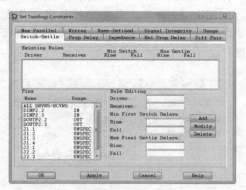

图 15-82　"Set Topology Constraints"对话框

1. 添加 Switch-Settle 约束

打开"Switch-Settle"选项卡，如图 15-82 所示，在"Pins"列表中显示连接管脚名称及对应 PINUSE 属性。

（1）在"Rule Editing（规则编辑）"选项组下显示要设置的规则参数，如图 15-83 所示。

图 15-83　约束规则参数编辑

- Driver：激励源，在"Pin（管脚）"选项组中选择"DOUTP2.2"。
- "Receiver"：接收器，在"Pin（管脚）"选项组中选择"DINP2.3"。
- "Min First Switch Delay"：最小传输延迟时间，在"Rise""Fall"后面的文本框中均输入 0.25ns。
- "Max Final Settle Delays"：最大传输延迟时间，在"Rise""Fall"后面的文本框中均输入 4.05ns。

（2）单击 Add 按钮，将"Pin（管脚）"选项组中添加选中的管脚，为拓扑添加约束设置，添加的约束在"Existing Rules（当前的规则）"选项组下显示，如图 15-84 所示，此时，"Rule Editing（规则编辑）"选项组下对应的参数文本框

选择"Existing Rules（当前的规则）"选项组下添加的规则，单击 Modify 按钮，"Rule Editing（规则编辑）"选项组下显示选中规则对应的参数，可直接进行修改。

其余添加、修改约束规则的方法相同，下面简单介绍各约束规则的意义。

2. 添加"Prop Delay"约束

打开"Prop Delay（传输延迟）"选项卡，如图 15-85 所示，添加对拓扑中各传输线长度的限制规则，直接约束 PCB 的布线。

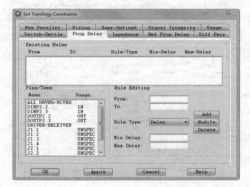

图 15-85　"Prop Delay（传输延迟）"选项卡

其中，"Rule Type（规则类型）"下拉列表中有 3 种选项：Delay、Length 和 Manhattan，显示添加对传输线不同约束类型的规则。

3. 添加"Impedance（阻抗）"约束

打开"Impedance（阻抗）"选项卡，如图 15-86 所示，添加对拓扑中各段传输线阻抗的约束，约束了各段传输线的阻抗变化范围，若不设置该项，则表示对传输线的阻抗无要求。

4. 添加"Rel Prop Delay（传输延迟损耗时间）"约束

打开"Rel Prop Delay（传输延迟损耗时间）"选项卡，如图 15-87 所示，可以定义一些传输线的长度匹配规则。其中，"Scope（范围）"选项卡下有 5 个选项："Local（局部）""Global（全局）"

"Bus（总线）""Class（种类）"和"Net Group（网络组）"。Local 表示只对本条 Net/Xnet 有效，而 Global 则对本拓扑对应的所有 Net/Xnet 在整体的长度匹配上都有约束。

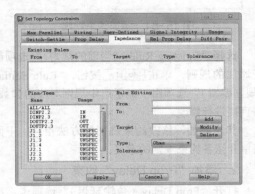

图 15-86　添加约束

图 15-87　添加传输线的长度匹配规则

5. 添加"Diff Pair（差分对）"约束

打开"Diff Pair（差分对）"选项卡，如图 15-88 所示，定义差分对约束规则。

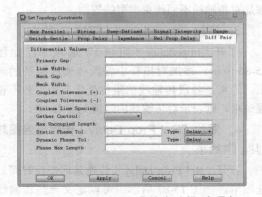

图 15-88　"Diff Pair（差分对）"选项卡

6. 添加"Max Parallel（最大平行长度）"约束

打开"Max Parallel（最大平行长度）"选项卡，如图 15-89 所示，定义平行长度和间距的约束，即在两条线的间距多大时是最长的平行长度。

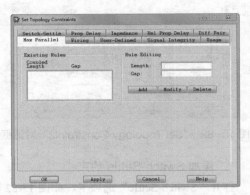

图 15-89　"Max Parallel（最大平行长度）"选项卡

7. 添加"Wiring（线）"约束

打开"Wiring（线）"选项卡，如图 15-90 所示，定义拓扑与网络的约束关系。在"Mapping Mode（绘图模式）"中，有 4 个选项：Pinuse、Refdes、Pinuse and Refdes 和 Clear，一般选择 Pinuse and Refdes，通过管脚的 IO Buffer 类型和参考位号将拓扑中的 Pin 与实际网络中的 Pin 对应起来；对 Physical 中的各项主要限制线的总长、过孔数、端接长度等；对 EMI 中可以限制在表层走线的最大长度。

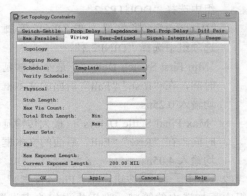

图 15-90　"Wiring（线）"选项卡

8. 添加"User-Defined（用户定义）"约束

打开"User-Defined（用户定义）"选项卡，如图 15-91 所示，定义用户自定义的约束。

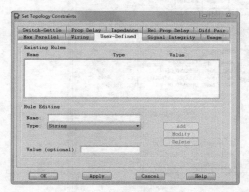

图 15-91 "User-Defined（用户定义）"选项卡

9. 添加"Signal Integrity（信号完整性）"约束

打开"Signal Integrity（信号完整性）"选项卡，如图 15-92 所示，定义对信号的过冲电压、串扰电压、SSN 等的约束限制。

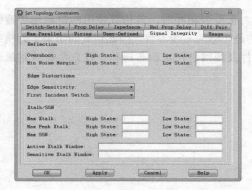

图 15-92 "Signal Integrity（信号完整性）"选项卡

10. 添加"Usage（惯例）"约束

打开"Usage（惯例）"选项卡，如图 15-93 所示，定义 DRC、电气 DRC、电气规则检查的一般约束；完成所有约束添加后，单击 OK 按钮，退出对话框。

图 15-93 "Usage（惯例）"选项卡

15.8.3 将拓扑结构赋给相应的网络

对关键网络的拓扑仿真结束后，就可以把已经完成的拓扑赋给具体的网络。赋拓扑的过程是在 Constraint Manager（约束管理器）中进行的。

1. 文件导入

选择菜单栏中的"File（文件）"→"Import（输入）"命令，弹出如图 15-94 所示的子菜单。

选择子菜单中不同类型，导入不同种类的仿真拓扑文件。

2. 将拓扑文件赋给网络

在右侧"Objects（对象）"栏中选择所要的网络，选择菜单栏中的"Object（对象）"→"Constraint Sets Reference（约束参考设置）"命令或右击选择"Constraint Sets Reference（约束参考设置）"，弹出添加到拓扑文件对话框，选择相应的网络拓扑，单击 OK 按钮，完成添加，退出对话框，如图 15-95 所示。

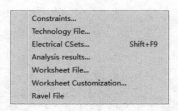

图 15-94 "Import（输入）"子菜单

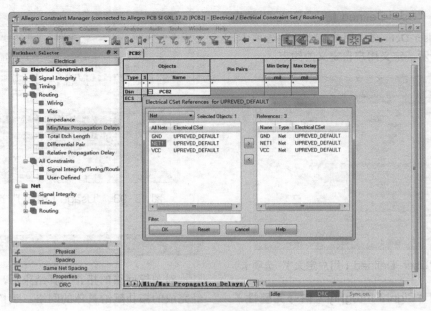

图 15-95　添加拓扑网络

15.9 后仿真

　　后仿真的过程和前仿真的过程相似，这里不再赘述。在提取拓扑时，前仿真使用的是理想传输线模型，没有考虑实际情况中的各种损耗，但后仿真使用的是实际的布线参数，因此仿真的结果更为精确一些。如果在后仿真中发现问题，需要对部分关键元器件及线网进行重新布局和布线直至修改到最佳情况。

附录

附录 1　PADS 格式向 Allegro 格式的转换

（1）导出"*.asc"网表。

打开"PADS Layout"，打开 PCB 文件，选择菜单栏中的"文件"→导出"命令，弹出如附图 1 所示的"文件导出"对话框，在"保存类型"下拉列表中选择 ASCII 格式"*.asc"，并指定文件名称和路径。

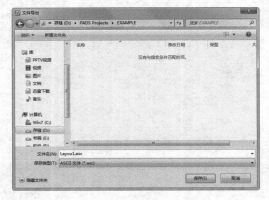

附图 1　"文件导出"对话框

单击"保存"按钮，弹出如附图 2 所示的"ASCII 输出"对话框，单击"全选"按钮，在"段"列表中选择所有项，尤其注意在"格式"栏中只能选择 PowerPCB V3.0 以下版本格式，否则 Allegro 不能正确导入。

完成设置后单击"确定"按钮，完成了网络表的输出。

（2）在 Allegro 中导入 *.asc 网表。

打开 Allegro 窗口，选择菜单栏中的"File（文件）"→"Import（导入）"命令，显示附图 3 所示的子菜单，选择"CAD Translators（CAD 转换器）"→"PADS"命令，弹出"PADS IN"对话框，如附图 4 所示。

附图 2　"PADS 导出格式"对话框　附图 3　子菜单

附图 4　参数设置窗口

- 在"PADS ASCII input file（输入文件）"栏单击□按钮，选择需要转换的 .asc 文件。
- 在"Option file（选项文件）"栏选择 allegro 安装目录的"X:/Cadence/ SPB_ 17.2/tools/bin/pads_in.ini"。
- 在"Output file（输出文件）"栏指定 Allegro 格式的输出文件的路径。

完成设置后，单击 [Translate] 按钮，弹出转换进度条，如附图 5 所示。

附图 5　进度条

若转换成功，显示转换成功，将在指定的目录中生成转化成功的 .brd 文件，如附图 6 所示。

附图 6　转换成功

单击"Viewlog（日志）"按钮，显示转换日志文件，如附图 7 所示，单击 [Close] 按钮，关闭对话框。

附图 7　日志文件

（3）选择菜单栏中的"File（文件）"→"Open（打开）"命令或单击"Files（文件）"工具栏中的"Open（打开）"按钮，弹出如附图 8 所示的"Open（打开）"对话框，单击 打开(0) 按钮，将转换好的 BRD 文件调入 Allegro 中，结果如附图 9 所示。

附图 8 "Open（打开）"对话框

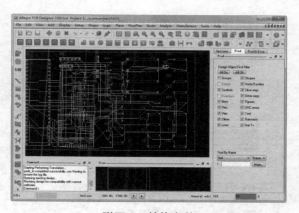

附图 9 转换文件

Allegro 导入 pads 文件成功之后，还有很多工作要做，如设计规则的重新设置、层的定义检校、部分封装的修改等，这里不赘述。

附录 2　DXF 格式向 Allegro 格式的转换

（1）选择菜单栏中的"File（文件）"→"Import（导入）"→DXF 命令，弹出如附图 10 所示的"DXF In"对话框，在"DXF file specifications（DXF 文件规格）"栏选择 DXF 文件路径，在"DXF units（单位）"栏选择单位，在"Layer conversion file（层转换文件）"栏自动产生或选择设置好的文件路径。

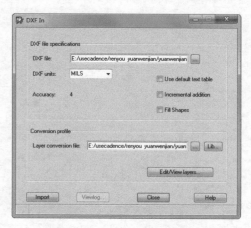

附图 10 "DXF In"对话框

（2）单击 Edit/View layers... 按钮，弹出如附图 11 所示的"DXF In Edit/View Layers"对话框，选择

与 DXF 文件对应的 Allegro 文件中的层名称。

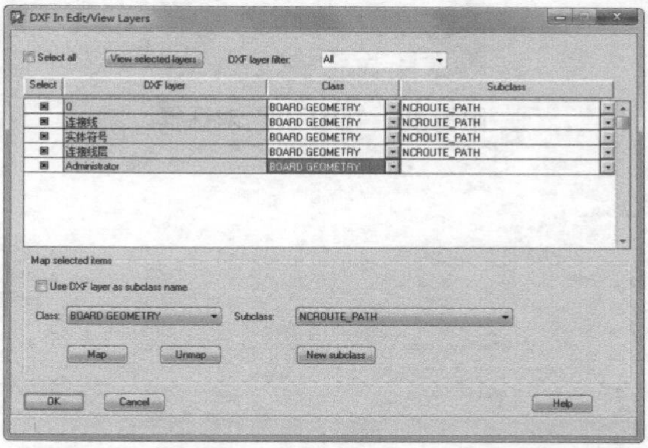

![DXF In Edit/View Layers 对话框]

附图 11 "DXF In Edit/View Layers"对话框

1）在"Class（集）"和"Subclass（子集）"下拉列表中选择对应的参数，单击 Map 按钮，映射参数，如附图 12 所示。

2）完成设置后，单击 OK 按钮，返回"DXF In"对话框，单击 Lib... 按钮，选择转换成层，如附图 13 所示，单击 OK 按钮，关闭对话框。

3）单击"DXF In"对话框中的 Import 按钮，

进行转换操作，显示如附图 14 所示的对话框，表
示转换成功。

单击 [Close] 按钮，关闭对话框。

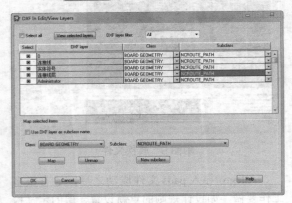

附图 12 映射参数

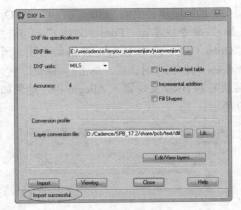

附图 14 转换成功

附图 13 "DXF In" 对话框